방사성동위원소 취급자면허대비 (최신개정2판)

RI SRI 핵심이론

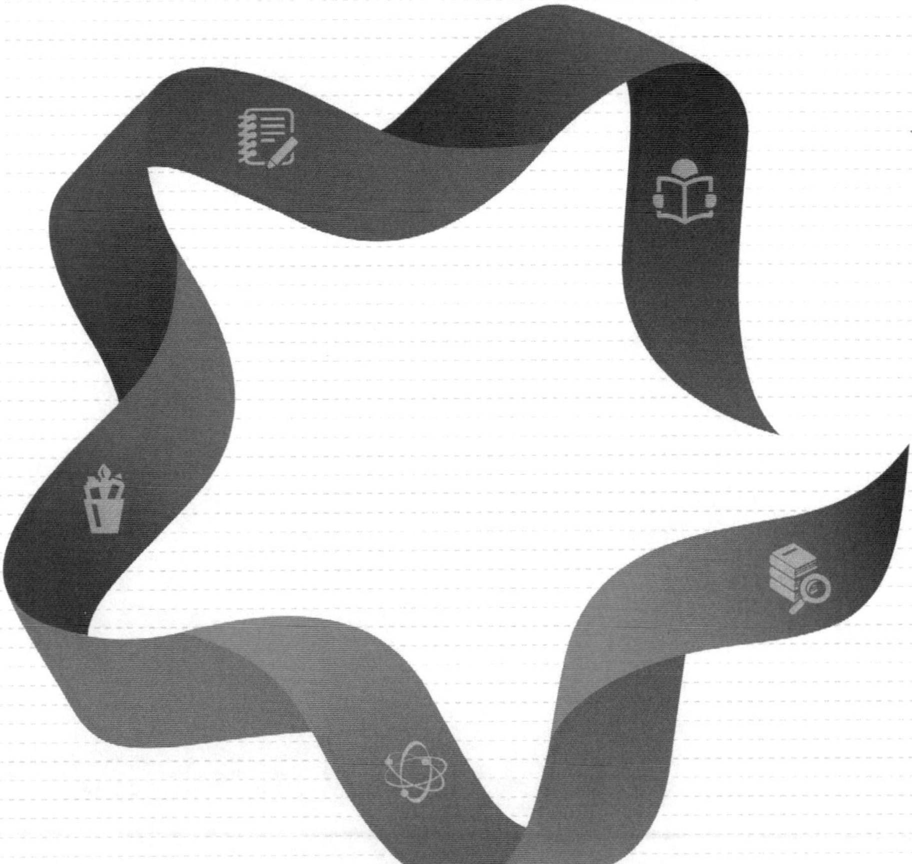

머리말

최근 방사선 및 방사성 동위원소의 이용은 많은 분야에서 다양하게 적용되고 있다. 특히 물질 분석 및 측정 등의 이과학계의 연구 활용, 품종 개량 및 식품 보존, 멸균 등의 농생명 분야 뿐만 아니라 원자력 발전 시설, 비파괴 관련 업체의 산업분야, 질병의 진단 및 치료 활용의 의료 분야 등에서의 그 활용도는 매우 높다 할 것이다.

이렇듯 우리 인간의 삶의 지근에서 사용되고 있는 이러한 방사성 동위원소 등의 사용을 위해서는 원자력 안전법에 의거 방사성 동위원소 등의 취급을 위한 소정의 면허를 취득하여야만 한다.

방사성 동위원소 취급자 면허는 원자력 이론, 방사선 취급기술, 방사선 장해방어 및 원자력 관련법규에 대한 전반적인 이해를 기반으로 하고 있다.

다양한 산업 분야 전반에 활용되고 있음에도 불구하고, 관련 지식과 내용에 대한 교육 여건이 부족하여 면허시험 준비에 어려움이 많은 현실에, 방사성 동위원소 취급자 면허 취득을 준비하는 여러 분야의 수험생들에게 도움을 주고자 발간하였다.

본 서적은 방사성 동위원소 취급자 면허 시험과목인 원자력 이론, 방사선 취급기술 및 방사선 장해방어에 대해 각 단원별로 핵심 내용을 정리하고, 관련 기초 문제들을 제시하였으며, 이에 대한 충실한 해설을 달아 면허 시험 준비생들의 관련 지식 이해와 문제 해결 능력을 함양할 수 있도록 지필하였다.

이에 본 서적이 방사성 동위원소 취급자 면허를 준비하는 준비생들에게 큰 도움이 되길 간절히 바라며, 아울러 본 서적이 출간되기까지 도움을 주신 다온출판사 양봉길 대표님께 감사의 말씀을 전합니다.

대표저자 박 지 군

CONTENTS

1 원자력 기초 이론

제1장 원자물리기초 · 3
- 1.1 역학적에너지(Mechanical Energy) · 5
- 1.2 방사선(Radiation) · 7
- 1.3 에너지의 단위 · 8
- 1.4 SI 단위 체계 · 9
- 1.5 운동량 및 에너지 보존의 법칙 · 10
- 1.6 특수 상대성 이론 및 질량 에너지 등가법칙 · 11
- 1.7 방사선 관련 용어 및 단위 · 15
- 확인문제 · 18
- 정답 및 해설 · 247

제2장 원자와 원자핵 · 31
- 2.1 원자 · 33
- 2.2 원자핵 · 39
- 확인문제 · 47
- 정답 및 해설 · 51

제3장 방사능과 방사선 · 55
- 3.1 방사능 · 57
- 3.2 방사선 · 68
- 확인문제 · 72
- 정답 및 해설 · 75

제4장 방사선과 물질과의 상호작용 · 79
- 4.1 전자기파(광자)와 물질과의 상호작용 · 81
- 4.2 하전입자와 물질과의 상호작용 · 90

CONTENTS

    4.3 중성자와 물질과의 상호작용 ·· 95
    확인문제 ·· 99
    정답 및 해설 ··· 105

제5장 방사화 분석 및 방사 평형 ··· 111
    5.1 방사평형 ··· 113
    5.2 방사화학 분석 방법 ··· 118
    확인문제 ·· 120
    정답 및 해설 ··· 124

제6장 표지화합물 및 담체 ··· 131
    6.1 트레이서와 담체 ··· 133
    6.2 방사화학적 분리법 ··· 136
    6.3 표지화합물(Labelled Compound) ································· 141
    확인문제 ·· 143
    정답 및 해설 ··· 146

제7장 방사선생물학 ··· 151
    7.1 물의 방사선화학 ··· 153
    7.2 세포의 표적이론(세포의 생존율곡선) ························· 154
    7.3 방사선의 직접작용과 간접작용 ································· 155
    7.4 방사선 조사로 인한 인체 내 세포의 변화과정 ················· 159
    7.5 방사선 장해와 관련된 요소 ····································· 161
    7.6 방사선감수성 ··· 162
    7.7 방사선 조사에 의한 DNA 변화 ································· 164
    7.8 방사선이 인체에 미치는 영향 ································· 164
    7.9 각종 장기에 대한 방사선 장해 ································· 166
    7.10 태아의 방사선 영향 ··· 170
    확인문제 ·· 171
    정답 및 해설 ··· 177

CONTENTS

제8장 방사성동위원소 등의 생산 및 이용 ··· 183
- 8.1 방사성동위원소의 생산 ··· 185
- 8.2 방사성동위원소의 이용 ··· 189
- 확인문제 ··· 191
- 정답 및 해설 ··· 195

② 방사선 취급기술

제1장 방사선 측정의 개요 ··· 201
- 1.1 방사선 측정에 관한 기본 개념 ··· 203
- 1.2 방사선 측정장치의 일반적 구조 및 특성 ··· 207
- 1.3 방사선 계측 통계 ··· 210
- 확인문제 ··· 224
- 정답 및 해설 ··· 228

제2장 기체전리를 이용한 검출기 ··· 235
- 2.1 원리 ··· 237
- 2.2 인가전압과 수집전하량(수집이온쌍수)의 관계 ··· 238
- 2.3 기체충전형 검출기의 종류 ··· 242
- 확인문제 ··· 264
- 정답 및 해설 ··· 269

제3장 고체전리를 이용한 검출기 (Solid State Detector ; SSD) ··· 275
- 3.1 반도체 소자 ··· 277
- 3.2 고체전리검출기의 원리 ··· 283
- 3.3 고체전리검출기의 종류 ··· 284
- 3.4 고체전리검출기의 특징 ··· 287

CONTENTS

확인문제 ··· 289
정답 및 해설 ··· 293

제4장 형광현상을 이용한 검출기 ··· 299
4.1 신틸레이션 검출기 (Scintillation Detector) ·· 301
4.2 열형광선량계 ·· 314
4.3 형광유리선량계(Radiophotoluminescent Glass Dosimeter ; RPLD or PLD) ··· 317
확인문제 ··· 319
정답 및 해설 ··· 323

제5장 선량 및 방사능 측정 ··· 329
5.1 방사선량 측정 ··· 331
5.2 방사능 측정 ·· 341
확인문제 ··· 350
정답 및 해설 ··· 353

제6장 에너지 측정 ··· 359
6.1 에너지 측정법 ··· 361
6.2 α선의 에너지 측정 ·· 361
6.3 β선의 에너지 측정 ·· 363
6.4 γ선 에너지 측정 ·· 365
6.5 에너지 분해능 ··· 373
6.6 에너지 교정 및 효율교정 ··· 377
확인문제 ··· 379
정답 및 해설 ··· 383

제7장 방사성 핵종의 취급 ············ 389
- 7.1 방사성물질의 취급 및 안전조치 ············ 391
- 7.2 방사성폐기물 관리 ············ 400
- 확인문제 ············ 409
- 정답 및 해설 ············ 413

3 방사선 장해방어

제1장 방사선과 관련된 양과 단위 ············ 425
- 1.1 방사선과 물질과의 상호작용을 나타내는 단위 ············ 427
- 1.2 방사선량과 단위 ············ 433
- 확인문제 ············ 442
- 정답 및 해설 ············ 446

제2장 방사선 방호체계 ············ 453
- 2.1 방사선 방호의 개념 ············ 455
- 2.2 방사선 방호의 체계(ICRP 신권고) ············ 460
- 2.3 방사선 방호의 한도 및 준위 ············ 469
- 확인문제 ············ 473
- 정답 및 해설 ············ 477

제3장 방사선 방호의 원칙 ············ 485
- 3.1 외부피폭의 방어원칙 ············ 487
- 3.2 내부피폭의 방어원칙 ············ 491
- 3.3 방사선량의 평가 ············ 494
- 3.4 방사능방재 체계 ············ 497

CONTENTS

  확인문제 ·· 500
  정답 및 해설 ··· 504

제4장 방사선의 인체영향과 장해 ·· 509
  4.1 결정적 영향 (Deterministic effect) ······················· 511
  4.2 확률적 영향 (Stochastic effect) ···························· 518
  4.3 태아의 방사선 영향 ·· 521
  4.4 방사선장해에 영향을 미치는 인자 ···························· 522
  확인문제 ·· 525
  정답 및 해설 ··· 529

제5장 방사선 모니터링 ·· 534
  5.1 개인 방사선 모니터링 ·· 538
  5.2 작업장 방사선 모니터링 ·· 546
  확인문제 ·· 552
  정답 및 해설 ··· 557

1 원자력 기초 이론

제1장 원자물리기초

- **1.1** 역학적에너지(Mechanical Energy)
- **1.2** 방사선(Radiation)
- **1.3** 에너지의 단위
- **1.4** SI 단위 체계
- **1.5** 운동량 및 에너지 보존의 법칙
- **1.6** 특수 상대성 이론 및 질량 에너지 등가법칙
- **1.7** 방사선 관련 용어 및 단위

chapter 제1장 원자물리기초

1.1 역학적에너지(Mechanical Energy)

에너지란 물체가 가지고 있는, (물리적인) 일을 할 수 있는 능력을 의미하며, 에너지의 종류에는 운동에너지, 위치에너지, 열에너지, 전자기에너지, 화학에너지, 핵에너지 등이 있으며 단위로는 J, eV, cal, erg 등이 사용된다.

역학적에너지(Mechanical Energy)는 역학적인 일에 의해(기계적인 일에 의해, 힘에 의해) 변화될 수 있는 에너지이며 일반적으로 운동에너지와 위치에너지가 이에 해당된다. 운동에너지는 물체의 질량과 속도에 따라, 위치에너지는 물체의 질량과 위치(높이)에 따라 결정된다.

1 운동에너지(Kinetic Energy)

- 운동에너지란 물체가 운동할 때 지니는 에너지이자 운동하고 있는 물체를 최초의 정지상태에서 현재의 속도로 가속하는데 필요한 일
- 물체의 속도가 감소하면 감소한 속도에 해당하는 운동에너지가 다른 형태의 에너지로 바뀌게 됨
- 운동에너지는 물체의 질량과 속도에 따라 변함
- 운동에너지의 식(E_k : 운동에너지 [J], m : 운동하는 물체의 질량 [kg], v : 운동하는 물체의 속도 [m/s])

운동에너지

$$E_k = \frac{1}{2}mv^2$$

2 위치에너지(Potential Energy)

- 보존력(중력이나 정전기력)이 작용하는 공간 내에 물체가 존재할 경우 기준점으로부터 물체의 위치에 따라 잠재적으로 가지는 에너지
- 물체가 현재의 위치에서 기준점까지 이동하는 과정에서 보존력이 물체에 하는 일의 양으로 정의
- 위치에너지를 구하는 식(E_p : 지표면 근처에서 중력에 의한 위치에너지 [J]
  - m : 정지된 물체의 질량 [kg]
  - g : 물체에 작용하는 중력 (=9.8 m/s²)
  - h : 지표면(=기준면)으로부터의 물체 높이 [m])

위치 에너지

$$E_p = mgh$$

- 위치에너지의 경우 공간상의 같은 위치라고 하더라도 기준점에 따라 각 물체들이 가지는 위치에너지는 서로 다른 값을 가지게 됨
- 위치 차이에 따른 위치에너지의 차이값 만이 물리적 의미를 가지므로 기준점은 편의에 따라 정할 수 있음

3 역학적에너지 보존의 법칙 (Law of Conservation of Mechanical Energy)

- 역학적에너지란 에너지의 종류 중 운동에너지와 위치에너지를 합한 것을 의미하며, 어떠한 위치에 물체가 존재하더라도 항상 같은 값을 갖게 되는 것을 역학적에너지 보존의 법칙이라고 함
- 질량이 m인 물체가 높이 h에서 자유낙하를 한다면 이 물체는 일정하게 속력이 증가하므로 운동에너지는 증가하지만 물체가 존재하는 높이는 감소하게 되어 위치에너지는 감소하게 되며, 어느 위치에 물체가 있더라도 운동에너지와 위치에너지의 합인 역학적에너지는 같은 값을 갖게 됨
- 운동에너지가 증가하는 양만큼 위치에너지는 감소하게 됨
  - ▶ E : 역학적에너지 [J], E_p : 위치에너지 [J], E_k : 운동에너지 [J]
    m : 물체의 질량 [kg], g : 물체에 작용하는 중력 (=9.8 m/s²)
    h : 지표면(=기준면)으로부터의 물체 높이 [m], v : 물체의 속도(m/s)

역학적에너지

$$E = E_p + E_k = mgh + \frac{1}{2}mv^2$$

4 기타 에너지

기타 에너지에는 열에너지, 전자기에너지, 화학에너지, 핵에너지 등이 있다.

기타 에너지	
열에너지	열의 형태를 취한 에너지, 물체의 온도를 변화시키거나 상태 변화를 일으키는 에너지
전자기에너지	전기적 방전의 진동과 가속에 의해 발생하는 역동적인 에너지의 한 형태로써, 원자나 분자가 아주 높은 에너지 궤도에서 낮은 에너지 궤도로 떨어질 때 발생하는 전자, 그리고 원자나 전자의 불규칙 운동과 함께 융합과 분열 중인 원자핵과 관련이 있음
화학에너지	화학 결합에 의하여 물질 내에 보존되어 있는 에너지, 물질에 화학 변화가 생기면 함께 보존되고 있던 화학에너지도 변화하여 방출 또는 흡수
핵에너지	원자핵 반응에서 방출되는 에너지, 에너지를 방출하는 핵반응에는 방사성 붕괴, 핵분열, 핵융합 등이 포함

1.2 방사선(Radiation)

- 양성자와 중성자가 결합하여 원자핵을 형성할 때 양성자와 중성자의 비율에 의해 안정한 원자핵이 만들어지기도 하고 불안정한 원자핵이 만들어지기도 한다. 불안정한 원자핵은 α입자, 전자, γ선, X선, 중성자 등을 내놓고 안정한 원자핵으로 바뀌며, 이 때 방출되는 입자선 및 복사선을 방사선이라 함

- 원자력안전법에서는 전자파 또는 입자선 중 직접 또는 간접으로 공기를 전리하는 능력을 가진 것으로서 다음을 방사선이라 함

| 원자력안전법에서의 방사선 |

1. 알파선, 중양자선, 양자선, 베타선 및 그 밖의 중하전입자선
2. 중성자선
3. 감마선 및 엑스선
4. 5만 전자볼트 이상의 에너지를 가진 전자선

1.3 에너지의 단위

- 역학적에너지의 경우 J의 단위를 사용하며, 방사선이나 핵반응을 다룰 때 자주 쓰이는 에너지 단위로는 eV가 있음

- eV(전자볼트)는 진공 속에서 전하량 e인 전하를 가진 입자가 전위차가 1 V인 두 지점 사이에서 가속될 때 얻어지는 에너지로써 소립자, 원자핵, 원자, 분자 등의 에너지를 나타내는데 사용됨

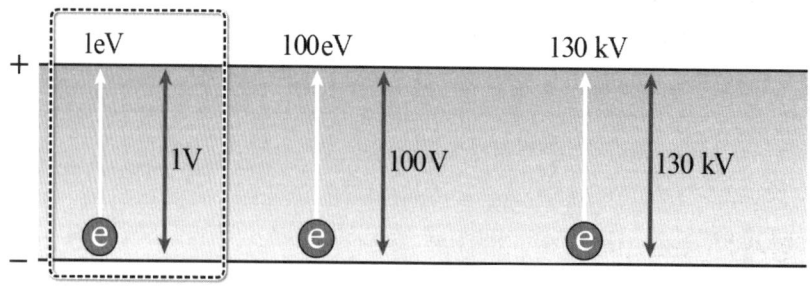

1 eV의 정의

- eV와 J 사이 관계

$$1 \text{ eV} = 1.6 \times 10^{-19} \text{ J}$$

- 이 외의 에너지 단위 : cal(칼로리, 열량 단위로 사용)
- CGS 단위계(Centimeter-Gram-Second system)에서 일의 단위인 erg가 존재
- 에너지 단위 사이의 관계

단위 사이 관계	
단위별 대소 관계	cal > J > erg > eV
에너지 단위 변환	① 1 eV = 3.8 × 10^{-20} cal = 1.6 × 10^{-19} J = 1.6 × 10^{-12} erg ② 1 cal = 2.6 × 10^{19} eV = 4.2 J = 4.2 × 10^{7} erg

1.4 SI 단위 체계

- 국제단위계(International System of Units, 약칭 SI)는 현재 세계적으로 일상 생활 뿐만 아니라 상업적으로나 과학적으로 널리 쓰이는 도량형 중에 하나임
- 예전에 미터계와 피트-파운드계로 구분되어 사용하였으나 세계적으로 단일화된 국제 단위계를 만들기 위해 1960년 제 11차 국제 도량형 총회에서 SI 단위계가 결정됨
- SI 단위계는 MKS(Metre-Kilogramme-Second) 단위계라고도 함
- SI 단위 체계는 총 7개의 기본 단위가 정해져 있으며, 이를 SI 기본 단위라고 하며, 물리적 원리에 따라 여러 기본 단위들을 조합하여 새로운 단위를 유도할 수 있는데 이를 SI 유도 단위(SI 조립 단위, SI 도출 단위)라고 함

SI 기본 단위

물리	이름	기호
길이	미터	m
질량	킬로그램	kg
시간	초	s
전류	암페어	A
온도	켈빈(온도)	K
물질량	몰(수)	mol
광도	칸델라	cd

SI 유도 단위

유도량	이름	기호
넓이	제곱미터	m^2
부피	세제곱미터	m^3
속력, 속도	미터 매 초	m/s
가속도	미터 매 초 제곱	m/s^2
밀도	킬로그램 매 세제곱미터	kg/m^3
농도	몰 매 세제곱미터	mol/m^3
광휘도	칸델라 매 제곱미터	cd/m^2

SI 접두어

10^n	접두어	기호
10^{-15}	펨토(femto)	f
10^{-12}	피코(pico)	p
10^{-9}	나노(nano)	n
10^{-6}	마이크로(micro)	μ
10^{-3}	밀리(milli)	m
10^{-2}	센티(centi)	c
10^{3}	킬로(kilo)	k
10^{6}	메가(mega)	M
10^{9}	기가(giga)	G
10^{12}	테라(tera)	T

1.5 운동량 및 에너지 보존의 법칙

1 운동량 보존의 법칙(Law of Conservation of Motion)

- 두 물체 사이에 충돌이 발생한다면 매우 짧은 시간에 작용 반작용에 해당하는 힘을 받게 되며, 이 때 작용한 힘의 크기는 서로 같으며 충돌로 인한 접촉 시간도 같으므로 충격량 또한 동일함

- 두 물체 사이에 힘이 작용한다면 물체의 속도가 변하게 되어 운동량은 바뀌게 되지만 외부에서 힘이 작용하지 않는다면 두 물체 사이에 힘이 작용하기 전후 운동

량의 총합은 항상 일정하게 보존된다는 법칙
- 이러한 운동량 보존의 법칙은 셋 이상의 물체에서도 성립이 가능하며, 물체 사이에 작용하는 힘은 앞선 내용과 같이 작용-반작용의 법칙을 따르게 됨
- 운동량 보존의 법칙에 대해 정리하면 다음과 같음

운동량 보존의 법칙

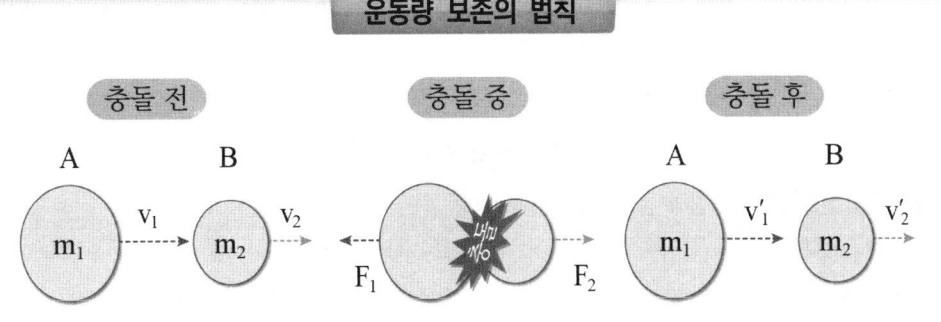

두 물체가 충돌하는 경우 운동량 보존의 법칙

	충돌 전 운동량	충돌 후 운동량	충격량
물체 A	$m_1 v_1$	$m_1 v'_1$	$m_1 v'_1 - m_1 v_1 = -F\triangle t$
물체 B	$m_2 v_2$	$m_2 v'_2$	$m_2 v'_2 - m_2 v_2 = F\triangle t$

두 물체의 충격량의 합이 0이므로 두 식을 정리하면 다음과 같다.
$(m_1 v'_1 - m_1 v_1) + (m_2 v'_2 - m_2 v_2) = 0$
$m_1 v'_1 - m_1 v_1 = -(m_2 v'_2 - m_2 v_2)$, $m_1 v_1 + m_2 v_2 = m_1 v'_1 + m_2 v'_2$
충돌 전 두 물체의 운동량의 합과 충돌 후 두 물체의 운동량의 합은 같다.

1.6 특수 상대성 이론 및 질량 에너지 등가법칙

1 특수 상대성 이론(Special Theory of Relativity)

- 특수 상대성 이론은 1905년 아인슈타인에 의해 제창된 시공간에 대한 이론으로 20세기 초 물리학계의 문제였던 뉴턴역학과 맥스웰의 전자기 이론 사이의 모순을 해결한 이론

- 특수 상대성 이론의 경우 광속도 불변의 원리를 이용하여 상대방에 대해 같은 속도로 움직이는 두 기준틀에서 고전 전자기 법칙이 불변으로 유지되는 새로운 시공 개념을 제시
- 두 가지 가설을 가정
  ① 상대성 원리 : 물리학의 모든 법칙은 모든 관성 기준에서 동일하게 적용
  ② 광속의 불변성 : 빛의 속력은 관찰자의 속도나 광원의 속도와 관계없이 모든 관성틀에 동일한 값임
- 특수 상대성 이론 결과

특수 상대성 이론 결과	
동시성의 상대성	사건의 동시성은 관찰자의 운동 상태에 의존
시간의 팽창	움직이는 기준틀의 시계는 고유 시간보다 천천히 감
길이의 수축	움직이는 기준틀의 관찰자가 측정한 물체의 길이는 고유 길이보다 짧음
질량의 상대성 및 질량에너지 등가	움직이는 물체의 질량은 증가하며 정지해 있는 물체라도 질량에 상당하는 에너지를 가지고 그 역 또한 성립됨

① 동시성의 상대성 (Relativity of simultaneity)
  ▶ 동시성은 좌표계에 따라 상대적임. 즉 동시라는 것은 좌표계에 따라서 다르게 관측된다는 것으로 한 좌표계에서 두 사건이 동시에 일어난 것이라 관측되었더라도 다른 좌표계에서는 두 사건이 동시에 일어나지 않은 것으로 관측될 수 있음
  ▶ 시간팽창과 길이 수축의 근거가 됨

② 시간의 팽창(Time Dilation)
  ▶ 시간 팽창은 기존의 가정인 시간 기준계가 절대적이지 않으며 상대적 시간이 달라짐을 제시하는 것이며, 이를 설명하면 다음과 같음

시간의 팽창

실험을 위한 조건

- 관찰자 A는 지구의 지상에 존재(지구는 상대적으로 움직이지 않는 관성계)
- 관찰자 B는 관찰자 A에 대해 상대적으로 등속도 운동을 하는 우주선에 존재
- 각 관찰자 옆에 빛으로 측정하는 거울 초시계를 비치

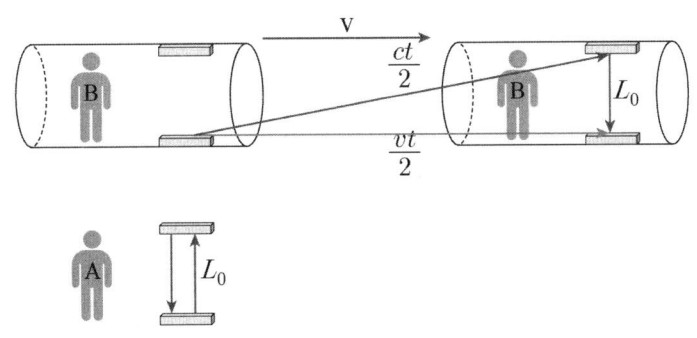

시간의 팽창

- 관찰자 A가 관찰한 자신의 거울 초시계와 관찰자 B가 관찰한 자신의 거울 초시계는 정확히 똑같이 1초씩 흘러가지만, A가 B의 거울 초시계를 관찰하면 B의 거울 초시계가 느리게 흐르는 것으로 보임

- 이를 수식으로 설명을 하기 위해서,
관찰자 B가 관찰한 B 기준계의 거울 초시계 왕복시간을 t_0, 거울 사이의 거리를 L_0, 빛의 속도를 c라고 한다면, 왕복시간 $t_0 = \dfrac{2L_0}{c}$ (식 1)이며,

관찰자 A가 B 기준계의 거울 초시계가 한쪽 거울에서 반대쪽 거울까지 가는데 걸리는 시간을 $\dfrac{t}{2}$로 한다면,

우주선은 등속도 운동을 하고 있으므로 수평으로 이동한 거리는 $v \times \dfrac{t}{2}$

빛이 이동한 거리는 시간은 같고 속도만 빛의 속도로 바뀌므로 $c \times \dfrac{t}{2}$이므로,

피타고라스의 정리를 사용하면 $(\dfrac{ct}{2})^2 = (\dfrac{vt}{2})^2 + (L_0)^2$ (식 2)이므로,

식 1을 L_0에 관한 식으로 정리하여 식 2에 대입하여 정리하면 $t = \dfrac{t_0}{\sqrt{1-(\dfrac{v}{c})^2}}$

분모가 항상 1보다 작은 값을 가지게 되므로 t는 항상 t_0보다 더 길게 되므로,
시간의 지연이 발생한다.

③ 길이의 수축 (Length Contraction)
- ▶ 한 관성계에서 상대속도를 가지는 다른 관성계를 관측할 때 길이가 줄어드는 것으로 관측되는 것을 의미
- ▶ 관성계 A에서 움직이는 다른 관성계 B를 보면 B의 길이가 상대적으로 짧아진 것으로 관측되며, 역으로 다른 관성계 B에서 관성계 A를 관측하면 A의 길이가 상대적으로 짧아진 것으로 관측됨

길이의 수축

$$L = L_0 \sqrt{1 - \frac{v^2}{c^2}}$$

④ 질량의 상대성(Mass Relativity)과 질량 에너지 등가 법칙(Mass-Energy Equivalent Principle)

- **질량의 상대성**
- ▶ 물질의 무게는 차원과 시공간 및 장소에 따라 변하여 매 상황마다 무게는 달라지기 때문에 절대적인 의미의 무게는 존재하지 않아 질량이라는 개념을 사용
- ▶ 이러한 질량은 물질의 절대적인 무게 값으로 주변 요인을 소거한 무게 값을 의미
- ▶ 아인슈타인의 이론에 따라 빠른 속도로 달리는 물체는 질량이 증가하게 되고 이를 나타낸 식은 다음과 같음 (m : 특정 속도로 운동하는 물체의 질량 [kg], m_0 : 정지질량 [kg], c : 빛의 속도 (=3×10^8 m/s), v : 물체의 속도 [m/s])

질량의 상대성

$$m = \frac{m_0}{\sqrt{1 - \frac{v^2}{c^2}}}$$

- **질량 에너지 등가 법칙**
- ▶ 아인슈타인의 상대성 이론에 의해 물체가 속도 v로 운동을 할 때, 총 에너지는 정지질량에너지에 운동에너지를 합한 것

▶ 이 경우 운동에너지란 운동 중에 생기는 질량 증가에 광속의 제곱을 곱한 값(총 에너지)에 정지질량에너지를 제외한 값으로써 식으로 나타내면 다음과 같음

질량에너지 등가법칙

$$E = m_0c^2 + KE, \quad E = mc^2$$

E : 총 에너지, m_0c^2 : 정지질량에너지, KE : 운동에너지

여기서, 질량의 상대성을 이용하여 물체가 운동 중 생긴 질량 증가를 고려하면,

$$E = mc^2 = m_0c^2 + KE$$
$$KE = mc^2 - m_0c^2$$
$$= \frac{m_0}{\sqrt{1-\frac{v^2}{c^2}}}c^2 - m_0c^2 = m_0c^2\left(\frac{1}{\sqrt{1-\frac{v^2}{c^2}}} - 1\right)$$

여기서, 물체의 운동 속도가 광속도보다 훨씬 낮다면, $KE = \frac{1}{2}m_0v^2$ 이 된다.

1.7 방사선 관련 용어 및 단위

1 방사능 (Radioactivity)

- 정성적으로는 방사선을 낼 수 있는 능력을 의미하며 정량적으로는 방사성물질의 자발적 핵변환 비율(강도)을 나타내는 수치로 정의

- 방사능을 구하는 식 (A : 방사능 [Bq], λ : 해당 방사성핵종의 붕괴상수 [/s]
  N : 해당 방사성핵종의 원자 수 [개]
  T : 해당 방사성핵종의 반감기 [s])

방사능

$$A = \lambda N = \frac{\ln 2}{T}N$$

2 방사성(Radioactive)

- 방사선 붕괴하는 성질이 있다는 뜻으로 '방사선을 내는~' 또는 '방사능이 있는~' 이라는 뜻의 형용사
- 방사성동위원소, 방사성물질, 방사성폐기물 등의 용어에 사용되며, 방사선동위원소, 방사선폐기물 등의 용어는 잘못된 표기임

3 진동수(주파수, Frequency)

- 주기나 파형이 단위 시간 내에 몇 개가 반복되는가를 나타내는 것
- 일반적으로 매질이 한 번 진동하는데 걸리는 시간인 주기의 역수로 나타냄

4 파장(Wave Length)

- 파동에서는 시간이 흐르지 않는 상태에서 반복되는 모양을 주기적으로 보이는 파동에서 마루와 마루 사이의 거리 혹은 골과 골 사이의 거리를 의미
- 파동이 1주기 동안 진행한 길이를 의미(음파나 전자파)

주파수 및 파장

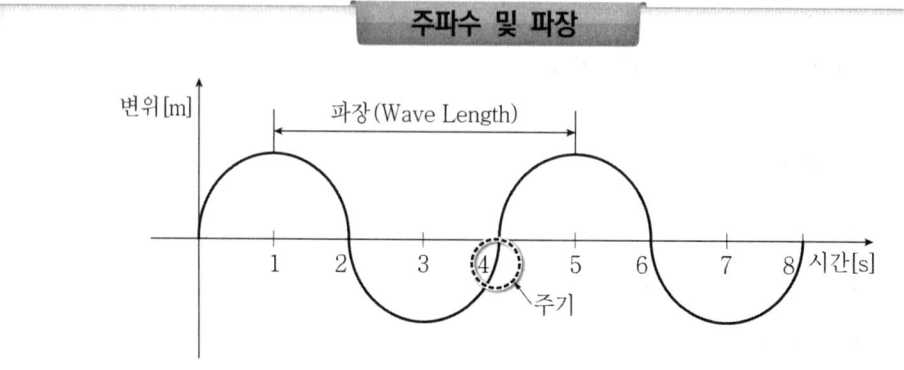

주기와 파장

한 번 진동을 하는데 걸리는 시간을 주기라고 하며, 파동의 마루와 마루 또는 골과 골 사이의 거리를 파장이라고 한다. 이러한 파동의 속력은 한 번 진동하는데 걸리는 시간인 주기로 이동거리인 파장을 나누면 파동의 속력이 되며, 진동수는 주기의 역수인 것을 고려하여 식을 나타내면 다음과 같다.

$$v = \frac{\lambda}{T} = f\lambda$$

v : 파동의 속력 [m/s] λ : 파장 [m], T : 주기 [s], f : 주파수(진동수) [/s]

5 플랑크상수(Planck Constant)

- 양자역학의 기본적인 상수 중 하나로서, 물질의 이중성인 물질입자의 입자성과 파동성을 보증하는 상수

6 아보가드로수(Avogadro's number)

- 1 mol의 기초단위체 속에 들어 있는 입자의 수
- 원자량에 g을 붙인 값은 일정한 수의 원자를 포함하고 분자량에 g을 붙인 값은 일정한 수의 분자를 포함

방사선 관련 단위 및 상수

용어	단위 및 상수	비고
방사능	SI 단위 : Bq(=tps) Conventional 단위 : Ci	1 Ci = 3.7×10^{10} Bq = 3.7×10^{10} tps
주파수	Hz	-
주기	sec	-
파장	m	-
플랑크상수	6.626×10^{-34} J·sec	-
아보가드로수	6.02×10^{23}개	1 mol = A g = 6.02×10^{23}개 = 22.4 L (0℃ 1기압 기체상태, A : 원자량)

* Barn(바안) : 입사 방사선 및 입사 입자가 표적물질 내 입자와 상호작용할 확률을 면적의 개념으로 표현한 것으로 1 barn = 10^{-24} cm^2
* Angstrom(옹스트롱) : 빛의 파장이나 결정의 원자배열 등을 측정할 때 쓰이는 길이의 단위로 1 Å = 10^{-10} m

확인문제 원자물리기초

01. 다음은 에너지 단위 사이의 변환을 나타낸 것이다. 옳은 것은?

① 1 eV = 1.6 × 10^{-19} erg
② 1 cal = 4.2 × 10^7 erg
③ 1 eV = 1.6 × 10^{-20} cal
④ 1 eV = 1.6 × 10^{-18} J

02. 특수상대성이론의 결과가 <u>아닌</u> 것은?

① 사건의 동시성은 관찰자의 운동 상태에 의존한다.
② 움직이는 기준의 시계는 고유 시간보다 천천히 간다.
③ 움직이는 기준의 관찰자가 측정한 물체의 길이는 고유 길이보다 짧다.
④ 상대성의 동시성

03. 운동량 보존의 법칙에 대한 설명으로 틀린 것은?

① 두 물체 사이에 충돌이 발생하면 작용 반작용에 해당하는 힘을 받는다.
② 운동량 보존의 법칙은 셋 이상의 물체에서도 성립이 가능하다.
③ 외부에서 힘이 작용하더라도 전후 운동량의 총합은 항상 일정하게 보존된다.
④ 두 물체에 충격량은 동일하다.

04. 현재 세계적으로 일상생활 뿐 아니라 상업적, 과학적으로 널리 쓰이는 도량형 중 하나인 SI의 기본단위가 올바르게 짝지어 진 것은?

① 길이 - cm
② 온도 - K
③ 시간 - h
④ 전류 - Å

05. 아인슈타인의 상대성이론에 따라 빠른 속도로 달리는 물체의 질량은 증가한다고 한다. 증가한 질량을 나타낸 식으로 옳은 것은?

① $m = \dfrac{m_0}{\sqrt{1-\dfrac{v^2}{c^2}}}$ ② $m = \dfrac{1}{\sqrt{1-\dfrac{v^2}{c^2}}}$

③ $m = \dfrac{m_0}{1-\dfrac{v^2}{c^2}}$ ④ $m = \dfrac{m_0}{\sqrt{1-\dfrac{c^2}{v^2}}}$

06. 다음의 그림의 조건들을 사용하여 관찰자 A가 B 기준계의 거울 초시계가 한번 왕복하는데 걸리는 시간을 구하면?

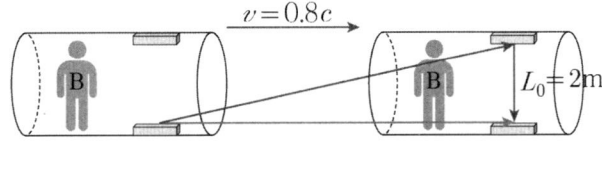

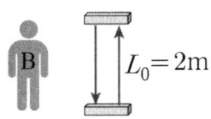

① 6.67×10^{-9} s ② 2.56×10^{-9} s
③ 1.33×10^{-8} s ④ 2.22×10^{-8} s

07. 전자의 속도가 빛의 속도의 99%일 때, 전자의 운동 에너지는 얼마인가?

① 0.511 MeV ② 2.622 MeV
③ 3.111 MeV ④ 3.622 MeV

08. 정성적으로 방사선을 낼 수 있는 능력을 의미하며 정량적으로는 방사성물질의 자발적 핵변환 비율을 나타내는 수치를 의미하는 것은?

① 방사성 ② 방사선
③ 방사능 ④ 조사선량

09. 원자량이 60이고, 원자번호가 26인 어떤 핵종 400 Bq이 있다면 이 핵종의 질량은 얼마인가?
(이 핵종의 반감기는 4일이다.)

① 1.98×10^{-5} ng ② 7.86×10^{-5} ng
③ 2.04×10^{-6} ng ④ 8.59×10^{-6} ng

10. 어떤 물체가 0.7c의 속력으로 운동을 하고 있을 때 이 물체의 질량은?
(이 물체의 정지질량은 0.5 kg이다.)

① 70 g   ② 90 g   ③ 700 g   ④ 800 g

11. 기준점 1과 기준점 2일 때 M_1과 M_2의 위치에너지를 올바르게 표현한 것은?
(M_1의 질량은 m_1, M_2의 질량은 m_2이다.)

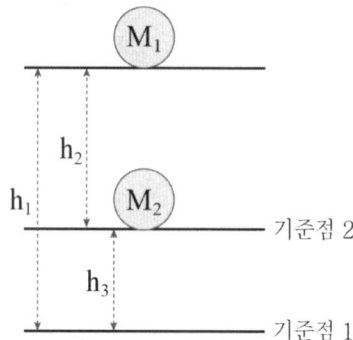

	기준점 1		기준점 2	
	M_1의 위치에너지	M_2의 위치에너지	M_1의 위치에너지	M_2의 위치에너지
①	m_1gh_1	0	m_1gh_2	0
②	m_1gh_2	m_2gh_2	m_1gh_2	m_2gh_3
③	$m_1g(h_2+h_3)$	0	$m_1g(h_1-h_3)$	m_2gh_3
④	m_1gh_1	m_2gh_3	m_1gh_2	0

12. 다음은 방사선과 관련된 용어들과 각 용어들의 단위를 짝지은 것이다. 용어와 단위가 틀린 것은?

   ① 방사능 - tps
   ② 조사선량 - Xunit
   ③ 흡수선량 - Gy
   ④ 등가선량 - Gy

13. 어느 한 집단의 인원은 2500 명이였으며, 피폭선량의 최솟값은 2 mSv이고 최댓값은 5 mSv였으며, 평균 피폭선량은 3.5 mSv였다. 이 집단의 집단선량은 얼마인가?

   ① 5 man-Sv
   ② 6.87 man-Sv
   ③ 8.75 man-Sv
   ④ 12.5 man-Sv

14. 방사선이 운반하는 에너지양으로 엑스선, 감마선 및 중성자 등과 같은 간접 전리 방사선에 의한 선량과 관련된 양을 무엇이라고 하는가?

   ① 커마
   ② 흡수선량
   ③ 유효선량
   ④ 등가선량

15. 0℃ 1기압 기체상태의 반감기가 2.4년인 방사성동위원소 10 cc가 있다. 이 방사성동위원소의 방사능은 얼마인가?

   ① 8.86×10^{11} Bq
   ② 2.46×10^{12} Bq
   ③ 1.23×10^{19} Bq
   ④ 7.76×10^{19} Bq

16. 어떤 물체가 6.5 × 10⁻¹¹ J의 운동에너지를 가지고 운동을 하고 있다. 물체의 초기질량이 m_0라고 한다면, 운동 하는 물체의 질량은 얼마인가?

(이 물체의 정지질량에너지는 300 MeV이다.)

① 0.35 m_0
② 0.64 m_0
③ 2.35 m_0
④ 3.62 m_0

17. 5 kg, 7 kg의 물체가 각각 8 cm/s, 4 m/min의 속도로 운동을 하고 있다. 두 물체가 충돌 후 5 kg의 물체가 4 cm/s로 운동을 한다면 7 kg 물체의 속도는 얼마인가?

① 342 m/hr
② 274 m/hr
③ 156 m/hr
④ 105 m/hr

18. 반감기가 5.3년인 방사성동위원소 0.5 mCi가 있다. 이 방사성동위원소의 질량은?

(방사성동위원소의 원자량은 60이고 원자번호는 27이다.)

① 약 0.2 μg
② 약 0.4 μg
③ 약 0.6 μg
④ 약 0.8 μg

19. 방사선과 관련된 단위 및 상수에 대한 설명으로 옳은 것은?

① 방사능의 SI 단위는 Ci이다.
② 물질입자의 입자성과 파동성을 보증하는 상수는 아보가드로수이다.
③ 바안(Barn)이란 입사 방사선 및 입사 입자가 표적물질 내 입자와 상호작용할 확률을 면적의 개념으로 표현한 것이다.
④ 1 Å=10^{-12} m 이다.

20. 역학적 에너지 보존법칙에 따라 물질의 위치에너지와 운동에너지의 합은 항상 일정하다. 아래 물질의 질량이 4 kg이라면 A지점과 B지점에서의 물질의 속도는 얼마인가?

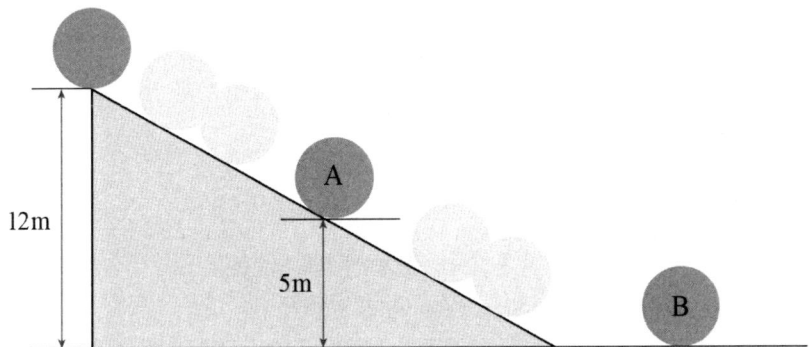

① A : 약 12 m/s, B : 약 15 m/s
② A : 약 10 m/s, B : 약 13 m/s
③ A : 약 12 m/s, B : 약 14 m/s
④ A : 약 10 m/s, B : 약 15 m/s

정답 및 해설 원자물리기초

01 ②

에너지 단위인 erg, J, cal, eV 사이의 관계는 다음과 같다.
1 eV = 3.8×10^{-20} cal = 1.6×10^{-19} J = 1.6×10^{-12} erg
1 cal = 2.6×10^{19} eV = 4.2 J = 4.2×10^{7} erg

02 ④

특수상대성 이론의 결과는 다음과 같다.
동시성의 상대성 : 사건의 동시성은 관찰자의 운동 상태에 의존한다.
시간의 지연 : 움직이는 기준의 시계는 고유 시간보다 천천히 감
길이의 수축 : 움직이는 기준의 관찰자가 측정한 물체의 길이는 고유길이보다 짧다.

03 ③

두 물체 사이에 힘이 작용한다면 물체의 속도가 변하게 되어 운동량은 바뀌게 되지만 외부에서 힘이 작용하지 않는다면 두 물체 사이에 힘이 작용하기 전후 운동량의 총합은 항상 일정하게 보존된다.

04 ②

SI 기본단위는 다음과 같다.
길이 - m, 질량 - kg, 시간 - s, 전류 - A, 온도 - K, 물질량 - mol, 광도 - cd

05 1

아인슈타인의 이론에 따라 빠른 속도로 달리는 물체의 질량은 증가함을 나타내는 식은 다음과 같다.

$$m = \frac{m_0}{\sqrt{1-\frac{v^2}{c^2}}}$$

m : 특정 속도로 운동하는 물체의 질량 [kg], m_0 : 정지질량 [kg]
c : 빛의 속도 (=3×10^8 m/s), v : 물체의 속도 [m/s]

06 4

관찰자 B가 관찰한 B 기준계 거울 초시계 왕복시간

$$t_0 = \frac{2L_0}{c} = \frac{2 \times 2\,m}{3 \times 10^8 m/s} = 1.33 \times 10^{-8} s$$

관찰자 A가 B 기준계의 거울 초시계가 한번 왕복하는데 걸리는 시간

$$t = \frac{t_0}{\sqrt{1-(\frac{v}{c})^2}} = \frac{1.33 \times 10^{-8} s}{\sqrt{1-0.8^2}} = 2.22 \times 10^{-8} s$$

07 3

질량의 상대성을 이용하여 물체가 운동 중 생긴 질량 증가를 고려한 운동에너지는 다음과 같다.

$$KE = m_0 c^2 \left(\frac{1}{\sqrt{1-(\frac{v}{c})^2}} - 1 \right)$$

따라서, 운동에너지에 $m_0 c^2$ = 0.511 MeV, v=0.99c 를 위의 식에 대입하면

운동에너지는 3.511 MeV이다.

08 ③

방사성 : 방사선 붕괴 성질이 있다는 의미로 '방사선을 내는~'을 의미하는 형용사
방사선 : 불안정한 원자핵은 알파입자, 전자, 감마선, X선, 중성자 등을 내놓고 안전한 원자핵으로 바뀌며, 이 때 방출되는 입자선 및 복사선
방사능 : 정성적으로는 방사선을 낼 수 있는 능력을 의미하며 정량적으로는 방사성물질의 자발적 핵변환 비율(강도)을 나타내는 수치
조사선량 : 어느 공간에 존재하는 X선과 감마선의 방사선장 또는 방사능으로부터 어느 정도 피폭이 가능한지를 나타내는 선량
예탁선량 : 방사성물질 흡입 및 섭취 이후 받게 될 총 선량

09 ①

방사능을 구하는 공식은 $A = \lambda N$, 해당핵종의 반감기가 4일이고 방사능이 400 Bq이므로 N을 구하면,

$$N = \frac{400\,개}{\sec} \times \frac{4\,day}{0.693} \times \frac{24\,h}{1\,day} \times \frac{3600\,\sec}{1\,h} = 1.99 \times 10^8\,개$$

$60\,g : 6.02 \times 10^{23}\,개 = x : 1.99 \times 10^8\,개$,

$x = 1.98 \times 10^{-14}\,g = 1.98 \times 10^{-5}\,ng$

10 ③

질량의 상대성으로 인해 질량의 식은 다음과 같다.

$m = \dfrac{m_0}{\sqrt{1-\dfrac{v^2}{c^2}}}$, m_0 = 0.5 kg = 500 g, v=0.7c이므로

$m = \dfrac{500\,g}{\sqrt{1-(\dfrac{0.7c}{c})^2}} = 700\,g$

11 ④

위치에너지는 물체가 같은 위치에 있다고 하더라도 기준점에 따라 에너지가 달라지므로, 각 기준점에 대한 M_1과 M_2의 위치에너지는 다음과 같다.

기준점 1		기준점 2	
M_1의 위치에너지	M_2의 위치에너지	M_1의 위치에너지	M_2의 위치에너지
m_1gh_1	m_2gh_3	m_1gh_2	0

12 ④

등가선량의 단위는 Gy가 아닌 Sv이다.

13 ③

피폭된 사람의 수가 많을 경우 집단선량을 사용하는데 집단선량을 구하는 식은 다음과 같다.
집단의 평균유효선량 = 3.5 mSv = 3.5 × 10⁻³ Sv
집단의 총 인원 수 = 2500 man
집단유효선량 = 3.5 × 10⁻³ Sv × 2500 man = 8.75 man-Sv

14 ①

커마는 방사선이 운반하는 에너지양으로 엑스선, 감마선 및 중성자 등과 같은 간접 전리 방사선에 의한 선량과 관련된 양으로써 비하전 이온 방사선에 의해서 생성된 모든 하전입자들의 단위질량당 최초 운동에너지의 합이다.

15 ②

$$A = \lambda N, \ T_{\frac{1}{2}} = 2.4\, year, \ 10\, cc = 0.01\, L$$

$$0.01\, L : x = 22.4\, L : 6.02 \times 10^{23}\,개, \ x = \frac{0.01 \times 6.02 \times 10^{23}}{22.4}\,개 = 2.6875 \times 10^{20}\,개$$

$$A = \frac{0.693}{2.4\, y} \times 2.6875 \times 10^{20}\,개 \times \frac{1\, y \times 1\, day \times 1\, hour}{365\, day \times 24\, hour \times 3600\, s} = 2.46 \times 10^{12}\, Bq$$

16 ③

$$KE = m_0 c^2 \left(\frac{1}{\sqrt{1-(\frac{v}{c})^2}} - 1 \right), \quad m = \frac{m_0}{\sqrt{1-\frac{v^2}{c^2}}}$$ 이므로

KE= 6.5 × 10⁻¹¹ J, m₀c² = 300 MeV를 대입하면,

$$6.5 \times 10^{-11} J \times \frac{1\,MeV}{1.6 \times 10^{-13} J} = 300\,MeV \times \left(\frac{1}{\sqrt{1-(\frac{v}{c})^2}} - 1 \right)$$

$$\frac{406.25\,MeV}{300\,MeV} = \frac{1}{\sqrt{1-(\frac{v}{c})^2}} - 1, \quad \frac{1}{\sqrt{1-(\frac{v}{c})^2}} = 1 + \frac{406.25}{300} = 2.35$$

$$m = \frac{1}{\sqrt{1-\frac{v^2}{c^2}}} m_0 = 2.35\,m_0$$

17 ①

충돌 전 운동량의 합과 충돌 후 운동량의 합은 동일해야 한다. 따라서,

$(8\,cm/s \times 5\,kg) + (4\,m/\min \times 7\,kg) = (4\,cm/s \times 5\,kg) + (x \times 7\,kg)$

$40\,kg \cdot cm/s + \left(\frac{4 \times 100\,cm}{60\,\sec} \times 7\,kg \right) = 20\,kg \cdot cm/s + 7x\,kg$

$40\,kg \cdot cm/s + 46.7\,kg \cdot cm/s = 20\,kg \cdot cm/s + 7x\,kg$

$66.7\,kg \cdot cm/s = 7x\,kg, \quad x = 9.5\,cm/s$

$x = \frac{9.5\,cm}{s} \times \frac{1\,m}{100\,cm} \times \frac{3600\,s}{1\,hr} = 342\,m/hr$

18 ②

$$A = \lambda N = \frac{0.693(=\ln 2)}{T_{1/2}} N, \quad A = 0.5 \times 10^{-3}\,mCi, \quad T_{1/2} = 5.3\,year$$ 이므로

$$0.5 \times 10^{-3}\,Ci \times \frac{3.7 \times 10^{10}\,Bq}{1\,Ci} = \frac{0.693}{5.3\,year} \times N \times \frac{1\,year}{365\,day} \times \frac{1\,day}{24\,hr} \times \frac{1\,hr}{3600\,s}$$

N = 4.46 × 10¹⁵ 개이므로, $60\,g : 6.02 \times 10^{23}$ 개 $= x : 4.46 \times 10^{15}$ 개

$$x = \frac{4.46 \times 10^{15} \times 60}{6.02 \times 10^{23}} g = 4.45 \times 10^{-7}\,g \fallingdotseq 0.4\,\mu g$$

19 ③

방사선 관련 단위 및 상수는 다음과 같으며, 물질의 이중성인 물질의 입자성과 파동성을 보증하는 상수는 플랑크 상수이다.

방사선 관련 단위 및 상수

용어	단위 및 상수	비고
방사능	SI 단위 : Bq(=tps) Conventional 단위 : Ci	1 Ci = 3.7×10¹⁰ Bq = 3.7×10¹⁰ tps
주파수	Hz	-
주기	sec	-
파장	m	-
플랑크상수	6.626×10⁻³⁴ J·sec	-
아보가드로수	6.02×10²³개	1 mol = A g = 22.4 L = 6.02×10²³개 (A : 원자량)

* Barn(바안) : 입사 방사선 및 입사 입자가 표적물질 내 입자와 상호작용할 확률을 면적의 개념으로 표현한 것으로 1 barn = 10⁻²⁴ cm²

* Angstrom(옹스트롱) : 빛의 파장이나 결정의 원자배열 등을 측정할 때 쓰이는 길이의 단위로 1 Å=10⁻¹⁰ m

20 ①

역학적에너지 보존의 법칙에 따라 어느 위치에서든지 $mgh + \frac{1}{2}mv^2$은 일정하므로

초기 시작점에서는 위치에너지만 존재하고 A지점에서는 위치에너지와 운동에너지가 동시에 존재하며, B지점에서는 운동에너지만 존재한다.

초기 시작점에서의 위치에너지는 $4\,kg \times 9.8\,m/s^2 \times 12\,m = 470.4\,kg \cdot m^2/s^2$

따라서, 각 A,B 지점에서 물체의 속도는

⟨A 지점⟩ $4\,kg \times 9.8\,m/s^2 \times 5\,m + \frac{1}{2} \times 4\,kg \times v^2 = 470.4\,kg \cdot m^2/s^2$

$$v = \sqrt{\frac{470.4 - 196}{2}}\,m/s = 11.7\,m/s \fallingdotseq 12\,m/s$$

⟨B 지점⟩ $\frac{1}{2} \times 4\,kg \times v^2 = 470.4\,kg \cdot m^2/s^2, \quad v = \sqrt{\frac{470.4}{2}}\,m/s = 15.3\,m/s \fallingdotseq 15\,m/s$

제2장 원자와 원자핵

- **2.1** 원자
- **2.2** 원자핵

제 2 장 원자와 원자핵

2.1 원자

원자(atom)는 물질의 기본적 구성 단위로써 핵을 구성하는 중성자, 양성자(핵자)와 궤도전자로 구성되어 있다.

- Dalton : 1803년 모든 물질은 더 이상 쪼개지지 않는 입자, 즉, 원자로 이루어져 있다는 원자설을 제안하였으며 현대적인 원자 개념을 확립하는 계기가 됨
- Thomson : 1904년 발표한 원자모형에 의하면 원자가 더 작은 입자로 쪼개어 질 수 있으며 원자 전체에 양(+)전하가 균일하게 분포되어있고 여러 개의 전자가 들어 있는 건포도빵 모형을 제시
- Rutherford : 1911년 $α$선 산란실험의 결과를 근거로 원자는 양(+)전하가 중심에 집중되어 원자 질량의 대부분을 차지하며 그 주변을 전자들이 선회하는 행성모형을 제시
- 현대의 원자모형은 양자역학의 개념을 원자 구조에 적용한 1913년 Bohr의 이론 으로 이는 "전자는 일정한 궤도에 따라 핵 주위를 회전하고 있다"고 설명
원자(atom)는 원자핵(nucleus)과 전자(electron)로 구성되어 있고, 전자는 원자 핵의 둘레를 돌고 있다. 이처럼 원자핵의 주위를 돌고 있는 전자를 궤도전자 (orbital electron)라 부른다

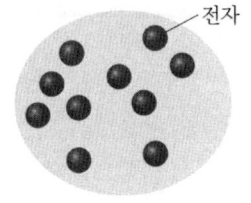
Thomson

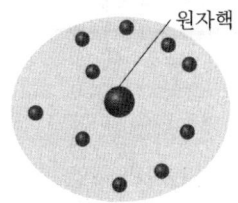
Rutherford

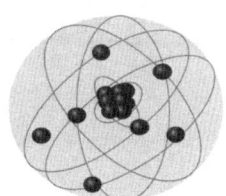
Bohr

원자모형의 변천 과정

- 원자핵은 양성자(proton)와 중성자(neutron)로 구성되어 있고, 양성자의 질량은 전자 질량의 약 1,840배 정도, 양(+)전하를 가지고 전하량은 전자와 동일
- 중성자의 질량은 양성자와 비슷하나 약간 크고, 전하를 가지지 않음
- 원자핵을 구성하는 양성자와 중성자를 일컬어 핵자(nucleon)라 하며 전기적으로 중성인 원자는 원자핵 속의 양성자수와 궤도전자의 수가 동일

원자의 구성요소

종류		전하*	정지질량(rest mass)		
			무게(kg)	원자질량(u)	에너지(MeV)
핵자	양성자(p)	+1	1.673×10^{-27}	1.007277	938.28
	중성자(n)	0	1.675×10^{-27}	1.008665	939.57
전자		-1	9.1×10^{-31}	0.000548	0.511

* $e = 1.6 \times 10^{-19}$ C(쿨롱, Coulomb) = 4.8×10^{-10} esu

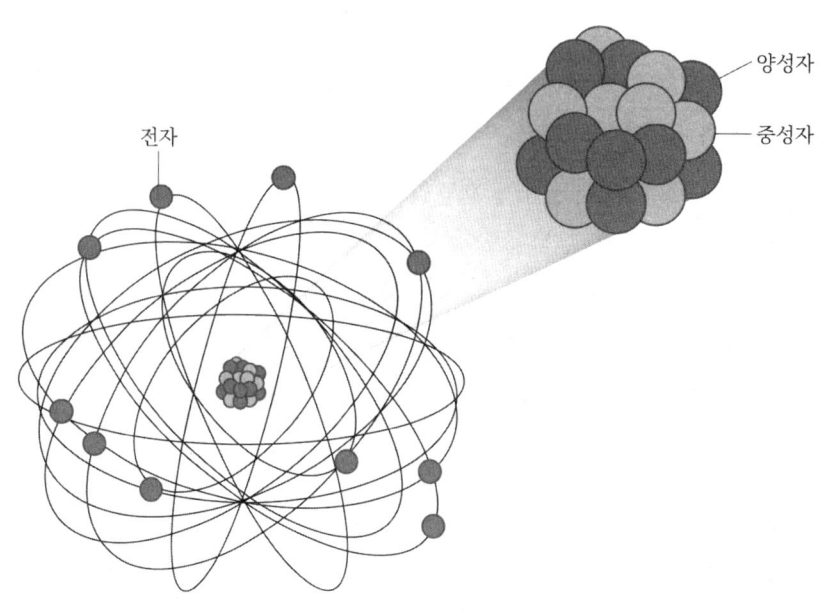

원자의 구조

1 보어의 원자 이론(Bohr's atomic theory)

Rutherford의 원자모형은 Maxwell의 고전적 이론에 의해 전자가 결국 원자핵과 충돌하게 되는 문제점을 갖고 있다. 1913년 Bohr는 양자가설을 도입하여 원자 스펙트럼을 이론적으로 설명하고 "전자는 제멋대로 돌지 않고 일정한 궤도에 따라 핵 주위를 회전한다"는 새로운 모형을 제시하였다. 이를 위해 Bohr가 세운 4가지 가설은 아래와 같다.

- 궤도 내의 전자는 전자파를 발생하지 않음 : 전자가 주어진 궤도를 따라 회전하고 있는 한, 전자는 전자파를 방출하지 않음
- 독립된 궤도 : 원자 내의 전자는 핵에서 일정거리에 있는 궤도만을 회전. 독립된 궤도가 있어 전자는 이 궤도 안에서 일정 에너지를 가지며, 핵에서 멀리 떨어질수록 에너지는 커짐
- 진동수 조건 : 원자가 높은 에너지 상태(E_n)에서 낮은 에너지 상태(E_m)로 변화할 때, 그 에너지 차이에 해당하는 진동수를 갖는 전자기파를 방출. 빛의 진동수 ν는,

$$\nu = \frac{E_n - E_m}{h} \; [/\sec]$$

단위 : [/sec], h : 플랑크 상수(6.63×10^{-34} J·sec)

① $E_n > E_m$ 일 경우 에너지 방출, $E_n < E_m$ 인 경우 에너지 흡수

- 양자 조건 : 궤도전자가 원운동을 할 때 각운동량(angular momentum)이 플랑크 상수 h를 2π로 나눈 값의 정수배가 될 때 에너지 준위가 생김

각운동량은,

$$mvr = n\frac{h}{2\pi}$$

m : 전자의 질량, v : 속도, r : 원자반경, n : 주양자수

2 원자의 크기

- 전자궤도의 반지름은 주양자수(n, principle quantum number)로 결정되며, 안정 궤도는 원자핵과 가까운 쪽에서부터
  K각(n=1), L각(n=2), M각(n=3), N각(n=4) … 로 명명
- 원자를 구성하는 전자는 핵 주위 궤도를 따라 회전하고 있으며, 즉 원자의 크기는 전자궤도의 최대 반지름으로 결정
- 궤도의 반지름 r[m]과 주양자수 n과의 사이에는 다음과 같은 식이 성립

Bohr 원자 반경

$$r = 0.53 \times 10^{-10} n^2 \, [m] = 0.53 n^2 \, [\text{Å}]$$

r : 원자 반경, n : 주양자수

- 위의 식에 의해서 수소(Z=1, n=1)의 반지름은 0.53×10^{-10} m (0.53 Å)이며, 이것을 Bohr의 원자 반경으로 명명
- 원자의 궤도전자수 및 배열상태는 주양자수와 Pauli의 배타원리에 따라 결정
- 각(shell)에 최대로 존재할 수 있는 전자의 수는 $2n^2$(n : 주양자수)의 법칙을 따름

3 원자의 에너지준위

- 원자내부는 원자핵과 전자의 전하로 생긴 쿨롱력에 의해 원자핵과 궤도전자는 결합되어 있으며, 원자핵에 가장 가까운 궤도(K각)가 가장 결합력이 강하고 안정
- 원자핵 근처에 있는 전자들을 궤도에서 이탈시키기 위해서는 보다 큰 에너지를 외부에서 공급해주어야 함
- 한편, 최외각전자는 원자핵과 먼 거리에 있기 때문에 결합력이 아주 낮아, 자외선 등 낮은 에너지에 의해서도 쉽게 이탈
- 전자궤도에는 각각의 반지름에 알맞은 에너지 준위(energy level)가 대응하여, 궤도의 반지름이 커짐에 따라 에너지 준위도 높아짐

- 바닥(ground)상태 : 외부에서 에너지를 받지 않는 원자 내의 궤도전자가 각각의 정해진 궤도를 도는 상태
- 여기(excitation)
  ① 원자에 외부로부터 에너지를 공급하면 궤도전자의 일부가 처음 에너지 레벨보다 높은 바깥 궤도로 옮겨가게 되며 이와 같이 에너지가 높은 상태로 옮겨가는 현상
  ② 천이(transition) : 보통 여기 상태는 불안정하여 수명이 10^{-8}초 정도로 곧바로 바깥쪽의 전자가 빈자리인 안쪽 궤도로 다시 옮겨가는 궤도간의 이동현상
  ③ 천이가 일어날 때 $h\nu(E'-E)$에 해당하는 여분의 에너지가 전자기파 에너지로 방출
- 전리(이온화:ionization)
  ① 궤도전자가 원자핵과의 결합에너지보다 더 큰 에너지를 외부로부터 받게 되어 전자가 궤도를 따라 운동하는 평형상태가 파괴되어 궤도전자가 원자핵의 인력권에서 벗어나 자유전자가 되는 것
  ② 안정된 원자를 전리시키는데 필요한 에너지는 원자 및 분자의 종류에 따라 다르며 대표적으로 수소원자의 이온화 에너지는 13.6 eV, 공기 34 eV

4 전자의 에너지

- 전자가 갖는 총 에너지는 위치에너지와 운동에너지의 합

  전자의 총 에너지를 구하기 위해 먼저 전자의 위치에너지를 구해보면

$$P_E = -\int F dr = \int_{\infty}^{r} k\frac{Ze^2}{r^2} dr = -k\frac{Ze^2}{r}$$

이며, 전자의 운동에너지는 원심력과 구심력이 같다는 조건을 이용하여 아래와 같이 구할 수 있다.

$$\frac{mv^2}{r} = k\frac{Ze^2}{r^2} \text{ 로부터 } \quad mv^2 = k\frac{Ze^2}{r}$$

$$K_E = \frac{1}{2}mv^2 = k\frac{Ze^2}{2r}$$

따라서 전자의 총 에너지 E_n은

$$E_n = P_E + K_E = -k\frac{Ze^2}{2r}$$

특정 궤도에서의 에너지 준위

$$E_n = K_E + P_E = -\frac{k^2 Z^2 e^4 m}{2n^2 h^2}$$

$$= -2.18 \times 10^{-18} \frac{Z^2}{n^2} [J]$$

$$= -13.6 \frac{Z^2}{n^2} [eV]$$

m : 전자질량, r : 원자반경, k : 비례상수, 9×10^9 N·m²/C²
Z : 원자번호, h : 플랑크 상수, 6.63×10^{-34} J·sec, n : 주양자수

- 여기서 음의 값은 전자가 핵에 구속되어 있는 것을 의미하고, 위의 식에서 정상 상태에서 수소의 궤도전자는 가장 낮은 에너지 상태인 -13.6 eV를 갖고 있으며, 이것을 전리시키려면 13.6 eV가 외부에서 가해져야 함을 의미
- 원자 스펙트럼은 원자마다 독특한 계열이 존재하는데, Bohr는 수소 원자에서 방출되는 선스펙트럼을 그의 원자모형으로 설명함. 수소 원자의 경우 전자의 에너지 준위는 위의 식에 의하여

수소원자의 에너지 준위

$$E_n = -13.6 \frac{1}{n^2} [eV]$$

- n이 1, 2, 3,…인 안쪽 궤도부터 -13.6 eV, -3.4 eV, -1.51 eV,…등의 양자화 된 에너지 준위가 있으며 전자는 이들 준위 중에서 한 준위에 존재
- 전자가 궤도 사이를 천이(transition)할 때, 그 에너지 차이에 해당하는 빛이 방출 (예) n=3에서 n=2로 천이한다면 그 에너지 차이인 1.89 eV에 해당하는 붉은

빛의 광자를 방출
① Balmer 계열 : 전자가 n=2보다 높은 궤도에서 n=2인 궤도로 천이하는 경우, 가시광선
② Lyman 계열 : n=1로 천이할 때는 자외선을 방출
③ Paschan 계열 : n=3으로 천이할 경우 적외선을 방출

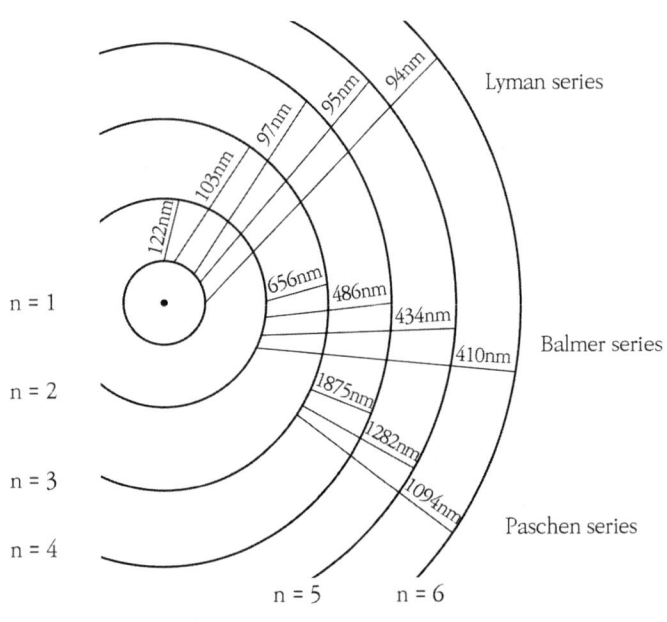

수소원자의 스펙트럼

2.2 원자핵

원자핵(nucleus)은 핵자라고 칭하는 양성자(p)와 중성자(n)로 구성되어 이들이 좁은 곳에 밀집한 구조를 형성하고 있다. 원자핵을 설명하는데 널리 쓰이는 용어와 기호는 아래와 같다.

원자핵의 표기
$^{A}_{Z}X$
A : 질량수 (=양성자와 중성자의 총 수), Z : 원자번호 (=양성자 수)

- 질량수(mass number, A) : 정수의 값을 가지고 핵자의 총 수와 동일
- 원자번호(atomic number, Z) : 원소기호의 번호와 같고 원자가 중성인 상태일 때의 궤도전자의 수, 원자핵 속의 양성자 수와 동일
- 원자핵은 양(+)전하 +e의 양성자 Z를 갖고 있으므로 핵의 전체 전하량은 +Ze
- 중성원자에서는 음(-)전하 -e를 가진 Z개의 궤도전자가 핵 주위를 회전하는 구조

1 핵의 종류

- 핵 내의 양성자수 Z와 중성자수 N에 의해 분류된 원자를 핵종(nuclide)이라 한다.
  - 동위원소(isotope) : 원자번호가 동일하여 화학적 성질이 동일하고 주기율표에서 같은 위치에 있는 양성자수(Z)는 같고 중성자수(N)가 다른 핵종을 의미
  - 동중성자원소(isotone) : 중성자수(N)는 같으나 양성자수(Z)가 다른 원소
  - 동중원소(isobar) : 원자의 질량수(A)는 같으나 양성자수(Z)와 중성자수(N)가 다른 원소
  - 핵이성체(isomer) : 양성자수(Z)와 중성자수(N)는 동일하지만 에너지 준위가 다른 핵종, 준안정상태에 있는 핵종을 나타낼 때 왼쪽 위첨자 m을 기재하여 ^{99m}Tc와 같이 표기

수소의 동위원소

원소기호	Z	N	A	원소명	핵명
^1H	1	0	1	경수소(protium, P)	양성자(proton, p)
^2H	1	1	2	중수소(deuterium, D)	중양성자(deuteron, d)
^3H	1	2	3	삼중수소(tritium, T)	삼중양성자(triton, t)

핵종의 종류

구분	Z	N	A	예
동위체	=	≠	≠	$_{1}^{1}H_{0}$, $_{1}^{2}H_{1}$
동중체	≠	≠	=	$_{38}^{90}Sr_{52}$, $_{39}^{90}Y_{51}$
동중성자체	≠	=	≠	$_{27}^{59}Co_{32}$, $_{28}^{60}Ni_{32}$
핵이성체	=	=	=	$_{56}^{137m}Ba_{81}$, $_{56}^{137}Ba_{81}$

2 핵 모형

원자핵은 원자처럼 힘의 중심이 없고 성질이 비슷한 핵자들이 좁은 곳에 밀집한 구조를 가지고 있으며, 그 구성 입자들의 상호작용이 복잡하여 아직까지 핵 구조를 설명할 수 있는 정확한 이론이 없고 부분적으로 설명이 되고 있다. 실제로 핵의 성질을 설명할 수 있는 핵모형(nuclear model)을 세워 근사적으로 계산하여 유추한다. 현재까지 여러 가지 핵 모형이 제안되었지만 주로 각모형과 물방울 모형이 사용되고있다.

- 각모형(껍질 모형, shell model)

  ① 양성자수와 중성자수가 각각 닫힌각(closed shell)을 이루고, 한 핵자가 남거나 모자랄 경우에 대한 에너지 준위를 설명

  ② 마법수(magic number) : 양성자수 Z 또는 중성자수 N가 2, 8, 20, 28, 50, 82, 126,… 의 핵자수(짝수)로 원자핵은 안정한 상태에 있게 하는 닫힌 각을 형성하는 수

  (예) 2, 8, 20, 28, 50, 82, 126

  ▶ 원자에 있어 전자껍질처럼 핵 내에서도 각(shell)이 존재한다는 것을 의미. 핵 내의 핵자도 원자의 궤도전자처럼 각각의 각에 들어갈 수 있는 핵자의 수가 정해져 있으며, 핵자는 에너지가 낮은 각부터 채워져 마법수를 갖는 핵종들이 안정한 이유가 핵 속의 중성자각이나 양성자각을 완전히 채우고 있기 때문이라는 것을 설명

  ③ 이 모형으로 원자핵의 들뜬 준위나 α붕괴를 설명

- 물방울 모형
  ① 원자핵의 많은 핵자들이 마치 물분자가 모여 물방울을 구성하는 것과 같은 비슷한 형태로, +Ze의 전기를 띈 고밀도의 물방울 형태로 존재한다고 가정한 핵 모형
  ② 핵자의 결합에너지, 핵반응 시 복합핵의 형성 과정, 원자핵 분열 등 설명

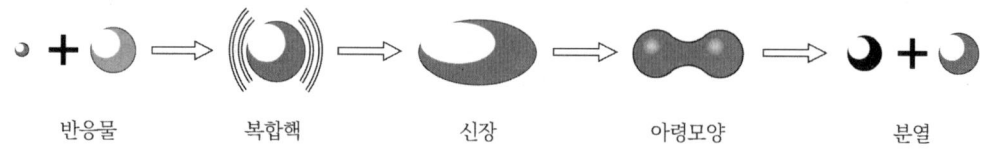

| 반응물 | 복합핵 | 신장 | 아령모양 | 분열 |

핵분열 과정

3. 핵의 크기

핵의 크기는 1911년 Rutherford의 α입자 산란 실험으로 예측되었다. 입사 α입자는 원자핵에 의해 진행 방향이 휘어지게 되고, 그들 사이의 거리가 약 10^{-14} m보다 큰 경우에는 Coulomb's law에 따르게 된다. 그러나 이보다 더 가까운 거리에서는 Coulomb's law이 성립되지 않는다. 핵은 완전한 구형은 아니지만, 근사적으로 핵을 구형이라 가정하면 핵자가 늘어남에 따라 핵의 부피는 핵 내의 핵자수(질량수)에 비례하여 늘어난다.

핵의 반경

$$R = r_0 A^{1/3}$$

r_0 : 비례상수, 1.3×10^{-15} m, A : 질량수

- 핵의 반경이 질량수 A의 1/3승에 비례한다는 것은 핵의 크기에도 불구하고 핵자 간 거리가 일정하다는 것을 나타냄
- 핵의 밀도는 질량수 A와 관계없이 모든 원소에서 거의 동일

4 핵의 질량과 에너지

- 원자질량 단위(atomic mass unit)
  ① 원자의 질량은 일반적으로 사용하는 질량의 단위로는 표현하기에 너무 작기 때문에 원자 질량 단위를 사용함
  ② 원자의 질량 중 99% 이상의 핵의 질량임
  ③ 12개의 핵자를 가진 전기적으로 중성인 $^{12}_{6}C$ 의 질량 12u
  ④ 1u는 중성 ^{12}C 질량의 1/12와 동일

원자질량 단위, u

$$1u = \frac{^{12}C}{12} = \frac{1}{N_A} = 1.66 \times 10^{-27} \, [kg]$$

N_A : 아보가드로수, 6.023×10^{23} [/mol]

- 전자볼트(electron volt, eV) : 원자, 원자핵, 방사선의 에너지를 타나내는 단위, 전하 e의 전자를 1 V의 전위차로 가속시켰을 때 전자가 얻은 운동에너지

- Einstein의 상대성 원리에 따라 질량과 에너지는 서로 등가이므로 질량 m은 에너지로 변환 가능

1u는 몇 eV ?

$$\begin{aligned} E = mc^2 &= 1.66 \times 10^{-27} \times (3 \times 10^8)^2 \, [kg \cdot m^2/s^2] \\ &= 1.49 \times 10^{-10} \, [J] \\ &= 931.5 \, [MeV] \end{aligned}$$

c : 광속, 3×10^8 m/s

- 위의 식에 의해 원자, 원자핵의 질량, 원자핵 반응 및 방사성 붕괴에서 u의 단위로 표시된 계수에 931.5 MeV를 곱해주면 에너지로 변환이 가능

5 결합에너지와 질량결손

- 결합에너지(binding energy) : 핵자가 흩어져 있는 상태와 결합한 상태의 위치 에너지 차
  ① 원자핵 분리 : 핵자 간에는 강한 핵력이 작용하고 있으므로 핵력보다 강한 에너지를 외부로부터 가함
  ② 원자핵 구성 : 결합에너지만큼의 에너지를 운동에너지나 방사선의 형태로 핵 외로 방출
- 질량결손(mass defect, Δm) : 핵자들의 각각의 질량을 모두 합한 것이 실제 핵의 질량 보다 큼으로 인해 나타나는 질량 차이

질량결손 Δm

$$\Delta m = ZM_P + (A - Z)M_N - M$$

M_P : 양성자의 질량, M_N : 중성자의 질량, M : 원자핵의 질량, Z : 원자번호

- 원자핵의 질량이 각각의 양성자와 중성자의 총 질량보다 Δm 만큼 적어지는 이유는 질량결손 Δm에 상응하는 에너지 Δmc^2이 앞서 언급한 결합에너지가 되기 때문임
- 비결합에너지(핵자당 결합에너지 에너지, specific binding energy)
  ▶ f_B : 질량결손 Δm을 질량수 A로 나눈 값
  ▶ 질량수의 증가와 함께 급격히 증가하다가, 질량수가 12 이상에서부터 거의 8 MeV의 결합에너지가 되고 질량수가 약 60인 근처(^{56}Fe)에서 결합에너지는 약 8.6 MeV의 최댓값을 가지며, 질량수가 더 커지면 에너지는 서서히 줄어드는 양상

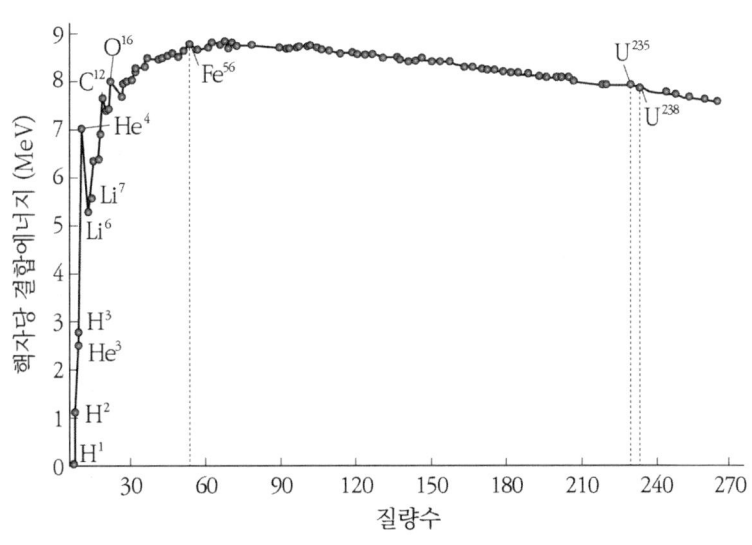

질량수에 따른 원자핵의 비결합에너지

6. 핵력

원자를 구성하는 원자핵과 전자 사이에는 쿨롱력이 작용하여, 전자를 원자핵에 결속시킨다. 하지만 원자핵 내의 양성자 간에는 전기적인 반발력이 강하게 작용하고 있으나, 원자핵이 분해되지 않고 안정할 수 있는 이유는 핵력(nuclear force)이 핵자를 강하게 결합시키기 때문이다. 핵력은 아래와 같은 특징을 갖고 있다.

- 단거리력(short range force) : 핵자 사이의 거리가 2.5×10^{-15} m 이내에서만 작용하는 인력핵 밖에서 핵력의 크기는 0

- 강력(strong force) : "강한 상호작용"으로 전자기력(쿨롱력)보다 136배 정도 강한 인력

- 전하독립성 : 핵자의 전하에 관계없이 n-p, n-n, p-p 간 작용하는 힘은 본질적으로 차이가 없음

- 포화성을 가짐 : 핵자당 평균 결합에너지는 약 8 MeV 정도로 거의 일정한 값을 가지며, 핵 밀도 또한 질량수 A에 무관하게 일정

- 교환력을 가짐 : 핵력의 세기는 두 핵자간의 spin(고유 각운동량)의 방향에 관계되고 두 핵자간 교환력(위치, 전하)이 존재하여 핵자 사이에 π중간자를 매개입자로 교환함으로써 핵력을 유지

7 원자핵의 안정성

- 원자핵에는 안정된 핵종도 있지만 불안정한 핵종, 즉 방사성 동위원소가 압도적
- 원자핵의 안정성은 양성자수와 중성자수의 비에 의해 결정
- 20이하의 원자번호를 가진 핵종은 중성자/양성자수의 비가 1:1이나 원자번호가 증가함에 따라 양성자간의 반발력을 감소시키기 위해 중성자수의 비율이 증가함 자연계에 존재하는 안정한 핵종의 중성자/양성자수(N/P)의 비는 1~1.5
- 원자핵의 붕괴(disintegration) : 불안정한 원자핵은 붕괴(disintegration)하여 안정된 핵종이 되는데, 이때 반드시 γ선 혹은 α선, β선을 방출

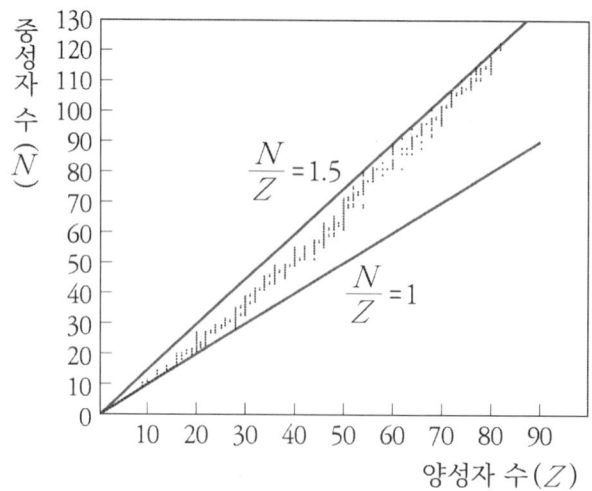

중성자-양성자수와 핵의 안정성

확인문제 원자와 원자핵

01. 수소의 M각 전자가 L각으로 천이 시 방출되는 엑스선의 파장은?

① 822 Å 　　　　　　② 1643 Å
③ 3287 Å 　　　　　　④ 6573 Å

02. 다음 중 옳은 것끼리 짝지어진 것은?

가. ^{99m}Tc의 m은 metastable state의 약자로 준안정상태를 의미한다.

나. 질량수는 다르고 중성자수가 같은 핵종을 동중성자체 라고 한다.

다. $^{90}_{38}Sr_{52}$와 $^{90}_{39}Y_{51}$는 질량수가 동일하므로 동위체이다.

라. $^{14}_{6}C$와 $^{15}_{7}N$는 중성자수가 동일하므로 동중체이다.

① 가, 다 　　　　　　② 가, 나
③ 나, 라 　　　　　　④ 가, 나, 라

03. 보어(Bohr)의 원자 이론에 관한 설명으로 옳지 않은 것은?

① 전자의 궤도는 불연속적인 에너지상태를 가진다.
② 가정한 진동수 조건은 전자의 천이에 따른 에너지의 상태 변화를 설명한다.
③ 각운동량이 $h/2\pi$의 정수배에 비례한다는 것은 양자 조건을 설명하는 것이다.
④ Balmer 계열에서 가장 낮은 에너지 전환 스펙트럼의 에너지는 1.36 eV이다.

04. L각까지 들어갈 수 있는 전자는 총 몇 개인가?

① 2개 ② 8개
③ 10개 ④ 18개

05. 다음 원자핵에 관한 설명 중 <u>옳지 않은</u> 것은?

① 원자핵의 반경은 $A^{1/3}$에 비례한다.
② 원자핵은 양성자와 중성자로 구성된 핵자들로 구성되어 있다.
③ 중성자의 질량은 양성자보다 작다.
④ 원자핵의 크기는 10^{-15} m 정도이다.

06. ^{235}U 원자핵의 직경은 ?

① 1.60×10^{-15} m ② 8.02×10^{-15} m
③ 1.60×10^{-14} m ④ 8.02×10^{-14} m

07. 원자질량 단위 (u)에 관련된 설명 중 옳은 것은 ?

① ^{12}C의 원자질량을 1u로 정의한다.
② 1u는 1 g에 아보가드로수를 곱한 것과 같다.
③ 1u를 에너지로 환산하면 931.5 MeV이다.
④ 아보가드로수만큼 원자가 모였을 때 그 원자의 질량은 원자량에 아보가드로수만큼 곱한 값과 동일하다.

08. 전자의 속력이 0.8 c일 때, 전자의 질량은 정지질량의 몇 배인가 ?

① 0.83배 ② 1.67 배
③ 2.5 배 ④ 3.35 배

09. 핵모형에 대한 다음의 설명 중 <u>옳지 않은</u> 것은?

① 각모형은 원자핵의 양성자수와 중성자수가 마법수 일 때 안정하다는 이론이다.
② 물방울 모형은 핵분열과 복합핵의 생성 과정을 설명할 수 있다.
③ 각모형은 원자핵의 들뜬 준위를 설명할 수 있다.
④ 각모형에서의 마법수는 홀수이다.

10. $^{4}_{2}He$ 원자핵이 4.001502u 일 때, 그 결합에너지와 핵자당 결합에너지를 순서대로 바르게 나열한 것은(양성자 : 1.007277u, 중성자 : 1.008665u) ?

① 28.3 MeV, 7.1 MeV
② 14 MeV, 3.6 MeV
③ 24 MeV, 6 MeV
④ 28.3 MeV, 4.5 MeV

11. 다음 중 핵자당 결합에너지가 가장 큰 것은?

① ^{4}He
② ^{1}H
③ ^{56}Fe
④ ^{12}C

12. 다음 중 핵력에 대한 설명으로 옳은 것끼리 짝지어진 것은?

가. 핵력과 전자기력, 중력의 비는 $1 : 10^{-2} : 10^{-40}$ 정도이다.
나. 핵력은 핵 내부, 외부 모두에서 작용하는 강한 힘이다.
다. 핵력은 핵자의 스핀과는 관련없다.
라. 핵자 사이에 작용하는 힘은 차이가 없다.

① 나, 다
② 가, 나
③ 가, 라
④ 다, 라

13. 다음 중 가장 무거운 것은?

① 전자
② 중성자
③ 양성자
④ 양전자

14. ^{238}U의 원자핵밀도(kg/m³)는(^{238}U의 원자량은 238.051 u이다) ?

① 1.8×10^{17} kg/m³ ② 2.3×10^{17} kg/m³
③ 2.8×10^{17} kg/m³ ④ 3.3×10^{17} kg/m³

15. 수소원자의 n = 5인 궤도에 존재하는 전자의 각운동량은 ?

① 5.3×10^{-34} J·s ② 5.3×10^{-17} J·s
③ 3.3×10^{-34} J·s ④ 3.3×10^{-17} J·s

원자와 원자핵

01 ④

수소전자의 에너지 준위는 $E_n = -13.6 \dfrac{1}{n^2} eV$ 이다. 이에 따라 M각(n=3) 전자의 에너지는 −1.51 eV이고 L각(n=2) 전자의 에너지는 −3.4 eV 이다. M각에서 N각으로 천이하면서 발생하는 특성 X선의 에너지는 −1.51−(−3.4) = 1.89 eV 이다. 1.89 eV 전자파의 파장은,

$$E = h\nu = h \dfrac{c}{\lambda}$$

$$\lambda = \dfrac{hc}{E} = \dfrac{6.626 \times 10^{-34} J \cdot s \times (3 \times 10^8 m/s)}{1.89 \, eV} \times \dfrac{1 \, eV}{1.6 \times 10^{-19} J}$$

$$= 6573 \times 10^{-10} m = 6573 \, \text{Å}$$

02 ②

가 - 원자번호, 중성자수, 질량수는 모두 같으나, 에너지 상태가 다른 핵종을 핵이성체라 하며 왼쪽 상단에 표기하는 m은 준안정상태인 metastable state를 의미한다.

나 - 중성자수는 같고, 질량수가 다른 핵종을 동중성자체 라고 한다.

다 - $^{90}_{38}Sr_{52}$와 $^{90}_{39}Y_{51}$는 질량수가 동일하므로 동중체이다.

라 - $^{14}_{6}C$와 $^{15}_{7}N$는 원자번호와 질량수가 모두 다르고 중성자수만 동일하므로 동중성자체이다.

03 ④

보어의 원자 이론에 의한 수소 스펙트럼에서 Balmer 계열의 스펙트럼은 n=3에서 n=2로 천이할 때 가장 낮은 에너지를 방출하며, n=2일 때
$E_2 = -13.6 \dfrac{1}{2^2} = -3.4 \, eV$이고 n = 3 일때, $E_3 = -13.6 \dfrac{1}{3^2} = -1.51 \, eV$ 이므로,
$E_3 - E_2 = [-1.51 - (-3.4)] \, eV = 1.89 \, eV$가 된다.

04 3

각 궤도에 들어갈 수 있는 전자의 수는 $2n^2$(n:주양자수)를 이용하여 구할 수 있다.
K각 – n = 1이므로 2개
L각 – n = 2이므로 8개
따라서 L각까지 들어갈 수 있는 전자는 총 10개이다.

05 3

중성자의 질량은 양성자와 전자의 질량을 합한 것보다 크다.
중성자의 질량 – 1.675 × 10⁻²⁷ kg
양성자의 질량 – 1.673 × 10⁻²⁷ kg
전자의 질량 – 9.1 × 10⁻³¹ kg

06 3

먼저 원자핵의 반경은 $R = r_0 A^{\frac{1}{3}}$를 이용하여 구할 수 있다. 직경을 구하기 위하여 먼저 ^{235}U의 반경을 구하면,

$$R = r_0 A^{\frac{1}{3}} = 1.3 \times 10^{-15} \times (235)^{\frac{1}{3}} \fallingdotseq 8.02 \times 10^{-15}\,[m]$$

이다. 따라서 두 배를 하여 직경을 구하면, 1.60×10⁻¹⁴ m 이다.

07 3

① ^{12}C의 원자질량을 12u로 정의한다.
② 1u는 1 g에 아보가드로수로 나눈 것과 같다.
③ 아인슈타인의 상대성원리에 따라 질량과 에너지는 서로 등가이고 질량 m(kg)은
$E = mc^2$에 의해 에너지로 변환되며, 1u의 질량을 에너지로 환산하면
$E = mc^2 = 1.66 \times 10^{-27} \times (3 \times 10^8)^2 = 1.49 \times 10^{-10}\,J = 931.5\,MeV$ 이다.
④ 어떤 원자라도 아보가드로수 만큼 모이면 그 원자의 질량은 원자량과 같아진다.

08 ②

$$M = \frac{m_0}{\sqrt{1-(\frac{v}{c})^2}} = \frac{m_0}{\sqrt{1-(\frac{0.8\,c}{c})^2}} = \frac{m_0}{\sqrt{1-0.64}} = \frac{m_0}{\sqrt{0.36}} \fallingdotseq 1.67\,m_0$$

09 ④

각모형에서 원자핵을 안정한 상태로 하는 양성자수 또는 중성자수는 2, 8, 20, 28, 50, 82, 126 등으로 모두 짝수이다.

10 ①

먼저 ^4_2He 원자핵의 질량결손을 구하면

$$\begin{aligned}\Delta m &= ZM_n + (A-Z)M_n - M(A,Z) \\ &= (2\times 1.007277) + (2\times 1.008665) - 4.001502 \\ &= 0.030382\,u\end{aligned}$$

이다. 따라서 결합에너지는

$$\Delta mc^2 = 0.030382u \times 931.5\,MeV/u = 28.3\,MeV$$

이고, 핵자당 결합에너지는 ^4_2He 원자핵의 핵자의 수 4로 나눈 7.1 MeV이다.

11 ③

질량수에 따른 핵자당 결합에너지 f_B는 질량수의 증가와 함께 급격히 증가하다가, 질량수가 12 이상에서부터 거의 8 MeV의 결합에너지가 되고 질량수가 약 60인 근처(^{56}Fe)에서 결합에너지는 약 8.6 MeV의 최댓값을 가지며, 질량수가 더 커지면 에너지는 서서히 줄어든다.

12 ③

나 – 핵력은 핵자 사이의 거리가 2.5×10^{-15}m 이내에서만 작용하는 인력으로, 핵 밖에서 핵력의 크기는 0이다.

다 – 핵력의 세기는 두 핵자간의 spin(고유 각운동량)의 방향에 관계되고 두 핵자 간 교환력(위치, 전하)이 존재하여 핵자 사이에 π중간자를 매개입자로 교환함 으로써 핵력을 유지한다.

13 ②

양성자 : 1.672×10^{-27} kg(전자질량의 1836배), 1.007276 u, 938.3 MeV/c²
중성자 : 1.675×10^{-27} kg, 1.008664 u, 939.6 MeV/c²
전자 : 9.1×10^{-31} kg, 5.49×10^{-4} u, 0.511 MeV/c²
양전자 : 9.1×10^{-31} kg, 5.49×10^{-4} u, 0.511 MeV/c²

14 ①

$$R = R_0 A^{\frac{1}{3}} = (1.3 \times 10^{-15} m)(238)^{\frac{1}{3}} = 8.056 \times 10^{-15} m$$
$$V = \frac{4}{3}\pi r^3 = \frac{4}{3}\pi(8.056 \times 10^{-15})^3 = 2.19 \times 10^{-42} m^3$$
$$밀도 = \frac{질량}{부피} = \frac{(238.051 \times \frac{10^{-3} kg}{6.02 \times 10^{23}}) - (92 \times 9.1 \times 10^{-31} kg)}{2.19 \times 10^{-42} m^3} = 1.8 \times 10^{17} kg/m^3$$

계산식에서는 전자의 질량을 빼주었으나 핵질량이 원자질량의 대부분을 차지하고 있기 때문에 계산 결과값에는 영향을 미치지 않음

15 ①

각운동량 $= mvr = n\dfrac{h}{2\pi}$ 이므로,
$$5 \times \frac{6.626 \times 10^{-34} J \cdot s}{2\pi} = 5.27 \times 10^{-34} J \cdot s \fallingdotseq 5.3 \times 10^{-34} J \cdot s$$

제3장 방사능과 방사선

- **3.1** 방사능
- **3.2** 방사선

chapter 제3장 방사능과 방사선

방사능은 1896년 프랑스 과학자 앙리 베크렐이 우라늄광에 대한 연구 중 처음으로 발견되었다. 그는 우라늄광으로부터 발생된 방사선을 음극선관에서 발생되는 X선과 관계된다고 생각하였으며 이후 우라늄광으로부터 발생되는 것을 확인하였다. 이후 퀴리 부부는 우라늄 광으로부터 새로운 원소 폴로늄과 라듐을 분리시켜 최초의 방사성동위원소를 발견하였다.

자연적으로 붕괴하는 불안정한 원자핵은 α, β, γ선을 방출함으로써 자신이 가지고 있는 여기에너지를 내보내고 안정된 원자핵으로 된다. 이와 같은 현상을 방사성붕괴(radioactive decay)라고 하며 α, β, γ 붕괴의 세 가지 형태를 나타낸다.

3.1 방사능

- 불안정한 원자핵이 안정해지기 위하여 외부로부터 아무런 에너지를 공급받지 않고 자연적으로 방사선을 방출하는 현상
- 원자핵(모핵종)이 자연적으로 다른 원자핵(딸핵종)으로 변환하는 성질 또는 능력
- 방사능의 세기 : 1초당 붕괴수 (disintegration per second, dps)
- Bq(베크렐) : 방사성물질이 1초당 1개의 방사선을 방출하고 있을 때, 그 물질의 방사능 세기
- Ci(큐리) : ^{226}Ra 1 g의 방사능 세기

방사능의 단위

1 Bq = 1 dps
1 Ci = 3.7×10^{10} Bq = 3.7×10^{10} dps = 37 GBq

- 모핵종의 원자수가 N개인 방사성물질이 있을 때, 모핵종은 시간의 흐름에 따라 붕괴하면서 원자수가 감소
- 미소시간 dt동안 붕괴하는 원자수를 dN이라 했을 때, 이는 그 시각에 대한 모핵종의 원자수 N에 비례
- 붕괴상수 λ : 단위시간에 붕괴가 일어나는 확률, 방사성핵종에 따라 고유한 값을 가짐
- 모핵종이 처음에 가지고 있었던 원자핵을 N_0라 하면 t초의 시간이 흐른 후 남아 있는 원자핵의 수 N는 지수함수적으로 감소

붕괴 법칙

$$\frac{dN}{dt} = -\lambda N$$

$$N = N_0 e^{-\lambda t}$$

- 반감기(half life, $T_{1/2}$) : 모핵종이 붕괴하여 처음 원자핵 수의 반으로 줄어드는데 걸리는 시간
  (참고) 붕괴상수가 클수록 반감기는 짧고, 반대로 반감기가 길수록 붕괴상수는 작음

반감기

$$\frac{N}{N_0} = \frac{1}{2} = e^{-\lambda t}$$

$$T_{1/2} = \frac{\ln 2}{\lambda} = \frac{0.693}{\lambda}$$

- 평균수명(τ) : 방사성핵종은 지수함수의 특징 상 무한대의 시간을 생존하게 되므로, 방사성핵종의 수명에 대해 통계적인 개념을 사용

평균수명

$$\tau = \frac{1}{\lambda} = 1.44\, T_{1/2}$$

- 방사능이 크다는 것은
  ① 단위시간당 붕괴하는 방사성원자나 분자수가 많다는 의미
  ② 방사성물질의 양이 많다는 것을 의미 (A=λN)
  ③ 핵종수가 같다면, 반감기가 짧은 것이 방사능이 큼
- 비방사능(specific activity) : 단위 질량당 방사능 강도 [Ci/g, Bq/g]

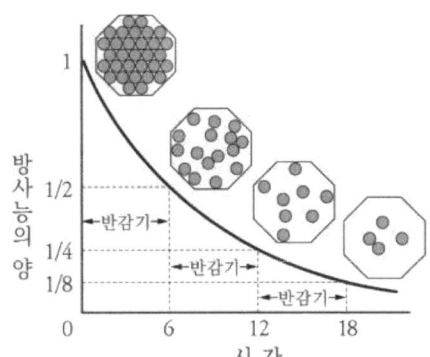

반감기에 따른 지수함수적 붕괴

1 방사성붕괴 형식

1) α 붕괴(alpha decay)

- 주로 원자번호 82, 질량수 210 이상의 무거운 핵종에서 양성자 2개와 중성자 2개로 구성된 α입자와 2개의 전자를 방출하여 핵의 안정성을 높이는 붕괴
- α 붕괴 후 핵종은 원자번호 2, 질량수 4가 줄어들게 됨
- 방출되는 α선은 단일 에너지를 가짐 (선스펙트럼)

α 붕괴

$$^{A}_{Z}X \rightarrow ^{A-4}_{Z-2}Y + ^{4}_{2}He(\alpha)$$

X : 붕괴 전의 모핵종, Y : 붕괴 후의 딸핵종

(예) 라듐의 붕괴

$$^{226}_{88}Ra \rightarrow \,^{222}_{86}Rn + \,^{4}_{2}He(\alpha) + Q$$

▶ 라듐은 붕괴하여 라돈과 He핵이 되고 Q는 붕괴 과정에서 방출된 에너지로 붕괴 전, 후의 질량결손에 의해 발생

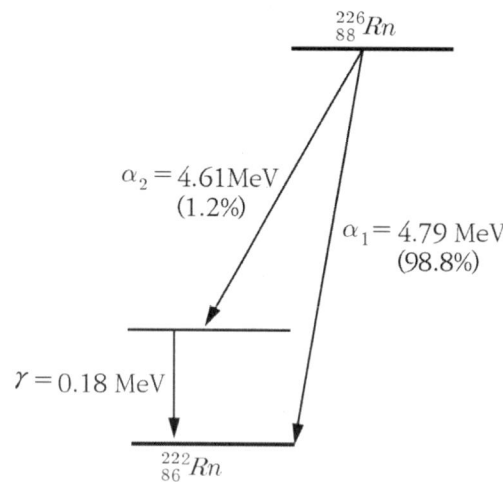

^{226}Ra의 붕괴도

2) β 붕괴(beta decay)

β 붕괴는 원자핵이 고속 전자를 방출하여 안정된 핵으로 변환하는 과정으로 핵 내 양성자와 중성자의 비율이 불안정할 때 일어난다.

- β⁻ 붕괴(negative decay)
  ① 중성자수가 양성자수에 비해 과잉일 때 중성자 1개가 양성자로 변하면서 음전자인 β⁻입자를 방출하는 반응
  ② 질량수의 변화는 없으며 양성자 수가 1개 증가하므로 원자번호가 1 증가
  ③ 질량이 거의 0이며 전기를 띠지 않는 반중성미자(antineutrino) 방출

β^- 붕괴

$$n \to p + \beta^- + \bar{\nu}$$

$$^A_Z X \to ^A_{Z+1} Y + \beta^- + \bar{\nu}$$

X : 붕괴 전의 모핵종, Y : 붕괴 후의 딸핵종
n : 중성자, p : 양성자, $\bar{\nu}$: 반중성미자

(예) ^{32}P의 β^- 붕괴

$$^{32}_{15}P \to ^{32}_{16}S + \beta^- + \bar{\nu} + Q$$

▶ ^{32}P의 β^- 붕괴에서는 반중성미자가 β-입자와 에너지를 나누어 가지고 방출

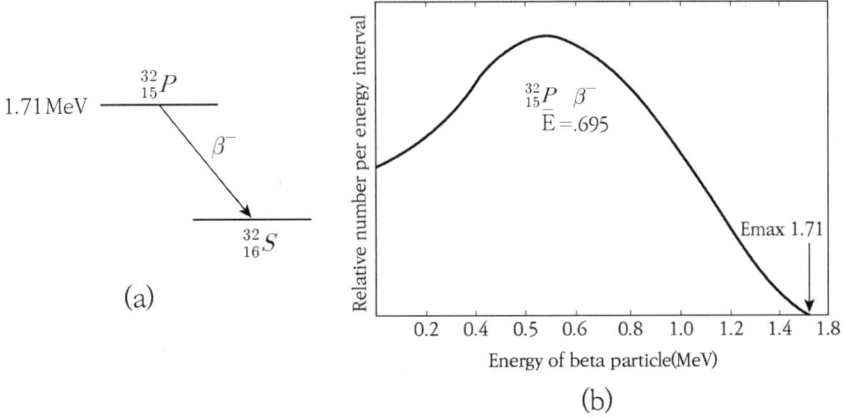

^{32}P의 붕괴도(a)와 방출 β선의 에너지 분포(b)
β 붕괴에서 발생하는 β선의 평균에너지는 대체로 최고 에너지의 1/3 정도이다.

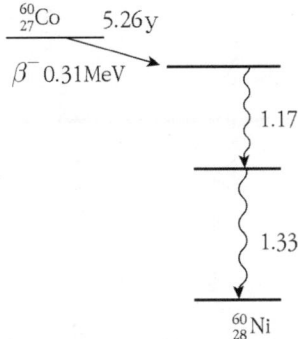

β^-붕괴와 γ붕괴를 수반하는 ^{60}Co의 붕괴도

- β^+ 붕괴(positive decay)
    ① 양성자수가 중성자수에 비해 과잉일 때 양성자 1개가 중성자로 변하면서 양전자인 β^+입자를 방출하는 반응
    ② 질량수의 변화는 없으며 원자번호는 1 감소
    ③ β^+선의 에너지는 0에서 특정한 최댓값까지 분포하는 연속 스펙트럼
    ④ 중성미자(antineutrino) 방출
    ⑤ 붕괴 직후 소멸복사선(annihilation radiation) 발생
    ▶ 붕괴에서 발생하는 양전자는 전하의 부호가 양(+)인 불안정한 입자로 물질 내에서 전자와 동일한 상호작용을 하며 공간을 진행
    ▶ 운동에너지를 모두 잃게 되면 부근의 전자와 결합하여 소멸
    ▶ 전자의 정지질량 에너지에 해당되는 0.511 MeV의 에너지를 갖는 두 광자를 서로 반대방향(180°)으로 방출

β^+ 붕괴

$$p \rightarrow n + \beta^+ + \nu$$

$$^A_Z X \rightarrow ^A_{Z-1} Y + \beta^+ + \nu$$

X : 붕괴 전의 모핵종, Y : 붕괴 후의 딸핵종
n : 중성자, p : 양성자, ν : 중성미자

(예) ^{12}N의 β^+ 붕괴

$$^{12}_{7}N \rightarrow ^{12}_{6}C + \beta^+ + \nu + Q$$

▶ ^{12}N의 β^+ 붕괴에서는 중성미자가 β^+입자의 에너지를 나누어 가지고 방출

- Q값 (Q-value)
    ① 원자핵 반응 전후의 질량결손을 에너지로 변환시킨 값
    ② Q = {(반응 전의 핵질량) - (반응 후의 핵질량)} × c^2
    ③ Q〉0 일 때 발열반응, Q〈0 일 때 흡열 반응

> **β선의 붕괴에너지**
>
> $$Q_{\beta^-} = (M_X - M_Y)c^2$$
> $$Q_{\beta^+} = (M_X - M_Y - 2m_e)c^2$$
> $$Q_{EC} = (M_X - M_Y)c^2 - B_K$$
>
> M_X : 어미핵종의 원자 질량, M_Y : 딸핵종의 원자 질량, m_e : 정지전자의 질량
> B_K : 궤도전자의 결합에너지, Q_{β^-} : β^-붕괴 에너지,
> Q_{β^+} : β^+붕괴 에너지, Q_{EC} : 전자포획 에너지

3) 전자포획(electron capture, EC)

- 양성자수가 많은 핵종이지만 β^+ 붕괴를 하기에 충분한 에너지를 갖지 못한 경우 핵 내 양성자가 궤도전자를 흡수하여 중성자로 변화하여 보다 안정한 원자핵으로 변환

- 주로 K각의 궤도전자를 포획하여 원자핵에서 중성미자를 방출

- 포획으로 발생된 궤도전자의 공동을 채우기 위하여 외각의 전자로 채우는 과정에서 특성 X선 이나 Auger 전자를 방출하는 경우도 있음

- 붕괴 전과 질량수는 동일, 원자번호 1 감소

> **전자포획**
>
> $$p + e \rightarrow n + \nu$$
>
> n : 중성자, p : 양성자, ν : 중성미자, e : 전자

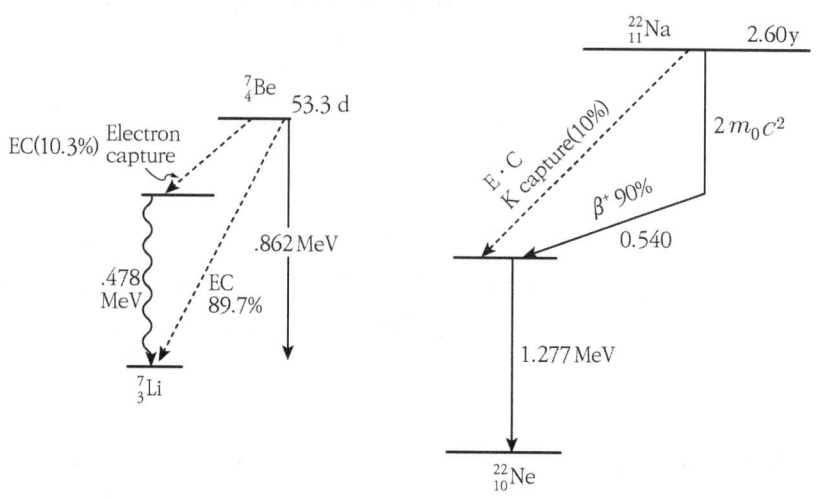

β^+붕괴 및 전자포획의 예

4) γ 붕괴(gamma decay)

- 원자핵이 α 또는 β 붕괴 후 딸핵종이 불안정한 상태가 되는 경우 안정해지기 위하여 γ선을 방출
- 핵의 에너지 상태만 변화하는 과정으로 원자번호나 질량수의 변화 없음
- 실제 원자번호나 질량수가 변화하지 않기 때문에 γ 방출(gamma emission)이라고도 부름

5) 내부전환(internal conversion)

① 불안정한 상태의 핵이 γ선을 방출하여 안정해지는 것이 아닌 핵 밖의 전자에 주어 그 전자를 방출시키는 경우
② 이 때 방출된 전자를 내부전환전자(conversion electron)
③ 원자번호가 클수록, 전이에너지가 낮을수록 방출율이 높아짐
④ 대부분 K각 전자에서 발생
⑤ 내부전환으로 생긴 궤도전자의 공동을 채우면서 특성 X선이나 Auger 전자를 발생시킬 수 있음

6) 핵이성체전이(isomeric transition)

① 원자핵 붕괴 후 γ선 혹은 전환전자를 방출하여 안정상태가 되지 않고, 준안정상태(metastable state)로 머물러 있는 것

② 핵이성체가 고유한 반감기를 가지고 γ선을 방출하여 안정상태로 되는 방식

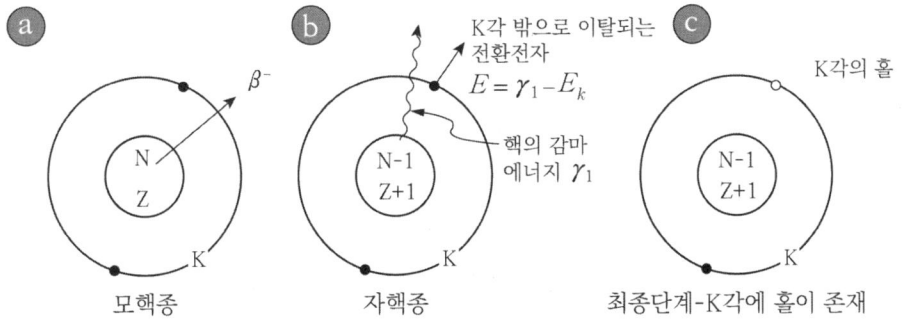

내부전환의 개략도

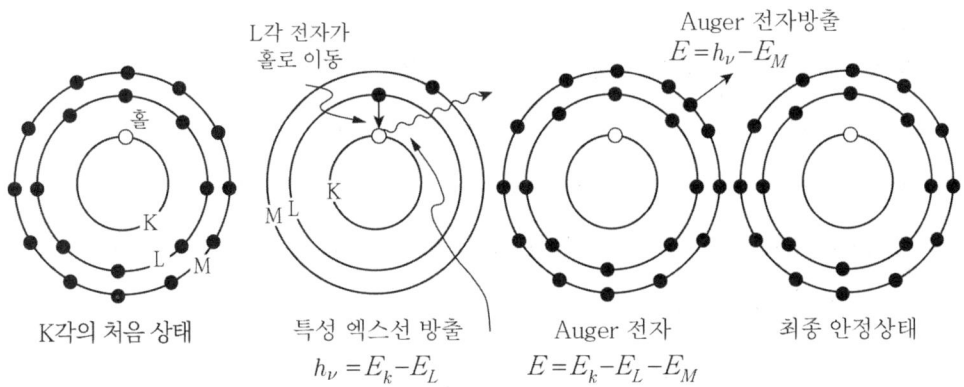

K각의 빈 자리에 의한 Auger 효과의 개략도

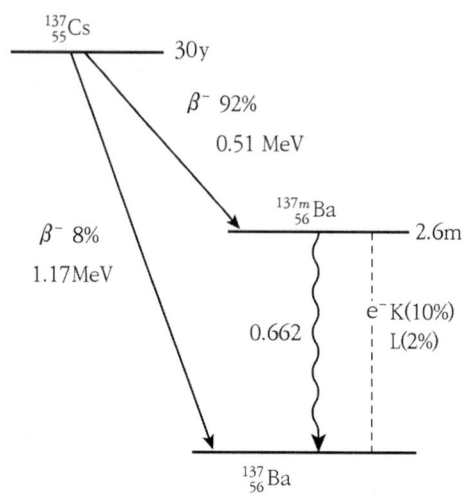

핵이성체전이를 포함하는 ^{137}Cs의 붕괴도

7) 붕괴도

- 방사성붕괴과정에서 일어나는 핵종 변화, 에너지 변화, 방출 방사선 및 반감기 등을 한꺼번에 확인할 수 있도록 나타낸 그림
- 에너지준위는 기저상태를 기준으로 수평선으로 표시
- 핵종의 기호는 에너지 준위선 위에 표시하고 반감기는 핵종의 오른쪽에 표시
- 에너지는 화살표 옆 MeV 또는 keV 단위로 표시
- 붕괴 종류가 두 종류 이상인 경우 붕괴비율을 %로 표시
- 붕괴 방향 표시
  ① α붕괴, 궤도전자 포획 : 왼쪽
  ② β+붕괴: 수직 아래 방향 후 왼쪽
  ③ β-붕괴 : 오른쪽
  ④ γ붕괴, 핵이성체 전이 : 수직 아래 방향

2 붕괴 계열

- 자연 방사성붕괴 계열

  ① 우라늄 계열(4n+2) : ^{238}U을 모핵종으로 하며 최종 안정 핵종은 ^{206}Pb

  ▶ α붕괴 8번, β붕괴 6번

  ② 토륨 계열(4n) : ^{232}Th을 모핵종으로 하며 최종 안정 핵종은 ^{208}Pb

  ▶ α붕괴 6번, β붕괴 4번

  ③ 악티늄 계열(4n+3) : ^{235}U을 모핵종으로 하며 최종 안정 핵종은 ^{207}Pb

  ▶ α붕괴 7번, β붕괴 4번

  ④ 긴 반감기의 원소를 모핵종으로 하며 붕괴 도중 기체 상태인 라돈이 포함

- 인공 방사성붕괴 계열

  ① 넵튬 계열(4n+1) : ^{241}Am을 모핵종으로 하며 최종 안정 핵종은 ^{209}Bi

  ▶ 반감기가 지구 나이에 비해 짧아 이 계열에 속하는 핵종은 자연에서 찾을 수 없음

- 핵종들이 붕괴할 때 α붕괴와 β붕괴가 반복해서 일어남

  ▶ α붕괴는 질량수가 4, 원자번호가 2만큼 감소하고, β붕괴는 질량수는 변함이 없고 원자번호만 바뀌게 되는데 β^-붕괴는 원자번호가 1증가, β^+붕괴는 원자번호 1감소

- 자연 방사성붕괴 계열의 공통점

  ① 자연계에 존재하며 비교적 긴 반감기(10^8 년 이상)를 가짐

  ② 계열 붕괴 도중 Rn기체가 존재함

  ③ 최종핵종은 ^{82}Pb 임

  ④ 계열의 분지를 일으킴

- 붕괴계열을 이루지 않는 천연 방사성핵종

  ① 천연에 존재하는 방사성핵종 중 붕괴계열을 이루지 않는 방사성핵종

  ② 긴 반감기를 가지고 있어 1회 붕괴로 안정된 핵종으로 변함

붕괴계열을 이루지 않는 천연 방사성핵종

핵종	붕괴형식	반감기	동위원소 존재비[%]
^{40}K	β^-, EC	1.28×10^9년	0.017
^{87}Rb	β^-	4.8×10^{10}년	27.83
^{139}La	β^-	4.4×10^{14}년	95.7
^{115}In	EC, β^-	1.3×10^{11}년	0.09
^{144}Nd	α	2.4×10^{15}년	23.8
^{147}Sm	α	1.06×10^{11}년	15.0

원자핵의 붕괴

붕괴형식	질량수	원자번호	방출 방사선
α 붕괴	-4	-2	α선 (선에너지)
β^- 붕괴	불변	+1	β^- 선 (연속에너지), 반중성미자($\bar{\nu}$) γ선 (선에너지)
β^+ 붕괴	불변	-1	β^+ 선 (연속에너지), 중성미자(ν) γ선 (선에너지), 소멸복사선 (0.511 MeV γ선 두 개)
궤도전자 포획	불변	-1	γ선 (선에너지), 중성미자(ν), 특성 X선 (선에너지), Auger 전자 (선에너지)
핵이성체 전이	불변	불변	γ선 (선에너지)
내부전환	불변	불변	K, L각 전자 (선에너지), 특성 X선 (선에너지) Auger 전자 (선에너지)

3.2 방사선

방사선은 입자나 파가 공간을 진행하는 상태에 있는 것으로 공기를 전리시키지 못하는 햇빛, 전등 불빛, 전파 등의 비전리 방사선과 직접 또는 간접적으로 공기를 전리시킬 수 있는 에너지를 가진 전리방사선이 있다.

방사선의 종류

이름		기호	전하	질량수
전자기방사선	X선	X	0	-
	γ선	γ	0	-
입자방사선	α선	α	+2	4
	β선	β^-	-1	-
	전자선	e^-	-1	-
	양전자선	β^+	+1	-
	양성자선	p	+1	1
	중이온선	-	+1 이상	5 이상
	중성자선	n	0	1

1 X선

1) 연속 X선

- 제동 방사(Bremsstrahlung) : 고속으로 진행하는 전자가 표적(target) 물질의 원자핵 근처에서 강한 전자기장(coulomb field)에 의해 감속되거나 진로방향이 크게 변함

- 제동 X선 : 제동 방사로 전자가 감속되어 잃은 운동에너지를 전자기파 에너지로 방출한 것

- 전자의 진로 방향은 여러 가지로 많기 때문에 전자가 감속되는 것도 다양하여 제동 X선의 에너지는 연속 스펙트럼을 가짐

- 엑스선 발생장치의 최대 관전압 V_p [kV], 발생되는 연속 엑스선의 최단파장 λ_{min} [Å]라 하면,

Duane-Hunt's law

$$\lambda_{min} = \frac{12.4}{V_P [kV]} [\text{Å}]$$

2) 특성 X선

- 고에너지의 전자(또는 전자기파)가 표적 물질 원자의 내각 궤도전자와 충돌하여 이를 원자 밖으로 전리시키면, 외각궤도전자가 내각궤도로 천이하며 두 궤도전자의 에너지 차이에 해당하는 전자기파를 방출
- 원자궤도의 에너지 준위는 원소마다 고유한 값을 가지므로 X선의 파장도 원소에 따라 고유한 값을 가져 특성 X선은 선스펙트럼을 나타냄
- 특성 X선의 진동수 ν와 표적물질의 원자 번호 Z에 대해,

> **Moseley's law**
>
> $$\sqrt{\nu} = R(Z - \sigma)$$
>
> R : Rydberg 상수, σ : 차폐상수

2 γ선

- 들뜬 상태의 원자핵이 안정해지기 위하여 여분의 에너지를 γ선으로 방출
- γ선은 선스펙트럼을 가짐
- γ선을 방출하는 대신 궤도 전자를 원자 바깥으로 떼어내는 내부전환전자
  ▶ 내부전환전자의 에너지 : $E_{IC} = (E_m - E_n) - I = h\nu - I$
  ※ I : 내부전환반응에서 핵종의 고유한 값
- 에너지 준위가 비교적 안정하여 곧바로 전이하지 않는 핵이성체는 들뜬 상태에 있지만 그 반감기는 비교적 길고, 핵이성체가 전이할 때는 γ선을 방출

3 입자선

1) α선

- α선은 ^{4}He 원자핵의 흐름
- ^{226}Ra처럼 원자번호가 큰 불안정한 원자핵이 자연적으로 붕괴할 때 발생
- α선의 에너지는 선스펙트럼을 나타냄

> **α선의 에너지**
>
> $$Q = \triangle Mc^2 = M_p - (M_d + M_\alpha)c^2$$
>
> $$E_\alpha = \frac{1}{2} M_\alpha V_\alpha^2 = \frac{[QM_d]}{[M_d + M_\alpha]} = \frac{M_d}{M_d + M_\alpha} |Q|$$
>
> M_p : 어미핵의 질량, M_d : 딸핵의 질량
> M_α : α입자의 질량, Q : α붕괴 에너지

- 터널효과(Tunneling Effect)
  ① 입자가 자신의 에너지보다 더 높은 퍼텐셜 장벽을 파동으로 뚫고 나올 수 있는 현상
  ② α입자는 핵력보다 낮은 에너지를 갖고 있지만, 퍼텐셜 장벽을 넘어 원자를 벗어나 방출됨

2) β선

- α선과 마찬가지로 불안정한 원자핵에서 방사
- 방사성핵종에서 방출되는 고속전자로, 발생원은 원자핵
- β선은 연속스펙트럼이며, 반드시 최대치 E_{max}가 나타남 (중성미자의 에너지가 0)

3) 중성자선

- 중성자는 하전입자가 아니므로 핵반응으로 발생
- ^1H을 제외하고 모든 원자핵에서 안정하게 존재하지만, 원자핵 밖에서는 불안정하여 $β^-$붕괴를 통하여 양성자가 됨
- 입자의 속도에 따라 고속중성자 (fast neutron, 500 keV 이상)와 열중성자 (thermal neutron, 약 0.025 eV) 로 구분

확인문제 — 방사능과 방사선

01. 양성자 과잉인 핵종에서 발생할 수 있는 것을 짝지은 것으로 올바른 것은 ?

① 전자포획, β^+ 붕괴
② β^- 붕괴, β^+ 붕괴
③ α붕괴, 전자포획
④ 핵이성체전이, 내부전환

02. 1 keV 제동 X선의 한계파장(λ_{min})은 ?

① 1.24 Å
② 12.4 Å
③ 124 Å
④ 1240 Å

03. ^{60}Co 0.5 μCi에서 1초당 발생하는 방사선의 총 수는?

① 22,000 개
② 33,000 개
③ 44,000 개
④ 55,000 개

04. ^{131}I에 대한 설명으로 옳지 않은 것은 ?

① 붕괴상수는 0.0866/day 일 것 이다.
② 반감기는 약 8일이다.
③ 승화성이 없다.
④ 갑상선 치료에 사용된다.

05. 다음의 붕괴 도식에서 γ붕괴에 해당하는 것은 ?

① (Z, A) → (Z, A)
② (Z, A) → (Z-2, A-2)
③ (Z, A) → (Z+2, A-1)
④ (Z, A) → (Z-2, A-4)

06. $^{63}_{30}Zn$과 $^{63}_{29}Cu$ 사이의 β^+붕괴에서, 발생되는 베타선의 에너지는?

(^{63}Zn의 원자질량=62.9330 u, ^{63}Cu의 원자질량 62.9298 u)

① 0 ② 0 ~ 0.65 MeV
③ 1.96 MeV ④ 0 ~ 1.96 MeV

07. 어떤 β선원을 다음 재료로 제작된 용기에 봉입하였다. 제동 방사선의 발생률이 가장 큰 순서로 나열 된 것은 ?

① 플라스틱 - 납 - 알루미늄 - 철
② 철 - 납 - 플라스틱 - 알루미늄
③ 납 - 철 - 알루미늄 - 플라스틱
④ 철 - 납 - 알루미늄 - 플라스틱

08. β^-붕괴시 방출된 β^-입자의 최대에너지가 30 eV였다. 평균에너지는 얼마인가 ?

① 30 eV ② 20 eV ③ 15 eV ④ 10 eV

09. 다음의 연결이 틀린 것은 ?

① α선 - 선스펙트럼 ② β선 - 연속스펙트럼
③ 특성 X선 - 연속스펙트럼 ④ γ선 - 선스펙트럼

10. 다음의 밀봉선원 중, 차폐 시 제동방사선에 가장 주의해야 하는 것은?

① ^{90}Sr ② ^{85}Kr ③ ^{147}Pm ④ ^{63}Ni

11. ^{24}Na 100 MBq이 평균 수명의 시간만큼 시간이 경과 했을 때의 방사능은?

① 약 30 MBq ② 약 37 MBq
③ 약 44 MBq ④ 약 51 MBq

12. 10 Ci의 ^{222}Rn(반감기 3.8일)의 질량은?

① 약 60 μg ② 약 65 μg ③ 약 70 μg ④ 약 75 μg

13. 중양자와 삼중수소와의 핵반응 식은 ^{3}H(d, n)^{4}He이다. 이 반응은 Q값과 반응의 종류를 바르게 나열한 것은(단, M(^{4}He)=4.002604 u, M(^{3}H)=3.0016049 u, M_n=1.008665 u)?

    ① -15.6 MeV, 발열반응
    ② -15.6 MeV, 흡열반응
    ③ -31.2 MeV, 발열반응
    ④ -31.2 MeV, 흡열반응

14. ^{131}I를 구매하고 40일 후 방사능을 측정해보니 10 mCi 였다. 처음에 몇 g을 구매하였는가?

    ① 5.2 mg   ② 2.6 mg   ③ 5.2 μg   ④ 2.6 μg

15. α붕괴에서 터널효과에 관한 다음의 설명 중 옳은 것들을 바르게 짝지은 것은?

    가. α입자는 자체의 운동에너지보다 훨씬 높은 원자핵의 전기적 퍼텐셜을 뚫고 핵 밖으로 방출되는 현상인 터널 효과를 일으킬 수 있다.
    나. 고전역학적 관점에서 에너지가 퍼텐셜장벽보다 낮은 α입자는 결코 핵 밖으로 탈출 할 수 없다.
    다. 터널효과는 α입자붕괴에 불확정성 원리를 적용하였다.
    라. 2개의 중수소핵을 융합시키는데 퍼텐셜 장벽을 넘기 위해 1 MeV의 에너지가 필요하다면 실제 필요한 에너지는 이보다 더 작아도 될 것이다.

    ① 가, 나, 다, 라
    ② 가, 나, 라
    ③ 나, 라
    ④ 가, 다

정답 및 해설 — 방사능과 방사선

01 1

양성자가 과잉인 핵종은 양성자를 줄이기 위해 전자를 포획하여 보다 안정한 원자핵으로 변환되거나(전자포획), 양성자가 중성자로 변환되며 β^+ 입자와 중성미자를 방출하는 β^+ 붕괴를 일으킨다.

02 2

$$\lambda_{\min} = 1.24 \times \frac{10^{-6}}{V} = 1.24 \times \frac{10^{-6}}{10^3} = 1.24\,nm \fallingdotseq 12.4\,\text{Å}$$

03 4

^{60}Co은 한 번의 붕괴 시 1개의 β선과 2개의 γ선(1.33, 1.17 MeV)을 방출한다.

따라서, β선은 $0.5 \times 10^{-6}\,Ci \times 3.7 \times 10^{10}\,dps/Ci = 1.85 \times 10^4$ 이고,

γ선은 $0.5 \times 10^{-6}\,Ci \times 3.7 \times 10^{10}\,dps/Ci \times 2 = 3.7 \times 10^4$ 이므로, 발생하는 총 방사선의 개수는 5.55×10^4 # 이다.

04 3

$$\lambda = \frac{0.693}{T} = \frac{0.693}{8\,day} = 0.0866/day$$

^{131}I는 승화성이 있어 공기중 오염에 유의해야 하며, 갑상선 치료에 사용된다.

05 1

γ붕괴는 원자번호나 질량수의 변화없이 에너지상태만 변하는 붕괴이다.

06 4

$$Q_{\beta^+} = (M_X - M_Y - 2m_e)c^2$$
$$= (62.9330 - 62.9298 - (2 \times 0.00054))u \times 931.5\,MeV/u$$
$$= 1.96\,MeV$$

$Q_{\beta^+} \fallingdotseq 1.96\,MeV$ 이므로 0~ 1.96 MeV 사이의 값을 가진다.

07 3

원자번호가 클수록 제동복사 비율이 크다.

08 4

β^-붕괴시 방출되는 β^-입자의 평균에너지는 최대에너지의 1/3 정도이다.

09 3

특성 X선은 선스펙트럼이며, 연속스펙트럼인 것은 제동 X선이다.

10 1

^{90}Sr은 방사평형 상태에 있는 ^{90}Y가 큰 에너지의 β선(2.27 MeV)을 방출하기 때문에 제동복사선의 발생에 유의해야 한다.

11 ②

$$A = A_0 e^{-\lambda t} = A_0 e^{-\lambda \times \frac{1}{\lambda}} = \frac{A_0}{e} = \frac{100}{e} \fallingdotseq 37\,MBq$$

12 ②

$A = \lambda N$

$10 \times 3.7 \times 10^{10} = \dfrac{0.693}{3.8\,d \times 24\,h/d \times 3600\,s/h} \times N$

$N = 1.75 \times 10^{17}$

$222g : 6.02 \times 10^{23} = xg : 1.75 \times 10^{17}$

$x \fallingdotseq 65\,\mu g$

13 ②

$$\begin{aligned}
Q &= (M_d + M_{^3H}) - (M_n + M_{He}) \\
&= (M_{^3H} - M_n + M_{^3H}) - (M_n + M_{He}) \\
&= M_{^3H} - M_n + M_{^3H} - M_n - M_{He} \\
&= 2(M_{^3H} - M_n) - M_{He} \\
&= 2(3.0016049 - 1.008665) - 4.002604 \\
&= -0.00167242\,u \times \frac{931.5\,MeV}{u} \fallingdotseq -15.6\,MeV
\end{aligned}$$

14 ④

^{131}I의 반감기는 약 8일로, 구매 후 40일이면 반감기가 5번 지났다.
처음 구매 당시 방사능 = 10×2^5 = 320 mCi

$$320\times 10^{-3}\times 3.7\times 10^{10}\,Bq = \frac{0.693}{8\times 24\times 3600}\times N$$

$$N = \frac{320\times 10^{-3}\times 3.7\times 10^{10}\times 8\times 24\times 3600}{0.693} = 1.18\times 10^{16}$$

$$131g : 6.02\times 10^{23} = xg : 1.18\times 10^{16}$$

$$xg = \frac{131\times 1.18\times 10^{16}}{6.02\times 10^{23}} = 2.568\times 10^{-6}g = 2.568\,\mu g$$

15 1

터널효과란 α입자가 자체의 운동에너지보다 훨씬 높은 원자핵의 전기적 퍼텐셜을 뚫고 핵 밖으로 방출되는 현상으로, 고전역학적 관점에서 에너지가 퍼텐셜장벽(약 24.5 MeV)보다 낮은 4.8 MeV의 α입자는 결코 핵 밖으로 탈출 할 수 없다. 하지만 입자가 퍼텐셜 장벽에 접근하여 운동량이 0에 가까워져 그 불확정성의 정도가 작아지면, 위치의 불확정성이 커지며 순간적으로 퍼텐셜 장벽 외부에도 입자가 존재할 수 있는 확률이 발생한다(불확정성 원리). 예를들어, 2개의 중수소핵을 융합시키는 데는 고전역학의 입장에서 둘 사이에 있는 전기적 장벽(퍼텐셜 장벽)을 넘는데 필요한 1 MeV의 운동에너지를 가져야 하는 것으로 요구되는데, 실제 터널효과를 달성하기 위해서는 이것의 1/100 밖에 안되는 10 keV의 운동에너지를 주면 된다.

제4장 방사선과 물질과의 상호작용

4.1 전자기파(광자)와 물질과의 상호작용

4.2 하전입자와 물질과의 상호작용

4.3 중성자와 물질과의 상호작용

제4장 방사선과 물질과의 상호작용

물질 속을 통과하는 방사선이 물질을 구성하는 원자 및 분자와의 상호작용을 통해 여기, 산란, 전리 등의 여러 현상을 일으키게 되는데 이를 방사선과 물질과의 상호작용이라 한다. 방사선과 물질과의 상호작용에는 전자기파(광자), 경하전입자(전자), 중성자 등이 포함된다.

4.1 전자기파(광자)와 물질과의 상호작용

전자기파란 전기장과 자기장이 시간에 따라 변할 때 발생하는 파동이며, 공간 내 매질이 없는 경우에도 공간을 통과하며 한 영역에서 다른 영역으로 전파된다. 전자기파에는 빛, X선, 적외선, 자외선, 라이오파, 마이크로파 등이 포함된다. 이 중, X선과 γ선은 전리 능력이 있어 광자라고도 한다. 이러한 광자와 물질과의 상호작용에는 광전효과와 컴프턴 산란등이 포함된다.

1 광전효과

- 아인슈타인이 빛의 입자성을 이용하여 설명한 현상
- 물리적인 측면에서 광전효과는 금속판에 일정한 진동수 이상의 빛을 금속판 등에 비추었을 때, 물질 표면에서 전자가 튀어나오는 현상

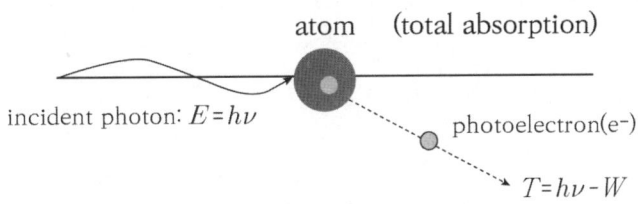

광자와 물질과의 상호작용으로서의 광전효과

- 방사선학에 있어 광전효과는 물질 내로 입사된 방사선의 에너지를 물질 내 궤도전자에 모든 에너지를 전달하고, 에너지를 받은 궤도전자는 에너지 중 일부를 가지고 방출되는 현상
- 광전효과에 의해 물질 내에서 방출된 전자를 광전자라고 함
- 방출된 전자는 입사광자의 전 에너지에서 결합에너지를 뺀 나머지 에너지만큼의 운동에너지를 가짐
- 광전효과의 주요 특징
  ① 광자의 에너지가 작을 때 잘 일어남(0.1 MeV 이하)
  ② 입사광자의 에너지가 물질 내 궤도전자의 결합에너지 이상일 때 광전효과가 일어남
  ③ 최내각전자(K각 전자)와 반응이 잘 일어남
  ④ 입사광자의 모든 에너지를 소모하므로 방사선 계측에 유리함
  ⑤ 원자번호가 큰 물질에서 반응이 잘 일어남
  ⑥ 광전효과 후 방출된 광전자에 의해 제동복사가 일어날 가능성이 있음
  ⑦ 광전효과 후 방출된 광전자에 의해 비어있는 전자의 자리를 채우면서 특성 X선이 발생하고 이후 오제전자를 발생시킬 수 있음 (아래 표 참조)
  ⑧ 광전효과 발생 확률은 입사에너지가 증가할수록 발생 확률은 감소하고, 물질의 원자번호가 높아질수록 발생 확률은 증가함

광전효과 발생 확률

$$\sigma_{Photon\ effect} \propto \frac{Z^5}{(h\nu)^{3.5}}$$

광전효과 후 발생 가능성이 있는 과정

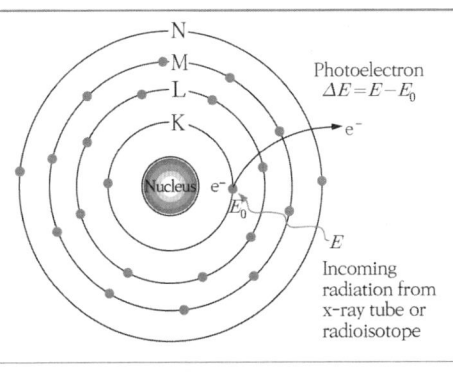

입사광자가 K궤도 전자와 상호작용을 하여 모든 에너지를 K궤도 전자에게 주어 결합에너지를 제외한 에너지를 가지고 <u>광전자가 방출</u>

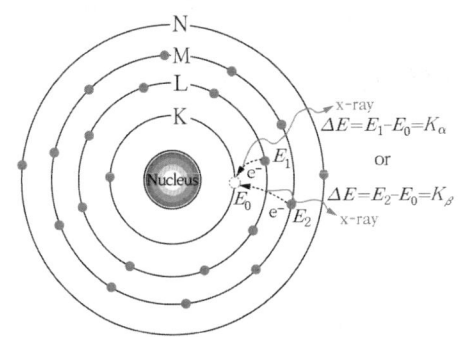

방출된 광전자의 빈자리를 L, M등의 궤도전자들이 자리를 채우면서 <u>특성 X선 방출</u>

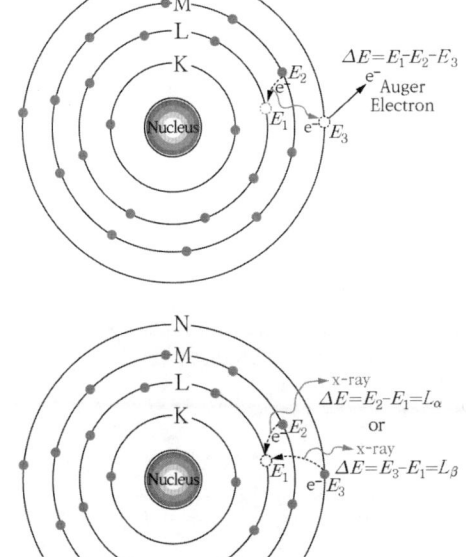

특성 X선 발생

L각의 빈자리를 M, N등의 궤도전자들이 자리를 채우면서 특성 X선 방출

위의 과정에서 방출된 특성 X선과 다른 궤도전자들이 상호작용을 하여 <u>전자가 방출</u>
(이 때, 방출되는 전자를 <u>오제전자</u>라 함)

2 컴프턴산란

- 입사된 광자가 자신의 에너지 일부를 물질의 최외각전자 또는 자유전자에게 전달하여 전자가 방출되도록 하고 광자(자기자신)는 에너지가 감소된 형태로 산란되는 현상
- 컴프턴산란에 의해 방출된 전자를 반도전자라고 하며, 에너지가 감소된 형태의 광자를 산란광자라고 함
- 산란각에 따라 산란광자의 에너지 및 반도전자의 운동에너지는 달라짐
  (E_γ : 입사광자의 에너지, m_0c^2 : 전자의 정지질량에너지(0.511 MeV))

산란광자 운동에너지

$$E_{\gamma'} = \frac{E_\gamma}{1 + \frac{E_\gamma(1-\cos\theta)}{m_0c^2}}$$

반도전자 에너지

$$E_\gamma - E_{\gamma'} = \frac{E_\gamma}{1 + \frac{m_0c^2}{E_\gamma(1-\cos\theta)}}$$

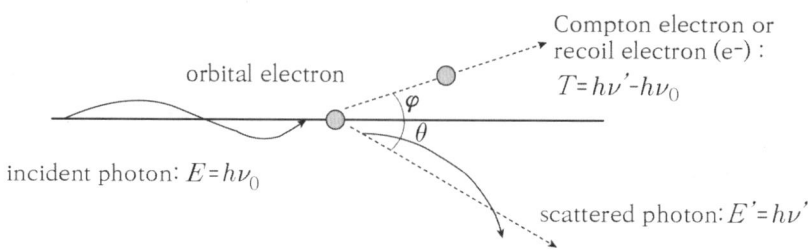

광자와 물질과의 상호작용으로써 컴프턴산란

- 컴프턴산란의 주요 특징

  ① γ선의 에너지가 0.5~1 MeV 사이에서 주로 일어나며 넓은 에너지 영역에 걸쳐 나타남
  ② 최외각전자 또는 자유전자와 반응하기 쉬움
  ③ γ선의 일부 에너지를 소모(방사선 계측에 불리)
  ④ 에너지를 잃은 산란선은 광전효과를 일으킬 수 있음
  ⑤ 컴프턴산란 발생확률은 원자번호에 비례하고 에너지에 반비례함
  ⑥ 산란각이 클수록 산란광자의 에너지는 감소하고 반도전자의 에너지는 증가함
  ⑦ 입사광자의 에너지가 클수록 산란각 및 반도각은 감소하고 산란광자와 반도전자는 전방산란을 함

컴프턴산란 발생 확률

$$\sigma_{Compton\ scattering} \propto \frac{Z^1}{(h\nu)^1}$$

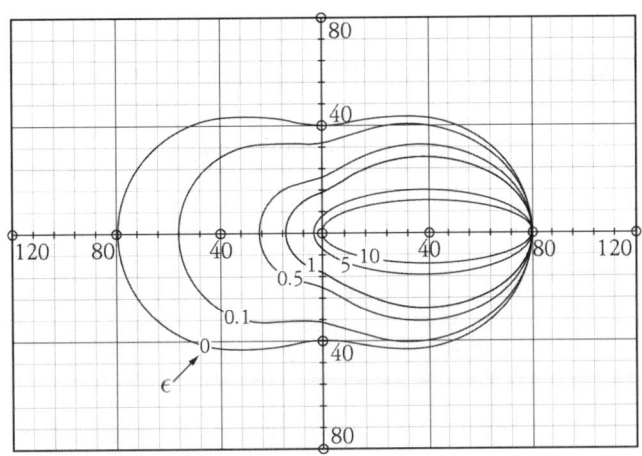

컴프턴산란에서의 Klein-Nishina ($\epsilon = \dfrac{h\nu}{(m_e c^2)}$)

3 전자쌍생성(Pair production)

- 입사된 광자의 에너지가 1.022 MeV 이상일 경우, 입사 광자의 모든 에너지가 물질에 완전히 흡수된 후 소멸되고, 양전자와 음전자를 생성, 즉 전자쌍이 생성되어 운동하는 현상
- 전자쌍생성은 핵과 궤도전자 사이에서만 발생하며, 생성된 전자쌍 중 양전자는 속도가 감소하여 전자와 만나 두 개의 광자를 내며 소멸하고, (Pair Annihilation, 쌍소멸) 이 때 두 개의 광자는 각각 0.511 MeV를 가짐

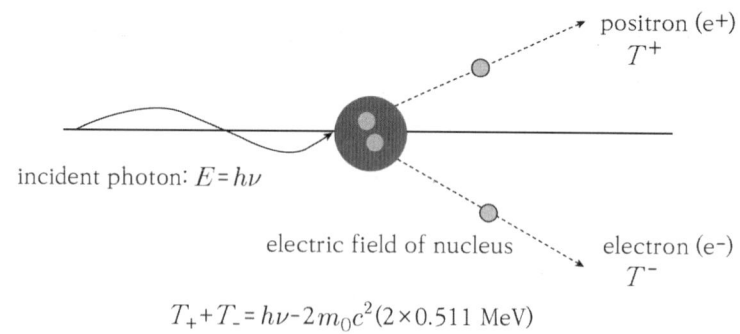

$$T_+ + T_- = h\nu - 2m_0c^2 (2 \times 0.511 \text{ MeV})$$

광자와 물질과의 상호작용으로서의 전자쌍생성

- 전자쌍생성의 주요 특징
  ① γ선의 에너지가 1.022 MeV 이상일 때만 발생

	1.022 MeV 이상인 이유	
	전자쌍생성 발생 전	전자쌍생성 발생 후
에너지	$(h\nu)_{thr}^{NPP} + m_A c^2$	$(m_A c^2 + 2m_e c^2)$
운동량	$\dfrac{(h\nu)_{thr}^{NPP}}{c}$	0

$$((h\nu)_{thr}^{NPP} + m_A c^2)^2 - \left(\frac{(h\nu)_{thr}^{NPP}}{c}\right)^2 c^2 = (m_A c^2 + 2m_e c^2)^2 - 0$$

$$\{(h\nu)_{thr}^{NPP}\}^2 + 2(h\nu)_{thr}^{NPP} \cdot m_A c^2 + (m_A c^2)^2 - \{(h\nu)_{thr}^{NPP}\}^2$$

$$= (m_A c^2)^2 + 4m_A c^2 \cdot m_e c^2 + 4(m_e c^2)^2$$

$$(h\nu)_{thr}^{NPP} \cdot m_A c^2 = 2m_A c^2 \cdot m_e c^2 + 2(m_e c^2)^2$$

$$(h\nu)_{thr}^{NPP} = 2 \cdot m_e c^2 + 2 \cdot \frac{(m_e c^2)^2}{m_A c^2}$$

$$= 2 \cdot m_e c^2 \left(1 + \frac{m_e c^2}{m_A c^2}\right)$$

$$= 1.022\ MeV \left(1 + \frac{m_e c^2}{m_A c^2}\right)$$

② 고 원자번호에서 에너지가 증가할수록 많이 발생

③ 생성된 음전자는 제동복사를 일으키고 양전자는 소멸복사선을 생성시킴

④ 전자쌍생성 발생 확률

전자쌍생성 발생 확률

$$\sigma_{Pair\ production} \propto Z^2(h\nu - 1.022\ MeV)$$

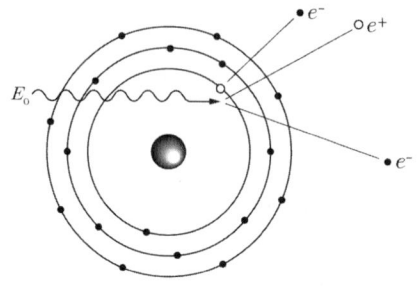

삼전자쌍생성

* 삼전자쌍생성 : 흡수체의 궤도전자 쿨롱장에서 발생하는 pair production.
입사광자의 에너지가 2.044 MeV 이상 일 때만 발생

	삼전자쌍생성 발생 전	삼전자쌍생성 발생 후
에너지	$(h\nu)_{thr}^{TP} + m_e c^2$	$3m_e c^2$
운동량	$\dfrac{(h\nu)_{thr}^{TP}}{c}$	0

$$\{(h\nu)_{thr}^{TP} + m_e c^2\}^2 - \left[(h\nu)_{thr}^{TP}\right]^2 = (3m_e c^2)^2$$

$$\left[(h\nu)_{thr}^{TP}\right]^2 + 2(h\nu)_{thr}^{TP} \cdot m_e c^2 + (m_e c^2)^2 - \left[(h\nu)_{thr}^{TP}\right]^2 = 9(m_e c^2)^2$$

$$2(h\nu)_{thr}^{TP} \cdot m_e c^2 = 8(m_e c^2)^2$$

$$(h\nu)_{thr}^{TP} = 4m_e c^2$$
$$= 2.044\, MeV$$

4 광핵붕괴(Photodisintegration)

- 수 MeV 이상의 고 에너지 광자가 원자핵에 완전히 흡수된 후, 원자핵에서 양성자, 중성자, α입자 등이 방출되는 현상

- 광자의 에너지가 위 입자들의 결합에너지보다 클 때 발생하며, 광핵붕괴는 문턱 에너지 값을 가짐

- 광핵붕괴 중 광중성자 반응의 예

Nuclide	$^2H(\gamma,n)$	$^6Li(\gamma,n)$	$^6Li(\gamma,n+p)$	$^7Li(\gamma,n)$	$^9Be(\gamma,n)$	$^{13}C(\gamma,n)$
E_{th} [MeV]	2.225	5.67	3.698	7.251	1.665	4.946

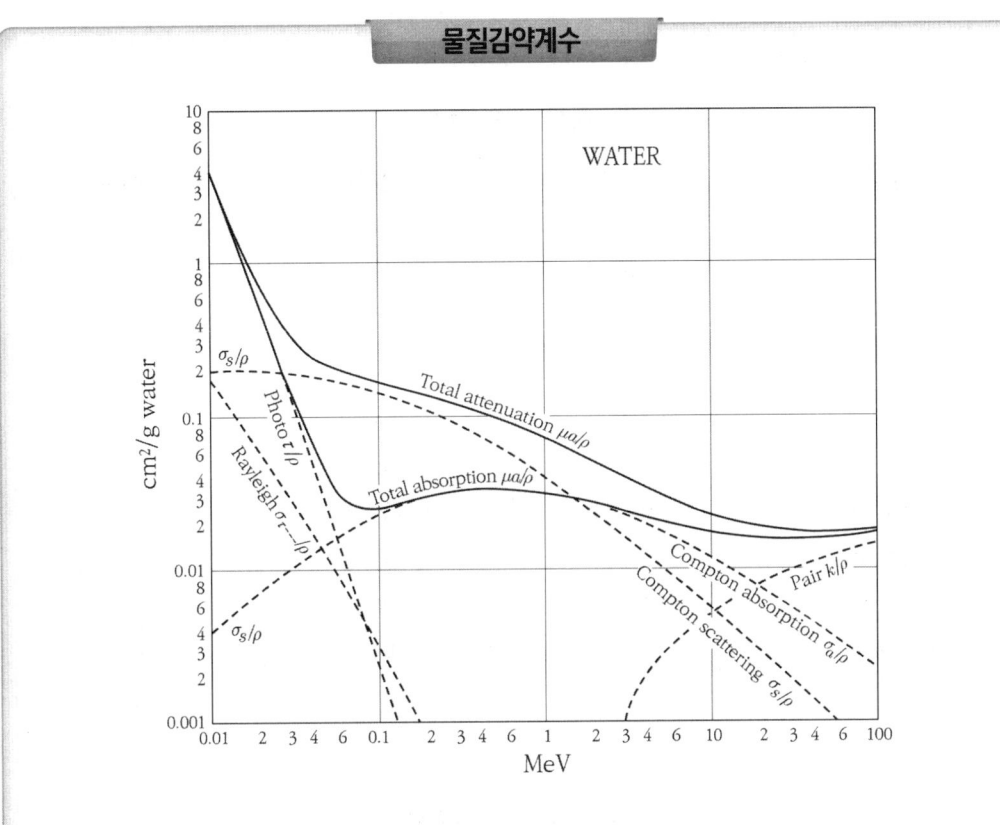

물질감약계수

수중 γ선에 대한 물질감약계수

* γ선의 에너지가 낮은 영역 : 광전효과가 일어날 확률이 높음
* γ선의 에너지가 중간 영역 (20 keV~20 MeV) : 컴프턴효과가 일어날 확률이 높음
* γ선의 에너지가 높은 영역 (10 MeV 이상) : 삼전자생성이 일어날 확률이 높음
* 흡수체의 원자번호가 낮을수록 컴프턴산란이 우세한 영역이 넓어짐
* 흡수체의 원자번호가 높을수록 전자쌍생성이 우세함

4.2 하전입자와 물질과의 상호작용

물리학에서 하전입자(charged particle)는 전하를 띄고 있는 입자이며, 하전입자의 종류는 아래의 표(하전입자의 종류)와 같다. 하전입자는 주로 이온화, 여기 제동복사를 통해 에너지를 잃으며, 하전입자가 물질과 상호작용을 하지 않고 물질을 통과할 확률은 0이다. 이러한 하전입자와 물질과의 상호작용을 나타내는데 비정, 저지능, 비전리가 중요하며, 이는 아래의 표(비정, 저지능, 비전리)와 같다.

하전입자의 종류

종류	기호	질량	전하
β^-	e^-	m_0	$-e$
β^+	e^+	m_0	$+e$
muon	μ^+	$207\ m_0$	$+e$
	μ^-	$207\ m_0$	$-e$
pion	π^+	$273\ m_0$	$+e$
	π^-	$273\ m_0$	$-e$
proton	p, ^{1}H	1amu(1,836 m_0)	$+e$
deuteron	d, ^{2}H	2amu	$+e$
triton	t, ^{3}H	3amu	$+e$
helium-3	^{3}He	3amu	$+2e$
α-ray	α, ^{4}He	4amu	$+2e$

비정, 저지능, 비전리

용어	정의	단위
비정	하전입자가 물질 내에서 모든 에너지를 잃을 때까지 이동한 거리	cm, mg/cm^2
저지능	하전입자가 물질 내에서 진행할 때 단위 길이당 잃는 에너지	MeV/cm
비전리	하전입자가 단위 길이당 생성하는 이온쌍의 개수	ip/cm

* 전하가 클수록, 속도 및 에너지가 작을수록 저지능은 커지고 비정은 감소
* 비정과 저지능은 반비례 관계

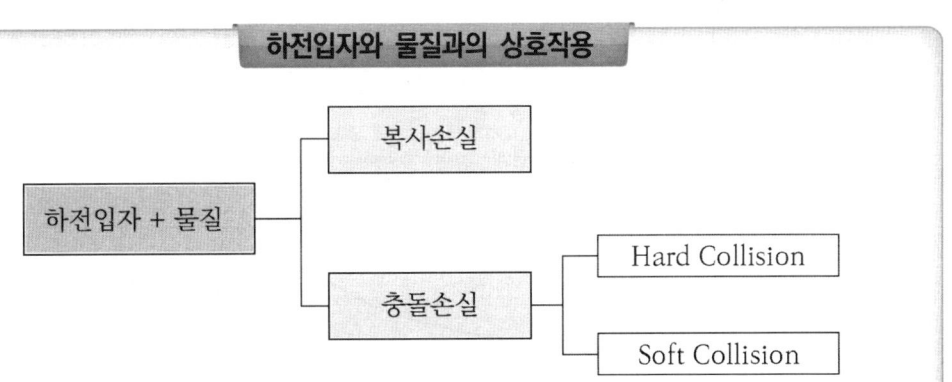

* 복사손실(Radiation Collision)
  - 하전입자와 흡수체 원자의 외부 핵력장과의 쿨롱력 상호작용으로 인해 발생
  - 대부분이 탄성산란이며, 낮은 확률로 비탄성산란이 발생(비탄성산란 시 X선 방출)
* Hard Collision
  - 하전입자가 원자 궤도전자와 직접적인 쿨롱 영향 상호작용을 통해 궤도전자에게 많은 에너지를 전달 → 궤도전자는 δ선의 형태로 원자를 이탈
  - 흡수체 내 이동하는 하전입자가 겪는 hard collision 횟수는 적으나 에너지 전달이 상대적으로 커서 hard collision을 통해 운동에너지의 50%를 손실함
* Soft Collision
  - 하전입자가 원자의 궤도전자에게 전달하는 에너지는 매우 낮으나, 상호작용 횟수가 많아 하전입자 에너지의 약 50%를 손실함

1 α선

- 대표적인 중하전입자로서 저지능이 크기 때문에 빠르게 에너지를 잃으면서 물질 내에서 정지
- 투과력이 약하기 때문에 종이도 투과하지 못하므로 고 에너지(7 MeV 이상) α입자가 아닐 경우에는 인체 표피는 투과할 수 없음
- α입자는 물질 내에서 궤도전자의 쿨롱장에 의한 전리 및 여기반응을 통해 에너지를 잃게 되며, 질량이 크기 때문에 물질 내 비정은 거의 직선을 이룸

- Bragg peak : α입자는 초기에 에너지를 서서히 잃으면서 감속되다가 입자가 멈추기 직전에 에너지를 급격하게 잃는 것

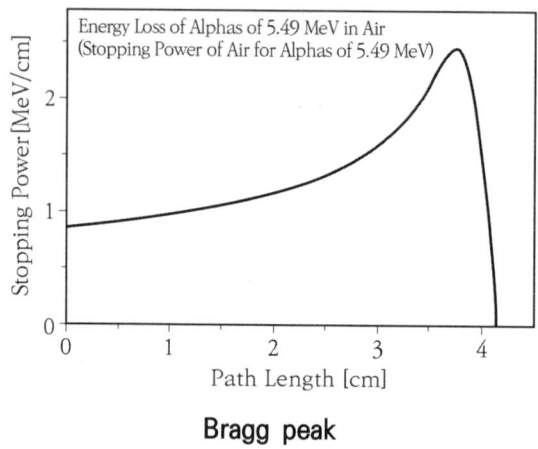

Bragg peak

- α입자에 대해서는 평균비정(평균도달거리, R_a)과 외삽거리(바깥늘림도달거리, R_e)로 정의가 됨

① 평균비정은 α입자의 수가 처음의 반이 될 때까지의 거리를 의미
② 외삽거리는 곡선 부분을 외삽하여 구한 비정을 의미
③ 평균적으로 도달한 거리인 평균비정을 α입자의 비정이라고 함
④ α입자는 물질 내에서 일정한 비정을 가지나, 물질 속의 전자와의 충돌 횟수, 충돌 시 잃는 에너지 차이 등으로 인해 요동(straggling)이 발생함
⑤ α입자의 에너지와 공기 중에서의 비정 관계(표준 상태, 공기 내)

α입자 비정

$$R = 0.565E \ (E < 4 \text{ MeV}), \ R = 0.318E^{3/2} \ (4 \text{ MeV} < E < 8 \text{ MeV}) \ [단위 : \text{cm}]$$

⑥ α입자의 에너지와 공기 중에서의 비정 관계(다른 물질 내)

α입자의 에너지와 공기 중에서의 비정 관계

$$\frac{R_1}{R_2} = \frac{\rho_2}{\rho_1} \times \frac{\sqrt{A_1}}{\sqrt{A_2}} \ (\rho : 밀도 \ [\text{g/cm}^3], \ A : 원자량)$$

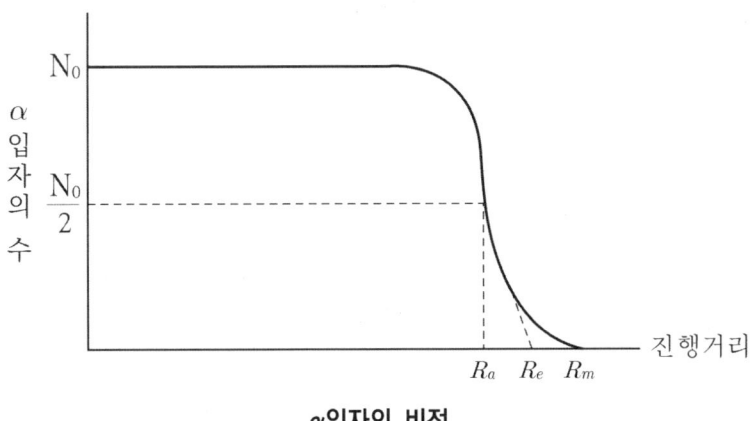

α입자의 비정

2 전자선 및 β선

- β 입자는 이온화 및 여기를 통해 궤도전자와 상호작용을 하며, 제동복사를 통해 원자핵과 상호작용을 함(제동복사의 경우 고 에너지 영역, 특히 고 원자번호 물질에서 지배적임)

  ① 이온화 및 여기

  ▶ 궤도전자 사이에 쿨롱력으로 인해 주변의 원자를 차례로 전리 및 여기

  ▶ 전자는 가볍기 때문에 방향이 변하며, 입사전자는 비탄성산란을 계속하면서 에너지와 이온화 능력을 상실

  ② 제동방사

  ▶ 하전입자들 중 전자에서 특징적으로 나타나는 현상

  ▶ 에너지가 높아지면 이온화 및 여기보다 더 많이 발생

  ▶ 원자핵으로부터 쿨롱력으로 가속을 받으면 전자의 속도는 빨라지면서 전자기파를 방사하게 되는데 이 때 입사전자는 전자기파를 방사한 만큼의 에너지를 잃고 감속되는 현상을 제동방사라 하며, 이 때 방사된 전자기파를 제동방사선이라고 함

- 물질 내에서 지그재그로 진행하며, 전자선은 외삽거리를 β선은 최대도달거리를 구하며, β선의 비정은 다음과 같음

β입자 비정

$$R = 407E^{1.38} \, (0.15 \text{ MeV} < E < 0.8 \text{ MeV}) \, [\text{단위} : \text{mg/cm}^2]$$
$$R = 542E - 133 \, (0.8 \text{ MeV} \leq E) \, [\text{단위} : \text{mg/cm}^2]$$

- 체렌코프 효과(Cerenkov effect)
  ▶ 하전입자가 광학적으로 투명한 물질(광섬유 등) 내에서 광속보다 빠른 속도로 통과할 때, 이 입자들의 진행 방향과는 반대 방향으로 원뿔 모양의 빛을 방사하는 현상

- 양전자를 방사하는 경우(^{22}Na, ^{30}P 등), 소멸방사도 일어나는데 소멸방사란 전리 능력을 잃은 양전자가 주변의 음전자와 결합하여 소멸되고, 1.022 MeV의 γ선을 방사하는 현상임. 이 때, 2개의 γ선은 서로 반대 방향으로 방사됨

- β선은 물질 속으로 입사한 후에 여러 반응을 통해 입사 방향과 반대 방향으로 나아가는 경우가 있는데 이러한 현상을 후방산란이라고 하며, 이는 입사전자가 물질 속에서 산란되어 원래 진로로 되돌아가는 현상이며 물질 표면에서 전자가 반사되는 것은 아님

전자 및 β선의 충돌저지능 및 방사충돌저지능

* 전입자의 총 질량저지능(S_{tot})은 방사저지능(S_{rad})과 충돌저지능(S_{col})의 합으로 구성

$$S_{tot} = S_{rad} + S_{col}$$

* 중하전입자의 경우 방사저지능이 무시되어 $S_{tot} = S_{col}$
* 경하전입자(전자 및 β선)의 경우 방사저지능과 충돌저지능이 같아지는 에너지$(E_k)_{crit}$존재

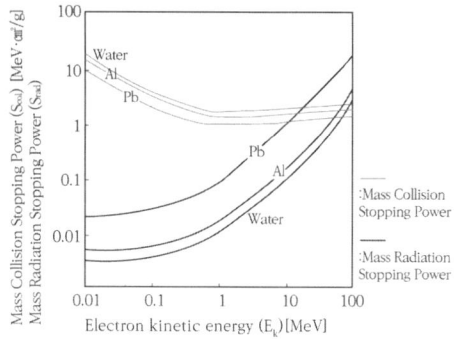

- 물의 경우 ~ 100 MeV, 알루미늄의 경우 ~ 61 MeV, 납의 경우 ~ 10 MeV
- $(E_k)_{crit} \approx \dfrac{800 \, MeV}{Z}$

4.3 중성자와 물질과의 상호작용

중성자는 전하가 없어 주로 궤도전자가 아닌 원자핵과 반응을 하며, 원자핵과 산란, 흡수 등의 반응을 거치며, 중성자와 물질과의 상호작용 종류는 다음과 같다.

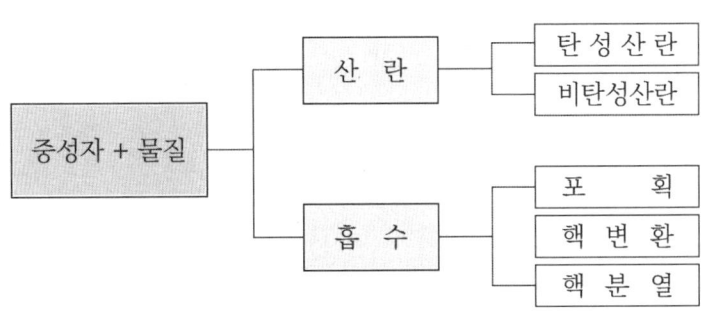

중성자와 물질과의 상호작용

중성자의 종류는 에너지에 따라 나뉘며 100 keV 이상의 중성자를 고속중성자(fast neutron)라고 하며, 주로 핵분열 과정에서 생성되는 즉발 및 지발 중성자가 속한다. 1 keV ~ 100 keV의 중성자는 중속중성자(intermediate neutron), 0.001 keV ~ 1 keV의 중성자는 열외중성자(epithermal neutron)라고 하며, 이 두 가지 중성자는 고속중성자들이 다른 원자들과의 충돌에 의해 에너지를 잃은 후 중간 에너지준위의 중성자가 될 때 여기에 속한다. 마지막으로 0.001 keV 이하의 중성자를 열중성자(thermal neutron)라고 하며, 이는 속중성자가 에너지를 계속 잃어 에너지가 매우 낮아진 것이며, 보통 실온에서 열평형된 중성자를 열중성자(≈ 0.025 eV)라고 한다.

1 탄성산란

- 중성자가 다른 입자(원자핵)와 충돌하여 원자핵은 운동에너지를 얻고 충돌 후의 중성자는 그 양만큼의 운동에너지를 잃어 충돌 전후에 있어 에너지와 운동량이 변하지 않는 산란, 중성자의 에너지가 핵의 여기에너지(1 MeV)보다 낮을 때 일어나기 쉬움

- 탄성산란의 경우 운동에너지와 운동량이 보존되기 때문에 산란 전후의 중성자 에너지를 E_0, E, 되튐원자핵의 에너지를 E_r이라고 하면 산란 후 중성자 에너지 $E = E_0 - E_r$이며, 되튐원자핵의 에너지는 다음과 같음

> **되튐원자핵 에너지**
>
> $E_r = \dfrac{4A}{(A+1)^2} E_0 \cos^2\phi$ (A : 되튐원자핵의 질량수, ϕ : 되튐각)

- 되튐각이 0도일 때 최대값을 가짐

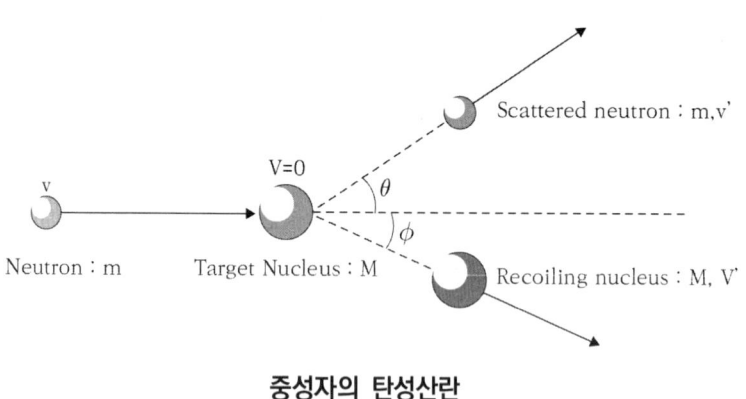

중성자의 탄성산란

- 되튐원자핵의 에너지는 무거운 원자핵에서는 무시할 수 있을 정도로 작아지기 때문에, 중성자는 무거운 원소의 물질을 투과하기 쉬움, 원자번호가 낮을수록 1회 충돌 시 에너지 손실이 큼
  (예) 중성자 차폐체로 수소, 파라핀 등을 사용

2 비탄성산란

- 중성자가 다른 입자(원자핵)와 충돌할 때, 원자핵에 되튐에너지를 주고 동시에 핵을 들뜨게 하는 경우도 있는데, 일부의 중성자 에너지가 핵의 여기에너지로 바뀌므로 에너지보존의 법칙은 성립하지 않음

- 중성자에 의해 들뜬 원자핵은 바로 γ선을 방출하고 기저 상태(바닥 상태)로 돌아감. 방출된 γ선은 주변의 원자 및 분자를 전리 및 여기시킴

- 중성자의 에너지가 높을수록 일어날 확률이 높고, 에너지가 수 MeV면 탄성산란과 같은 비율로 발생하나 원자핵의 여기에너지보다 낮으면 발생하지 않음

3 포획반응

- 속도가 느린 중성자는 원자핵에 충돌해도 산란은 발생하지 않고 원자핵에 흡수되고, 흡수 후 원자핵은 들뜬 상태에 있어 γ선으로 에너지 방출 후 안정상태로 돌아감
- 중성자 에너지별 흡수단면적

  ① 높은 에너지의 중성자(속중성자)
  - ▶ 속중성자가 핵 주위를 지나면서 핵 주위의 핵력장에 의해 조금 굴절되어 진행
  - ▶ 중성자가 핵에 가깝게 지나갈수록 더 많이 굴절되는데, 핵에 충분히 접근했을 때 흡수됨
  - ▶ 비교적 불변적이며 작은 값의 흡수단면적을 가짐

  ② 낮은 에너지의 중성자(열중성자)
  - ▶ 중성자가 느리게 움직일수록 핵 주위에서 핵으로 끌어당겨질 확률이 높아 거리가 멀더라도 끌려오게 됨
  - ▶ 중성자의 에너지가 감소함에 따라 흡수단면적이 증가함

  ③ 중간 에너지의 중성자(열외중성자)
  - ▶ 원자핵의 경우 여러 에너지준위를 가지고 있어 이러한 에너지준위에 대응하는 중성자가 입사될 때 흡수 확률이 많이 높아지는데 이 현상을 공명이라고 함
  - ▶ 공명현상에 대응하는 중성자는 중간 에너지 영역의 중성자임

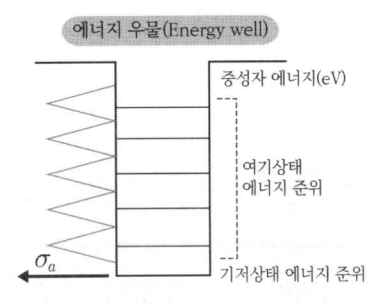

중성자의 에너지준위와 원자핵의 에너지준위

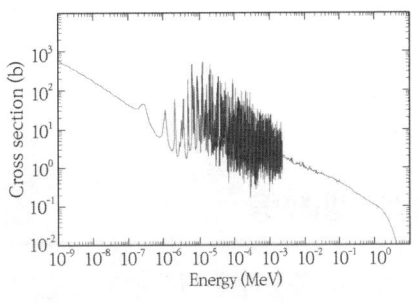

미시적 흡수단면적(^{235}U)

4 증배계수

- 연쇄반응 : 원자핵 분열 시 한 개 이상의 중성자를 방출하며, 이 중성자의 일부는 주변에서 다시 핵분열을 발생한 후 새로운 중성자를 방출하며, 이 과정을 중단시키지 않을 경우 더욱 많은 핵분열이 발생하게 되는데 이처럼 스스로 핵분열이 유지되는 과정

- 증배계수 : 핵분열 반응 등을 통해 새로 발생한 새 세대의 중성자 수와 흡수 및 누설로 인해 원자로에서 사라지는 바로 전 세대의 중성자 수의 비

증배계수

* 증배계수(k) = $\dfrac{\text{다음 세대의 중성자 수}}{\text{한 세대의 중성자 수}}$

* 임계상태에 따른 중성자의 변화 및 조치

상태	중성자 변화	결과 및 조치
미임계 ($k < 1$)	중성자 수 감소	원자로 출력이 0이 될 때까지 감소
임계 ($k = 1$)	중성자 수 동일	-
초임계 ($k > 1$)	중성자 수 증가	원자로 정지 및 노심에 흡수물질을 주입

* 무한증배계수(k_∞) : 원자로의 크기가 무한대일 때의 증배계수
  유효증배계수(k_{eff}) : 원자로의 경우 누설이 존재하므로 k_∞와 누설을 결합한 증배계수
  잉여증배계수(k_{ex}) : k_{eff}가 임계로부터 멀어진 정도를 나타내는 증배계수

$$k_{ex} = k_{eff} - 1$$

5 하전입자 방출반응

- 고 에너지 중성자가 원자핵과 충돌하면 복합핵이 생성, 복합핵은 들뜬 상태에 있어 하전입자(양성자나 α입자 등)를 방출하게 되어 원자핵은 충돌전과는 다른 원소로 바뀌게 되는데 이러한 핵반응을 하전입자 방출반응 또는 핵변환이라 함

- 하전입자 방출반응은 중성자의 에너지가 문턱값 이상일 때만 발생

확인문제 — 방사선과 물질과의 상호작용

01. 하전입자와 물질과의 상호작용에는 비정, 저지능, 비전리가 있다. 설명으로 옳지 <u>않은</u> 것은?

① 하전입자가 물질 속을 진행할 때 단위 길이당 잃는 에너지를 저지능이라고 한다.
② 하전입자가 총 에너지를 모두 잃을 때까지 진행한 거리를 비정이라고 한다.
③ 하전입자가 물질 중에서 단위 면적당 생성하는 전자수를 비전리라고 한다.
④ 저지능과 비전리는 비례 관계에 있다.

02. α선에 대한 특징으로 옳은 것은?

① 비정이 짧으며, 일반적으로 외삽비정을 사용한다.
② 물질 내에서 지그재그 운동을 한다.
③ 비전리가 낮다.
④ 비정이 짧아서 특정 부위에 집중적으로 피폭되어 체내 피폭 시 가장 위험한 방사선이다.

03. 광자와 물질과의 상호작용에 대한 설명으로 틀린 것은?

① 광전효과와 컴프턴 산란 발생확률은 원자번호에 비례한다.
② 컴프턴 산란의 경우, 입사광자의 에너지가 클수록 산란각 및 반도각은 증가하고 산란광자와 반도전자는 전방산란을 한다.
③ 광전효과가 일어난 후 특성 X선이 방출될 수 있다.
④ 전자쌍생성은 1.022 MeV 이상에서 일어난다.

04. 5 MeV의 에너지를 가지고 입사한 광자가 물질과 반응하여 산란각이 60도인 컴프턴산란이 일어났을 때, 산란광자의 에너지와 반도전자 에너지는 각각 얼마인가?

	산란된 광자 에너지	반도전자 에너지
①	0.849 MeV	4.151 MeV
②	4.49 MeV	0.51 MeV
③	0.51 MeV	4.49 MeV
④	4.151 MeV	0.849 MeV

05. 중성자는 에너지대에 따라 흡수단면적이 다르게 나타난다. 중성자 에너지별 흡수단면적에 대한 내용으로 옳지 <u>않은</u> 것은?

① 중성자가 느리게 움직일수록 핵주위에서 핵으로 끌어당겨질 확률이 높아 거리가 멀더라도 끌려온다.
② 속중성자가 핵 주위를 지나면서 핵 주위의 핵력장에 의해 조금 굴절되어 진행된다.
③ 원자핵의 경우 여러 에너지준위를 가지고 있어 이러한 에너지준위에 대응하는 중성자가 입사될 때 흡수 확률이 많이 높아지며, 이 현상을 공명이라고 한다.
④ 공명현상에 대응하는 중성자는 높은 에너지 영역의 중성자이다.

06. 중성자와 물질과의 상호작용 중 탄성산란이 일어날 경우 중성자가 산란하면서 되튐원자핵이 발생된다. 이 때, 되튐원자핵의 에너지를 나타낸 식으로 옳은 것은?

① $E_r = \dfrac{4A}{(A+1)^2} E_0 \cos^2 \phi$ ② $E_r = \dfrac{A}{(A+1)^2} E_0 \cos^2 \phi$

③ $E_r = \dfrac{4A}{(A+1)^2} E_0 \sin^2 \phi$ ④ $E_r = \dfrac{2A}{(A+1)^2} E_0 \cos^2 \phi$

07. β선과 전자선은 이온화 및 여기, 제동방사를 통해 물질과 상호작용을 한다. 이온화 및 여기, 제동방사에 대한 내용으로 옳은 것은?

① 물질 내에서 전자는 가벼우므로 방향이 변하며 입사전자는 탄성산란을 계속하면서 에너지를 잃는다.
② 이온화 및 여기는 원자핵으로부터 쿨롱력에 의해 일어난다.
③ 제동방사는 하전입자들 중에서 전자에게서 특징적으로 나타나는 현상이다.
④ 비정을 나타낼 때 전자선은 최대도달거리를, β선은 외삽거리를 구한다.

08. 중성자는 탄성산란과 비탄성산란 등을 한다. 이 중 탄성산란의 경우 운동에너지와 운동량이 보존된다. 만약 산란 전의 중성자 에너지가 3 MeV이고 30도의 되튐각을 가지고 되튐원자핵이 $^{152}_{63}Eu$ 산란할 경우, 산란 후 중성자의 에너지는?

① 0.019 MeV
② 0.058 MeV
③ 2.942 MeV
④ 2.9481 MeV

09. 5 MeV의 α입자가 헬륨 내를 지나갈 때 비정은 얼마인가?
(헬륨의 밀도는 0.1786 g/L이고 공기의 원자량은 14.5이다.)

① 135.4 cm
② 13.5 cm
③ 11.75 cm
④ 3.56 cm

10. 증배계수에 대한 내용으로 옳은 것은?

① 미임계상태에서는 중성자수가 감소하며, 원자로 출력이 0이 될 때까지 감소시켜야 한다.
② 임계상태에서는 중성자수가 변하지 않으며, 노심에 흡수물질을 주입해야 한다.
③ 초임계상태에서는 중성자수가 증가하고 $k < 1$인 상태이다.
④ 증배계수는 핵분열 반응 등을 통해 새로 발생한 새 세대의 중성자 수와 흡수 및 누설로 인해 원자로에서 사라지는 바로 전 세대의 중성자 수의 비로서, 증배계수 $(k) = \dfrac{한 세대의 중성자 수}{다음 세대의 중성자 수}$ 이다.

11. 광전효과가 일어난 후 발생할 수 있는 현상을 모두 고른 것은?

ㄱ. 특성 X선 방출	ㄴ. 오제전자 방출	ㄷ. 광전자 방출	ㄹ. 궤도전자 천이

① ㄱ, ㄴ, ㄹ
② ㄱ, ㄷ, ㄹ
③ ㄱ, ㄴ, ㄷ
④ ㄱ, ㄴ, ㄷ, ㄹ

12. 어떤 원소의 최외각전자의 결합에너지가 4.61 eV이고, 최내각전자의 결합에너지가 6.42 eV이다. 만약 8 eV인 광자가 어떤 원소의 최외각전자와 충돌을 하였을 때, 방출된 최외각전자의 에너지와 속도는 얼마인가?

	운동에너지	속도
①	1.58 eV	7.45×10^6 m/s
②	3.39 eV	1.09×10^6 m/s
③	3.39 eV	7.72×10^5 m/s
④	1.58 eV	7.45×10^5 m/s

13. 중성자는 에너지준위에 따라 서로 다른 용어를 사용한다. 다음 중 올바르게 짝지어 진 것은?

① 중속중성자에는 주로 핵분열 과정에서 생성되는 즉발 및 지발 중성자가 속한다.
② 고속중성자들이 다른 원자들과 충돌에 의해 에너지를 잃게 되면 중간 에너지준위의 중성자가 되는데 이때의 중성자는 열중성자라 한다.
③ 실온에서 열평형된 중성자를 열중성자라고 한다.
④ 1 keV ~ 100 keV의 중성자를 열외중성자라고 한다.

14. 광전효과의 특징으로 옳지 않은 것은?

　① 입사광자의 에너지가 물질 내 궤도전자의 결합에너지 이상일 때 광전효과가 일어난다.
　② 광전효과 후 방출된 광전자에 의해 제동복사가 일어날 가능성이 있다.
　③ 입사광자의 모든 에너지를 소모하므로 방사선 계측에 유리하다.
　④ 최외각전자와 반응이 잘 일어난다.

15. 중성자와 물질과의 상호작용 중 비탄성 산란에 대한 설명으로 옳은 것은?

　① 비탄성 산란일 경우 운동량은 보존되지 않는다.
　② 중성자에 의해 들뜬 원자핵은 바로 α선을 방출하고 기저 상태로 돌아간다.
　③ 중성자가 다른 입자와 충돌할 때, 원자핵에 되튐에너지를 주고 핵을 들뜨게 한다.
　④ 중성자의 에너지가 수 keV이면 탄성산란과 같은 비율로 발생한다.

16. 하전입자의 질량저지능에 대한 설명으로 옳지 않은 것은?

　① 하전입자의 총질량저지능은 충돌저지능과 방사충돌저지능의 합으로 나타낼 수 있다.
　② 경하전입자의 경우 방사저지능과 충돌저지능이 같아지는 에너지가 존재한다.
　③ 전자선의 경우 방사저지능과 충돌저지능이 같아지는 에너지 $(E_k)_{crit} \approx \dfrac{800\,MeV}{Z}$ 와 같다.
　④ 중하전입자의 경우 충돌저지능이 무시될 수 있다.

17. 어떤 에너지를 가진 알파입자가 원자량이 26이고 밀도가 2.7 g/cm³인 물질 내에서 비정이 21.2 μm일 때 이 알파입자의 에너지는 얼마인가?(공기 밀도는 1.293 kg/m³이고, 공기의 원자량은 14.5이다. 알파입자의 에너지 영역은 4 ~ 8 MeV이다.)

　① 약 4.2 MeV　　　　② 약 4.8 MeV
　③ 약 5.6 MeV　　　　④ 약 7.5 MeV

18. 광자가 어떤 물질에 입사될 때, 광자의 입사에너지가 4.5 MeV이고 물질의 원자량이 10, 원자번호가 4일 때, 광전효과, 컴프턴산란, 전자쌍생성이 일어날 확률은 각각 얼마인가?

	광전효과	컴프턴산란	전자쌍생성
①	5.29	1.125	72
②	0.18	1.125	55.64
③	5.29	0.88	55.64
④	0.18	0.88	72

19. 하전입자와 물질과의 상호작용에 대한 설명으로 옳은 것은?

① 복사손실의 경우 대부분이 비탄성산란이며 낮은 확률로 탄성산란이 발생한다.
② 복사손실은 Hard와 Soft 두 가지 형태로 구분할 수 있다.
③ Hard Collision은 하전입자와 흡수체 원자의 외부 핵력장과의 쿨롱력 상호작용으로 인해 발생한다.
④ Soft Collision은 하전입자가 원자의 궤도전자에게 전달하는 에너지는 매우 낮으나 상호작용 횟수가 많아 하전입자 에너지의 약 50%를 손실한다.

20. 경하전입자의 경우 방사저지능과 충돌저지능이 같아지는 에너지($(E_k)_{crit}$)가 존재한다. 납과 알루미늄의 경우 $(E_k)_{crit}$는 얼마인가?(납의 원자번호는 82, 원자량은 207이며, 알루미늄의 원자번호는 13, 원자량은 26이다.)

	납	알루미늄
①	약 10 MeV	약 61 MeV
②	약 3.8 MeV	약 31 MeV
③	약 10 keV	약 61 keV
④	약 3.8 keV	약 31 keV

정답 및 해설: 방사선과 물질과의 상호작용

01 3

비전리란 하전입자가 단위길이당 생성하는 이온쌍의 개수를 의미한다.
비전리의 단위는 [이온쌍/cm]를 사용한다.

02 4

α선의 경우 비정이 짧으며, 일반적으로 평균비정을 사용한다.
물질 내에서 직선 운동을 하며, 비전리가 높다.

03 2

입사광자의 에너지가 클수록 산란각 및 반도각은 감소하고 산란광자와 반도전자는 전방산란을 한다.

04 1

컴프턴산란 시 산란 광자 에너지와 반도전자 에너지를 구하는 식은 다음과 같다.

$$산란광자의 에너지 (E_{\gamma'}) = \frac{E_\gamma}{1+\frac{E_\gamma(1-\cos\theta)}{m_0 c^2}} = \frac{5\,MeV}{1+\frac{5\,MeV(1-\cos 60°)}{0.511\,MeV}}$$

$$= 0.849\,MeV$$

$$반도 전자의 운동 에너지 = E_\gamma - E_{\gamma'} = \frac{E_\gamma}{1+\frac{m_0 c^2}{E_\gamma(1-\cos\theta)}}$$

$$= \frac{5\,MeV}{1+\frac{0.511\,MeV}{5\,MeV(1-\cos 60°)}} = 4.151\,MeV$$

05 ④

공명현상에 대응하는 중성자는 중간 에너지 영역의 중성자이다.

06 ①

탄성산란의 경우 운동에너지와 운동량이 보존되기 때문에 산란 전후의 중성자 에너지를 E_0, E, 되튐원자핵의 에너지를 E_r이라고 하면 산란 후 중성자 에너지와 되튐원자핵의 에너지는 다음과 같다.

$$E = E_0 - E_r, \quad E_r = \frac{4A}{(A+1)^2} E_0 \cos^2\phi \quad (A : 되튐원자핵의 질량수, \quad \phi : 되튐각)$$

07 ③

물질 내에서 전자는 가벼우므로 방향이 변하며 입사전자는 비탄성산란을 계속하면서 에너지를 잃는다.
이온화 및 여기는 궤도전자 사이의 쿨롱력에 의해 일어난다.
비정을 나타낼 때 전자선은 외삽거리를, β선은 최대도달거리를 구한다.

08 ③

중성자가 탄성산란할 경우 운동에너지와 운동량이 보존되기 때문에 산란 전후의 중성자 에너지를 E_0, E, 되튐원자핵의 에너지를 E_r이라고 하면 산란 후 중성자 에너지와 되튐원자핵의 에너지는 다음과 같다.
(A : 되튐원자핵의 질량수, ϕ : 되튐각)

$$E_r = \frac{4A}{(A+1)^2} E_0 \cos^2\phi = \frac{4 \times 152}{(152+1)^2} \times 3\,MeV \times \cos^2 30° = 0.058\,MeV$$

$$E = E_0 - E_r = 3\,MeV - 0.058\,MeV = 2.942\,MeV$$

09 ②

α입자의 에너지와 공기 중에서의 비정 관계는 다음과 같다. (표준상태, 공기 내)

$R = 0.318 E^{3/2} \, cm = 0.318 \times (5 \, MeV)^{\frac{3}{2}} = 3.56 \, cm$ (4 MeV 〈 E 〈 8 MeV)

다른 물질 내 α입자의 비정은 다음의 식으로 구할 수 있다.
(ρ : 밀도, A : 원자량)

$$\frac{R_1}{R_2} = \frac{\rho_2}{\rho_1} \times \frac{\sqrt{A_1}}{\sqrt{A_2}}, \; \frac{R_{He}}{R_{공기}} = \frac{\rho_{공기}}{\rho_{He}} \times \frac{\sqrt{A_{He}}}{\sqrt{A_{공기}}}, \; R_{He} = \frac{\rho_{공기}}{\rho_{He}} \times \frac{\sqrt{A_{He}}}{\sqrt{A_{공기}}} \times R_{공기}$$

$$R_{He} = \frac{1.293 \times 10^{-3} \, g/cm^3}{1.786 \times 10^{-4} \, g/cm^3} \times \frac{\sqrt{4}}{\sqrt{14.5}} \times 3.56 \, cm = 13.5 \, cm$$

10 ①

증배계수는 핵분열 반응 등을 통해 새로 발생한 새 세대의 중성자 수와 흡수 및 누설로 인해 원자로에서 사라지는 바로 전 세대의 중성자 수의 비로서 증배계수에 대한 내용은 다음과 같다.

- 증배계수(k) = $\dfrac{다음\,세대의\,중성자\,수}{한\,세대의\,중성자\,수}$

- 임계상태에 따른 중성자의 변화 및 조치

상태	중성자 변화	결과 및 조치
미임계 (k 〈 1)	중성자 수 감소	원자로 출력이 0이 될 때까지 감소
임계 (k = 1)	중성자 수 동일	-
초임계 (k 〉 1)	중성자 수 증가	원자로 정지 및 노심에 흡수물질을 주입

11 ④

광전효과가 일어나면 광전자가 방출되게 되고, 이로 인해 궤도전자 천이가 발생하여 그 사이의 에너지 차이만큼 특성 X선이 방출되게 된다. 이때 발생된 특성 X선이 주변 궤도전자와 반응할 경우 오제전자를 방출할 수도 있다.

12 ②

최외각전자와 광전효과가 일어났으므로, 방출되는 전자의 운동에너지는 (8-4.61) eV = 3.39 eV이다.
따라서, 방출되는 전자의 속도는 다음과 같다.

$$3.39\,eV = \frac{1}{2} \times 9.1 \times 10^{-31}\,kg \times v^2,$$

$$v = \sqrt{\frac{3.39\,eV \times \frac{1.6 \times 10^{-19}\,J}{1\,eV} \times 2}{9.1 \times 10^{-31}\,kg}} = 1.09 \times 10^6\,m/s$$

13 ③

고속중성자에는 주로 핵분열 과정에서 생성되는 즉발 및 지발 중성자가 속한다.
고속중성자들이 다른 원자들과 충돌에 의해 에너지를 잃게 되면 중간 에너지준위의 중성자가 되는데 이때의 중성자는 중속중성자 및 열외중성자라 한다.
1 keV ~ 100 keV의 중성자를 중속중성자라고 한다.

14 ④

광전효과의 경우 최내각 전자와 반응이 잘 일어난다.

15 ③

비탄성산란은 운동량 보존 법칙은 성립하나 에너지보존 법칙은 성립하지 않는다.
중성자에 의해 들뜬 원자핵은 바로 γ선을 방출하고 기저 상태로 돌아간다.
중성자의 에너지가 수 MeV이면 탄성산란과 같은 비율로 발생한다.

16 ④

중하전입자의 경우 방사저지능이 무시되어 $S_{tot} = S_{col}$로 나타낼 수 있다.

17 2

α입자의 에너지와 공기 중에서의 비정 관계(표준 상태, 공기 내) $R = 0.318E^{3/2}$ (4 MeV 〈 E 〈 8 MeV) [단위 : cm]이고, 다른 물질 내 비정과 공기중 비정사이의 관계는 $\frac{R_1}{R_2} = \frac{\rho_2}{\rho_1} \times \frac{\sqrt{A_1}}{\sqrt{A_2}}$ (ρ : 밀도, A : 원자량)와 같다. 따라서, 대입하여 풀면 다음과 같다.

$$\frac{R_{air}}{R_{물질}} = \frac{\rho_{물질}}{\rho_{air}} \times \frac{\sqrt{A_{air}}}{\sqrt{A_{물질}}}, R_{air} = \frac{\rho_{물질}}{\rho_{air}} \times \frac{\sqrt{A_{air}}}{\sqrt{A_{물질}}} \times R_{물질}$$

$$R_{air} = \frac{2.7\,g/cm^3}{\frac{1.293 \times 10^3 g}{(100)^3 cm^3}} \times \frac{\sqrt{14.5}}{\sqrt{26}} \times 2.12 \times 10^{-3} cm = 3.3\,cm$$

$3.3\,cm = 0.318\,E^{\frac{3}{2}}$, $E = (\frac{3.3}{0.318})^{\frac{2}{3}} = 4.75\,MeV$이므로 약 4.8 MeV이다.

18 3

광전효과가 일어날 확률은 $\sigma_{Photon\,effect} \propto \frac{Z^5}{(h\nu)^{3.5}}$ 이며,

컴프턴 산란이 일어날 확률은 $\sigma_{Compton\,scattering} \propto \frac{Z^1}{(h\nu)^1}$ 이며,

전자쌍생성이 일어날 확률은 $\sigma_{Pair\,production} \propto Z^2(h\nu - 1.022\,MeV)$ 이므로,
에너지 4.5 MeV와 물질의 원자번호 4를 대입하면
광전효과는 5.29, 컴프턴산란은 0.88, 전자쌍생성은 55.64 이다.

19 4

하전입자와 물질과의 상호작용은 다음과 같다.
1) 복사손실(Radiation Collision)
    - 하전입자와 흡수체 원자의 외부 핵력장과의 쿨롱력 상호작용으로 인해 발생
    - 대부분이 탄성산란이며, 낮은 확률로 비탄성산란이 발생(비탄성산란 시 X선 방출)
2) Hard Collision
    - 하전입자가 원자 궤도전자와 직접적인 쿨롱 영향 상호작용을 통해 궤도전자에게 많은 에너지를 전달 → 궤도전자는 δ선의 형태로 원자를 이탈
    - 흡수체 내 이동하는 하전입자가 겪는 hard collision 횟수는 적으나 에너지 전달이 상대적으로

커서 hard collision을 통해 운동에너지의 50%를 손실함
3) Soft Collision
  - 하전입자가 원자의 궤도전자에게 전달하는 에너지는 매우 낮으나, 상호작용 횟수가 많아 하전입자 에너지의 약 50%를 손실함

20 1

경하전입자의 경우 방사저지능과 충돌저지능이 같아지는 에너지는 $(E_k)_{crit} \approx \dfrac{800\,MeV}{Z}$ 이므로, 납의 원자번호 82, 알루미늄의 원자번호 13을 대입하여 구하면,

$(E_k)_{crit} \approx \dfrac{800\,MeV}{82} = 9.75\,MeV \fallingdotseq 10\,MeV$

$(E_k)_{crit} \approx \dfrac{800\,MeV}{13} = 61.54\,MeV \fallingdotseq 61\,MeV$

제5장 방사화 분석 및 방사 평형

5.1 방사평형

5.2 방사화학 분석 방법

제 5 장 방사화 분석 및 방사 평형

5.1 방사평형

- 방사성핵종이 연속적으로 붕괴하고 있을 때, 모핵종의 반감기가 딸핵종의 반감기보다 길 때 어느 일정 시간이 경과한 후 두 핵종의 원자수 및 방사능 비가 일정해지는 평형 상태

- 모핵종인 A핵종과 딸핵종인 B핵종의 붕괴상수의 크기에 따라 일시평형과 영속평형으로 나누어짐

- 모핵종 A(붕괴상수 : λ_A) → 딸핵종 B(붕괴상수 : λ_B) → 손자핵종 C(붕괴상수 : λ_C)이고, t = 0일 때 핵종 A와 핵종 B의 전체 원자 수를 각각 N_A^0, N_B^0일 경우 시간이 t일 때 핵종 A와 핵종 B의 원자 수(N_A, N_B)는 다음과 같음

- 방사평형 관련 식

방사평형 시 원자수 비

$$\frac{N_B}{N_A} = \frac{\lambda_A}{\lambda_B - \lambda_A}(1 - e^{(\lambda_A - \lambda_B)t})$$

방사평형 시 방사능 비

$$\frac{A_B}{A_A} = \frac{\lambda_B N_B}{\lambda_A N_A} = \frac{\lambda_B}{\lambda_B - \lambda_A}(1 - e^{(\lambda_A - \lambda_B)t})$$

붕괴 시 모핵종과 딸핵종의 원자수

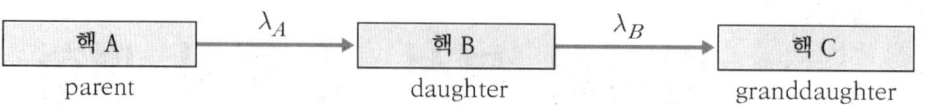

모핵종 A의 변화율은 $\dfrac{dN_A}{dt} = \lambda_A N_A$, 딸핵종 B의 변화율은 $\dfrac{dN_B}{dt} = \lambda_A N_A - \lambda_B N_B$ 이다.

모핵종 A의 시간 t 이후의 원자수는 $N_A = N_A^0 e^{-\lambda_A t}$ 이다.

대부분의 일반적인 미분방정식의 형태인 $\dfrac{dy}{dx} + a(x)y = h(x)$의 해는

$$y(x) = \frac{1}{p}\int ph(x)dx + \frac{c}{p} \quad (p = e^{\int a(x)dx},\ c = 상수)$$

$$\frac{dN_B}{dt} + \lambda_B N_B = \lambda_A N_A = \lambda_A N_A^0 e^{-\lambda_A t},\ p = e^{(\int \lambda_B dt)} = e^{(\lambda_B t)}$$

$$N_B(t) = e^{-\lambda_B t} \int (e^{\lambda_B t} \times \lambda_A N_A^0 e^{-\lambda_A t})dt + c \times e^{-\lambda_B t},$$

$$= e^{-\lambda_B t}[\frac{\lambda_A}{\lambda_B - \lambda_A} N_A^0 e^{(\lambda_B - \lambda_A)t} + C]$$

$$= \frac{\lambda_A}{\lambda_B - \lambda_A} N_A^0 e^{-\lambda_A t} + C \cdot e^{-\lambda_B t}$$

여기서, t=0 일 때, $N_B = N_B^0$ 이므로, $C = N_B^0 - \dfrac{\lambda_A N_A^0}{\lambda_B - \lambda_A}$ 이므로 이를 대입하여 정리하면,

$$N_B(t) = \frac{\lambda_A}{\lambda_B - \lambda_A} N_A^0 e^{-\lambda_A t} + (N_B^0 - \frac{\lambda_A N_A^0}{\lambda_B - \lambda_A}) \times e^{-\lambda_B t}$$

$$= \frac{\lambda_A}{\lambda_B - \lambda_A} N_A^0 (e^{-\lambda_A t} - e^{-\lambda_B t}) + N_B^0 e^{-\lambda_B t}$$

1 일시평형(과도평형, Transient Equilibrium)

- 모핵종의 반감기가 딸핵종의 반감기에 비해 긴 경우(약 100배)의 방사평형을 의미

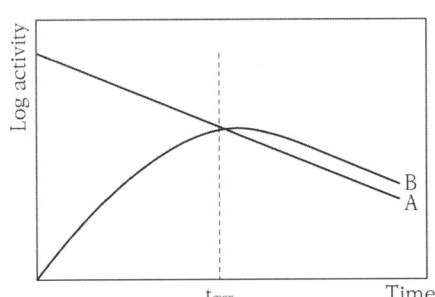

일시평형상태에서의 붕괴 및 성장곡선

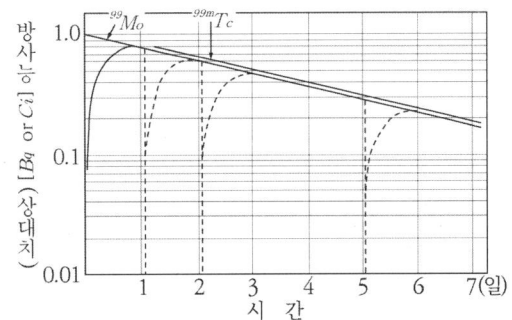

$^{99}Mo \rightarrow {}^{99m}Tc$의 방사평형

- 충분한 시간이 지나면, $\dfrac{N_B}{N_A} = \dfrac{\lambda_A}{\lambda_B - \lambda_A}(1 - e^{(\lambda_A - \lambda_B)t})$의 $(1 - e^{(\lambda_A - \lambda_B)t})$는 거의 1이므로, $\dfrac{N_B}{N_A} = \dfrac{\lambda_A}{\lambda_B - \lambda_A}$, $N_B = \dfrac{\lambda_A}{\lambda_B - \lambda_A} N_A$

- 방사성붕괴 초기에는 딸핵종은 t_{max}까지 거의 일직선으로 증가하다가 t_{max} 이후부터 감소하기 시작하며, t_{max}는 다음과 같음

$A_B(t) = \dfrac{\lambda_B}{(\lambda_B - \lambda_A)} A_1^0 (e^{-\lambda_A t} - e^{-\lambda_B t})$를 미분하여 $A_B(t)$가 최대인 시간을 구하면

$-\lambda_A e^{-\lambda_A t} + \lambda_B e^{-\lambda_B t} = 0$ 로부터 $t_{max} = \dfrac{\ln \dfrac{\lambda_B}{\lambda_A}}{\lambda_B - \lambda_A}$

- 이론적으로 $\lambda_A N_A = N_B(\lambda_B - \lambda_A)$, $A_A = A_B - \lambda_A N_B$이므로 딸핵종 방사능이 모핵종의 방사능보다 크게 됨

- 일시평형의 예

▶ $^{140}Ba \xrightarrow[12.8d]{\beta^-} {}^{140}La \xrightarrow[40h]{\beta^-} {}^{140}Ce$ ▶ $^{95}Zr \xrightarrow[64d]{\beta^-} {}^{95}Nb \xrightarrow[35d]{\beta^-} {}^{95}Mo$

▶ $^{99}Mo \xrightarrow[66h]{\beta^-} {}^{99m}Tc \xrightarrow[6h]{\gamma} {}^{99}Tc$ ▶ $^{132}Te \xrightarrow[78h]{\beta^-} {}^{132}I \xrightarrow[2.3h]{\beta^-} {}^{132}Xe$

2 영속평형(Secular Equilibrium)

- 모핵종의 반감기가 딸핵종의 반감기에 비해 매우 긴 경우(약 1,000배)의 방사평형을 의미

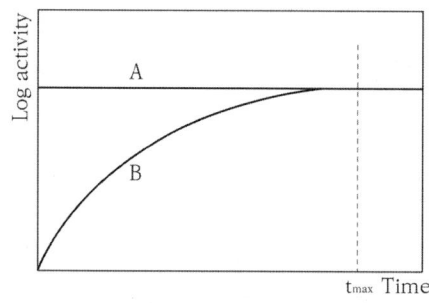
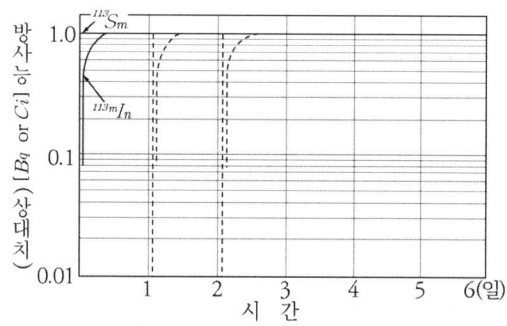

영속평형상태에서의 붕괴 및 성장곡선 $^{113}Sn \rightarrow {}^{113m}In$의 방사평형

- 모핵종의 반감기가 딸핵종의 반감기보다 매우 길 경우, $\lambda_B - \lambda_A \fallingdotseq \lambda_B$이므로, $\lambda_B N_B = \lambda_A N_A$이므로 $A_A = A_B$임
- 모핵종의 방사능과 딸핵종 및 그 이후 핵종들의 방사능은 모두 동일함
- t_{max}에서 모핵종과 딸핵종의 방사능이 같아지며 그 이후의 전체 방사능은 모핵종 방사능의 2배가 됨
- 영속평형의 예

▶ $^{90}Sr \xrightarrow[28.8y]{\beta^-} {}^{90}Y \xrightarrow[64h]{\beta^-} {}^{90}Zr$ ▶ $^{106}Ru \xrightarrow[367d]{\beta^-} {}^{106}Rh \xrightarrow[29s]{\beta^-} {}^{106}Pd$

▶ $^{137}Cs \xrightarrow[30y]{\beta^-} {}^{137m}Ba \xrightarrow[2.5\min]{\gamma} {}^{137}Ba$

3 밀킹(Milking)

- 방사성핵종 중 수명이 긴 모핵종의 붕괴에 의해 딸핵종이 생성되는 경우, 모핵종을 함유하는 물질을 보존하면 항상 딸핵종이 그 속에서 생성되며, 이 두 핵종의 원소 종류는 다르기 때문에 화학적인 성질에도 차이가 있음
- 모핵종과 딸핵종의 화학적 성질 차이를 이용하여 두 핵종을 분리시켜 딸핵종을 채취하는 과정임
- 딸핵종을 채취하는 것은 일정 시간이 지난 후(보통 딸핵종의 반감기의 몇 배가 되는 시간)에 몇 번이라도 추출 분리하는 동일한 조작을 계속 수행할 수 있음
- 밀킹 수율

밀킹 수율 공식

$$\text{밀킹수율} = \frac{\text{용출 후 측정 방사능}}{\text{발생기에 의한 생성 방사능}} \times 100\%$$

- 밀킹의 특징
    ① 무담체 방사성동위원소(RI)를 원자로나 가속기로부터 멀리 있는 곳에서도 사용 가능
    ② 딸핵종의 반감기를 모핵종의 반감기로 늘려쓰는 효과
    ③ 모핵종의 긴 반감기를 이용하여 재차 딸핵종 채취 가능
    ④ 원하는 시간에 방사성동위원소(RI) 획득
    ⑤ 만족스러운 화학적, 방사화학적 순도를 얻을 수 있음

5.2 방사화학 분석 방법

- 방사분석(Radiometric Analysis)이란 방사성동위원소를 사용하는 방사능 측정법으로 비방사성 물질을 분석하는 것이며, 방사화학분석(Radiochemical Analysis)은 방사성핵종의 방사능 측정 또는 방사선 에너지를 분석하여 목적 성분을 정량하는 것을 의미

- 방사화학 분석법은 기본적으로 미량의 방사성원소를 분리하는 방법으로, 시료 물질에 화학처리를 하여 시료 중의 대상 방사성핵종을 농축 또는 분리하여 방사능을 측정하는데 적합한 형태로 측정 시료를 만들어 그 방사성핵종의 방사능 함유량을 정량하는 방법

- 생산된 방사성동위원소의 양은 미량이며, 방사화학에서 분리하고자하는 방사성 원소는 보통의 화학적 방법으로는 검출되지 않음

- 방사성동위원소 생산의 특성으로 인하여 추적자로 사용할 만큼의 방사화학적 순도와 비방사능을 가지도록 방사성동위원소를 분리할 필요가 있음

- 방사화학 분석법 특징
    ① 취급 방사성동위원소의 양은 극히 미량임
    ② 반감기로 인해 시간적인 제약이 있음
    ③ 방사선방어의 측면을 고려해야함
    ④ 비방사능이 높은 상태로 분리하면 좋음
    ⑤ 정량적 분리가 반드시 필요한 것은 아님

- 방사화학적 분리 시 고려사항
    ① 방사성핵종 순도(Radionuclide Purity, RNP)

방사성핵종 순도

$$\frac{\text{특정 방사성 핵종의 방사능}}{\text{전체 방사성 핵종의 방사능}} \times 100\,\%$$

② 방사화학적 순도(Radio Chemical Purity, RCP)

방사화학적 순도

$$\frac{특정\ 방사성화합물의\ 방사능}{전체\ 방사성화합물의\ 방사능} \times 100\%$$

③ 방사선으로 인한 물의 분해와 같은 방사 화학적 변화

④ 흡착 : ^{131}I 비닐용기, ^{90}Sr-^{90}Y 금속 재질 사용

확인문제 — 방사화 분석 및 방사 평형

01. 모핵종의 반감기가 12.8 d이고, 딸핵종의 반감기가 40 h일 때, 딸핵종의 방사능이 최대가 되는 t_{max}는 언제인가?

① 1.3 day
② 5.6 day
③ 7.6 day
④ 13.5 day

02. 다음의 붕괴계열에서 ^{137}Cs와 ^{137}Ba는 영속평형을 이루고 있다. 두 핵종의 원자비(N_{Cs}/N_{Ba})는 6.3×10^6이고 T_{Ba}가 2.5 min일 때, ^{137}Cs의 붕괴상수는 얼마인가?

$$^{137}Cs \xrightarrow{\beta^-} {^{137m}Ba} \xrightarrow{\gamma} {^{137}Ba}$$

① 4.4×10^{-8} y^{-1}
② 2.3×10^{-5} y^{-1}
③ 3.8×10^{-3} y^{-1}
④ 0.0231 y^{-1}

03. 밀킹에 대한 설명으로 옳은 것은?

① 무담체 RI를 원자로나 가속기로부터 가까운 곳에서만 사용이 가능하다.
② 모핵종의 반감기를 딸핵종의 반감기로 늘려쓰는 효과가 있다.
③ 모핵종의 반감기를 이용하여 재차 딸핵종의 채취가 가능하다.
④ 원하는 화학적, 방사 화학적 순도를 얻을 수 없으나, 원하는 시간에 방사성동위원소 획득이 가능하다.

04. ^{99m}Tc Generator에서 ^{99m}Tc가 70 kBq이 생성되었다. 이것을 소금물로 용출한 후, 85 %의 계측효율을 가진 감마선 계측기로 계측한 결과 3.4×10^6 dpm이었다면, 밀킹수율은 몇 %인가?

① 약 74 %
② 약 86 %
③ 약 95 %
④ 약 97 %

05. $^{131}IO_3$ (50 %) + $^{131}I^-$(50 %)일 때 ^{131}I의 RNP와 $^{131}IO_3$의 RCP는 각각 얼마인가?

	^{131}I의 RNP	$^{131}IO_3$의 RCP
①	100 %	25 %
②	100 %	50 %
③	50 %	25 %
④	50 %	50 %

06. 방사화학 분석법에 대한 설명으로 옳은 것은?

① 방사성동위원소를 사용하여 방사능을 측정하는 방법으로 목적성분을 정량한다.
② 방사성핵종의 방사능 함유량을 정량하는 방법이므로 정량적 분리가 반드시 필요하다.
③ 방사선으로 인한 금속물질의 분해와 같은 방사 화학적 변화를 고려해야한다.
④ 취급 방사성동위원소의 양은 극히 미량이며 반감기로 인해 시간적 제약을 받는다.

07. 다음의 방사평형에서 $\dfrac{A_{Zr}}{A_{Nb}}$는 얼마인가?

$$^{95}Zr \xrightarrow[64\,d]{\beta^-} {}^{95}Nb \xrightarrow[35\,d]{\beta^-} {}^{95}Mo$$

① 0.45   ② 0.84
③ 1.72   ④ 2.22

08. ^{99m}Tc 발생기에서 ^{99m}Tc가 0.462 pg이 생성되었다. 밀킹수율이 90 %라면, ^{99m}Tc를 소금물로 용출하고 계측효율이 80 %인 감마선 계측기로 계측할 때의 방사능은 몇 dpm으로 계측되는가?

① 2.75×10^6 dpm   ② 3.88×10^6 dpm
③ 4.85×10^6 dpm   ④ 5.39×10^6 dpm

09. 어떤 핵종 A와 B는 일시평형을 이루고 있다. 모핵종인 A핵종의 반감기가 자핵종 B핵종의 반감기의 34배이고, 자핵종인 B핵종의 방사능이 최대가 되는 시간을 조사한 결과 720 min 이였다. 자핵종인 B핵종의 붕괴상수는 얼마인가?

① 0.1 /hr ② 0.3 /hr
③ 0.6 /hr ④ 0.8 /hr

10. 일시평형을 이루고 있는 핵종 A와 B가 있다. 모핵종인 A핵종의 원자수는 자핵종인 B핵종의 원자수의 10배였다. 모핵종인 A핵종의 붕괴상수가 0.0105 /hr일 때, 자핵종인 B핵종의 반감기는 얼마인가?

① 2 hr ② 4 hr
③ 6 hr ④ 8 hr

11. 어느 두 핵종 A와 B는 방사평형을 이루고 있다. 모핵종인 A핵종의 반감기가 8일이고, 자핵종 B핵종의 반감기가 3일이라면, 5시간 후 자핵종인 B핵종의 방사능은 모핵종인 A핵종의 방사능의 몇 배가 되는가?

① 0.017 ② 0.073
③ 0.047 ④ 0.822

12. 방사평형을 이루고 있는 핵종 A(모핵종)와 B(자핵종)를 관리하던 중, B의 반감기에 관한 정보를 잃어버렸다. 만약 B의 붕괴상수가 A의 붕괴상수의 약 35배이며 B의 방사능이 최대가 되는 시간이 12시간 이였다면, B의 반감기는 얼마인가?

① 0.15 hr ② 0.5 hr
③ 1.3 hr   ④ 2.3 hr

13. ^{99m}Tc Generator에서 발생한 ^{99m}Tc의 방사능 측정 기록지를 잃어버렸다. 밀킹수율이 85 %이고, ^{99m}Tc를 소금물로 용출하고 계측효율이 75 %인 감마선 계측기로 계측한 방사능 기록지에 6×10^6 cpm이라고 기록이 되어 있다면, 측정 기록지의 방사능 값은 얼마인가?

① 1.13×10^5 cps ② 1.56×10^5 cps
③ 5.29×10^6 cps ④ 9.41×10^6 cps

14. 모핵종의 반감기가 자핵종의 반감기보다 길 때 일정 시간이 지난 후에는 두 핵종의 원자수 및 방사능 비가 일정해지는 상태를 방사평형이라 한다. 이에 대한 설명으로 옳은 것은?

① 자핵종의 반감기가 모핵종의 반감기에 비해 약 100배 긴 경우 일시평형이라 한다.

② 모핵종의 방사능이 최대가 되는 시간은 $t_{\max} = \dfrac{\ln \dfrac{\lambda_B}{\lambda_A}}{\lambda_B - \lambda_A}$ 이다.

③ 영속평형 시 $t_{\max}$에서 모핵종과 딸핵종의 방사능은 같아진다.

④ 모핵종과 딸핵종의 물리적 성질 차이를 이용하여 두 핵종을 분리시킨 후 딸핵종을 획득하는 과정을 밀킹이라 한다.

15. 어느 두 핵종 A(모핵종)와 B(자핵종)가 일시평형을 이루고 있다. 두 핵종에 대한 정보로는 A의 반감기가 B의 반감기의 2배라는 정보만 있다. A와 B 핵종의 방사능의 비($\dfrac{A_A}{A_B}$)는 얼마인가?

① 0.5
② 1
③ 1.5
④ 2

정답 및 해설 — 방사화 분석 및 방사 평형

01 ②

모핵종의 반감기가 12.8 d이고, 딸핵종의 반감기가 40 h일 때 모핵종과 딸핵종의 붕괴상수를 구하면 다음과 같다.

$$\lambda_A = \frac{0.693}{12.8\,day} \times \frac{1\,day}{24\,h} = 2.2558 \times 10^{-3}/h,\ \lambda_B = \frac{0.693}{40\,h} = 0.017325/h$$

$t_{\max} = \dfrac{\ln \dfrac{\lambda_B}{\lambda_A}}{\lambda_B - \lambda_A}$ 이므로,

$$t_{\max} = \frac{\ln \dfrac{0.017325/h}{2.2558 \times 10^{-3}/h}}{0.017325/h - 2.2558 \times 10^{-3}/h} = 135.28\,h \times \frac{1\,day}{24\,h} = 5.6\,day$$

02 ④

^{137}Cs와 ^{137}Ba는 영속평형을 이루고 있으므로 $\lambda_{Cs} N_{Cs} = \lambda_{Ba} N_{Ba}$ 이므로,

$\lambda_{Cs} = \lambda_{Ba} \times \dfrac{N_{Ba}}{N_{Cs}}$ 이다. 두 핵종의 원자비(N_{Cs}/N_{Ba})는 6.3×10^6이고 T_{Ba}가 2.5 min이므로 이를 대입하면,

$$\lambda_{Cs} = \frac{0.693(=\ln 2)}{2.5\,\min} \times \frac{1}{\dfrac{N_{Cs}}{N_{Ba}}} = \frac{0.693}{2.5\,\min} \times \frac{1}{6.3 \times 10^6} = 4.4 \times 10^{-8}/\min$$

단위를 min에서 y로 변환하면,

$$\frac{4.4 \times 10^{-8}}{\min} \times \frac{60\,\min}{1\,h} \times \frac{24\,h}{1\,day} \times \frac{365\,day}{1\,y} = 0.0231/y = 0.0231\,y^{-1}$$

03 3

밀킹은 모핵종과 딸핵종의 화학적 성질 차이를 이용하여 두 핵종을 분리시켜 딸핵종을 채취하는 과정으로서 특징은 다음과 같다.
- 무담체 RI를 원자로나 가속기로부터 멀리 있는 곳에서 사용이 가능하다.
- 딸핵종의 반감기를 모핵종의 반감기로 늘려쓰는 효과가 있다.
- 모핵종의 긴 반감기를 이용하여 재차 딸핵종 채취 가능하다.
- 원하는 시간에 RI 획득이 가능하다.
- 만족스러운 화학적, 방사화학적 순도를 얻을 수 있다.

04 3

감마선 계측기의 계측효율이 85 %이므로 총 방사능은 다음과 같다.

$3.4 \times 10^6 \, dpm \times \dfrac{1 \min}{60 \sec} = 5.66 \times 10^4 \, cps = 56.6 \, kBq$

$56.6 \, kBq : 0.85 = x : 1, \, x = \dfrac{56.6 \, kBq}{0.85} = 66.58 \, kBq$

밀킹수율은 $\dfrac{66.58 \, kBq}{70 \, kBq} \times 100\,\% = 95\,\%$

05 2

^{131}I의 RNP와 ^{131}IO$_3$의 RCP를 구하는 식은 다음과 같다.

^{131}I의 $RNP = \dfrac{100\,\%}{100\,\%} \times 100\,\% = 100\,\%, \; ^{131}IO_3$의 $RCP = \dfrac{50\,\%}{100\,\%} \times 100\,\% = 50\,\%$

06 4

방사성동위원소를 사용하여 방사능을 측정하는 방법은 방사분석이라 하며, 방사성핵종의 방사능 함유량을 정량하는 방법이나 정량적 분리가 반드시 필요한 것은 아니다. 방사성핵종 순도, 방사화학적 순도, 방사선으로 인한 물의 분해와 같은 방사화학적 변화, 흡착 등을 방사화학적 분리 시 고려해야 한다.

07 1

주어진 붕괴는 일시 평형을 이루고 있으므로 $\dfrac{N_B}{N_A} = \dfrac{\lambda_A}{\lambda_B - \lambda_A}$, $N_B = \dfrac{\lambda_A}{\lambda_B - \lambda_A} N_A$ 이다.

$N_B = \dfrac{\lambda_A}{\lambda_B - \lambda_A} N_A$, $\lambda_B N_B (= A_B) = \dfrac{A_A}{\lambda_B - \lambda_A} \lambda_B$, $\dfrac{A_B}{A_A} = \dfrac{\lambda_B}{\lambda_B - \lambda_A}$ 이므로,

A는 모핵종(Zr), B는 자핵종(Nb)이므로 대입을 하면,

$$\dfrac{A_{Nb}}{A_{Zr}} = \dfrac{\lambda_{Nb}}{\lambda_{Nb} - \lambda_{Zr}} = \dfrac{\dfrac{0.693}{T_{Nb}}}{\dfrac{0.693}{T_{Nb}} - \dfrac{0.693}{T_{Zr}}} = \dfrac{T_{Zr}}{T_{Zr} - T_{Nb}} = \dfrac{64\,day}{64\,day - 35\,day} = 2.2$$

따라서, $\dfrac{A_{Zr}}{A_{Nb}} = \dfrac{1}{2.2} = 0.45$ 이다.

08 2

발생기에 의해 생성된 방사능은 다음과 같다.

$0.462 \times 10^{-12} g : x = 99\,g : 6.02 \times 10^{23}$개 이므로 $x = 2.8 \times 10^9$개

^{99m}Tc의 반감기가 6시간이므로,

$$A = \lambda N = \dfrac{0.693}{6\,hr} \times 2.8 \times 10^9 개 \times \dfrac{1\,hr}{60\,\min} = 5.39 \times 10^6\,cpm$$

밀킹수율이 90 %이므로 용출 후 실제 방사능을 구하면,

$0.9 = \dfrac{x}{5.39 \times 10^6\,cpm}$, $x = 4.851 \times 10^6\,cpm$ 이다.

따라서, 계측기효율이 80 %이므로, 계측기에서 계측되는 방사능은

$1 : 4.851 \times 10^6\,cpm = 0.8 : x \quad x = 3.88 \times 10^6\,cpm$

09 2

모핵종의 반감기가 딸핵종의 반감기의 34배이므로, 붕괴상수의 관계를 구하면,

$T_A = 34\,T_B$, $\lambda_A = \dfrac{0.693}{T_A} = \dfrac{0.693}{34\,T_B} = 0.029\lambda_B$

$t_{\max} = \dfrac{\ln(\dfrac{\lambda_B}{\lambda_A})}{\lambda_B - \lambda_A}$ 이므로, $12\,hr = \dfrac{\ln(\dfrac{\lambda_B}{0.029\lambda_B})}{\lambda_B - 0.029\lambda_B}$, $0.971\lambda_B = \dfrac{\ln(\dfrac{1}{0.029})}{12\,hr}$

$\lambda_B = \dfrac{\ln(\dfrac{1}{0.029})}{12\,hr} \times \dfrac{1}{0.971} = 0.3\,/hr$

10 3

일시평형이므로 $\dfrac{N_B}{N_A} = \dfrac{\lambda_A}{\lambda_B - \lambda_A}$ 이고, $N_A = 10\,N_B$이므로 이를 대입하면,

$\dfrac{N_B}{10\,N_B} = \dfrac{0.0105\,/hr}{\lambda_B - 0.0105\,/hr} = \dfrac{1}{10}$, $0.105\,/hr = \lambda_B - 0.0105\,/hr$

$\lambda_B = 0.105\,/hr + 0.0105\,/hr = 0.1155\,/hr$

$\lambda_B = \dfrac{0.693}{T_B} = 0.1155\,/hr$, $T_B = \dfrac{0.693}{0.1155}\,hr = 6\,hr$

11 3

두 핵종이 방사평형을 이루고 있으므로 $\dfrac{A_B}{A_A} = \dfrac{\lambda_B N_B}{\lambda_A N_A} = \dfrac{\lambda_B}{\lambda_B - \lambda_A}(1 - e^{(\lambda_A - \lambda_B)t})$ 이다.

$\dfrac{A_B}{A_A} = \dfrac{\dfrac{0.693}{3\,d}}{\dfrac{0.693}{3\,d} - \dfrac{0.693}{8\,d}}(1 - e^{(\dfrac{0.693}{8\,d} - \dfrac{0.693}{3\,d})5\,hr \times \dfrac{1\,d}{24\,hr}})$, $A_B = 0.047\,A_B$

12 ④

$t_{\max} = \dfrac{\ln(\frac{\lambda_B}{\lambda_A})}{\lambda_B - \lambda_A}$ 이고, $\lambda_B = 35\lambda_A$, $t_{\max} = 12$ hr이므로, 식에 대입을 하면,

$12\,hr = \dfrac{\ln(\frac{\lambda_B}{\frac{1}{35}\lambda_B})}{\lambda_B - \frac{1}{35}\lambda_B}$, $12\,hr = \dfrac{\ln(35)}{\frac{34}{35}\lambda_B}$ 이므로 식을 정리하면,

$\lambda_B = \dfrac{35}{34} \times \ln 35 \times \dfrac{1}{12\,hr} = 0.305/hr$, $T_B = \dfrac{0.693}{\lambda_B} = \dfrac{0.693}{0.305/hr} = 2.3\,hr$

13 ②

효율이 75 %인 계측기로 계측한 결과가 6×10^6 cpm이므로 용출 후 방사능은

$0.75 : 6 \times 10^6\,cpm = 1 : x$이므로, $x = \dfrac{6 \times 10^6\,cpm}{0.75} = 8 \times 10^6\,cpm$

밀킹수율이 85 %이므로, $\dfrac{8 \times 10^6\,cpm}{x} = 0.85$, $x = \dfrac{8 \times 10^6\,cpm}{0.85} = 9.41 \times 10^6\,cpm$

단위를 cps로 변환하면, $9.41 \times 10^6\,cpm \times \dfrac{1\,\min}{60\,\sec} = 1.56 \times 10^5\,cps$

14 ③

- 모핵종의 반감기가 자핵종의 반감기에 비해 약 100배 긴 경우 일시평형이라 한다.
- 자핵종의 방사능이 최대가 되는 시간은 $t_{\max} = \dfrac{\ln\frac{\lambda_B}{\lambda_A}}{\lambda_B - \lambda_A}$ 이다.
- 밀킹이란 모핵종과 딸핵종의 화학적 성질 차이를 이용하여 두 핵종을 분리시킨 후 딸핵종을 획득하는 과정이다.

15 1

일시평형을 이루는 경우 $N_B = \dfrac{\lambda_A}{\lambda_B - \lambda_A} N_A$, $\lambda_B N_B = \dfrac{\lambda_B}{\lambda_B - \lambda_A} \lambda_A N_A$ 이므로

$A_B = \dfrac{\lambda_B}{\lambda_B - \lambda_A} A_A$ 이고 $T_A = 2T_B$ 이므로,

$$\dfrac{A_A}{A_B} = \dfrac{\lambda_B - \lambda_A}{\lambda_B} = \dfrac{\dfrac{0.693}{T_B} - \dfrac{0.693}{T_A}}{\dfrac{0.693}{T_B}} = \dfrac{\dfrac{T_A - T_B}{T_A T_B}}{\dfrac{1}{T_B}} = \dfrac{T_A - T_B}{T_A} = \dfrac{2T_B - T_B}{2T_B} = 0.5$$

제6장 표지화합물 및 담체

- **6.1** 트레이서와 담체
- **6.2** 방사화학적 분리법
- **6.3** 표지화합물(Labelled Compound)

제 6 장 표지화합물 및 담체

6.1 트레이서와 담체

1. 트레이서(tracer)

보통 10^{-10} mol 이하의 양을 트레이서 농도라 하며 이는 공침, 흡착, 라디오콜로이드 생성을 일으킨다.

- 트레이서의 기본요건
    ① 동위원소 교환이 없을 것
    ② 표지위치를 알 수 있을 것
    ③ 동위원소 효과가 없을 것
    ④ 방사선 효과가 없을 것

- 액티버블 트레이서(Actibable tracer) : 추적자로 비방사성물질을 사용하고 난 후 실험 종료 직후에 시료를 방사화하는 방법

  ▶ 액티버블 트레이서(Actibable tracer)의 요건
  - 반감기가 짧은 γ선 방출 핵종
  - 저렴한 무독성 원소
  - 큰 열중성자 방사화 단면적
  - 자연에 존재하지 않아야 하며, 외부로부터 오염이 없을 것 (희토류 원소 사용 : Sm, Eu, Gd, Dy)

2 담체(Carrier)

트레이서 양의 취급을 나타나는 현상이나, 분리할 때 눈에 보이는 화학 상태로 하기 위해, 극히 미량의 방사성동위원소(추적자)를 쉽게 분리시키기 위하여 첨가하는 물질로 화학적 거동이 같거나 비슷한 것이다.

- 매우 소량의 물질(추적자의 양)과 결합하여 목적으로 하는 방사성동위원소를 운반
- 추적자의 이상현상(공침, 흡착, 방사콜로이드 등) 방지
- 동위원소 담체(isotope carrier) : 안정 동위원소(담체)가 목적하는 방사성핵종의 동위원소
    ① 화학적 거동이 같아 화학적 분리가 불가능하며, 비방사능이 낮아짐
    ② 동위원소 담체 = 추적자의 양(무담체) + 안정 동위원소
    ③ 특징
    ▶사용 후 방사성핵종으로부터 화학분리가 어려움
    ▶비방사능이 낮음
    ▶화학반응이 잘 일어남

- 비동위원소 담체(non isotope carrier) : 추적자량의 방사성핵종에 화학적 기능이 유사한 다른 원소를 혼합
    ① 비동위원소 담체 = 추적자의 양 + 화학적 성질이 유사한 다른 원소(비동위원소)
    ② 특징
    ▶사용 후 화학분석에 의해 담체를 분리할 수 있음
    ▶비방사능이 높은 방사성핵종을 얻을 수 있음
    ▶화학적 성질이 비슷함
    ▶계열이 동일
    ▶화학반응이 잘 일어나지 않음

- 무담체보다 담체를 사용하는 이유
  ① 무담체는 화학적으로 불안정
  ② 방사성붕괴에 의한 원소변화가 있을 수 있음
  ③ 화학결합 절단에 의한 화합물을 파괴할 수 있음
  ④ 방사콜로이드 상태는 흡착을 잘하므로 유동의 어려움이 있음
  ⑤ 산성보다 알카리성에서 콜로이드를 더 잘 형성

- 스캐벤저(Scavenger)
  ① 불필요한 동위원소를 침전시켜 분리, 정제하려고 할 때 사용
  ② 어떤 반응에서 대상으로 하는 동위원소를 항상 따라다니며 공존 가능성이 있는 핵종을 미리 제거하고, 대상으로 하는 동위원소는 용액 중에 남기는 것
  ③ 목적으로 하는 방사성동위원소를 모액 중에 남기고 다른 원소들을 공침·흡착 등의 방법으로 제거할 목적으로 가하는 담체

- 유지담체(Hold-back carrier) : Scavenger 하는 경우나 기타 분리할 때 carrier-free인 동위원소는 수반하기 쉬운 경향이 있어 그것의 carrier를 사전에 가하면 이 경향을 억제할 수 있음
  ① 방사성원소가 목적 동위원소와 공침하는 것을 막고 남아 있도록 하는 역할
  ② 실험 조작 중 반응을 막기 위해 첨가

- 포집제(Collector) : 많은 양의 물질 또는 염분량이 많은 용액 중에 어떤 대상으로 하는 동위원소를 농축·분리 할 필요가 생기는데 이와 같은 경우 carrier의 역할을 하는 것
  ① 목적 원소만을 포집 또는 농축할 목적으로 가하는 담체
  ② 방사성동위원소를 공침하도록 하는 물질
  ③ 여러 방사성원소가 혼합된 용액이거나 희박한 한 가지 방사성원소 용액에서 목적 원소만을 직접적으로 포집하거나 농축할 목적으로 가하는 담체

3 무담체(Carrier free)

방사성동위원소가 그 안정 동위원소를 포함하고 있지 않는 상태로, 방사성핵종이 단독으로 존재하는 상태를 말한다.

- 특징
  ① 담체가 포함 되지 않은 방사성동위원소
  ② 방사성 원자만으로 구성된 방사성동위원소
  ③ 비방사능이 최고인 상태
  ④ 무담체 방사성동위원소의 비방사능은 시간변화와 무관하게 일정함
  ⑤ 방사콜로이드 형성 및 흡착이 용이

- 생성반응
  ① (n,p), (p,n), (n,d), (d,d) 반응 등
  ② (n,r) 반응은 생성핵이 표적핵에 의해 희석되므로 무담체 방사성동위원소 생성이 불가능함

6.2 방사화학적 분리법

1 침전법

분리할 방사성핵종의 용액에 적당한 담체를 가하여 침전반응을 이용하여 분리하는 방법이다.

- 특징
  ① 간단히 분리조작 가능
  ② 많은 양의 시료 용액으로부터 방사성동위원소를 분리하는데 편리
  ③ 분리 선택성이 나쁨

- 주의사항
  ① 방사성동위원소 담체 사용 시 : 침전하는 화합물의 용해도 고려

② 비방사성동위원소 담체 사용 시 : 시약의 첨가 순서나 용액의 액성에 민감하므로 실험조건에 유의
③ 용액 속에 다른 방사성핵종이 있을 시 : 반드시 유지담체(hold back carrier)를 가해줌

2 공침법(coprecipitation)

추적자량이 극미량이어서 목적 방사성핵종에 적당한 공침제와 담체를 가하여 목적하는 방사성핵종을 농축 분리하는 방법이다.

- 1단계 : 목적 방사성핵종과 동위원소가 아닌 적당한 공침제를 가하여 목적 방사성핵종을 공침시켜 표적 물질과 분리
- 2단계 : 첨가한 공침제를 제거(용매 추출법, 증류법, 이온교환법 등)

  (예) ^{90}Sr-^{90}Y의 분리

  ▶ 용액에 1 mg의 철을 함유한 Fe_2Cl 첨가
  ▶ 황산칼륨(K_2SO_4)과 염화스트론튬(SrCl) 보유담체 1 mg 첨가
  ▶ 70~90 °C로 가열시키며 1.5 mol의 피리딘(C_5H_5N) 첨가하여 침전시킴
  ▶ 침전물을 분리

3 용액잔류법

침전법과 반대 개념으로 목적 방사성핵종은 남도록 하고, 대상이 아닌 방사성핵종만을 침전으로 제거하는(scavenge) 방법이다.
(예) Cl로 포화시킨 ^{12}N 염산을 가해 Ba을 침전시키면 ^{137}Cs은 침전되지 않고 용액에 남음

4 용출법

어떤 용액 또는 용매에 대하여 표적물질 또는 모체 원소의 염류가 불용성이고, 대상 방사성핵종이 가용성일 때 이 용액 또는 용매로 대상 방사성핵종만을 씻겨 내리게 하는 방법이다.
(예) ^{140}La의 무담체 분리

▶ ^{140}La를 함유하는 용액에 Ba^{2+}를 담체로 가하고 질산을 가한 다음 황산바륨형태로 침전

- ▶ 이를 여과한 뒤 이 침전을 깔대기 속에 둔 채로 수 일간 방치하여 침전 속에서 ^{140}La 생성
- ▶ 침전이 들어 있는 깔대기 위에서 HCl과 알코올이 같은 부피로 섞인 용액으로 씻어 내리면 ^{140}La만이 용출됨

5 방사 콜로이드법

극미량의 방사성동위원소는 콜로이드적 성질을 가지고, 방사성핵종이 용액 중에 존재하는 미립자 상태의 부유물질에 흡착되어 용액 중에 존재하게 된다. 이를 유리 여과기에 흡착시키는 방법으로 분리한다.

- 특징
  ① 조작이 간단
  ② 콜로이드 형성은 용액의 pH나 전해질, 용매의 종류에 따라 다르며 생성 하고 나서 부터 일정 시간이 경과 후에는 분리에 영향을 끼침

- 주의점
  ① 분리, 정제는 간단하나 콜로이드의 형성 변화가 심함
  ② pH, 전해질, 용매의 종류, 시간 경과 등에 의해 변화를 받음
  (예) ^{90}Sr-^{90}Y의 분리
  ▶ 염산용액을 희석한 암모니아 용액에서 pH 9로 하여 여과
  ▶ ^{90}Y은 여과지에 흡착되어 남음
  ▶ 염산에 씻어 용해시켜 분리

6 용매추출법(Solvent extraction method)

많은 종류의 원소가 포함되지 않은 혼합시료에 대해 혼합되지 않는 액상에 있는 물질이 일정한 비율로 분배되는 기전을 이용하여 분리하는 방법으로, 분리가 정량적이 아니라는 단점이 있어 포집체를 이용한 공침법 등의 방법으로 목적하는 원소나 물질을 대부분의 불순물로부터 분리, 농축 후 추출법으로 정제하는 것이 좋다.

- 방법

① 이온 추출법 : 수용액 중의 방사성핵종을 유기상의 이온 결합 물질로 추출
② 킬레이트 화합물을 이용하여 추출

- 장점

① 추출 반응이 선택적(목적 원소에 대하여 정립된 수단과 방법이 있음)
② 공침법에 비해 다른 원소에 의한 오염이 적음
③ 동시에 다량의 시료처리가 가능함
④ 원격조작이 가능 (자동적으로 처리가능)
⑤ 피폭선량이 적음
⑥ 분리율이 작더라도 반복적으로 추출, 역추출, 수세 및 정화를 반복하여 얻을 수 있음
⑦ 신속한 분리가 가능

(예) ^{95}Zr-^{95}Nb의 분리

▶ Zr 금속을 불화수소(HF 60%)에 녹이고, 불화 수소산을 증발시켜 제거
▶ 여기에 염산을 첨가하여 계속해서 8% 트리벤젤아민의 크로로포름 용액을 추출
▶ 크로로포름을 염산으로 수세하고 계속해서 암모니아수로 ^{95}Nb를 역추출

7 증류법(Distillation method)

휘발법이라고도 하며, 기체로 되기 쉬운 원소나 화합물을 증발시켜 다른 방사성동위원소와 분리한다.

- 무담체 시료를 얻는 경우 : 담체로 청정 공기, 불활성 기체, 탄산가스 등 이용
- 어느 방사성핵종을 증류에 의하여 분리 정제 하면 불소, 염소, 황, 요소 등 할로겐 원소와 비소, 탄소는 일산화탄소나 이산화탄소 가스로 증류 분리
- 금속은 염화물이나 황화물의 화학적 형태로 증류 분리

8 이온교환수지법

이온교환수지에 의한 원소의 분리·농축하는 방법으로 방사성핵종의 종류와 다양성에 무관하고 무담체 동위원소는 더욱 정밀하게 분리할 수 있어 가장 자주 이용되는 방법 중의 한가지이다. 종류에는 양이온 및 음이온 교환수지가 있다.

- 장점 : 조작이 단순
- 단점 : 시간이 오래 걸리며, 방사선이 강할 경우 이온교환 수지가 분해됨

9 질라드-챌머법(Szilard-Chalmer method)

핵반응의 되튐 효과를 이용하여 동위원소를 분리하는 방법이다.

(n,γ) 반응에서의 되튐에너지

$$E' = \frac{537 E_r^2}{M} \,[eV]$$

E' : 되튐에너지, E_r : γ선 에너지, M : 표적핵종의 질량

-적용 조건

① 핵반응 후 동위원소의 화학결합이 깨져야 함

② 재결합이나 교환반응이 없어야 함

③ 적당한 분리방법이 있어야 함

(예) ^{128}I의 분리

▶ 열중성자를 조사한 C_2H_5I에서 생성된 ^{128}I를 수용액에서 분리하는 방법, ^{127}I(n,γ)^{128}I 반응을 이용

▶ 열중성자 조사 후 생성된 ^{128}I(hot atom)이 γ선을 방출하고 원자핵은 되튐현상을 일으킴

▶ 보통 되튐에너지는 2~5 eV 정도이며, 이 에너지로 인해 화학결합이 끊어지고 방사화된 원자핵은 유리상태가 됨

▶ 유리된 ^{128}I 환원제로 I의 화학종으로 환원되어 물로 추출하면 C_2H_5I로부터 무담체를 얻음

6.3 표지화합물(Labelled Compound)

어느 화합물 중의 특정 원자나 원자단을 방사성원자로 바꾼 화합물을 말한다.

- 필요 조건
    ① 표지 후에도 원래의 화학적 성질이 보존되어야 함
    ② 도입한 동위원소의 반감기와 에너지가 적당해야 함
    ③ 표지위치를 알 수 있어야 하며 추적자로 이용하는 동안 안정되어야 함
    ④ 불완전한 표지화합물을 생체에 사용하는 경우, 독성을 나타내거나 전혀 다른 생물학적 거동을 나타내서는 안됨

- 표지화합물 보관 시 주의사항
    ① 방사능 농도를 낮출 것 (묽은 용액으로 하거나 불활성 물질 표면에 분산시킴)
    ② 방사선에 의한 상호영향을 피하기 위하여 조금씩 분취해서 보관
    ③ 고에너지 β 방출체나 γ 방출체 가까이 두지 않아야 함
    ④ 방사선 분해가 잘 일어나지 않는 용매를 써서 희석
    ⑤ 라디칼 스캐벤저(예 : 벤젠, 알코올, 벤질 알코올 등)를 첨가하거나 이에 용해시켜야 함
    ⑥ 산소와 접촉을 피하고 저온으로 보관

- 표지화합물의 방사성원자에서 나오는 방사선 에너지는 화합물 자체에 많이 흡수
- 흡수가 일어나면 여기된 분자가 분해를 일으킬 가능성 있음
    ① 1차 효과(내부적) : 방사성핵종의 붕괴에 의해 분해
    ② 1차 효과(외부적) : 방사성핵종에서 방출되는 방사선과 표지화합물 분자와의 상호작용에 의한 직접 분해
    ③ 2차 효과 : 방사성핵종에서 방출되는 방사선에 의해 생긴 여기분자와 주위의 표지화합물 분자와의 상호작용에 의한 분해
    ▶ 1차 효과(내부적)은 보통 무시할 정도로 작음
    ▶ 1차 효과(외부적)은 표지화합물의 비방사능이 높을 때 큰 영향
    ▶ 가장 파괴적인 효과는 2차 효과

표지화합물 불안정 원인과 방지방법

	원 인	방지 방법
1차 효과 (내부적)	방사성물질의 자연붕괴	방사능 농도를 맞춤 (비방사능이 정해져 있다면, 방법 없음)
1차 효과 (외부적)	방사성표지화합물 분자와 방사선의 직접작용	방사성표지화합물 분산 보관
2차 효과	방사성표지화합물과 1차 효과로 생긴 원자 및 라디칼과의 상호작용	방사성표지화합물 분산 냉각 (라디칼은 온도영향을 받기 때문) 자유라디칼 포획제 첨가
화학적 효과	화합물의 열역학적 불안정성 및 부적합한 환경	냉각 및 유해 약품의 제거

(예) ^{14}C 표지화합물

▶ $CH_3COOH \rightarrow \,^{14}CH_3COOH$ or $CH_3^{14}COOH$

^3H 표지화합물

▶ $CH_2(COOH)_2 + \,^3H_2O \rightarrow C^3H_2(COO^3H)_2 \rightarrow C^3H_3COO^3H$

확인문제 표지화합물 및 담체

01. 다음 중 무담체 보다 담체를 사용하는 이유가 아닌 것은 ?

① 무담체는 화학적으로 불안정하기 때문이다.
② 무담체는 산도에 따라 용해도가 감소되어 콜로이드를 잘 형성하기 때문이다.
③ 무담체는 화학결합 절단에 의한 화합물 파괴가 있을 수 있기 때문이다.
④ 무담체는 방사성 붕괴에 의한 원소변화가 없기 때문이다.

02. 무담체 ^{11}C 1 μCi의 무게는 (반감기 20분)?

① 1.17 fg　　　　　　　② 1.17 μg
③ 2.34 fg　　　　　　　④ 2.34 μg

03. 다음 중 동위원소 담체의 특징으로 옳지 않은 것은?

① 사용 후 방사성핵종으로부터 화학 분리가 어렵다.
② 비방사능이 높은 방사성핵종을 얻을 수 있다.
③ 비방사능이 낮다.
④ 화학반응이 잘 일어난다.

04. 트레이서(tracer)의 조건으로 옳지 않은 것은?

① 동위원소 교환이 없을 것　　　② 표지위치를 알 수 있을 것
③ 동위원소 효과가 있을 것　　　④ 방사선 효과가 없을 것

05. 어느 계측기의 ^{131}I 계측효율은 70%이다. 방사선 추적자가 질량이 15 kg인 물질과 혼합된 후 50 g을 채취하여 계측할 때 500 cpm의 계측치를 얻으려면 추적자로 가해야 하는 ^{131}I의 질량은 몇 μCi인가?

① 0.1 μCi　　　② 0.5 μCi　　　③ 1 μCi　　　④ 1.5 μCi

06. 다음에서 설명하는 것은 ?

대상으로 하는 RI를 따라다니며 공존 가능성이 있는 핵종을 제거하고, 대상 RI를 용액 속에 남아있게 하기 위해 수산화알루미늄 등을 가하는 것

① Collector
② Hold back carrier
③ Isotope carrier
④ Scavenger

07. ^{99m}Tc generator에서 ^{99}Mo와 ^{99m}Tc를 분리할 때 사용되는 방법은 ?

① 침전법
② 용액잔류법
③ 용출법
④ 질라드-챌머법

08. 무담체의 비방사능에 대해 시간 경과에 따라 나타나는 현상은?

① 비방사능은 시간경과와 함께 감소한다.
② 비방사능은 시간경과와 함께 증가한다.
③ 비방사능은 시간경과와 무관하여 동일하다.
④ 비방사능은 무담체의 반감기만큼의 시간 경과 후 반으로 줄어든다.

09. 표지화합물의 보관에 대한 설명으로 옳지 않은 것은?

① 표지화합물의 화학적, 생물학적 분해를 막기 위해 저온에 보관한다.
② 표지화합물의 화학적, 생물학적 분해를 막기 위해 직사광선이나 습한 곳을 피하고 불활성 가스 분위기 하에 둔다.
③ 표지화합물의 분해에 대한 방사선 효과는 내부적 1차 효과가 가장 크기 때문에, 방사능 농도를 맞추는데 초점을 둔다.
④ 표지화합물의 분해에 대한 방사선 효과는 2차 효과가 가장 크기 때문에, 냉각을 하거나 자유라디칼 포획제를 첨가한다.

10. 후방사화 트레이서(Activable tracer)의 조건으로 옳지 않은 것은?

① 열중성자 방사화단면적이 커야 한다.
② 비싸지 않고 무독성이어야 한다.
③ 방사화 되었을 때 반감기가 긴 γ선 방출 핵종이 좋다.
④ Sm, Eu, Gd 등 희토류원소가 좋다.

11. 종양 치료를 위해 ^{99m}Tc 1 mCi를 6시간이 지난 후 환자의 몸에 주입하려고 한다. 이 때 주입하는 ^{99m}Tc은 어떤 상태이어야 하며 필요한 양은 몇 g인가 (^{99m}Tc의 반감기는 약 6시간이다)?

① 무담체, 0.2 ng ② 담체, 0.2 ng
③ 무담체, 0.4 ng ④ 담체, 0.4 ng

12. 150 ml의 빗물에 ^{35}Cl로 표지된 염화물 50 μg을 첨가한 후 당량에 미달하는 은이온을 첨가하여 침전된 염화물을 얻었다. 침전된 염화물의 방사능은 20 cps였다. 순수한 물에 위와 같은 과정으로 진행하여 방사능을 측정했더니 2400 cpm이 얻어 졌을 때, 300 ml 빗물속의 염화물의 양은 얼마인가?

① 40 μg ② 50 μg
③ 60 μg ④ 70 μg

정답 및 해설 — 표지화합물 및 담체

01 ④

무담체의 단점
- 화학적으로 불안정하다.
- 방사성붕괴에 의한 원소변화가 있을 수 있다.
- 화학결합 절단에 의한 화합물 파괴가 있을 수 있다.
- 방사콜로이드 상태는 흡착을 잘하므로 유동의 어려움이 있다. (용기벽면에 잔류)
- 산성에서보다 알칼리성에서 용해도가 감소되어 콜로이드를 더 잘 형성한다.

02 ①

$A = \lambda N$

$3.7 \times 10^4\, Bq = \dfrac{0.693}{20\min \times \dfrac{60\sec}{\min}} \times N$

$N = 6.407 \times 10^7$

$11g : 6.02 \times 10^{23} = xg : 6.407 \times 10^7$

$x = \dfrac{11 \times 6.407 \times 10^7}{6.02 \times 10^{23}} = 1.17 \times 10^{-15} g$

$\therefore 1.17\, fg$

03 ②

동위원소 담체의 특징
- ▶ 사용 후 방사성핵종으로부터 화학분리가 어려움
- ▶ 비방사능이 낮음
- ▶ 화학반응이 잘 일어남

04 ③

트레이서의 조건
- ▶ 동위원소 교환이 없을 것
- ▶ 표지위치를 알 수 있을 것
- ▶ 동위원소 효과가 없을 것
- ▶ 방사선 효과가 없을 것

05 ①

cpm = cps × 60, cps = dps × 효율 ϵ

$$dps = cpm \times \frac{1}{60} \times \frac{1}{\epsilon}$$
$$= 500 \times \frac{1}{60} \times \frac{1}{0.7} = 11.9$$
$$11.9\,dps \times \frac{1\,\mu Ci}{3.7 \times 10^4\,dps} = 3.22 \times 10^{-4}\,\mu Ci$$

따라서, 가해야 하는 추적자량은

$$15 \times 10^3 \times \frac{1}{50} \times 3.22 \times 10^{-4}\,\mu Ci \fallingdotseq 0.1\,\mu Ci$$

06 ④

분리·조작할 목적 RI를 용액속에 잔류하게 하고, 따라 다니는 불필요 핵종을 제거할 목적으로 가하는 것은 스캐벤저(Scavenger)이다. 스캐벤저로는 수산화알루미늄, 수산화철, 이상화망간, 불화란탄 등을 사용한다.

07 ③

생리식염수(용매)에 목적하는 방사성핵종(^{99m}Tc)만 녹아서 씻겨 나오고 ^{99}Mo는 녹지 않아 씻겨 나오지 않는다. 이처럼 어떤 용액 또는 용매에 대하여 표적물질 또는 모체 원소의 염류가 불용성이고, 대상 방사성핵종이 가용성일 때 이 용액 또는 용매로 대상 방사성핵종만을 씻겨 내리게 하는 방법을 용출법이라 한다.

08 ③

비방사능이란 단위질량당 방사능(Ci/g)으로 무담체 방사성핵종의 비방사능은 시간변화와 무관하게 일정하고, carrier free 상태일 때 비방사능이 최대가 된다.

09 ③

내부적 1차 효과는 보통 무시할 정도로 작으며, 가장 큰 영향을 주는 것은 방사성 핵종에서 방출되는 방사선에 의해 생긴 여기분자와 주위의 표지화합물 분자와의 상호작용으로 인해 분해되는 2차 효과이다.

10 ③

후방사화 추적자(Activable tracer)의 조건
▶ 열중성자 방사화단면적이 커야 한다.
▶ 방사화되었을 때 반감기가 짧은 γ선 핵종이 좋다.
▶ 원소자체는 비싸지 않고 무독성이어야 한다.
▶ 자연에 존재하지 않아야 하며, 외부로부터 오염이 없어야 한다(희토류원소 사용).

11 ③

주입하는 동위원소는 방사성동위원소가 그 안정 동위원소를 포함하고 있지 않는 상태로, 방사성핵종이 단독으로 존재하는 상태인 무담체이어야 한다. 주입시기가 반감기 후 이므로 방사능은 2 mCi이어야 한다.

$$2 \times 3.7 \times 10^{10} \times 10^{-3} = \frac{0.693}{6 \times 3600} \times N$$

$$N = 2.306 \times 10^{12}$$

$$99g : 6.02 \times 10^{23} = xg : 2.306 \times 10^{12}$$

$$x = \frac{99 \times 2.306 \times 10^{12}}{6.02 \times 10^{23}} = 3.792 \times 10^{-10} g \fallingdotseq 0.4 \, ng$$

12 ②

$$50 \, \mu g \times 2400 \, cpm = (x+50) \mu g \times 20 \, cps$$
$$50 \, \mu g \times \frac{2400 \, count}{1 \min} \times \frac{1 \min}{60 \, s} = (x+50) \mu g \times 20 \, cps$$
$$2000 = (x+50) \times 20$$
$$x = 50 \, \mu g$$

제7장 방사선생물학

- 7.1 물의 방사선화학
- 7.2 세포의 표적이론(세포의 생존율곡선)
- 7.3 방사선의 직접작용과 간접작용
- 7.4 방사선 조사로 인한 인체 내 세포의 변화과정
- 7.5 방사선 장해와 관련된 요소
- 7.6 방사선감수성
- 7.7 방사선 조사에 의한 DNA 변화
- 7.8 방사선이 인체에 미치는 영향
- 7.9 각종 장기에 대한 방사선 장해
- 7.10 태아의 방사선 영향

chapter 7 방사선생물학

방사선은 의료분야 뿐만 아니라 산업, 농업, 식품생명 분야 등에 이용됨에 따라 인간에게 많은 영향을 미치고 있다. 이 장에서는 물의 방사선화학, 방사선의 직접·간접작용, 인체 내 방사선 작용, 방사선 장해와 관련된 요소, 방사선감수성, 방사선이 인체에 미치는 영향 등에 대해 알아보고자 한다.

- 방사화학: 방사성물질을 화학적으로 다루는 학문
- 방사선화학: 비방사성물질이 방사선에 피폭될 때의 화학반응을 다루는 학문

7.1 물의 방사선화학

인체 내 구성성분 중 약 70 %를 차지하는 물은 방사선이 인체 내로 들어와 물과 상호작용을 하게 되면 다음과 같은 과정을 거치게 된다.

- 물분자가 이온화되면 하나의 전자가 방출되며, 이 때 방출된 전자를 다른 물분자가 흡수하여 양이온 물분자와 음이온 물분자를 생성
- 다른 물분자의 존재 하에서 양이온 물분자(H_2O^+)와 음이온 물분자(H_2O^-)가 분해되어 이온과 유리기를 생성
- H^+나 OH^-가 가지고 있는 에너지는 크지 않지만 물분자의 방사분해로 인해 생성된 1차 유리기(e^-_{aq}, $H^·$, $OH^·$)는 반응력이 강하여 대부분 생성된 부위에서 2차 반응을 일으키며, 2차적으로 생성된 유리기($HO_2^·$, O_2^-)는 먼 곳까지 이동하여 생체구성 물질과 상호작용이 발생할 수 있음
- 순수한 물에서는 유리기들이 서로 작용하여 H_2, H_2O, H_2O_2를 형성

물의 방사선화학 과정

물분자가 이온화되면 하나의 전자가 방출	$H_2O \rightarrow H_2O^+ + e^-$
방출된 전자를 다른 물분자가 흡수하여 양이온 물분자와 음이온 물분자를 생성	$e^- + H_2O \rightarrow H_2O^-$
양이온 물분자(H_2O^+)와 음이온 물분자 (H_2O^-)가 분해되어 이온 및 유리기 형성	$H_2O^- \rightarrow OH^- + H\cdot$ $H_2O^+ \rightarrow OH\cdot + H^+$
순수한 물에서는 유리기들이 서로 작용	$H\cdot + OH\cdot \rightarrow H_2O$ $H\cdot + H\cdot \rightarrow H_2$ $OH\cdot + OH\cdot \rightarrow H_2O_2$

7.2 세포의 표적이론(세포의 생존율곡선)

세포 내에는 일정 수의 표적이 존재하며, 모든 표적이 방사선에 의해 hit될 경우 세포는 죽게 되며, 반대로 hit가 되지 않는다면 생존을 한다고 판단하는데 이를 세포의 표적이론이라 한다. 이에 표적이 적중되지 않을 확률을 e^{-vd}라 하면, 적중될 확률은 $1-e^{-vd}$이다.

세포의 생존 곡선

* 세포의 생존율 = $\dfrac{\text{조사군(방사선을 조사한 세포균)의 살아남은 세포수}}{\text{대조군(방사선을 조사하지 않은 세포균)의 세포수}}$

* 세포의 생존곡선

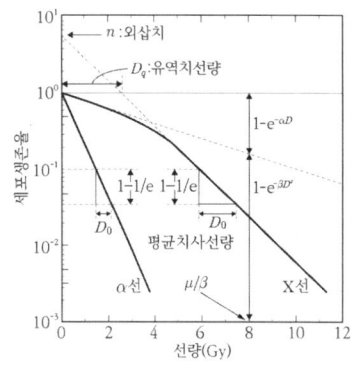

- n : 저 LET 방사선의 생존곡선 직전부분 외삽한 점
- D_q : 생존율이 1인 선과 만나는 선량
- D_0 : 평균치사선량(생존율이 37%인 선량)
- $\log_e n = \dfrac{D_q}{D_0}$

- n은 방사선에 의해 정해지는 상수로 n과 D_q는 비례
- D_0는 세포생존곡선의 직선부분에 해당하며, 생존하는 세포수가 37%일 때의 선량
- D_0가 낮을수록 방사선으로 인해 세포가 죽기 쉬움
- 세포의 방사선감수성은 D_0와 n값이 작을수록 높음

7.3 방사선의 직접작용과 간접작용

방사선이 인체에 조사되었을 경우, 세포의 원자나 분자에 직접 작용할 경우를 직접작용이라고 하며, 생체 내의 물과 상호작용하여 물의 방사선화학을 일으켜 생성된 유리기, 이온, 여기분자들이 주변 세포들과 상호작용을 하는 경우를 간접작용이라 한다.

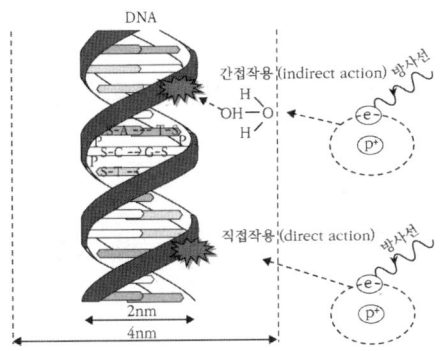

방사선의 직접작용과 간접작용

1 방사선의 직접작용

- 방사선이 인체에 조사되면 흡수된 방사선의 에너지로 인해 장해를 나타내게 되는 유기물 분자(탄수화물, 단백질, 지질, 핵산 등) 자체에 직접 흡수되어 세포 내 분자, 원자를 전리, 여기 시키는 구조 변화 등의 손상을 유발하는 것
- 방사선을 수용액에 조사할 경우 용질 분자가 직접 방사선을 흡수하여 분해하는 현상이며, 용액이 진할 경우 많이 발생함
- 인체 영향 측면에서 직접작용에 의한 영향은 전체의 약 25%를 차지함

2 방사선의 간접작용

- 인체 내 방사선이 조사되면, 물이 이온화되어 유리기 및 이온, 여기분자 등을 형성하게 되는데 이러한 유리기 및 이온, 여기분자들이 주변의 세포성분과 반응하여 인체 장해를 일으키는 것
- 방사선의 간접작용에 영향을 미치는 4가지 효과
  ① 희석효과(Dilution Effect)
  ▶ 방사선을 조사시켰을 때 표적입자의 농도가 커질수록 간접작용에 의한 영향은 낮아짐

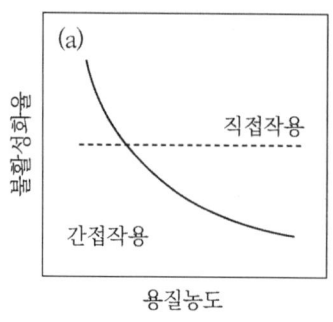
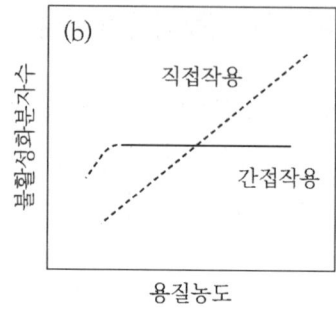

희석효과를 나타내는 농도효과 곡선

② 산소효과(Oxygen Effect)

▶ 방사선이 인체 내 조사될 때 산소분압의 고저 또는 존재여부에 따라 방사선의 생물학적 효과가 증감하는 현상으로써, 체내 산소 분압이 높아지면 방사선감수성도 증가함

OER(산소증대율)

$$OER = \frac{\text{산소로 포화했을 때의 방사선 영향}}{\text{무산소 상태에서의 방사선 영향}} = \frac{hypoxic\,dose\,(\text{산소가 없을 때의 선량})}{aerated\,dose\,(\text{산소가 있을 때의 선량})}$$

③ 동결효과(온도효과)

▶ 수용액에 방사선 조사를 하면 유리기가 생성되며, 이 유리기는 분자 활성으로 확산되어 장해가 생기게 되는데 이를 동결시킴으로써 생체분자나 원자의 활성, 확산 속도를 낮추어 장해를 줄이도록 하는 것과, 저온으로 인한 인체 조직 내 효소량 감소 또는 저온에 의한 조직 내 저산소 상태에 기인하는 것으로 나눌 수 있음

④ 화학적 보호효과

▶ 용액에 첨가된 보호물질이 방사선 조사로 생성된 유리기 등의 물질과 반응하여 용질의 변화를 방어하는 역할을 하여 방사선 조사에 의한 용질 변화가 작아지며, 보호물질의 예로는 cysteine, cystamine, AET, 2-mercaptoethylamine 등이 있음

> **DRF(선량감소인자)**
>
> $$DRF = \frac{\text{방어제를 가했을 때의 어떤 효과를 얻는데 필요한 선량}}{\text{방어제를 가하지 않았을 때 같은 효과를 얻는데 필요한 선량}}$$

3 LET, RBE, OER

- LET(Linear Energy Transfer, 선에너지 부여)란 에너지를 가진 입자 및 하전 입자가 물질 통과 시 비적에 따라 단위 길이당 잃는 에너지를 의미
  ① 고 LET 방사선 : α선, 중성자선, 중이온선
  ② 저 LET 방사선 : X선, γ선, β선, 전자선, 양자선

> **LET(선에너지부여)**
>
> $$LET = \frac{dE}{dl} \quad (dE : \text{매질 내 거리에 주는 에너지}, \, dl : \text{매질 내 거리})$$

- RBE(Relative Biological Effectiveness, 생물학적효과비)란 250 kV_p X선을 기준으로 하여 동일한 생물학적 변화를 일으키는데 필요한 시험 방사선의 비

> **RBE(생물학적효과비)**
>
> $$RBE = \frac{\text{어떤 생물학적 효과를 일으키는데 필요한 표준방사선량}(D_{250})}{\text{동일한 생물학적 효과를 일으키는데 필요한 시험 방사선량}(D_r)}$$

LET, RBE, OER 관계

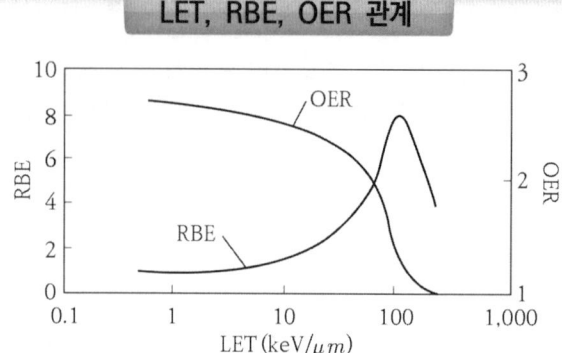

* LET가 증가할수록 RBE도 증가하나 과잉 치사로 인해 100 keV/μm 이상에서는 감소
- 과잉치사(overkill effect)
: 표적 사이의 거리에 비해 이온화가 발생하는 사이의 거리가 짧아지게 될 경우 방사선 에너지가 낭비되어 RBE가 감소하는 현상

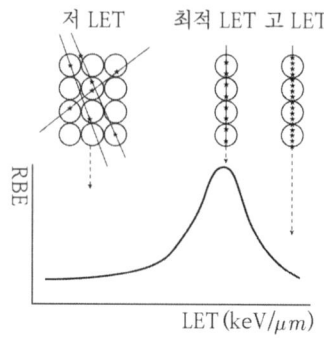

* LET가 증가할수록 산소의 유무에 상관없이 조밀하게 이온화를 일으켜 산소효과가 거의 나타나지 않아 OER은 감소

7.4 방사선 조사로 인한 인체 내 세포의 변화과정

- 물리적 과정

　① 방사선의 에너지가 인체에 흡수되는 초기 과정

　② 방사선이 조사된 후 10^{-16} sec 이내에 일어나는 과정으로 세포의 원자 및 분자에 부여된 에너지에 의해서 이온화가 일어나는 과정

- 물리화학적 과정

　① 1차적 생성물 부근의 분자와 반응하여 2차적 생성물이 형성되는 과정으로, 인체 내의 원자나 분자 또는 물분자의 변화로 인해 화학적 변화가 일어나기 직전의 단계

　② 방사선이 조사된 후 10^{-5} sec 이내에 일어나는 과정으로 생성되는 물질은 1,2차 유리기와 과산화물 등이 있음

- 화학적 과정

　① 전리 및 여기로 인해 발생한 자유전자, 이온 또는 유리기가 신속하게 주위의 생체고분자들과 반응하여 생물분자의 불활성화를 초래하게 되는 과정

　② 방사선이 조사된 후 2~3 sec 내에 일어나는 과정

- 생물학적 과정

　① 생물 분자에 이상이 생겨 생체를 이루고 있는 세포의 기능 변화, 세포사를 초래할 경우 돌연변이, 암 발생, 유전적 영향 등을 유발하게 되는 과정

　② 방사선이 조사된 후 수십 분 ~ 수 년에 걸쳐서 일어나는 과정

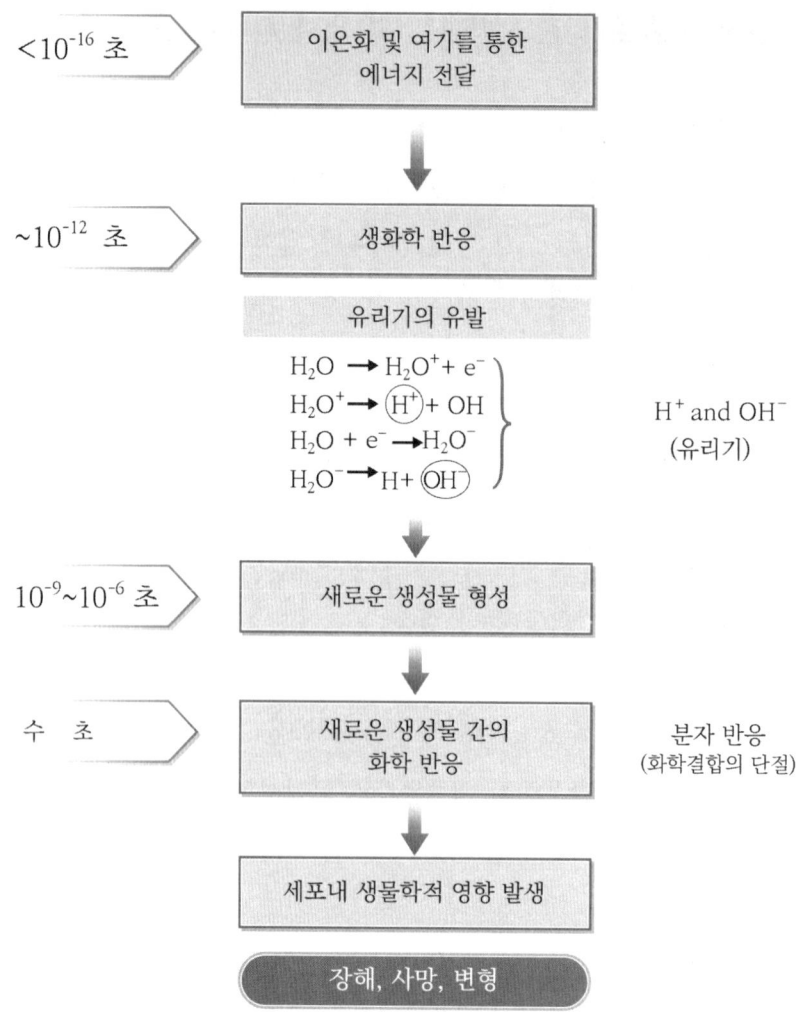

방사선이 인체에 흡수된 후 인체 내 세포의 변화과정.

7.5 방사선 장해와 관련된 요소

방사선의 피폭은 크게 체외 피폭과 체내 피폭으로 나누어지며, 체외 피폭 시에는 흡수선량, 흡수선량율, 선량분포, 피폭범위, 선질, 생물학적 요인만 고려를 하면 되나, 체내 피폭 시에는 침착부위, 해당 방사성핵종의 유효반감기 및 물리화학적 특성도 고려를 하여야 한다.

피폭의 종류에 따른 방사선 장해와 관련된 요소

체외피폭/체내피폭 시 고려할 사항		
요소		관계
흡수선량		인체 내 흡수된 선량이 높을수록 장해 정도가 높음
흡수선량률		손상을 받은 조직은 대사작용에 의해 회복능력이 있으므로 같은 선량이라도 짧은 시간에 받을 경우 치명적일 수 있으나 장기간에 나누어 받으면 큰 장해를 일으키지 않을 수도 있음
선량분포		선량이 균등하게 분배된 상태보다 어느 한 부분에 집중되어 피폭되는 경우가 장해 발생 가능성이 높음
피폭범위		전신 피폭이 부분적 피폭보다 장해발생확률이 높음
선질		방사선의 종류에 따라, 같은 방사선이라도 에너지에 따라 장해 발생 위험이 달라짐
생물학적 요인	방사선감수성	인체 내 조직의 방사선 감수성은 세포나 조직의 종류에 따라 다름
	연령	미성숙한 생물체와 노령기에 방사선 감수성이 높고 성체에서는 가장 낮음
	생물종 및 유전적 계통	하등동물일수록 방사선 감수성이 낮음
	생리적 요인	생체 내 용존산소 농도가 높을수록 방사선감수성이 높으며, 온도가 낮을수록 방사선감수성이 낮음
체내피폭 시 고려할 사항		
요소		관계
침착부위		각 핵종별로 침착하는 장기가 있으며, 동일한 장기에 침착을 하더라도 세부적인 부위는 다를 수 있음
핵종의 유효반감기		핵종의 물리적반감기와 생물학적 반감기를 고려하여 체내에 섭취된 방사성핵종이 붕괴나 대사에 의해 반으로 감소하는데 걸리는 시간
핵종의 물리화학적 특성		체내로 들어온 방사성핵종의 물리화학적 특성에 따라 체내 조직에 침착하는 특성 및 부위가 다름

7.6 방사선감수성

방사선감수성이란 방사선의 영향이 나타나기 쉬운 정도를 의미하는 것으로 일반적으로는 일정한 방사선 효과를 나타내는데 필요한 선량으로 나타내며, 방사선 생물학적으로는 세포의 수가 37 %까지 감소하는 선량을 의미한다. 또한, 방사선감수성은 생물체의 세포(조직), 장기 등의 방사선에 의한 영향을 상대적으로 나타내는 방법이다.

인체 내 조직의 감수성
고　　　　　임파구, 골수세포
생식선
골단
↑　　　　소장점막
｜　　　　수정체
｜　　　　소혈관
｜　　　　폐
｜　　　　구강, 식도, 직장, 질
｜　　　　피부
｜　　　　신장
｜　　　　간장, 췌장
｜　　　　갑상선
｜　　　　근육조직
↓　　　　연골
뇌하수체
저　　　　　신경세포, 신경섬유

인체 내 조직 감수성 비교

1 베르고니-트리본도(Bergonie-Tribondeau) 법칙

- 생체의 방사선감수성에 관한 개념적 법칙
- 세포분열이 활발할수록, 조직 재생능력이 클수록, 형태적·기능적으로 미분화일수록 감수성이 높음

2 세포 주기에 따른 방사선감수성

- 세포주기는 G_1, S, G_2, M기인 4단계로 구성이 되어 있으며, 각 단계별로 방사선 감수성이 다름
- G_1은 세포 성장에 필요한 효소 및 구조 단백질 합성이 주로 일어나는 시기로 초기에는 감수성이 낮으나 후기에는 감수성이 비교적 높음
- DNA 합성기인 S기는 방사선에 저항이 가장 큰 시기임
- DNA 복제 후 유사분열을 준비하는 G_2기와 M기(유사분열)에 방사선감수성이 가장 높음

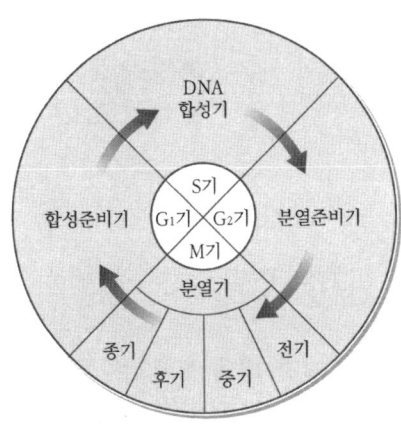

세포 주기

3 유사분열 및 감수분열에 미치는 효과

- 염색체 손상으로 인해 돌연변이를 유발함
- 여성의 경우 방사선손상이 축적될 가능성이 높으며, 남성의 경우 방사선 손상이 일정하지 않음

7.7 방사선 조사에 의한 DNA 변화

DNA란 자연에 존재하는 2종류의 핵산 중 디옥시리보오스를 가지고 있는 핵산으로 유전자의 본체를 이룬다. 이러한 DNA는 방사선에 의해 쉽게 손상을 받게 되며, 세포의 치사, 생식능력의 상실, 돌연변이 등을 유발한다.

1 방사선 조사에 의한 DNA 분자의 구조 변화

- ▶ 염기의 구조변화(deamination)
- ▶ 염기의 탈락 또는 삽입
- ▶ 사슬사이의 수소결합의 절단
- ▶ 한 가닥의 절단
- ▶ 두 가닥의 동시 절단
- ▶ 나선내의 가교형성
- ▶ 다른 DNA 분자와의 가교형성
- ▶ 단백질과의 가교형성

7.8 방사선이 인체에 미치는 영향

방사선이 인체에 조사될 때 인체가 받을 영향은 확률론적 영향과 결정적 영향으로 나누어 구분할 수도 있으며, 또한, 급성 효과와 만성효과로 구분할 수 있다.

1 확률론적 영향과 결정적 영향

- 확률론적 영향은 낮은 선량이라도 방사선 장해가 일어날 수 있으며, 방사선 장해가 확률적으로 나타나는 것을 의미하며, 결정적 영향은 일정 선량 이상의 선량을 받았을 때 방사선 장해가 나타나는 것을 의미

확률적 영향과 결정적 영향 비교

	확률적 영향	결정적 영향
발단선량 유무	없음	있음
방사선피폭과 장해발현 관계	확률적이므로 인과관계파악이 어려움	분명한 인과관계가 성립
다른원인과 구분	다른 원인에 의한 발병과 구분이 힘듦	증상의 고유한 특이성이 있음
증상	암, 유전적 결함, 백혈병, 수명단축 등	홍반, 불임, 백내장, 탈모, 혈액상 변화 등
특징	·지발성이며 잠복기는 수 년 이상 ·저선량, 장기간 피폭으로 인해 발현할 수 있음 ·ALARA를 유지함으로써 최적화	·급성이며 수 주 또는 수개월 이내 발현 ·사고피폭, 방사선치료 시 주의 ·장해 발현 예방이 가능

2 급성 효과와 만성 효과

- 급성효과의 경우 짧은 시간에 높은 선량의 피폭을 받아 수 주 또는 수개월 내에 일어나는 방사선 장해로서 다음과 같은 증상이 있음

선량에 따른 방사선 장해

등가선량 [Sv]	신체적 증상
0 ~ 0.25	임상적 증상이 거의 없음
0.25 ~ 1	일시적으로 임파구가 감소하나 약간의 혈액변화 후 곧 회복됨
1 ~ 2	임파구가 현저히 감소, 피로, 권태, 탈모, 홍반, 설사, 구토, 구기, 식욕부진
2 ~ 4	위의 현상들이 심화되고 내출혈이 발생 2~6주후에 회복되지 않을 경우 사망할 가능성이 있음
4 ~ 6	조혈기장해로 인해 사망할 확률이 높아짐
6 ~ 10	심한 내출혈이 발생하며 장벽이 헐게 됨 ($LD_{100(30)}$: 7 Gy)
10 ~ 50	위장관장해로 일주일정도 후 사망
100	혼수상태에 도달하고 중추신경 마비로 인해 1 ~ 2 일 이내에 사망
1,000 이상	조사 중 또는 조사 직후 사망 (분자사)

7.9 각종 장기에 대한 방사선 장해

1 조혈조직(적색골수), 임파선 및 혈액

- 인체 내 방사선 피폭 시 가장 민감하게 영향을 나타내는 조직
- 쉽게 관찰되는 영향은 말초혈액 중의 혈구수의 변동
- 고선량을 받으면 피폭 직후부터 30일 까지 수가 감소한 후 점차 회복
- 임파구와 백혈구의 문턱선량은 0.5 Gy, 적혈구와 혈소판의 문턱선량의 1 Gy
- 혈액상의 변화는 적색골수의 피폭으로 야기되며, 경미한 경우는 곧 회복되지만 중증 변화라면 면역기능 장애를 초래할 수 있음

2 생식선(불임)

- 남성의 경우 정원세포에서 정자까지 성숙하는데 10주 정도가 소요되는데 정원세포의 경우 반치사선량이 낮으며(0.015 Gy), 감수분열하여 정모세포로 된 경우 저항성이 증대됨
- 여성의 경우 난모세포가 방사선에 민감하며 성숙한 난자는 치사선량이 높으며, 높은 선량 피폭을 받을 경우 생리불순 증상이 나타남

불임 문턱선량

성별	영향	문턱선량 [Gy]	
		1회 급성피폭	만성피폭
남성	일시적 불임	0.15	매년 0.4
	영구 불임	3.5 ~ 6	매년 2
여성	불임증	2.5 ~ 6	매년 0.2 이상

3 피부

- 표피는 방사선이나 이외의 화학물질 또는 물리적 손상을 받아도 문제가 되지 않으며, 기저세포가 끊임없이 분화하여 상층에서 소실되어 가는 세포를 보충해주는

기저 세포층(표피층 아래 약 0.07 mm 깊이)이 중요함

- 기저세포가 방사선감수성이 높으며, 손상을 받을 경우 피부의 궤양이 발생할 수 있으며, 모낭이 손상될 경우 탈모현상이 발생
- 극도로 높은 선량이 되면 피부조직의 파괴가 발생하여 건강한 피부를 이식하더라도 쉽게 치유되지 않음

선량 변화에 따른 피부의 증상

선량 [Gy]	초기증상	만성증상
0.5	염색체 변화	없음
5	일시적 탈모, 홍반	변화 인지되지 않음
10	일시적 피부염, 수종	위축, 혈관확장, 색소침착
25	궤양, 궤사	만성 궤양

4 수정체

- 수정체에 많은 피폭으로 인해 손상된 세포가 발생하면 이들이 서서히 안쪽 후극에 모여 수정체의 혼탁 또는 백내장을 초래함

수정체의 문턱선량

증상	문턱선량 [Gy]	
	1회 급성 피폭	분할 피폭
수정체 혼탁	0.5 ~ 2	5 이상
백내장	5	8 이상

5 갑상선

- 방사성아이오딘으로 공기를 흡입 시 갑상선에 많은 피폭을 초래

갑상선의 문턱선량

증상	문턱선량 [Gy]	발현 시기
기능 저하	성인 : 25 ~ 30 아동 : 1 ~ 10	
급성 갑상선염	200	수 주이내
지발성 갑상선염	10	수 년 후까지 발생 가능

6 전신

- 일부만 피폭될 경우 해당 장기의 결정적 영향만을 고려하면 되나, 전신 피폭의 경우 모든 조직에서의 장해가 종합적으로 건강에 위협을 줌
- 가장 낮은 선량 범위에서 급성, 결정적 영향이 발현되는 조직은 조혈조직과 림프 계통임

선량에 따라 나타나는 신체 영향

흡수선량 [Gy]	증상
0.05 ~ 0.25	말초혈액 중 염색체의 변화 확인
0.25 ~ 0.5	백혈구나 임파구 농도의 변화 인지 (집단적으로 비교 시 가능)
0.5 ~ 0.75	개인별로 혈구수의 변화가 인지
1 ~ 2	혈액상의 변화가 분명하며 수 일 동안 지속 구토 (피폭자의 20~70 %), 무력증 (피폭자의 30~60 %), 사망 (피폭자 5 %)
3 ~ 5	조혈 기능 장해로 60일 이내 50 % 사망 ($LD_{50/60}$)
6 ~ 8	위장계 증후군으로 수 주 ~ 수 개월 내 100 % 사망 ($LD_{100/60}$)
8 ~ 10	급성폐렴 및 폐수종과 유사한 폐 손상이 나타나 호흡부전으로 사망
15 이상	중추신경이 마비되어 조기에 사망하는 중추신경계 증후군이 나타남

저LET 방사선에 급성으로 균일하게 피폭한 사람에서 나타나는 증후군 및 선량범위
선량에 따라 나타나는 신체 영향

흡수선량 [Gy]	사망의 주 영향	피폭 후 사망까지 시간(day)
3 ~ 5	골수 손상	30 ~ 60
5 ~ 15	위장관 손상	7 ~ 20
5 ~ 15	폐와 신장 손상	60 ~ 150
〉 15	신경계 손상	〈 5 (선량 의존)

7 염색체

- 염색체가 방사선에 피폭될 경우 염색체 돌연변이의 발생빈도가 높아짐
- 염색체 이상

  ① 결실(deletion)

  ▶ 염색체의 말단 또는 중간부분이 절단되어 염색체의 일부가 없어지는 현상

② 역위(inversion)
▶ 절단된 염색체가 없어지지는 않으나 절단된 부위의 염색체 부분이 180도 회전하여 다시 결합할 경우 유전자의 배열이 부분적으로 반대가 되는 현상
③ 중복(duplication)
▶ 하나의 세포 내 염색체의 일정 부위가 절단되어 다른 염색체에 부착되는 현상
④ 전좌(translocation)
▶ 2개의 염색체에서 절단이 이루어진 다음 끊어진 부분이 서로 교환되어 다시 붙는 현상

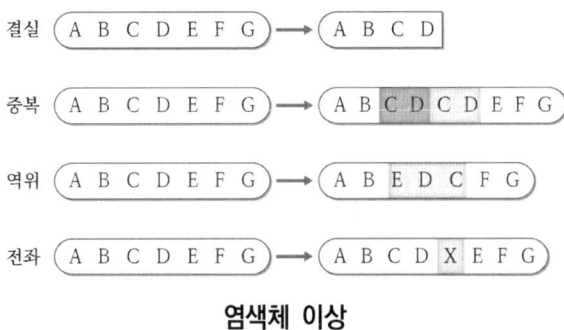

염색체 이상

7.10 태아의 방사선 영향

1. 태아의 방사선 영향

- 착상시기(수정~9일) : 사망
- 기관형성기(2~8주) : 기형 출생(발암, 유전적 영향)
- 태아기(8주~출생) : 정신 및 신체발달지체, 발육지연 (발암 및 유전적 영향)

2. Ten day Rule

- 긴급한 상황이 아닌 경우 임신가능성이 있는 여성의 하복부 방사선 진단 시 월경 개시부터 10일 이내에 한다는 규칙

확인문제 방사선생물학

01. 방사선이 인체로 들어와서 물의 방사선화학을 일으킨다. 물의 방사선화학에 대한 설명으로 옳은 것은?
    ① 물분자가 이온화되면 두 개의 전자를 방출하여, 양이온 물분자와 음이온 물분자가 생성된다.
    ② 다른 물분자가 없더라도 양이온 물분자와 음이온물분자가 분해된다.
    ③ 순수한 물에서는 물분자들이 서로 작용하여 H_2, H_2O, H_2O_2를 형성한다.
    ④ 2차적으로 생성된 유리기(HO_2^-, O_2^-)는 먼 곳까지 이동하여 생체구성 물질과 상호작용을 일으킬 수 있다.

02. 방사선은 인체내로 들어와 직접작용과 간접작용을 통해 인체에 영향을 미친다. 직접작용과 간접작용의 설명으로 옳은 것은?
    ① 방사선의 간접작용은 유기물 분자 자체에 직접 흡수되어 세포 내 분자, 원자를 전리, 여기 시키는 구조변화 등의 손상을 유발하는 것이다.
    ② 인체 영향 측면에서 직접작용에 의한 영향은 전체의 약 25 %를 차지한다.
    ③ 방사선의 직접작용은 용액이 연할 경우 많이 발생한다.
    ④ 방사선의 직접작용은 인체 내 방사선이 조사되어 물이 이온화 되면서 생성된 유리기 및 이온, 여기분자들이 주변의 세포성분과 반응하여 인체 장해를 일으키는 것이다.

03. 방사선의 간접작용에 영향을 미치는 4가지 효과에는 희석효과, 산소효과, 동결효과, 화학적 보호효과가 있다. 이 4가지 효과에 대한 설명으로 옳지 않은 것은?
    ① 방사선을 조사시켰을 때 표적입자의 농도가 낮을수록 간접효과에 의한 영향은 낮아진다.
    ② 체내 산소 분압이 높아지면 방사선 감수성도 증가한다.
    ③ 분자활성으로 확산되어 장해를 유발하는 유리기를 동결시킴으로써 생체분자나 원자의 활성, 확산 속도를 낮추어 장해를 줄이도록 한다.
    ④ 수용액에 첨가된 보호물질이 방사선 조사로 생성된 유리기 등의 물질과 반응하여 용질의 변화를 방어하는 역할을 한다.

04. 수용액에 보호물질(방어제)을 첨가하여 어느 효과를 내는데 5 Gy가 필요하였으나, 방어제를 첨가하지 않고는 2 Gy가 필요하였다. 이 방어제의 DRF는 얼마인가?

① 0.4   ② 1   ③ 2.5   ④ 3

05. 방사선으로 인해 인체의 체외 피폭과 체내 피폭이 발생한다. 다음 중 체외 피폭의 영향을 고려할 때 고려할 인자가 아닌 것은?

① 흡수선량과 선량분포
② 방사선 감수성과 연령
③ 생물종 및 유전적 계통
④ 물리화학적 특성 및 유효 반감기

06. 남성 및 여성의 불임에 대한 방사선 영향에 관한 설명이다. 옳은 것은?

① 남성이 0.01 Gy를 1회 급성피폭으로 받을 경우 일시적 불임이 발생할 수 있다.
② 여성이 매년 0.2 Gy 이상 만성피폭을 받을 경우 영구불임이 발생할 수 있다.
③ 여성이 2.5 ~ 6 Gy를 1회 급성피폭으로 받을 경우 일시적 불임이 발생할 수 있다.
④ 남성이 매년 1 Gy를 만성피폭으로 받을 경우 영구적 불임이 발생할 수 있다.

07. 방사선 감수성과 관련된 베르고니-트리본도 법칙에 대한 설명으로 옳지 않은 것은?

① 세포분열이 활발할수록 감수성이 높다.
② 조직 재생능력이 클수록 감수성이 높다.
③ 세포분열빈도가 낮을수록 감수성이 높다.
④ 형태적, 기능적으로 미분화일수록 감수성이 높다.

08. 인체 내 방사선 조사로 인해 DNA분자의 구조변화가 일어날 가능성이 있다. 구조 변화의 종류가 아닌 것은?

① 사슬사이의 산소결합의 절단
② 두가닥의 동시절단
③ 단백질과의 가교형성
④ 염기의 탈락 또는 삽입

09. 방사선이 인체에 미치는 영향은 확률적 영향과 결정적 영향으로 구분이 가능하다. 확률적 영향과 결정적 영향에 대한 설명으로 옳은 것은?

① 확률적 영향은 발단선량이 있고, 결정적 영향은 발단선량이 없다.
② 결정적 영향은 지발성이며 잠복기는 수 년 이상이다.
③ 확률적 영향은 사고피폭, 방사선치료 시 주의해야 한다.
④ 확률적 영향은 인과관계 파악이 어렵고, 저선량, 장기간 피폭으로 인해 발현할 수 있다.

10. 방사선으로 인해 인체가 피폭될 경우, 상황에 따라 각종 장기에 피폭이 될 수 있다. 이러한 장기의 피폭에 대한 설명으로 옳은 것은?

① 혈액상의 변화는 황색골수의 피폭으로 야기되며, 경미한 경우 곧 회복되며, 중증 변화 시 면역기능 장애를 초래한다.
② 정원세포 경우는 반치사선량이 높고, 정모세포로 된 경우 저항성이 증대된다.
③ 기저세포가 방사선감수성이 높으며, 손상을 받을 경우 피부의 궤양이 발생할 수 있으며, 모낭이 손상될 경우 탈모현상이 발생한다.
④ 표피는 방사선이나 이외의 화학물질 또는 물리적 손상을 받으면 심각한 문제를 초래한다.

11. 장기 피폭에 대한 설명으로 옳지 않은 것은?

① 가장 낮은 선량 범위에서 급성, 결정적 영향이 발현되는 조직은 조혈조직과 림프계통이다.
② 방사성옥소로 오염된 공기를 흡입 시 갑상선에 많은 피폭을 초래한다.
③ 흡수선량이 15 Gy 이상일 경우, 급성폐렴 및 폐수종과 유사한 폐 손상이 나타나 호흡부전으로 사망한다.
④ 흡수선량이 3 ~ 5 Gy일 경우, 조혈 기능 장해로 수 개월내 50 %가 사망한다.

12. 세포의 생존곡선에서 저 LET 방사선의 생존곡선 직선부분 외삽한 점이 8이고 5 Gy에서 생존율이 1일 경우, 평균치사선량은 얼마인가?

① 2.4　　② 5.4　　③ 7.4　　④ 10.4

13. 방사선으로 인한 DNA의 변화는 아래 그림과 같이 총 4가지의 경우가 있다. 다음 그림에서 순서대로 올바르게 짝지어 진 것은?

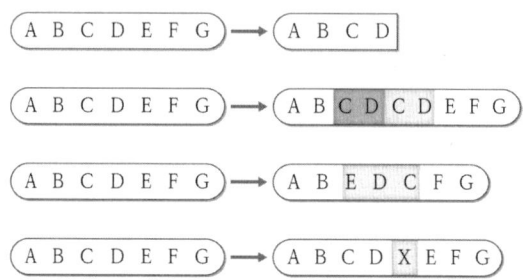

① 결실 - 역위 - 중복 - 전좌
② 결실 - 중복 - 역위 - 전좌
③ 결실 - 전좌 - 역위 - 중복
④ 결실 - 중복 - 전좌 - 역위

14. 방사선이 인체에 미치는 영향은 인체 내 조직의 감수성은 각각 다르다. 조직의 감수성이 높은 순서대로 옳은 것은?

① 골수세포 - 신경세포 - 폐 - 근육조직
② 신경세포 - 근육조직 - 폐 - 골수세포
③ 폐 - 골수세포 - 근육조직 - 신경세포
④ 골수세포 - 폐 - 근육조직 - 신경세포

15. 방사선의 피부에 대한 영향은 기저 세포층이 중요하며, 방사선 감수성이 높다. 선량 변화에 따른 피부의 변화로 옳은 것은?

① 10 Gy를 받으면 초기증상으로 수종이 발현한다.
② 5 Gy를 받으면 초기증상으로는 변화가 인지되지 않는다.
③ 0.5 Gy를 받으면 만성증상으로 염색체 변화가 일어난다.
④ 25 Gy를 받으면 만성증상으로 색소침착이 일어난다.

16. 태아에게 미치는 방사선의 영향으로 옳은 것은?

    ① 수정 ~ 9일에는 유전적 영향을 받을 수 있다.
    ② 2주 ~ 8주에는 정신 및 신체발달 지체가 발현할 수 있다.
    ③ 긴급한 상황이 아닌 경우 임신가능성이 있는 여성의 하복부 방사선 진단 시 월경개시부터 10일 이내에 시행해야 한다.
    ④ 8주 이후부터는 기형이 발현할 수 있다.

17. 수정체의 방사선 피폭으로 인해 수정체 혼탁 및 백내장이 발현할 수 있다. 이에 대한 설명으로 옳은 것은?

    ① 수정체에 많은 피폭으로 인해 손상된 세포가 발생 시 서서히 안쪽 전극에 모여 수정체의 혼탁이나 백내장을 초래한다.
    ② 1회 0.5 ~ 2 Gy를 급성 피폭 시 수정체 혼탁이 발생할 수 있다.
    ③ 6 Gy 분할 피폭 시 백내장이 발생할 수 있다.
    ④ 3 Gy 분할 피폭 시 수정체 혼탁이 발생할 수 있다.

18. 염색체가 방사선에 피폭될 경우 염색체 돌연변이의 발생빈도는 높아진다. 염색체 이상에 대한 설명으로 옳지 않은 것은?

    ① 염색체의 말단 또는 중간부분이 절단되어 염색체의 전부가 없어지는 현상을 결실이라 한다.
    ② 하나의 세포 내 염색체의 일정 부위가 절단되어 다른 염색체에 부착되는 현상을 중복이라 한다.
    ③ 2개의 염색체에서 절단이 이루어진 다음 끊어진 부분이 서로 교환되어 다시 붙는 현상을 전좌라고 한다.
    ④ 절단된 염색체가 없어지지는 않으나 절단된 부위의 염색체 부분이 180도 회전하여 다시 결합할 경우 유전자의 배열이 부분적으로 반대가 되는 현상을 역위라 한다.

19. 방사성옥소로 오염된 공기를 흡입 시에는 갑상선에 많은 피폭을 초래하게 된다. 갑상선 문턱 선량에 대한 내용으로 옳은 것은?

① 성인의 경우 15~ 20 Gy를 피폭 시 기능저하가 발생한다.
② 급성 갑상선염의 문턱선량은 10 Gy이다.
③ 지발성 갑상선염의 문턱선량은 200 Gy이다.
④ 아동의 경우 1 ~ 10 Gy를 피폭 시 기능저하가 발생한다.

20. 세포 주기에 따른 방사선 감수성에 대한 설명으로 옳은 것은?

① G_1기는 단백질 합성이 주로 일어나는 시기로 초기에는 감수성이 높으나 후기에는 감수성이 비교적 낮다.
② S기는 합성준비기 라고도 하며, 방사선에 저항이 가장 큰 시기이다.
③ 세포주기는 G_1, S, M기인 3단계로 구성이 되어 있으며, 각 단계별로 방사선 감수성이 다르다.
④ 분열기인 M기에 방사선 감수성이 가장 높다.

정답 및 해설 **방사선생물학**

01 4

물의 방사선화학 과정은 다음과 같다.
(1) 물분자가 이온화되면 하나의 전자가 방출된다. 이 때 방출된 전자를 다른 물분자가 흡수하여 양이온 물분자와 음이온 물분자가 생성된다.
(2) 다른 물분자의 존재 하에서 양이온 물분자(H_2O^+)와 음이온 물분자(H_2O^-)가 분해되어 이온과 유리기를 생성한다.
(3) H^+나 OH^-가 가지고 있는 에너지는 크지 않지만 물분자의 방사분해로 인해 생성된 1차 유리기(e^-_{aq}, $H^·$, $OH^·$)는 반응력이 강하여 대부분 생성된 부위에서 2차 반응을 일으킨다. 2차적으로 생성된 유리기(HO_2^-, O_2^-)는 먼 곳까지 이동하여 생체구성 물질과 상호작용을 일으킬 수 있다.
(4) 순수한 물에서는 유리기들이 서로 작용하여 H_2, H_2O, H_2O_2를 형성한다.

02 2

방사선의 직접작용에 대한 내용은 다음과 같다.
- 방사선이 인체에 조사되면 흡수된 방사선의 에너지로 인해 장해를 나타내게 되는 유기물 분자(탄수화물, 단백질, 지질, 핵산 등) 자체에 직접 흡수되어 세포 내 분자, 원자를 전리, 여기 시키는 구조 변화 등의 손상을 유발하는 것.
- 방사선을 수용액에 조사할 경우 용질 분자가 직접 방사선을 흡수하여 분해하는 현상이며, 용액이 진할 경우 많이 발생함.
- 인체 영향 측면에서 직접작용에 의한 영향은 전체의 약 25 %를 차지함.
  방사선의 간접작용은 인체 내 방사선이 조사되면, 물이 이온화 되어 유리기 및 이온, 여기분자 등을 형성하게 되는데 이러한 유리기 및 이온, 여기분자들이 주변의 세포성분과 반응하여 인체 장해를 일으키는 것이다.

03 ①

방사선의 간접작용에 영향을 미치는 4가지 효과는 다음과 같다.
1) 희석효과(Dilution Effect)
   : 방사선을 조사시켰을 때 표적입자의 농도가 커질수록 간적작용에 의한 영향은 낮아짐.

2) 산소효과(Oxygen Effect)
   : 방사선이 인체 내 조사될 때 산소분압의 고저 또는 존재여부에 따라 방사선의 생물학적 효과가 증감하는 현상으로서, 체내 산소 분압이 높아지면 방사선 감수성도 증가함.

3) 동결효과(온도효과)
   : 수용액에 방사선 조사를 하면 유리기가 생성되며, 이 유리기는 분자 활성으로 확산되어 장해가 생기게 되는데 이를 동결시킴으로써 생체분자나 원자의 활성, 확산 속도를 낮추어 장해를 줄이도록 하는 것과, 저온으로 인한 인체 조직 내 효소량 감소 또는 저온에 의한 조직내 저산소 상태에 기인하는 것으로 나눌 수 있음.

4) 화학적 보호효과
   : 수용액에 첨가된 보호물질이 방사선 조사로 생성된 유리기 등의 물질과 반응하여 용질의 변화를 방어하는 역할을 하여 방사선 조사에 의한 용질 변화가 작아지며, 보호물질의 예로는 cysteine, cystamine, AET, 2-mercaptoethylamine 등이 있음.

04 ③

방어제에 관한 DRF의 식은 다음과 같다.

$$DRF = \frac{\text{방어제를 가했을 때의 어떤 효과를 얻는데 필요한 선량}}{\text{방어제를 가하지 않았을 때 같은 효과를 얻는데 필요한 선량}}$$

주어진 값을 식에 대입하면 DRF는 2.5이다.

05 ④

물리화학적 특성 및 유효반감기는 내부피폭 시 고려해야할 사항이다.

06 2

남성 및 여성의 불임에 대한 방사선의 영향은 다음과 같다.

성별	영향	문턱선량 [Gy]	
		1회 급성피폭	만성피폭
남성	일시적 불임	0.15	매년 0.4
	영구 불임	3.5 ~ 6	매년 2
여성	일시적 불임	0.6 ~ 1.5	
	영구 불임	2.5 ~ 6	매년 0.2 이상

07 3

베르고니-트리본도 법칙에 따르면, 세포분열이 활발할수록, 조직의 재생능력이 클수록, 세포분열빈도가 높을수록, 형태적·기능적으로 미분화일수록 감수성이 높다.

08 1

방사선 조사에 의한 DNA 분자의 구조변화에는 1) 염기의 구조변화, 2) 염기의 탈락 또는 삽입, 3) 사슬사이의 수소결합절단, 4) 한가닥 절단, 5) 두가닥의 동시절단, 6) 나선내의 가교형성, 7) 다른 DNA 분자와의 가교형성, 8) 단백질과의 가교형성이 있다.

09 4

방사선의 확률적영향과 결정적영향에 대한 내용은 다음과 같다.

	확률적 영향	결정적 영향
발단선량 유무	없음	있음
방사선피폭과 장해발현 관계	확률적이므로 인과관계파악이 어려움	분명한 인과관계가 성립
다른원인과 구분	다른 원인에 의한 발병과 구분이 힘듦	증상의 고유한 특이성이 있음
증상	암, 유전적 결함, 백혈병, 수명단축 등	홍반, 불임, 백내장, 탈모, 혈액상 변화 등
특징	• 지발성이며 잠복기는 수 년 이상. • 저선량, 장기간 피폭으로 인해 발현할 수 있음. • ALARA를 유지함으로써 최적화.	• 급성이며 수 주 또는 수 개월 이내 발현. • 사고피폭, 방사선치료 시 주의. • 장해 발현 예방이 가능.

10 ③

- 혈액상의 변화는 적색골수의 피폭으로 야기되며, 경미한 경우 곧 회복되며, 중증 변화 시 면역기능 장애를 초래한다.
- 정원세포 경우는 반치사선량이 낮고, 정모세포로 된 경우 저항성이 증대된다.
- 표피는 방사선이나 이외의 화학물질 또는 물리적 손상을 받아도 문제가 되지 않는다.

11 ③

흡수선량이 15 Gy 이상일 경우, 중추신경이 마비되어 조기에 사망하는 중추신경계 증후군이 나타난다.

12 ①

세포생존 곡선에서 n : 저 LET 방사선의 생존곡선 직전부분 외삽한 점, D_q : 생존율이 1인 선과 만나는 선량, D_0 : 평균치사선량(생존율이 37%인 선량)일 경우 이 세인자 사이의 관계는 $\log_e n = \dfrac{D_q}{D_0}$ 이다. 주어진 값을 대입하면

$$\log_e n = \dfrac{D_q}{D_0}, \log_e 8 = \dfrac{5\,Gy}{D_0}, D_0 = \dfrac{5\,Gy}{\log_e 8} = 2.4$$

13 ②

각 그림에 대한 설명은 다음과 같다.

결실 (A B C D E F G) → (A B C D)

중복 (A B C D E F G) → (A B C D C D E F G)

역위 (A B C D E F G) → (A B E D C F G)

전좌 (A B C D E F G) → (A B C D X E F G)

14 ④

폐, 근육조직, 신경세포, 골수세포의 방사선감수성이 높은 순서대로 정리하면 골수세포 - 폐 - 근육조직 - 신경세포이다.

15 ①

방사선의 피부에 대한 영향에 있어 선량에 대한 초기증상 및 만성증상은 다음과 같다.

선량 [Gy]	초기증상	만성증상
0.5	염색체 변화	없음
5	일시적 탈모, 홍반	변화 인지되지 않음
10	일시적 피부염, 수종	위축, 혈관확장, 색소침착
25	궤양, 괴사	만성 궤양

16 ③

방사선의 태아에 대한 영향은 착상시기(수정~9일) : 사망, 기관형성기(2~8주) : 기형 출생(발암, 유전적 영향), 태아기(8주~출생) : 정신 및 신체발달지체, 발육지연 (발암 및 유전적 영향)이며, 긴급한 상황이 아닌 경우 임신가능성이 있는 여성의 하복부 방사선 진단 시 월경개시부터 10일 이내에 한다는 규칙(Ten day Rule)이 존재한다.

17 ②

수정체에 많은 피폭으로 인해 손상된 세포가 발생하면 서서히 안쪽 후극에 모여 수정체의 혼탁 또는 백내장을 초래하며, 수정체의 문턱선량은 다음과 같다.

증상	문턱선량 [Gy]	
	1회 급성 피폭	분할 피폭
수정체 혼탁	0.5 ~ 2	5 이상
백내장	5	8 이상

18 ①

결실이란 염색체의 말단 또는 중간부분이 절단되어 염색체의 일부가 없어지는 현상이다.

19 ④

방사선 피폭에 대한 갑상선의 문턱선량은 다음과 같다.

증상	문턱선량 [Gy]	발현 시기
기능 저하	성인 : 25 ~ 30 아동 : 1 ~ 10	
급성 갑상선염	200	수 주이내
지발성 갑상선염	10	수 년 후까지 발생 가능

20 ④

- G_1기는 단백질 합성이 주로 일어나는 시기로 초기에는 감수성이 낮으나 후기에는 감수성이 비교적 높다.
- S기는 DNA 합성기라고도 하며, 방사선에 저항이 가장 큰 시기이다.
- 세포주기는 G_1, S, G_2, M기인 4단계로 구성이 되어 있으며, 각 단계별로 방사선 감수성이 다르다.
- DNA 복제 후 유사분열을 준비하는 G_2기와 M기(분열기)에 방사선 감수성이 가장 높다.

제8장 방사성동위원소 등의 생산 및 이용

- 8.1 방사성동위원소의 생산
- 8.2 방사성동위원소의 이용

chapter 제8장 방사성동위원소 등의 생산 및 이용

8.1 방사성동위원소의 생산

방사성동위원소를 생산하는 방법에는 크게 입자조사에 의한 핵반응, 핵종분리, 핵분열 생성물로부터 분리의 방법이 있다. 입자조사에 의한 핵반응을 이용하는 방법으로는 원자로나 중성자 발생장치에서 발생되는 중성자를 사용하거나, 가속기에서 발생하는 하전입자를 사용하는 방법이 있다. 이러한 입자조사에 의한 방사성동위원소 생산 중 원자로와 사이클로트론을 사용한 생산방법이 대표적이다.

1 원자로를 이용한(중성자 조사에 의한) 방사성동위원소 생산

- 중성자 조사에 의한 방사화

방사화 식

$$A = \sigma \Phi N (1 - e^{-\lambda t})$$

A : t 시간 조사시 생성 방사능(dps), σ : 반응단면적(barn, 10^{-24} cm^2),
Φ : 중성자속밀도(#/cm^3 sec), N : 표적핵 원자수, λ : 생성핵의 붕괴상수(sec^{-1}),
t : 조사시간(sec), (1-e$^{-\lambda t}$) : 포화계수

① 포화계수(saturation factor) : 조사시간이 길어짐에 따라 생성방사능이 포화에 도달

▶ $t \to \infty : 1 - e^{-\frac{0.693t}{T}} = 1$

▶ $t \to T : 1 - e^{-\frac{0.693T}{T}} = \frac{1}{2}$

▶ $t \to 2T : 1 - e^{-\frac{0.693 \times 2T}{T}} = \frac{3}{4}$

조사시간	T	2T	3T	4T	∞
생성방사능	1/2	3/4	7/8	15/16	1

② 포화방사능 : 중성자를 계속 조사하더라도 방사능의 증가가 없는 상태에 도달

$$A_\infty = \sigma \Phi N$$

③ 냉각시간 : 중성자 조사가 끝나면 생성핵종은 그 반감기를 가지고 붕괴하기 시작

$$A = \sigma \Phi N (1 - e^{-\lambda t}) e^{-\lambda d}$$

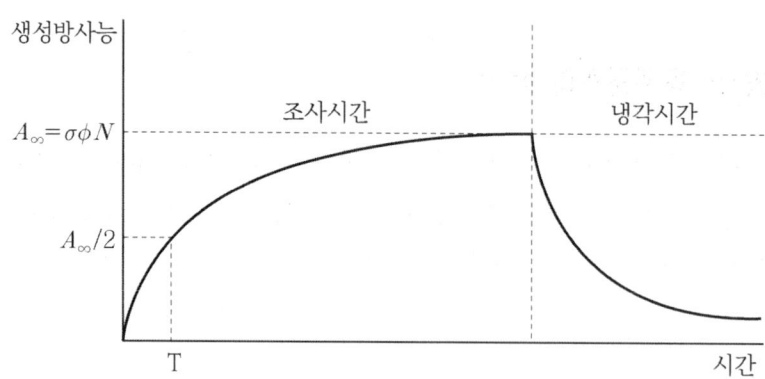

중성자 조사시간에 따른 생성 방사능

생산 동위원소의 방사능을 크게 하기 위한 조건

1. 핵반응단면적(σ)이 큰 물질을 표적물질로 사용
2. 중성자속밀도를 크게 함
3. 표적원자수를 많게 함
4. 조사시간을 길게 함

▶ 생성핵종의 반감기만큼 표적핵종에 중성자를 조사했을 경우 : 최대치의 1/2
▶ 일반적으로 생성핵종 반감기의 5배정도 조사 시 포화방사능에 도달

- (n, γ) 반응 : 원자로의 열중성자에 의해 일어나는 주요 핵반응
  ① 이점 : 단면적이 크고 수율이 높음
  ② 단점 : 화학적으로 분리가 불가능하며 비방사능이 낮음

열중성자에 의한 (n, γ) 반응의 예

핵종	핵반응	반감기	반응단면적
^{60}Co	^{59}Co(n, γ)^{60}Co	5.27 year	30 b
^{192}Ir	^{191}Ir((n, γ)^{192}Ir	74 day	-

- (n, p), (n, α) 반응

  ① 열중성자에 의한 (n, p), (n, α) 반응

  ▶ 원자번호가 낮은 표적핵종과 열중성자가 상호작용

  ▶ 표적으로부터 분리가 쉬워 비방사능이 높은 핵종 생산 가능

열중성자에 의한 (n, p), (n, α) 반응의 예

핵종	핵반응	반감기	반응단면적
^{14}C	^{14}N(n, p)^{14}C	5770 year	1.81 b
^{3}H	^{6}Li(n, α)^{3}H	12.3 year	920 b

  ② 속중성자에 의한 (n, p), (n, α) 반응

  ▶ 표적핵종과 속중성자가 상호작용

  ▶ 표적으로부터 분리가 쉬워 비방사능이 높은 핵종 생산 가능

  ▶ 방사화단면적이 극히 작아 (n, γ) 반응보다 수율이 훨씬 낮음

속중성자에 의한 (n, p) 반응의 예

핵종	핵반응	반감기	반응단면적
^{32}P	^{32}S(n, p)^{32}P	14.3 year	60 mb
^{35}S	^{35}Cl(n, p)^{35}S	86.7 day	107 mb

- 붕괴가 동반된 (n, γ) 반응 : 모핵종과 딸핵종으로 쌍을 이룸

  ① 딸핵종의 반감기가 긴 경우 : 생산시설에서 모두 분리

  ② 딸핵종의 반감기가 상대적으로 짧은 경우 : 방사화학적 일시형평을 이루어 발생장치(generator)로 딸핵종을 분리

  (예) ^{99}Mo-^{99m}Tc generator : 방사성의약품으로 많이 사용

Generator에 사용되는 대표적인 핵종

생산핵종	핵반응 경로
^{99m}Tc	$^{98}Mo(n,\gamma)^{99}Mo \xrightarrow{\beta^-} {}^{99m}Tc$
^{131}I	$^{130}Te(n,\gamma)^{131}Te \xrightarrow{\beta^-} {}^{131}I$

- 핵분열(n, fission) 반응
  ① 원자로에서 무거운 원자핵이 열중성자를 포획한 후 여기상태에서 두 개의 핵으로 분리되며 중성자를 방출하는 핵분열 반응을 이용
    ▶ ^{235}U의 열중성자에 의한 핵분열 반응은 대규모 RI 생산에 중요한 역할
  ② 단점
    ▶ 핵분열 반응에 의한 동위원소 생산은 시설이 복잡하고 비용이 많이 듦
    ▶ 남은 긴 수명 반감기의 폐기물 처리가 어렵고 분리한 핵종의 오염 우려가 있음

2 입자가속기에 의한 방사성동위원소 생산

- 가속기에서 생산되는 하전입자를 표적에 조사, 방사화를 유발하여 RI를 생성
- 원자로에서 생산되는 핵종과는 특성이 다르며, 생성되는 핵종이 다양
- 입자속의 제한, 표적 제작, 입자조사 기술상의 문제점으로 대량생산이 어려워 가격이 비쌈
- 하전입자 조사에 의한 생성 핵종은 중성자 결핍핵종이 대부분임

원자로와 입자가속기에 의한 방사성동위원소 생산 비교

구분	원자로	입자 가속기
표적 동시조사	가능	불가능
생산경비	싸다	비싸다
일상생산	용이	용이하지 않음
생성핵종	중성자 과잉핵종	양성자 과잉핵종
붕괴방식	$n \rightarrow p + e^- + \bar{\nu}$	$p \rightarrow n + e^+ + \nu$

8.2 방사성동위원소의 이용

방사성동위원소는 원자로의 중성자를 이용한 핵반응, 하전 입자를 가속하여 이용하는 핵반응, 핵분열 등의 방법으로 인공적으로 만들어져 질병진단, 암치료 등 의료분야 뿐만 아니라 이화학적, 공업적, 산업적 등으로 인류의 발전에 큰 도움을 주고 있다.

1 화학분석에의 이용

- 방사화학 분석 : 시료가 방사성인 경우

  (예) 식품중 ^{90}Sr분석, Rn의 양으로부터 Ra 분석

- 방사분석 : 시료자체는 비방사성이나 시료와 결합하는 방사성시약을 가해 침전물의 방사능을 측정하여 비방사성시료의 양을 아는 방법

- 방사화 분석 : 시료가 비방사성인 경우, 측정하려는 시료에 하전입자, 중성자 등을 조사

▶ G-value : 방사선 에너지 100 eV를 흡수했을 때 변화되는 원자나 분자수 (mol/J 또는 #/100 eV)

- 동위원소 희석분석

  ① 직접희석법 : 정량하려는 화합물과 동일한 화학형의 표지화합물을 가해서 정량하는 방법

  ② 역희석법 : 측정하려는 물질이 방사성물질이며 그 비방사능만을 알 때 비방사성인 동일한 물질을 가함

  ③ 2중역희석법 : 방사성물질의 양과 비방사능 모두 모를 때 사용. 시료를 이등분할 수 있어야 함

2 연대측정

- 광물이나 지질학, 고고학, 인류학 시료의 연대를 시료 속 딸핵종의 양이나 방사능으로부터 구함

- 모핵종이 도입된 초기 시점에서 안정 딸핵종이 없었다 하면, 현재 시료에 남아있는 딸핵종은 모두 모핵종의 붕괴로 생긴 것임을 이용

3 공업적 이용

- 비파괴검사(NDE) : 금속판, 슬레이트 등 일정두께의 시료에 1~30 GBq의 ^{60}Co, ^{192}Ir, ^{137}Cs 등을 이용하여 투과 방사선이 증가된 부위를 X선 필름이나 형광체로 조사하여 내부 결함 유무 판단
- 두께계(thickness gauge) : 방사선의 흡수, 산란을 이용하여 투과방사선 강도로부터 시료두께의 변화를 구함

   (예) α선 두께계 : 1 mg/cm^2 두께의 담배말이 종이 측정

   β선 두께계 : 1 ~ 500 mg/cm^2 두께의 세로판, 페인트 도장막, 도금두께 측정

   γ선 두께계 : 1 ~ 20 g/cm^{2}이상의 두께를 가진 파이프, 유리, 플라스틱, 탱크 내 내용물검사 등에 사용

확인문제 — 방사성동위원소 등의 생산 및 이용

01. 중성자조사 시간이 각각 t≈0, t=∞일 때 포화계수는?

① λt, 0
② λt, 1
③ 1, $e^{-\lambda t}$
④ $e^{-\lambda t}$, λt

02. 분자량이 106인 Na_2CO_3가 10 g 있다. ^{24}Na의 반감기는 15시간이고 반응단면적이 0.52 b, 원자로의 중성자속이 10^{12} /cm^2·s 일 때, 50시간 조사 시 생성 방사능은 얼마인가?

① 1.4 Ci
② 2.8 Ci
③ 4.2 Ci
④ 5.6 Ci

03. 다음 중 원자로를 이용하여 방사성동위원소를 생산하는 방법의 특징으로 옳지 않은 것은?

① 여러 표적에 동시 조사가 가능하다.
② 만들어지는 핵종은 중성자 과잉핵종이다.
③ 생산 경비가 비싸다.
④ 일상생산이 용이한 편이다.

04. RI Generator의 장점으로 옳지 않은 것은?

① 무담체의 RI를 원자로나 입자가속기로부터 멀리 떨어진 곳에서도 사용가능하다.
② 원하는 시간에 RI를 얻을 수 있다.
③ 딸핵종을 한 번만 얻게되어 높은 순도의 핵종을 얻을 수 있다.
④ 딸핵종의 반감기를 어미핵종의 반감기로 늘려쓰는 효과를 얻을 수 있다.

05. 생산 동위원소의 방사능을 크게 하기 위한 조건으로 옳지 않은 것은?

① 중성자속밀도를 크게 한다.
② 핵반응단면적(σ)이 큰 물질을 표적물질로 사용한다.
③ 조사시간을 짧게 한다.
④ 표적원자수를 많게 한다.

06. 다음에서 설명하는 것은?

방사선에 의한 반응의 정도를 나타내는 척도로 100 eV의 방사선 에너지를 흡수했을 때 변화되는 원자나 분자수

① 방사화학적 수율
② 반응단면적
③ 담체(carrier)
④ G-value

07. 동물이나 사람의 시체 중에 포함되어 있는 방사성동위원소를 측정함으로써 동물이나 사람의 죽은 년대를 알아낼 수 있다. 이 경우 이용되는 방사성동위원소는?

① ^{14}C
② ^{3}H
③ ^{90}Sr
④ ^{60}Co

08. ^{198}Au는 반감기가 64.8 시간으로 원자로 내에서 안정 동위원소인 ^{197}Au과 중성자가 반응하여 생성된다. 얇은 박판 형태의 ^{197}Au를 원자로에 24시간 놓아두었다가 꺼냈을 때 방사능의 세기가 1.8 Ci였다면 박판 내에 생성될 수 있는 ^{198}Au의 이론적 최대방사능의 세기와 최대방사능의 70%에 이르기까지 걸리는 시간을 순서대로 올바르게 나열한 것은?

① 7.5 Ci, 120 시간
② 8.0 Ci, 120 시간
③ 8.0 Ci, 240 시간
④ 7.5 Ci, 240 시간

09. 제조되는 핵반응이 동일한 핵종끼리의 조합으로 맞는 것은?

① ^{60}Co, ^{192}Ir
② ^{60}Co, ^{14}C
③ ^{58}Co, ^{99m}Tc
④ ^{131}I, ^{14}C

10. 다음은 원자로 내에서의 ^{16}N의 생성 과정에 대한 화학식이다. 괄호 안에 들어갈 것으로 바르게 짝지어 진 것은?

$$^{16}_{8}O + (ㄱ) \rightarrow (ㄴ) + ^{16}_{7}N$$

① ㄱ. n, ㄴ. p
② ㄱ. n, ㄴ. fission
③ ㄱ. γ, ㄴ. n
④ ㄱ. α, ㄴ. n

방사성동위원소 등의 생산 및 이용

11. 300 g의 시료에서 K의 양이 50 mg이고 ^{40}Ar의 양이 200 ng이었다. 다음의 조건에서 이 시료의 생성연대는?

1. 천연 K 중에서 ^{40}K($T_{1/2}$=1.28×10^9 y)은 0.012%로 존재한다.
2. ^{40}K는 $β^-$붕괴가 89%, ^{40}Ar를 생성하는 전자포획이 11%로 동시에 일어난다.
3. 생성된 아르곤은 모두 사라지지 않고 남아있다.

① 2.5 × 10^8 년
② 5 × 10^8 년
③ 7.5 × 10^8 년
④ 10^9 년

12. 방사성의약품으로 사용되는 방사성옥소에 관한 다음의 설명 중 옳은 것끼리 바르게 짝지어 진 것은?

가. 반감기가 약 13시간인 ^{123}I는 사이클로트론에서 생산되어 저에너지 감마선을 방출한다.
나. 반감기가 8일인 ^{131}I는 $β$선을 방출하고 이는 개봉선원으로 치료에도 사용된다.
다. ^{125}I는 원자로(Reactor)에서 생산할 수 있다.
라. 방사성옥소 표시 방사성의약품은 핵의학영상 검사나 생물학적 검사에 사용된다.

① 가, 다
② 나, 라
③ 가, 나, 다
④ 가, 나, 다, 라

13. 인공 방사성동위원소를 생산하는 과정이 바르게 이어진 것은?

    가. 표적(표적핵 제작) 및 표적검사
    나. 가속입자, 중성자 조사(핵반응)
    다. 표적(생성핵)의 용해 및 분리·정제
    라. 순도검정 및 품질관리(QA)

    ① 가 → 다 → 나 → 라   ② 나 → 라 → 가 → 다
    ③ 가 → 라 → 다 → 나   ④ 가 → 나 → 다 → 라

정답 및 해설 : 방사성동위원소 등의 생산 및 이용

01 2

포화계수(saturation factor)란 조사시간이 길어짐에 따라 생성방사능이 포화에 도달하는 시간을 말한다.

조사시간	t≈0	T	2T	3T	4T	∞
생성방사능	λt	1/2	3/4	7/8	15/16	1

02 1

$$A = N\sigma\Phi(1-e^{-\lambda t})$$
$$= (\frac{10 \times 2}{106} \times 6.02 \times 10^{23}) \times (0.52 \times 10^{-24} cm^2) \times (10^{12}/cm^2 \cdot s) \times (1-e^{-\frac{0.693 \times 50}{15}})$$
$$= 5.32 \times 10^{10} Bq$$

$$5.32 \times 10^{10} Bq \times \frac{1\ Ci}{3.7 \times 10^{10} Bq} \fallingdotseq 1.4\ Ci$$

03 3

구분	원자로	입자 가속기
표적 동시조사	가능	불가능
생산경비	싸다	비싸다
일상생산	용이	용이하지 않음
생성핵종	중성자 과잉핵종	양성자 과잉핵종
붕괴방식	$n \to p + e^- + \bar{\nu}$	$n \to p + e^- + \nu$

04 ③

방사평형 상태에 있는 딸핵종을 분리하는 조작으로 모핵종에서 분리 후 일정 시간이 경과되면 다시 방사평형에 도달하므로, 딸핵종을 다시 분리할 수 있다. 이러한 과정을 밀킹(milking)이라하며 밀킹이 가능한 장치를 Cow System 혹은 RI Generator 라고 한다.
▶ 무담체 RI를 원자로나 가속기로부터 멀리 있는 곳에서도 사용 가능하다.
▶ 딸핵종의 반감기를 모핵종의 반감기로 쓰는 효과가 있다.
▶ 모핵종의 긴 반감기를 이용해서 재차 딸핵종 채취가 가능하다.
▶ 원하는 시간에 RI를 채취할 수 있다.
▶ 만족스러운 화학적, 방사화학적 순도

05 ③

생산 동위원소의 방사능을 크게 하기 위한 조건
▶ 핵반응단면적(σ)이 큰 물질을 표적물질로 사용
▶ 중성자속밀도를 크게 함
▶ 표적원자수를 많게 함
▶ 조사시간을 길게 함

06 ④

설명된 것은 G-value에 대한 것이다.
① 방사화학적 수율 = 조작 후 방사능/조작 전 방사능 × 100(%)
② 반응단면적 : 한 개의 중성자가 한 개의 핵에 충돌하는 확률을 나타내는 지표, (barn, 10^{-24} cm^2)
③ 담체(carrier) : RI와 비슷하거나 완전히 같은 안정 동위원소 또는 유사화합물

07 ①

연대측정은 광물이나 지질학, 고고학, 인류학 시료의 연대를 시료 속 딸핵종의 양이나 방사능으로부터 구하는 것으로 모핵종이 도입된 초기 시점에서 안정 딸핵종이 없었다 하면, 현재 시료에 남아있는 딸핵종은 모두 모핵종의 붕괴로 생긴 것임을 이용하는 것이다. 사용되는 핵종으로는 가장 대표적으로 잘 알려진 탄소연대측정법에 사용되는 ^{14}C와 ^{87}Rb, ^{40}K 등이 있다.

08 ③

$A = N\sigma\Phi(1-e^{-\lambda t}) = A_\infty(1-e^{-\lambda t})$ 에서 $1.8 = A_\infty(1-e^{-\frac{0.693}{64.8}\times 24})$ 이므로

$A_\infty = 8$ Ci이다.

이는 이론적인 최대 방사능이고, 따라서 이론적 최대 방사능의 70%에 도달하는 시간은

$0.7A_\infty = A_\infty(1-e^{-\frac{0.693}{64.8}\times t})$ 에서 t=120 시간임을 알 수 있다.

09 ①

(n, γ)반응 : ^{59}Co(n, γ)^{60}Co, ^{191}Ir(n, γ)^{192}Ir
(n, p)반응 : ^{14}N(n, p)^{14}C, ^{58}Ni(n, p)^{58}Co
generator : ^{99m}Tc, ^{131}I

10 ①

원자로 내에서의 ^{16}N은 (n, p) 반응으로 이루어진다. ^{16}N은 짧은 반감기(약 7 sec)를 가지지만 6 MeV의 큰 에너지를 내는 감마 방출원으로 취급에 주의해야 한다.

11 ②

현재 ^{40}K의 양은 50 mg 중 0.012 %

$50\times 10^{-3}g \times 0.012 \times \frac{1}{100} = 6\times 10^{-6}g$

^{40}Ar은 ^{40}K에서 EC(11%)를 통해 생성된 양으로 초기 ^{40}K의 양 x에서 현재 6 μg을 뺀 양 중 11%가 ^{40}Ar

$(x-6)\times 0.11 = 200\times 10^{-3}\mu g$
$x-6 = \frac{200\times 10^{-3}}{0.11}, x = 7.818\mu g$

처음의 생성량에서 현재까지 시간이 흘러 붕괴,

$$6\,\mu g = 7.818\,\mu g \times e^{-\frac{0.693}{1.28\times 10^9 y}\times t}$$
$$\ln\left(\frac{6}{7.818}\right) = -\frac{0.693}{1.28\times 10^9}\times t$$
$$t = \frac{-1.28\times 10^9 y}{0.693}\times \ln\left(\frac{6}{7.818}\right)$$
$$= 4.888\times 10^8\,y$$

12 ④

방사성옥소 표지 방사성의약품(^{123}I, ^{125}I, ^{131}I)은 체내진단 시에는 트레이서 성질을 이용하여 핵의학영상 검사나 생물학적 검사에 사용된다. 또한 체외진단용으로는 반감기가 수십 일 정도이며 저에너지 γ선을 방출하는 ^{125}I가 사용된다. 방사성옥소 표지화합물의 생산과 핵종 특성, 사용분야에 대한 것은 다음과 같다.

핵종	생산방법	반감기	에너지	사용분야
^{123}I	Cyclotron	13.3 hour	159 keV γ	영상 섭취율 평가
^{125}I	Reactor	69 day	35 keV γ	RIA
^{131}I	Reactor	8.1 day	364 keV γ 608 keV β	영상 섭취율 평가 치료(β)

13 ④

인공 방사성동위원소의 생산과정은 다음과 같다
표적(표적핵)제작 → 표적검사 → 가속입자, 중성자 조사(핵반응) → 조사표적(생성핵)의 용해, 분리·정제 → 이용에 적합한 형태로 가공 또는 표지 → 순도검정·품질관리(QA)

2 방사선 취급기술

제1장 방사선 측정의 개요

- **1.1** 방사선 측정에 관한 기본 개념
- **1.2** 방사선 측정장치의 일반적 구조 및 특성
- **1.3** 방사선 계측 통계

제 1 장 방사선 측정의 개요

1.1 방사선 측정에 관한 기본 개념

1 방사선 측정

방사선과 물질과의 상호작용에 의해 생성되는 물리/화학/전기적 정보를 이용하여 방사선의 수, 종류, 에너지, 방사능 및 선량 등을 측정하는 것

▶ 특징
- 방사선은 인간의 오감으로 인지할 수 없어 그 물리량인 질량, 에너지 및 속도 등을 직접 측정할 수 없으며, 방사선과 물질과의 상호작용의 결과에 의해 생성되는 물리/화학적 변화량을 측정 가능한 전기적인 정보로 변환하여 측정함
- 또한 방사선의 종류, 에너지, 방사능의 세기, 선량 등에 따라 측정방법이 다름

방사선 측정

- Radiometry (방사선측정)
  : 방사선의 선질, 즉 Fluence, 에너지, 에너지 스펙트럼 측정
  → 선원에는 관계없이 방사선 그 자체를 측정
- Dosimetry (선량 측정)
  : 방사선과 물질과의 상호작용에 의해 생성된 양인 조사선량, 흡수선량 및 선량당량 등의 측정
  → 어떤 매질에 부여되는 방사선의 양을 측정

2 방사선 측정 시 고려해야 할 사항

① 방사선 측정의 대상
② 방사선 측정장치의 선정
③ 측정 시 고려해야 할 주요 보정인자
④ 백그라운드의 영향
⑤ 계수치의 통계적 처리
⑥ 계수 중 방사능 감쇠

1) 방사선 측정의 대상

방사선 측정은 그 측정대상 및 목적에 따라 적절한 측정방법을 선택하여야 함

① 방사선의 종류(α, β, γ, X, 중성자 등), 수 측정
② 방사선의 에너지 스펙트럼 측정
③ 방사능 측정
④ 조사선량 및 흡수선량 측정
⑤ 선량당량 (실용량) 측정 : 10mm(심부선량당량), 3mm(수정체 선량당량), 0.07mm (피부선량당량)

측정대상	α선 측정	β선 측정	중성자선 측정
측정 검출기	① Si 표면장벽형 반도체검출기 ② 그리드 부착형 전리함 ③ ZnS(Ag) 섬광검출기 ④ 2π, 4π 비례계수관 ⑤ CR39, LR115	① 단창형 GM 계수관 ② 2π, 4π 비례계수관 ③ PN 접합형 반도체검출기 ④ 유기섬광검출기 ⑤ 액체섬광검출기 ⑥ 플라스틱섬광검출기	(열중성자) ① BF_3 비례계수관 ② ^3He 비례계수관 ③ LiI(Eu) 섬광검출기 ④ 핵분열계수관 (속중성자) ① Hornyak button (ZnS(Ag) + Lucite) ② 반도양성자 계수관 ③ Long counter (BF_3+수소 함유물질) ④ 핵분열계수관

측정대상에 따른 방사선 검출기

2) 방사선 측정장치의 선정
① 측정목적 및 측정방법
② 방사선작업의 상황 (공간적, 시간적 변화)
③ 방사성물질의 특성
④ 측정하고자 하는 방사선의 종류와 세기 및 단위
⑤ 계측기의 상태와 성능
⑥ 기타 검출한계 및 시정수, 교정 및 유효기간, 전원 상태, 외관상 이상 유무 등

3) 방사선 측정 시 보정인자
① 방출율
  - 1 붕괴 시 반드시 1개의 방사선이 방출되는 것이 아님 (→붕괴 수 ≠방출방사선 수)
    예) ^{137}Cs 감마선 방출율 : 85%, ^{60}Co 감마선 방출율 : 200%

② 기하학적 효율 (계수율에 가장 큰 영향을 미치는 인자)
  - 방사선원으로부터 입사창에 대해서 방사되는 입체각과 4π 입체각과의 비를 기하학적 검출효율이라 하며, 이는 측정하고자 하는 방사선원과 검출기의 형상, 크기 및 선원과 검출기의 거리 등에 따라 계수율의 영향을 받게 됨

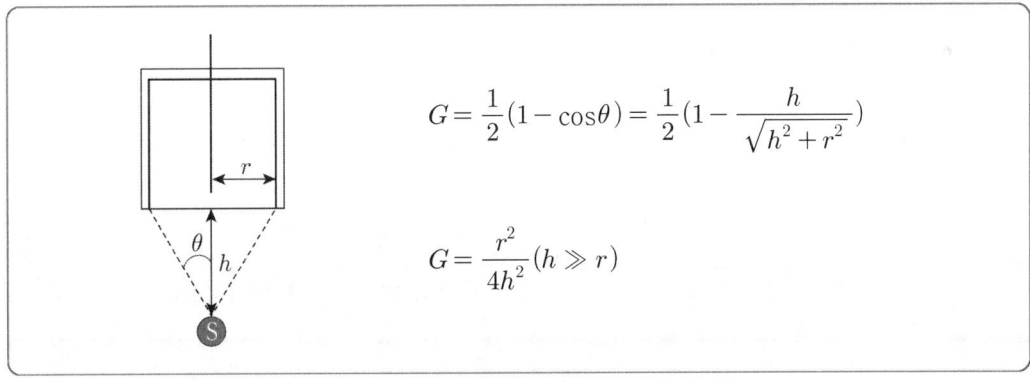

기하학적 효율

③ 검출효율
  - 방사선 검출기에 입사된 방사선의 수에 대한 방사선 검출기가 계수한 방사선의 수의 비를 검출기의 고유검출효율이라 하며, 이는 검출기의 재질, 밀도, 크기, 방사선의 종류, 에너지 등에 의존함

검출효율

- 절대효율 (전계수효율)

$$\text{절대효율(전계수효율)} = \frac{\text{계수된 펄스의 수}}{\text{선원에서 방출된 방사선의 수}}$$

- 고유효율 (고유검출효율)

$$\text{고유효율(고유 검출효율)} = \frac{\text{계수된 펄스의 수}}{\text{검출기에 입사된 방사선 수}}$$

- 상대효율

  3″ × 3″ NaI(Tl) 섬광검출기를 이용하여 ^{60}Co 선원으로부터 25cm 거리에서 측정한 1.33 MeV γ선에 대한 효율을 100%로 기준으로 할 때 다른 검출기의 상대적인 효율

④ 분해시간에 의한 계수손실

- GM 계수관을 이용하여 방사능 측정 시 GM 계수관의 분해시간에 의해 실제 선원에서 방출되는 방사선의 수와 검출기에서의 측정되는 방사선의 수에는 차이가 발생하게 되는데, 이를 계수손실이라 하며 이에 대한 보정이 필요함
- 참계수율 n_0, 실측 계수율 n, 분해시간 τ라 하면

$$n_0 = \frac{n}{1-n\tau} \text{가 되며}$$

$$n = \frac{n_0}{1+n_0\tau} \approx \frac{1}{\tau} \; (n_0 \approx \infty) \text{가 되어, 계수손실이 발생한다.}$$

$$f_\tau = 1 - n\tau \qquad n : \text{계수율 (s}^{-1}\text{)} \\ \tau : \text{계수관의 분해시간 (s)}$$

⑤ 백그라운드 영향

- 방사선(능)의 측정은 측정할 방사선원이 없는 경우에도 약간의 계수치를 나타내는 자연계수치(백그라운드 계수치) 검출감도로 인해 측정의 정확도가 저하될 수 있으므로 반드시 자연계수치를 저감시킬 수 있는 대책이 필요함

Background 원인	Background 대책
자연방사선	지각 방사선, 실험실 벽 및 다른 구조물에서 방출되는 방사선중차폐, 역동시계수회로 이용
검출기의 주변장치(지지대, 차폐체 등)에 함유된 방사능	방사성 물질과 관련 없는 재료의 사용 - 부적절 재료 : ^{40}K 함유한 유리, 라듐계열의 납 소재
검출기 전기적 잡음	여러 장비의 전원을 함께 사용하지 않고, 전기선은 기생 정전용량 및 주파수변화를 유도하지 않도록 교차배치하지 않도록 주의
타 방사선원	주변물건/환경 점검 타 방사선원 제거 및 차폐 실시
검출기의 오염	사용 전 검출기의 오염여부 확인하고, 오염 시 반드시 제염

1.2 방사선 측정장치의 일반적 구조 및 특성

1 방사선 측정장치의 구조

- 방사선 측정장치는 방사선과 물질과의 상호작용에 의한 물리/화학적 변화량을 전기적 신호로 변환시키는 방사선 검출기와 전기적 신호를 처리, 분석 및 기록하는 신호처리장치(전자회로)로 구성됨

- 방사선 검출기는 그 검출원리에 따라 분류할 수 있으며, 신호처리장치(전자회로)는 증폭기, 파고선별기, 파고분석기 및 계수회로 등으로 구성되어 있음

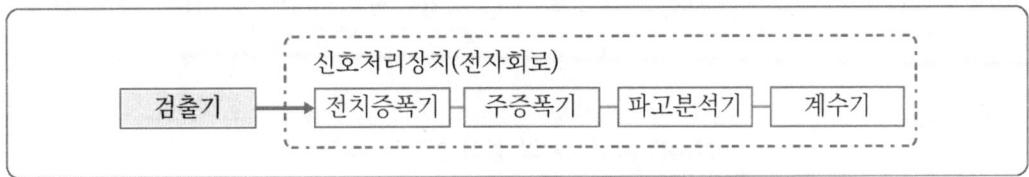

방사선 측정장치의 구성

2 검출기의 동작 모드

- 방사선 검출기의 동작모드는 전류모드(Current Mode), 펄스모드(Pulse Mode) 및 평방제곱 전압모드(Mean Square Voltage Mode ; MSV Mode) 또는 캠펠링 모드(Camp belling Mode)가 있음

- 일반적인 검출기의 동작모드는 전류모드와 펄스모드가 주로 사용되고 있으며, 펄스모드의 측정장치는 검출기에서 상호작용을 하는 방사선의 개개의 개별적 광자에 대해 기록할 수 있으므로, 방사선의 개별적인 에너지 측정에 사용되는 검출기들은 펄스모드를 적용

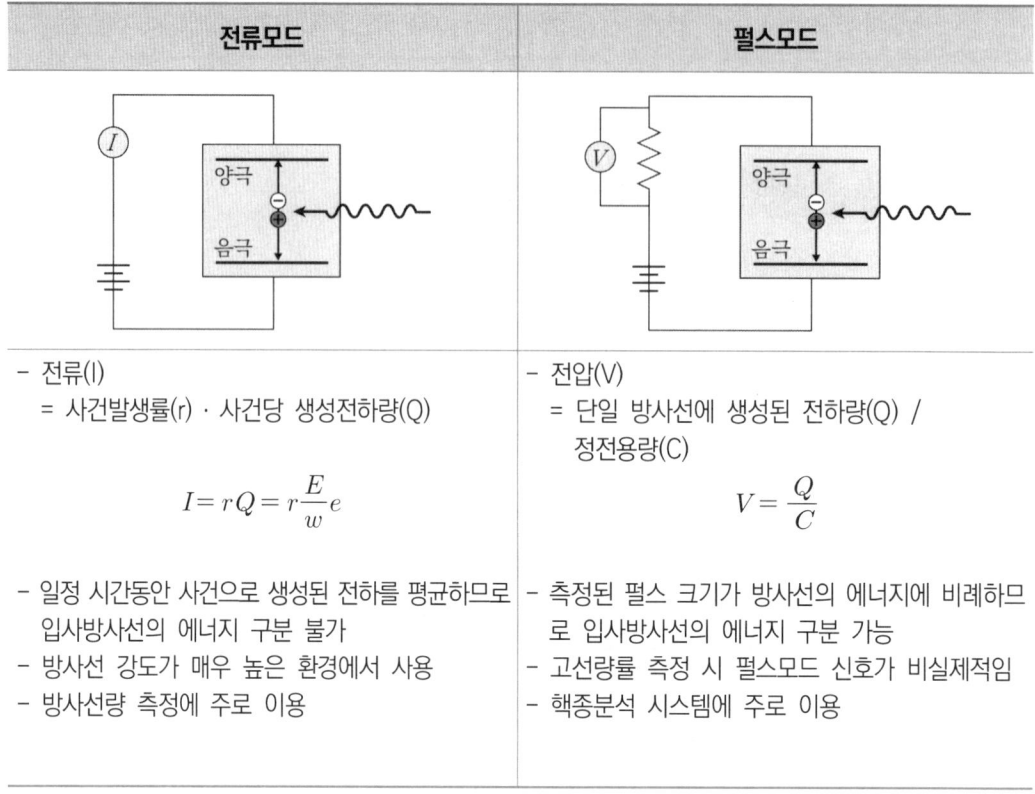

전류모드	펄스모드
- 전류(I) = 사건발생률(r) · 사건당 생성전하량(Q) $$I = rQ = r\frac{E}{w}e$$	- 전압(V) = 단일 방사선에 생성된 전하량(Q) / 정전용량(C) $$V = \frac{Q}{C}$$
- 일정 시간동안 사건으로 생성된 전하를 평균하므로 입사방사선의 에너지 구분 불가 - 방사선 강도가 매우 높은 환경에서 사용 - 방사선량 측정에 주로 이용	- 측정된 펄스 크기가 방사선의 에너지에 비례하므로 입사방사선의 에너지 구분 가능 - 고선량률 측정 시 펄스모드 신호가 비실제적임 - 핵종분석 시스템에 주로 이용

방사선 측정장치의 동작모드 및 특성

3 검출원리에 따른 검출기의 분류

검출원리		검출기 명칭		측정대상 방사선	비 고
전리작용	기체	이온함	직류이온함	베타/감마	X선, 감마선 선량률 평가적합
			펄스이온함	중하전입자	계수측정, 에너지 측정
		비례계수관		알파/베타, 중성자	알파/베타분리 측정 에너지측정
		GM관		베타/감마 계수	에너지분해능이 없음
	고체 (반도체)	HPGe		감마	에너지분해능 탁월
		Ge(Li), Si(Li)		감마	Si(Li) : 저에너지 X선에 적합 Ge(Li) : 고에너지 감마선적합
		표면장벽형		알파	표면 불감층이 얇아 알파선 측정에 용이
		CdTe, HgI_2 GaAs		감마선	상온에서 측정(냉각 필요없음)
여기작용	무기 섬광체	NaI(Tl), CsI(Tl)		감마	
		ZnS(Ag)		알파	
		LiI(Eu)		중성자	^{6}Li (n, α) ^{3}H 반응
	유기 섬광체	액체섬광(LSC)		α선, 저에너지β선	$^3H, ^{14}C$ 핵종의 측정에 적합
		플라스틱		베타	
	열형광	TLD		선량평가	개인, 환경 선량 평가
	유리형광	유리형광선량계		선량평가	개인, 환경 선량 평가
화학작용	물질분해	Fricke 선량계 Cerium 선량계		선량평가	대선량 흡수선량 측정
감광작용	사진유제	필름배지		선량평가	선량 측정
결함유발	구조결함	39CR, 115LR		알파/중성자	핵종(^{222}Rn), 속중성자, 알파
핵반응		핵분열함 반도양성자 검출기		중성자	

1.3 방사선 계측 통계

1 데이터 특성

- 같은 물리량에 대해서 N회의 측정을 하여 N개의 측정결과의 집합

$$x_1, x_2, x_3, \cdots, x_i, \cdots, x_N$$

이 있다고 가정할 때(일정한 시간간격동안 반복하여 방사선 계수기의 값을 기록한 예)

합 $\quad \Sigma \equiv \sum_{i=1}^{N} x_i$

평균 $\quad \overline{x_e} \equiv \dfrac{\Sigma}{N}$

분산 $\quad s^2 = \dfrac{1}{N-1} \sum_{i=1}^{N} (x_i - \overline{x_e})^2$

표준편차 $\quad \sigma = \sqrt{\dfrac{\sum_{i=1}^{N} (x_i - \overline{x_e})^2}{N}}$

- 측정치의 통계처리

① 표준편차(산포정도)

- 계수치 N, 계측시간 : t, 계수율 : $n = \dfrac{N}{t}$

- 계수치의 표준편차 : $\sigma = \sqrt{N}$ 계수율의 표준편차 : $\sigma = \dfrac{\sqrt{N}}{t}$

- 계수치의 측정치 : $N \pm \sqrt{N}$ 계수율의 측정치 $n \pm \dfrac{\sqrt{N}}{t}$

- 시정수($\tau = RC$)인 계수과, 계수율n 일 때, 계수율 표준편차 : $\sigma = \sqrt{\dfrac{n}{2RC}}$

② 상대오차 (표준편차/평균)
- 계수치의 상대오차 : $\frac{1}{\sqrt{N}} \times 100\%$
- 계수율의 상대오차 : $\frac{\sqrt{\frac{n}{t}}}{n} = \frac{1}{\sqrt{nt}} \times 100\%$

2 통계모형

① 이항분포
- 시행 횟수 n, 각 시행에서의 발생할 확률이 p 일 때, 이 중 x회가 성공하게 될 확률 P(x)

$$P(x) = \frac{n!}{(n-x)!x!} p^x (1-p)^{n-x}$$

여기서, P(x)는 이항분포의 확률분포함수이고, n 및 x의 정수치에 대해서만 정의

- $\sum_{x=0}^{N} P(x) = 1$
- 분포의 평균 : $\bar{x} = \sum_{x=0}^{N} x P(x)$

$$\bar{x} = pn$$

- 분산 : $\sigma^2 = np(1-p)$
- 표준편차 : $\sigma = \sqrt{\bar{x}(1-p)}$

예) 주사위의 숫자가 1, 2, 3 또는 4가 나오면 성공이라 가정하면, 그 확률 p=(4/6)=0.667 이다. 주사위를 10번 굴릴 때, 예상 평균치($\bar{x}$=np)는 6.67이고 되고, 예상되는 분산을 계산하면

$\sigma^2 = np(1-p) = (10)(0.667)(0.333) = 2.22$ 이 되고

그 표준편차는 $\sigma = \sqrt{\sigma^2} = \sqrt{2.22} = 1.49$ 이 된다.

② 포아송분포
- 프아송분포는 성공의 확률 p가 낮은 경우에 이항분포를 수학적으로 간략화한 모형

으로, 이항분포에서 시행횟수 n이 매우 크고, 시행에서의 발생확률 p가 매우 낮은 경우에 적용

- $P(x) = \dfrac{(\overline{x})^x e^{-\overline{x}}}{x!}$

- $\displaystyle\sum_{x=0}^{N} P(x) = 1$

- 분포 평균치 : $\overline{x} = \displaystyle\sum_{x=0}^{N} xP(x) = pn$

- 분포 분산 : $\sigma^2 \equiv \displaystyle\sum_{x=0}^{N} (x-\overline{x})^2 P(x) = pn$

$$\sigma^2 = \overline{x}$$

- 분포 표준편차 : $\sigma = \sqrt{\overline{x}}$

(예) 임의 검출법(random sampling)으로 해서 선택한 10000명의 그룹이 있다고 하고, 이 그룹의 전체 인원 중에서 오늘이 생일인 사람의 수를 세는 측정을 한다. 측정은 10000회의 시행으로 되어 있는데 이들 시행은 오늘이 생일이라고 하는 특정한 개인의 경우에만 성공이 된다고 한다. 만일, 생일이 마구잡이 분포를 하고 있다고 가정하면 성공의 확률 p는 1/365이 된다.

이 보기에서 p는 1보다 훨씬 작기 때문에 10000명이라고 하는 다수의 표본으로부터 기대된 결과를 얻을 확률분포 함수를 평가하기 위해서는 프와송 분포에 의존하는 것이 가능하다.

따라서, 이 보기에서는 다음과 같이 된다.

p = 1/365 = 0.00274 $\quad\quad \overline{x} = pn = (0.00274) \times 10000 = 27.4$

n = 10000 $\quad\quad\quad\quad\quad\quad \sigma = \sqrt{\overline{x}} = 5.23$

$$P(x) = \dfrac{(\overline{x})^x e^{-\overline{x}}}{x!} = \dfrac{(27.4)^x e^{-27.4}}{x!}$$

③ 가우스분포
  - 프아송 분포는 p≪1인 극한에 대해서 이항분포를 수학적으로 간략화한 것
  - 분포의 평균치가 큰 경우(20이상이라고 한다.)라면 가우스분포를 정규분포(normal distribution)로 간략화가 가능함

$$P(x) = \frac{1}{\sqrt{2\pi\overline{x}}} exp\left(-\frac{(x-\overline{x})^2}{2\overline{x}}\right)$$

$$\sum_{x=0}^{\infty} P(x) = 1$$

- 분포 분산 : $\sigma^2 = \overline{x}$ (평균)

- 분포 표준편차 : $\sigma = \sqrt{\overline{x}}$

3 통계적 검증

① χ^2 test (카이제곱 테스트)
- 방사선 검출기의 측정치로부터 방사선 측정이 정상적으로 수행되었는지 또는 방사선 검출기가 정상적으로 동작하고 있는지를 검증할 수 있는 통계적 검증 방법

- N회의 측정치 $x_1, x_2, x_3 \ldots x_N$ 으로부터 χ^2 값을 산출한 값이 N-1에 얼마나 근사한가를 평가하는 방법

$$x^2 = \frac{\sum_{i=1}^{N}(\overline{x}-x_i)^2}{\overline{x}} \quad (\overline{x} : 평균)$$

- 산출한 χ^2값의 χ^2 확률표에서의 분포확률이 0.1 ~ 0.9 사이에 존재할 때, 검출기가 안정적으로 동작하고 있다고, 또는 측정값이 정상적인 범위 내에 존재한다고 판단할 수 있음

- 일반적으로 측정횟수가 10회일 때 χ^2 값이 4.86 ~ 15.98 범위 내에, 측정횟수 20 일 때 12.4 ~ 28.4 범위에 있을 때 정상임

- χ^2 값이 너무 크면 (p⟨0.05), 검출기의 분산이 과다하다는 의미이며, 그 원인은 전원의 불안정, 측정자의 과실, 외부선원의 간섭 및 계측장비의 수명 종료 등 검출기 외부 요인에 의한 것으로 판단할 수 있으며,

- χ^2 값이 너무 작으면 (p⟩0.95), 검출기의 감도가 부족하여 확률적 요동을 충분히 반영하지 못한다라는 의미로 해석할 수 있음

- χ^2 값이 양쪽 극단에 있는 경우는 원인 분석과 함께 수정이 필요

② 표준편차와 신뢰구간
- 방사선 측정치는 포아송분포를 따르지만 주어진 측정시간에 기대되는 계수가 상당한 크기를 갖는 경우 포아송분포는 정규분포에 가까워 짐
- 평균이 μ이고, 분산이 σ^2인 정규분포에서의 표준편차와 신뢰구간은 아래와 같음

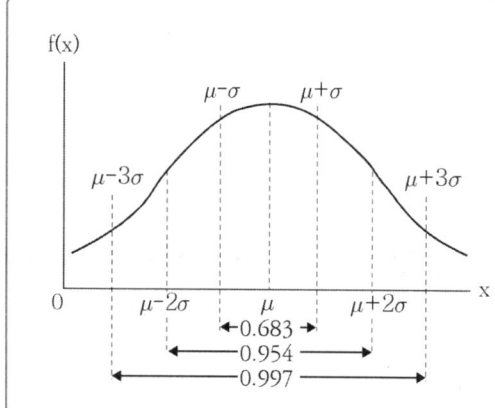

신뢰 구간(%)	#of 표준편차
50	0.6745
68	1
90	1.645
95	1.96
96	2
99	2.58

표준편차와 신뢰구간

(예제) 단창형 GM 검출기를 이용하여 ^{137}Cs 선원을 5분간 측정하여 1000 counts를 얻었다.

● 해설

- 5분간의 계수(n)=1000 counts
- 계수율(r), $r = \dfrac{n}{t} = \dfrac{1000\,counts}{5\min} = 200\,cpm$

(예제) 시료를 10분간 계수하여 6235 counts를 얻었다. 계수와 계수율을 평균과 표준편차로 나타내시오.

● 해설

- 계수(n) n=6235, $\sigma_n = \sqrt{n} = \sqrt{6235} = 79\,counts$, ∴ $n = 6235 \pm 79\,counts$

- 계수율(r) $r = \dfrac{n}{t} = \dfrac{6235}{10} = 623.5 cpm$

  $\sigma_r = \dfrac{\sigma_n}{t} = \dfrac{\sqrt{n}}{t} = \dfrac{\sqrt{6235}}{10} = 7.9 cpm$

  $\rightarrow r = 623.5 \pm 7.9 cpm$

4 오차

- 방사선 측정 시 참값과 측정값의 차이를 오차라고 하며, 오차의 종류는 과실오차, 계통오차 및 우연오차로 구분할 수 있음

① 과실오차(erratic error)
측정기의 취급 부주의로 생기는 오차로 눈금의 숫자를 잘못 읽었다든지, 계산을 틀리게 하여 생기는 오차이며 실험자가 충분히 주의하여 제거 가능한 오차임

② 계통오차(systematic error)
계통오차는 측정기의 교정의 편차, 교정 상태의 이상 및 측정환경의 간섭 등에 기인한 오차로, 오차의 크기와 부호를 추정할 수 있고 보정할 수 있는 오차로 계기오차, 환경오차 및 개인오차로 구분

- 계기오차 : 측정계기의 불완전성 때문에 생기는 오차로 측정기의 교정의 편차, 눈금이 정확하지 않거나 교정이 안 된 경우

- 환경오차 : 측정할 때 온도, 습도, 압력 등 외부환경의 영향으로 생기는 오차로 측정기구의 온도에 따른 팽창과 수축으로 인한 눈금의 변화, 질량 측정 시 공기의 부력에 의한 영향 등

- 개인오차 : 개인이 가지고 있는 습관이나 선입관이 작용하여 생기는 오차.

③ 우연오차(random error)
측정자가 주의를 하거나 과실오차나 계통오차를 저감시켜도 피할 수 없는 불규칙적이고 우발적인 원인에 의해 발생하는 오차로 방사성 붕괴의 확률적 현상이나 방사선과 물질과의 상호작용의 확률적 현상 등에 기인한 것으로, 측정치의 통계처리를 통해 우연오차를 저감시킬 수 있으나 보정할 수는 없는 오차임

> **정도(정밀도와 정확도)**
>
> - 정밀도 (Precision)
>   반복 측정 시 측정값의 흩어짐의 정도, 즉 재현성의 정도
>   Random error (우연오차)가 작을수록 정밀한 측정
>
> - 정확도 (Accuracy)
>   측정값의 참값에 근접한 정도, 즉 참값에 대한 한쪽으로의 치우침의 정도
>   Systemic error (계통오차)를 줄이면 정확한 측정

5 오차의 전파

① 오차전파방정식

만일 x, y, z가 직접 측정된 계수치나 또는 이에 관계되는 양이라 하고, 이미 알려져 있는 σ_x, σ_y, σ_z, $\cdots$ 갖는 변수라면, 이들 계수치로부터 유도된 임의의 양 u에 대한 표준편차는 다음 식으로 계산된다.

$$\sigma_u^2 = \left(\frac{\partial u}{\partial x}\right)^2 \sigma_x^2 + \left(\frac{\partial u}{\partial y}\right)^2 \sigma_y^2 + \left(\frac{\partial u}{\partial z}\right)^2 \sigma_z^2 + \cdots \quad (3.37)$$

② 오차의 합성
  - 계수치의 합과 차

$$u = x + y \quad \text{or} \quad u = x - y \text{ 일 때, u의 편미분은}$$

$$\frac{\partial u}{\partial x} = 1 \text{ 및 } \frac{\partial u}{\partial y} = \pm 1$$

오차전파방정식에 따라

$$\sigma_u^2 = (1)^2 \sigma_x^2 + (\pm 1)^2 \sigma_y^2$$

즉,

$$\sigma_u = \sqrt{\sigma_x^2 + \sigma_y^2}$$

(예) 같은 계수시간에 총 계수 (x = 1600)와 백그라운드 계수(y = 625)일 때 알짜 계수에 대한 오차를 구하면

$$\sigma_x = \sqrt{x} = \sqrt{1600}$$

$$\sigma_y = \sqrt{y} = \sqrt{625}$$

$$\sigma_u = \sqrt{\sigma_x^2 + \sigma_y^2} = \sqrt{x+y} = \sqrt{2225} = 47.17$$

이므로

알짜 계수 = 975 ± 47.17

- 상수와의 곱 또는 상수에 의한 나눗셈의 경우

$$u = Ax \text{ 이면, } \frac{\partial u}{\partial x} = A$$

오차전파방정식에 따라

$$\sigma_u = A\sigma_x$$

같은 방법으로, $v = \frac{x}{B}$ 이면, $\sigma_v = \frac{\sigma_x}{B}$

(예) 계수치 x의 알고 있는 표준편차로부터 해당하는 계수율 n에서의 예측된 표준편차를 계산하면

x = 1150 count 및 t = 10초로 하면, $n = \frac{1150}{10s} = 115\,s^{-1}$가 되고,

이 표준편차는 $\sigma_n = \frac{\sigma_x}{t} = \frac{\sqrt{1150}}{10s} = 3.39\,s^{-1}$가 된다.

따라서, 계수율은 다음과 같이 된다.

n = 115 + 3.39 counts/s

- 계수치의 곱 또는 나눗셈의 경우

$$u = xy, \quad \frac{\partial u}{\partial x} = y \quad \frac{\partial u}{\partial y} = x$$

$$\sigma_u^2 = y^2 \sigma_x^2 + x^2 \sigma_y^2$$

양변을 $u^2 = x^2 y^2$ 으로 나누면

$$\left(\frac{\sigma_u}{u}\right)^2 = \left(\frac{\sigma_x}{x}\right)^2 + \left(\frac{\sigma_y}{y}\right)^2$$

비슷하게,

$$u = \frac{x}{y}, \quad \frac{\partial u}{\partial x} = \frac{1}{y} \quad \frac{\partial u}{\partial x} = -\frac{x}{y^2}$$

$$\sigma_u^2 = \left(\frac{1}{y}\right)^2 \sigma_x^2 + \left(-\frac{x}{y^2}\right)^2 \sigma_y^2$$

양변을 $u^2 = x^2/y^2$ 으로 나누면

$$\left(\frac{\sigma_u}{u}\right)^2 = \left(\frac{\sigma_x}{x}\right)^2 + \left(\frac{\sigma_y}{y}\right)^2$$

- 다수의 독립적인 계수의 평균치

같은 선원에 대해서 동일한 측정 시간의 계수치를 N회 기록해서, 이 계수의 결과를 $x_1, x_2, x_3, \cdots, x_N$ 하고, 그 합을 Σ 이라 하면,

$\Sigma = x_1 + x_2 + ... + x_N$

N회의 독립적인 측정으로부터 평균치를 계산하면,

$$\bar{x} = \frac{\Sigma}{N}$$

예측된 평균치의 예상 표준편차

$$\sigma_{\bar{x}} = \frac{\sigma_\Sigma}{N} = \frac{\sqrt{\Sigma}}{N} = \frac{\sqrt{N\bar{x}}}{N}$$

$$\sigma_{\bar{x}} = \sqrt{\frac{\bar{x}}{N}}$$

오차의 합성

오차의 합 : $(A \pm \sigma_A) + (B \pm \sigma_B) = (A+B) \pm \sqrt{\sigma_A^2 + \sigma_B^2}$

오차의 차 : $(A \pm \sigma_A) - (B \pm \sigma_B) = (A-B) \pm \sqrt{\sigma_A^2 + \sigma_B^2}$

오차의 곱 : $(A \pm \sigma_A) \times (B \pm \sigma_B) = (A \times B) \pm (A \times B)\sqrt{(\frac{\sigma_A}{A})^2 + (\frac{\sigma_B}{B})^2}$

오차의 몫 : $(A \pm \sigma_A) \div (B \pm \sigma_B) = (A \div B) \pm (A \div B)\sqrt{(\frac{\sigma_A}{A})^2 + (\frac{\sigma_B}{B})^2}$

시료만의 참계수율 계산

백그라운드의 계수치(N_b)와 계수시간 (t_b), 시료의 계수치(N_t)와 계수시간 (t_t) 일 때

① 백그라운드의 계수율과 표준편차 : $\frac{N_b}{t_b} \pm \frac{\sqrt{N_b}}{t_b} = n_b \pm \frac{\sqrt{N_b}}{t_b}$

② 시료계수율의 표준편차 : $\frac{N_t}{t_t} \pm \frac{\sqrt{N_t}}{t_t} = n_t \pm \frac{\sqrt{N_t}}{t_t}$

③ 시료만의 참계수율

"② - ①"= $(n_t \pm \sqrt{\frac{n_t}{t_t}}) - (n_b \pm \sqrt{\frac{n_b}{t_b}}) = (n_t - n_b) \pm (\sqrt{\frac{n_t}{t_t} + \frac{n_b}{t_b}})$

(예제) 10mg의 시료를 계수한 결과 762±24 dpm의 순계수율을 얻었다. 시료의 무게 계량에서 10%의 오차가 발생했다면 시료의 비방사능을 표준편차와 함께 나타내시오.

해설

$A = 762 \pm 24 \, dpm = 12.7 \pm 0.4 Bq, \ m = 10 \pm 1 mg = 0.01 \pm 0.001 g$

$S = \frac{A}{m} = \frac{12.7}{0.01} = 1270 Bq/g \qquad (\frac{\sigma_s}{s})^2 = (\frac{\sigma_A}{A})^2 + (\frac{\sigma_m}{m})^2$

$= (\frac{0.4}{12.7})^2 + (\frac{0.001}{0.01})^2 = 0.011 \qquad \sigma_s = \sqrt{0.011} \times S = \sqrt{0.011} \times 1270 = 133$

$S = 1270 \pm 133 Bq/g$

6 계수실험의 최적화

백그라운드 계수율의 존재하에 시료를 측정할 때, 측정시간을 길게 하면 표준편차 및 상대오차를 줄일 수 있으므로 정확도를 좋게 할 수 있지만, 그렇다고 해서 측정시간을 무한히 할 수는 없으므로 일정 시간 내에서 가장 좋은 정확도를 획득하기 위해서는 백그라운드 측정과 시료 측정 시의 측정시간을 최적화함으로써 가능하다.

$$S \equiv \text{백그라운드가 없는 경우의 순수한 계수율}$$
$$B \equiv \text{백그라운드 계수율}$$

일반적으로 S의 측정은 시료와 백그라운드를 같이 시간 T_{S+B} 동안 측정한 후, 시간 T_B 동안 백그라운드만 측정한 후, 순수한 시료만의 계수율인

$$S = \frac{N_1}{T_{S+B}} - \frac{N_2}{T_B}$$

(N_1과 N_2는 계수)

오차 전파방정식에 의한 시료만의 계수율의 오차는

$$\sigma_S = \left[\left(\frac{\sigma_{N_1}}{T_{S+B}}\right)^2 + \left(\frac{\sigma_{N_1}}{T_B}\right)^2\right]^{1/2}$$
$$= \left[\frac{N_1}{T_{S+B}^2} + \frac{N_1}{T_B^2}\right]^{1/2}$$

$$\sigma_s = \left(\frac{S+B}{T_{S+B}} + \frac{B}{T_B}\right)^{1/2}$$

이에 총 측정시간 $T = T_{S+B} + T_B$가 두 측정에 사용된다고 하면, 시료만의 계수율의 오차를 최소화하는 T에 대한 T_{S+B}(또는 T_B)의 비를 결정하기 위해, 제곱한 후 변분을 취하면,

$$2\sigma_S d\sigma_s = -\frac{S+B}{T_{S+B}^2}dT_{S+B} - \frac{B}{T_B^2}dT_B$$

최적의 조건을 찾기 위하여 $d\sigma_S = 0$으로 놓고, T는 일정하기 때문에, $dT_{S+B} + dT_B = 0$인 사실을 이용하면, 최적의 시간 분할은

$$\left.\frac{T_{S+B}}{T_B}\right|_{opt} = \sqrt{\frac{S+B}{B}}$$

(예제) 백그라운드가 20 cpm인 환경에서 시료의 계수율이 2,000 cpm 이었다. 1시간 동안에 시료와 백그라운드를 측정하고자 할 때, 측정의 정확도를 높일 수 있는 각각의 측정시간을 산출하시오.

해설

$t = t_t + t_b = 60\,\text{min}$
$\dfrac{t_t}{t_b} = \sqrt{\dfrac{n_t}{n_b}} = \sqrt{\dfrac{2000\,cpm}{20\,cpm}} = 10$

두 식을 연립하여 풀면

$\therefore t_t = 54.5\,\text{min}, t_b = 5.5\,\text{min}$

7 검출한계(limits of detectability)

방사능의 측정은 일반 환경에서 수행되므로 측정 시 반드시 백그라운드의 영향으로 인해 그 계수치가 포함되므로, 특히 극저준의 방사능 측정 시는 시료의 방사능으로부터 백그라운드를 구분하기가 매우 어렵게 된다. 이렇듯 시료의 계수율로부터 백그라운드 계수율을 적정 신뢰도 내에서 구분할 수 있는 한계를 최소검출한계(MDL : Minimum Detection Limit)이라 함

실제 방사능이 없는 경우 표본이 방사능이 있는가를 결정하기 위한 임계값

$$L_C = 1.645\,\sigma_{N_S} = 1.645\,\sqrt{2}\,\sigma_{N_B}$$

$$L_C = 2.326\,\sigma_{N_B}$$

- 실제 방사능이 있는 경우 최소검출한계 (95% 신뢰도 구간에서의 최소검출한계)

$$N_D = 2.706 + 4.653\,\sigma_{N_B}\ (Curie\ Equation)$$
$$= 2.706 + 4.653\,\sqrt{N_B}$$

최소검출방사능 (MDA : Minium Detection Activity)
최소검출한계에 붕괴당 방출율, 계수효율 및 계수시간을 고려하여 방사능으로 환산한 값

$$MDA = \frac{N_D}{f\,\epsilon\,T}\ (\epsilon : 검출효율, f : 붕괴당 방출율, T : 계수시간)$$

어떤 계측기가 측정할 수 있는 시료의 최소 방사능은 계측기의 백그라운드 계수가 작고, 계수효율이 크며, 계수시간이 길어질수록 작아지게 됨

(예제) 백그라운드 상태에서 30분간 계측하였을 때, 45 counts가 측정된 시스템을 이용하여 30분간 측정하고자 할 때 최소검출한도는?

해설

$$N_D = 2.706 + 4.653\, \sigma_{N_B}$$
$$= 2.706 + 4.653 \sqrt{45} = 34.3\, counts$$

$$\therefore 45 + 34.3 = 79\, counts$$

확인문제 방사선 측정의 개요

01. 다음 방사선 검출기 중 그 검출원리가 다른 하나는?

    ① 전리함　　② 비례계수관　　③ 반도체 검출기　　④ 섬광검출기

02. 다음의 측정치의 통계처리 및 오차에 관한 설명 중 적절하지 않은 것은?

    ① 측정값의 무작위오차는 방사성 붕괴의 확률적인 성질에 기인한다.
    ② 측정값의 무작위오차는 방사선과 물질과의 상호작용의 확률적인 성질에 기인한다.
    ③ 측정값의 계통오차는 측정기의 교정의 편차나 측정환경의 간섭 등에 기인한다.
    ④ 측정값의 계통오차를 감소하기 위해 측정횟수를 늘리거나 측정시간을 길게 한다.

03. 방사선 측정 시 계측계통의 검출한도란?

    ① 계측 결과치가 통계학적으로 신뢰할 수 없게 되는 지점이다.
    ② 정해진 신뢰구간 내에서 백그라운드 준위와 방사능의 준위를 구분해 낼 수 있는 계측계통의 계측 능력이다.
    ③ 어떤 정해진 한도이하의 시료를 제거해내는 방법이다.
    ④ 이 값 이하의 시료에 대해서는 반드시 기록이 되어야 하는 수치이다.

04. 다음의 방사선 측정 시 고려해야 할 사항 중 그 특성이 다른 하나는?

    ① 방사선의 종류　　　　　② 방사선의 에너지 스펙트럼
    ③ 선량당량 측정　　　　　④ 검출효율

05. X^2 test를 시행하는 목적은?

① 검출기의 동작전압을 결정하기 위함이다.
② 검출기의 검출효율을 측정하기 위함이다.
③ 검출기의 정상적인 동작 유무를 판단하기 위함이다.
④ 검출기의 교정상수를 결정하기 위함이다.

06. 최소검출방사능과 연관이 없는 것은?

① 핵종의 붕괴당 방출률 ② 검출효율
③ 계수시간 ④ 방사선 에너지

07. 저준위 방사선 측정 시의 내용으로 적절치 않은 것은?

① 시료의 방사능과 백그라운드의 구분이 어렵다.
② 기하학적 효율을 증가시킴으로써 계수효율을 높인다.
③ 타 선원 및 검출기를 차폐하거나 에너지를 선별함으로써 백그라운드 계수율을 저감시킨다.
④ 시료와 백그라운드의 계수시간을 가능한 짧게 하여 상대오차를 줄인다.

08. 감마선 측정용 검출기로 방사선량률을 측정하고자 할 때, 검출기 선정 시 고려해야 할 사항으로 적절치 않은 것은?

① 검출효율 ② 검교정일자 ③ 방사성물질의 특성 ④ 제작일자

09. 다음 중 대선량의 흡수선량 측정을 목적으로 하는 검출기로 적절하지 않은 것은?

① GM 계수관 ② Fe선량계 ③ Ce선량계 ④ 열량계

10. 총 계수율이 500cpm이고 백그라운드 계수율이 100±2 cpm이다. 순계수율의 상대오차가 1%가 되도록 측정하고자 한다. 시료계수시간은?

① 20.3 min ② 41.7 min ③ 83.4 min ④ 100 min

11. 다음 검출기 중 대선량의 흡수선량 측정에 적합하지 않은 것은?

① 프리케 선량계 ② 세륨 선량계 ③ 열량계 ④ 자유공기전리함

12. 다음 검출기 중 방사선 측정시 증폭기전과 관련이 있는 검출기는?

가. 전리함 나. 비례계수관 다. GM 계수관 라. 섬광검출기 마. 고체비적검출기

① 가, 나, 다 ② 나, 다, 라 ③ 가, 마 ④ 가, 나, 다, 라

13. 다음 검출기 중 그 측정목적이 다른 하나는?

① 반도체검출기   ② 열량계
③ 프리케 선량계 ④ 세륨선량계

14. 다음 검출기 중 알파선 측정에 적합하지 않은 것은?

① 표면장벽형 반도체검출기   ② ZnS:Ag 섬광검출기
③ CR39   ④ ^{3}He 계수관

15. 다음 검출기 중 개인피폭선량계로 적절치 않은 하나는?

① 공동전리함   ② 포켓전리함
③ 열형광선량계 ④ 형광유리선량계

16. 다음의 검출기의 동작모드 중 전류형 모드에 해당되지 않는 설명은?

① 일정 시간동안 사건으로 생성된 전하를 평균하므로 입사 방사선의 에너지 구분이 불가하다.
② 방사선의 강도가 매우 높은 환경에서 사용 가능하다.
③ 방사선량 측정에 주로 사용된다.
④ 핵종 분석 시스템에 주로 사용된다.

17. 방사선 측정시 고려해야 할 주요 보정인자로 적절치 않은 것은?

    ① 기하학적 효율　　　　② 검출효율
    ③ 백그라운드　　　　　 ④ 검출기 정확도

18. 방사선 측정시 고려해야 할 보정인자 중 기하학적 효율에 관계가 없는 인자는?

    ① 입사창의 직경　　　　② 선원과 검출기간 거리
    ③ 선원의 크기　　　　　④ 측정시간

19. 방사선 측정에 있어 검출기의 상대효율의 기준이 되는 검출기는?

    ① HPGE 검출기　　　　 ② NaI(Tl) 섬광검출기
    ③ 자유공기전리함　　　 ④ LSC

20. 방사선 측정시 정확도를 향상시키기 위한 방법으로 적절치 않은 것은?

    ① 기하학적 효율을 크게 하여 계수효율을 높힌다.
    ② 백그라운드 계수율을 저감시킨다.
    ③ 시료와 백그라운드 계수시간을 짧게 한다.
    ④ 시료 계수시간과 백그라운드 계수시간을 적절히 분배한다.

정답 및 해설 방사선 측정의 개요

01 ④

기체 전리현상을 이용한 검출기 : 전리함, 비례계수관, GM 계수관
고체 전리현상을 이용한 검출기 : 반도체 검출기
형광 현상을 이용한 검출기 : 섬광검출기, 열형광선량계, 형광유리선량계 등

전리함, 비례계수관, 반도체 검출기는 방사선과 물질과의 전리현상을 이용한 검출기이나, 섬광검출기는 형광작용을 이용한 검출기임.

02 ④

오차는 측정값과 참값과의 차이를 말하며, 과실오차, 계통오차 및 우연오차(무작위 오차)로 구분됨. 계통오차의 경우, 계기 사용 시의 검교정 확인, 교정상수 확인, 계측기의 상태 확인 등을 통한 주의 시 충분히 제거 가능한 오차이며, 무작위오차는 확률적 성질에 기인한 것으로 과실오차나 계통오차를 제거하여도 나타날 수 있는 오차로 반복 측정을 통한 통계 처리나 측정 횟수를 늘리거나 측정시간을 길게 함으로써 오차를 감소시킬 수 있음.

03 ②

방사능의 측정은 일반 환경에서 수행되므로 측정 시 반드시 백그라운드의 영향으로 인해 그 계수치가 포함되므로, 특히 극저준위 방사능 측정 시는 시료의 방사능으로부터 백그라운드를 구분하기가 매우 어렵게 된다. 이렇듯 시료의 계수율로부터 백그라운드 계수율을 적정 신뢰도 내에서 구분할 수 있는 한계를 최소 검출한계(MDL : Minimum Detection Limitl)이라 함.

04 ②

방사선의 종류, 방사선의 에너지 스펙트럼, 선량당량은 방사선 측정 시 그 측정대상에 해당되나, 검출효율은 측정 시 고려해야 할 보정인자에 해당됨.

방사선 측정 시 고려해야 할 사항은 ① 방사선 측정의 대상 ② 방사선측정장치의 선정 ③ 측정 시 고려해야 할 보정인자 ④ 백그라운드 영향 ⑤ 계수치의 통계처리 등으로
방사선 측정의 대상으로는 방사선의 종류, 수, 에너지, 방사능, 조사선량, 흡수선량 및 선량당량 등을 고려해야 하며, 측정 시 고려해야 할 보정인자로는 붕괴당 방출률, 검출기의 기하학적 효율, 고유 검출효율, 선원 자기흡수, 공기 및 입사창에 의한 감약 및 분해시간에 의한 계수손실 등임.

05 ③

방사선 검출기의 측정치로부터 방사선 측정이 정상적으로 수행되었는지 또는 방사선 검출기가 정상적으로 동작하고 있는지를 검증할 수 있는 통계적 검증 방법으로 N회의 측정치 $x_1, x_2, x_3 \ldots x_N$ 으로부터 χ^2 값을 아래의 공식으로 산출하여

$$x^2 = \frac{\sum_{i=1}^{N}(\overline{x}-x_i)^2}{\overline{x}} \ (\overline{x} : 평균)$$

산출한 χ^2값의 χ^2 확률표에서의 분포확률이 0.1 ~ 0.9 사이에 존재할 때, 검출기가 안정적으로 동작하고 있다고, 또는 측정값이 정상적인 범위 내에 존재한다고 판단할 수 있음
일반적으로 측정횟수가 10회일 때 χ^2 값이 4.86 ~ 15.98 범위 내에, 측정횟수 20회 일 때 12.4 ~ 28.4 범위에 있을 때 정상임.

06 ④

최소검출방사능 (MDA : Minium Detection Activity)
최소검출한계에 붕괴당 방출율, 계수효율 및 계수시간을 고려하여 방사능으로 환산한 값

$$MDA = \frac{N_D}{f \epsilon T} \ (\epsilon : 검출효율, f : 붕괴당 방출율, T : 계수시간)$$

어떤 계측기가 측정할 수 있는 시료의 최소 방사능은 계측기의 백그라운드 계수가 작고, 계수효율이 크며, 계수시간이 길어질수록 작아지게 됨.

07 4

- 저준위 방사선 측정 시 정확도 향상을 위한 방법

① 기하학적 효율을 크게 하여 계수효율을 높인다.
② Background계수율 저감시킨다.
   - 타 선원, 검출기를 차폐하거나 Energy를 선별함으로써
③ 시료와 백그라운드 계수시간을 길게
   - 동일한 계수율이라도 측정시간을 길게 하면 표준편차 및 상대오차는 줄어든다.
④ 시료 계수시간과 BKG 계수시간의 적절한 분배

$$\frac{t_b}{t_t} = \sqrt{\frac{n_b}{n_t}}$$

08 4

- 방사선측정장치의 선정 시 고려해야 할 사항
① 측정목적 및 측정방법
② 방사선작업의 상황 (공간적, 시간적 변화)
③ 방사성물질의 특성
④ 측정하고자 하는 방사선의 종류와 세기 및 단위
⑤ 계측기의 상태와 성능
⑥ 기타 검출한계 및 시정수, 교정 및 유효기간, 전원 상태, 외관상 이상 유무 등

09 1

대부분의 방사선 검출기는 조사선량과 흡수선량 측정이 가능하나, 화학선량계, 열량계는 대선량의 흡수선량 측정을 목적으로 주로 사용되며, 특히 열량계는 흡수선량 절대측정이 가능한 표준선량계로 사용되며, 화학선량계 또한 흡수선량 2차 표준선량계로 이용되고 있음.

Friche선량계	종류	Cerium선량계
- 황산 제 1철의 산화반응 이용 - $Fe^{2+} \rightarrow Fe^{3+}$	검출원리	- 황산 제 2세륨의 환원반응 이용 - $Ce^{4+} \rightarrow Ce^{3+}$
- 방사선 조사 후의 Fe^{3+} 증가량을 분광광도계를 이용하여 측정 (340nm 자외선 흡수 특성 이용)	흡수선량 산출	- 방사선 조사 후의 Ce^{3+} 증가량을 분광광도계를 이용하여 측정
$10^2 \sim 10^4$ Gy	측정범위	$10^2 \sim 10^5$ Gy
15.5	G value	2.34

10 ②

$$n_s = n_t - n_b = 500\,cpm - 100\,cpm = 400\,cpm$$

$$\sigma_{n_s} = \sqrt{\sigma_{n_t}^2 - \sigma_{n_b}^2} = \sqrt{\frac{n_t}{t_t} + \sigma_{n_b}^2} = \sqrt{\frac{500\,cpm}{t_t} + (2\,cpm)^2}$$

$$상대오차\ \frac{\sigma_{n_s}}{n_s} = 0.01 = \frac{\sqrt{\frac{500\,cpm}{t_t} + (2\,cpm)^2}}{400\,cpm}$$

$$\therefore t_t \simeq 41.7\,\min$$

11 ④

대선량의 흡수선량 측정을 목적으로 하는 검출기
화학선량계(프리케 선량계, 세륨 선량계), 열량계(Calorimeter)
자유공기전리함 : 조사선량의 절대측정

12 ②

기체전리를 이용한 검출기 중 전자증폭(또는 기체증폭) 현상을 이용한 검출기 : 비례계수관과 GM계수관
섬광검출기 : 섬광체에서 발생한 형광에 의해 광전자 증배관의 광음극에서 발생한 광전자를 다이노드로 10^{5-7} 정도로 증폭한 전기 펄스 신호를 이용하여 방사선의 에너지를 측정

13 ①

흡수선량 측정을 목적으로 하는 검출기 : 열량계, 화학선량계

14 ④

알파선 측정용 검출기
- 표면장벽형 반도체 검출기
- 그리드 부착형 전리함
- ZnS:Ag 섬광검출기
- 2π, 4π 비례계수관
- CR39, LR115

15 ①

개인피폭선량계의 종류
- 포켓전리함 (직독식으로 법정 개인피폭선량계에는 포함되지 않음)
- 열형광선량계(TLD)
- 형광유리선량계
- 필름배지
- OSLD

16 ④

전류형 검출기	펄스형 검출기
1. 전류(I)=사건발생률 × 사건당 생성전하량 $$I = rQ = r\frac{E}{W}e$$ 2. 일정 시간동안 사건으로 생성된 전하를 평균하여 측정하므로 입사 방사선의 에너지 구분이 불가 3. 방사선의 강도가 매우 높은 환경에서 사용 4. 방사선량 측정에 주로 이용	1. 전압(V) 단일 방사선에 생성된 전하량(Q) / 정전용량(C) $$V = \frac{Q}{C}$$ 2. 생성된 전하량이 단일 방사선의 에너지에 비례하므로 입사방사선의 에너지 구분이 가능 3. 핵종 분석 시스템에 주로 이용

17 4

방사선 측정시 고려해야 할 주요 보정인자
1. 방출률
2. 기하학적 효율
3. 검출효율
4. 분해시간에 의한 계수손실
5. 백그라운드 영향
6. 계수 중 방사능 감약 등\

18 4

기하학적 효율의 영향 인자
1. 선원 모양과 크기
2. 선원과 검출기의 거리
3. 검출기의 직경

19 2

검출기의 상대효율
- 3 × 3 " NaI(Tl) 섬광검출기의 거리 25 cm에서 측정한 1.33 MeV γ선에 대한 효율을 100%로 보았을 때 다른 검출기의 효율로 정의

20 3

1. 기하학적 효율을 크게 하여 계수효율을 높힌다.
2. 백그라운드 계수율을 저감시킨다.
3. 시료와 백그라운드 계수시간을 가능한 길게 한다.
4. 시료 계수시간과 백그라운드 계수시간을 적절히 분배한다.

$$\frac{t_b}{t_t} = \sqrt{\frac{n_b}{n_t}}$$

제2장 기체전리를 이용한 검출기

- **2.1** 원리
- **2.2** 인가전압과 수집전하량(수집이온쌍수)의 관계
- **2.3** 기체충전형 검출기의 종류

제 2 장 기체전리를 이용한 검출기

2.1 원리

일정한 기체 전리 체적에 기체를 봉입 또는 충전시켜 방사선을 조사하게 되면, 기체는 전리되어 전자와 양이온의 이온쌍이 생성되고, 이를 기체 전리체적 양단의 음, 양극 전극을 형성하여 전압을 인가하게 되면, 기체 내에서 방사선에 의해 생성된 전자와 양이온은 체적 내 형성된 전기장에 의해 각각 반대 전극으로 이동하게 되어 생성된 이온쌍을 수집할 수 있음

이 때 외부회로에서 전리전류가 발생하게 되고, 이 전류량이나 전기적 펄스 신호를 외부회로에서 측정함으로써 방사선을 검출하는 원리로 기체 내에서의 전리현상을 이용하는 검출기며 기체충전형검출기(Gas Filled Detector)라고도 함

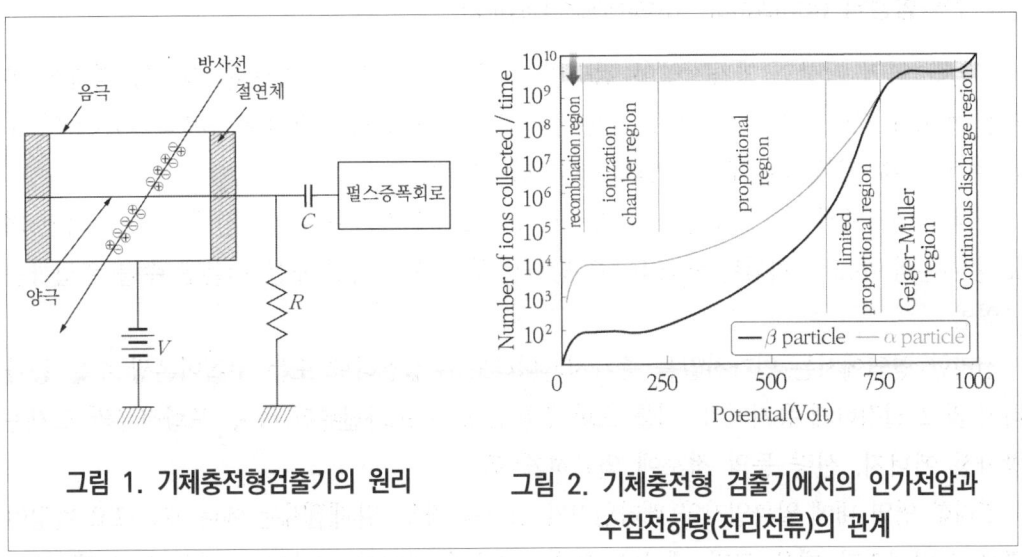

그림 1. 기체충전형검출기의 원리

그림 2. 기체충전형 검출기에서의 인가전압과 수집전하량(전리전류)의 관계

2.2 인가전압과 수집전하량(수집이온쌍수)의 관계

기체충전형 검출기는 검출기 양단 전극에 인가하는 전압에 따라 수집되는 이온쌍의 수, 즉 수집전하량 또는 수집전리전류의 신호 크기가 변화되는 특성이 있으며, 그림2와 같이 그 특성에 따라 6개 영역으로 구분하고 있음

1 재결합영역 (Recombination Region)

검출기의 인가전압이 낮은 영역에서는 검출기내 기체 전리체적 내에서 방사선에 의해 생성된 이온쌍(전자와 양이온)을 전량 수집할 수 없다.

최초 기체 전리체적 내에서 생성된 전자와 양이온은 전리체적 외부에서 인가된 전압에 의해 각각 반대 전극으로 이동하는데, 이 때 인가전압이 낮아 이온들의 이동속도가 낮기 때문에 많은 수의 전자와 양이온들이 재결합하는 현상이 발생하게 되기 때문이다.

점차 인가 전압을 증가시키게 되면 이온들의 이동속도가 빨라져 전리체적 내에서 이동 중 재결합의 확률은 줄어들게 되며, 수집되는 전자와 양이온의 수도 점차 증가하게 된다.

이렇듯 재결합 영역은 인가전압이 낮기 때문에 방사선에 의해 생성된 이온쌍들의 정보를 소실하게 되므로 방사선 검출 영역으로 사용하기는 부적절하게 됨

2 전리함영역 (Ionization Chamber Region)

재결합 영역 이상의 인가전압이 검출기 전리체적에 인가되어 이온 재결합 영향이 무시될 정도가 되면, 방사선에 의해 기체 전리체적 내에서 최초 생성된 전량의 이온쌍의 수를 수집할 수 있게 되는데 이 영역을 전리함 영역이라 함.

전리함 영역에서는 인가전압을 증가시키더라도 수집전하량은 방사선에 의해 생성된 최초의 이온쌍 수로 유지되는 영역임, 즉 방사선에 의해 생성된 모든 이온쌍 수를 수집하는 영역임

전리함 영역에서는 인가전압을 증가시키더라도 수집전하량 또는 수집이온쌍 수는 증가하지 않고 일정하게 유지되며, 이를 포화 전하량 또는 포화전류라 하며, 포화전류의 크기는 방사선 에너지, 선량 등의 정보에 의존하게 됨

전리함 영역 내에 알파입자와 베타입자가 입사할 경우, 알파입자는 에너지가 크고 비정이 짧으나 비전리가 매우 크기 때문에 기체전리체적 내에서 이온쌍을 생성시키는데 모든 에너지를 소모하는 반면, 베타입자의 경우는 기체 중에서 그 비정이 수 m 정도이므로

검출체적 내에서 일부의 에너지만 소모하고 검출기 외부로 이탈할 수 있는 확률이 있기 때문에 베타입자에 의한 수집전하량보다는 알파입자에 의한 수집전하량이 높게 된다.

3 비례계수영역 (Proportional Region)

전리함 영역 이상의 전압이 인가되면 전리체적 내에서 방사선에 의해 최초 생성된 이온쌍들이 반대 전극으로 이동하는 과정에서 다른 기체원자를 전리시킬 수 있을 정도의 큰 운동에너지를 부여받게 되어, 반대 전극으로 수집되는 과정에서 주변의 원자들을 전리시키게 되므로 기체 전리체적 내에서는 새로운 이온쌍들이 생성되게 되는데, 이렇듯 기체에서 증식적인 연쇄전리가 발생하는 현상을 전자사태(Avalanche effect) 또는 전자증폭(electron multiplication) 현상이라 한다.

전리함 영역 이상의 인가전압에 의해 기체 전리체적 내에서 전자사태가 일어나게 되면 최초 입사 방사선에 의해 생성된 이온쌍의 수 외에 전자사태에 의해 생성된 이온쌍 수에 의해 수집전하량 또는 수집이온쌍 수가 증가하기 시작하며, 그 정도는 인가전압의 증가에 비례하게 되므로 이 영역을 비례계수영역이라 한다.

비례계수영역에서의 수집전하량은 방사선에 의해 최초 생성된 이온쌍의 수를 그대로 증폭하는 것으로 1차 이온쌍수에 비례한 증폭으로 2차 이온쌍수를 수집하는 영역이며, 1차 이온쌍수 만을 수집하는 전리함 영역에 비해 수집신호가 $10^5 - 10^6$배 정도로 크게 되며, 수집된 신호는 방사선의 에너지 및 선량 정보를 갖게 된다.

전자사태는 전리체적 내 충전된 가스의 종류 및 압력 등에 따라 다르며, 또한 전자에 운동에너지를 부여하는 인가전압의 크기에 의존하게 된다. 일반적으로 기체 내에서의 전자사태는 10^6 V/m 이상의 전기장에서 발생하는데, 이런 높은 전기장의 형성은 평판형 전극구조에서는 어려우므로 전극을 원통형 또는 구형으로 제작하여 사용한다. 원통형 또는 구형의 검출기 내에서도 실제 전자사태가 일어나는 영역은 중심전극의 표면에 가까운 매우 얇은 기체층에 해당한다.

전기장의 세기

(1) 평형 평판형

$$E = \frac{V}{d} \ [V/m]$$

(2) 원통형

$$E = \frac{V}{r \circ \ln(\frac{b}{a})}$$

(3) 구형

$$E = \frac{ba}{b-a} \circ \frac{V}{r^2}$$

a : 양극의 반경
b : 계수관의 반경
r : 계수관의 중앙으로부터 전기장이 형성되는 거리
d : 전극간 거리

4 제한비례영역 (Limited Proportional Region)

비례영역과 GM 영역의 사이의 인가전압에 해당하는 영역으로, 검출기 내에서 발생한 자외선 등에 의한 2차 전자사태를 충분히 방지시키지 못하여 초기 이온쌍수에 대한 비례성을 상실하며 기체증폭도의 크기가 불안정해지는 영역으로, 인가전압에 대한 수집 신호 정보가 방사선 정보를 대변하지 못하게 되므로 방사선 검출 영역으로 사용하지 않는 영역임

5 GM 영역 (Geiger-Muller Region)

제한비례영역 이상의 전압이 인가되면 기체 증폭도가 매우 크게 되어 양극주변의 모든 기체가 전리되므로, 전압 증가에 따른 기체 증폭률의 증가가 현저히 둔화되어 인가전압의 증가에도 수집신호가 일정하게 되는 영역임

GM 계수 영역에서는 중심전극인 양극주변의 기체 모두가 전리하므로 수집되는 이온쌍 수는 입사 방사선에 의해 생성된 1차 전리(최초 이온쌍수)와 무관하게 되어, 방사선의 종류에 따른 차이나 방사선의 에너지, 선량 등에 대한 정보를 반영하지 못하게 된다.

즉, 입사 방사선에 의해 기체 전리체적 내에서 생성된 초기 이온쌍수(1차 전리)가 많고 적음에 관계없이 그 결과는 양극주변 기체 모두가 전리되어 생성된 이온쌍 수로 나타나게 되므로 출력신호의 크기는 거의 일정하게 되며, GM 계수관의 출력신호의 크기는 GM 계수관의 크기와 기체의 밀도, 압력 등에 의존하게 됨

6 연속방전영역 (Continuous Discharge Region)

GM 계수영역 이상의 인가전압에서는 전자보다 이동속도가 낮은 양이온들이 음극에 충돌하면서 2차 전자를 방출하게 되고, 이 전자가 전리체적내의 전기장에 의해 양극으로 끌려오면서 무한의 전자사태를 일으키게 되므로 연속적인 방전현상이 일어나게 됨

검출기로 사용가능한 영역

(1) 전리함 영역
  - 전리체적 내에서 입사한 방사선에 의해 최초 생성된 이온쌍수를 전량 수집하는 영역
  - 수집신호는 인가전압 영역에서 포화되는 특징(포화전류)이 있으며, 수집신호의 크기는 방사선의 에너지 정보를 반영
  - 수집신호량이 매우 낮기 때문에 잡음 등과의 구분이 용이하지 않으므로 펄스모드적 용이 어려움

(2) 비례계수 영역
  - 인가전압이 전리함 영역을 초과하게 되면, 인가전압에 의해 최초 발생한 음양 전자들이 상대 전극으로 끌려갈 때 주변의 기체원자들을 전리시킬 수 있는 충분한 에너지를 부여 받게 되어, 최초 발생한 이온쌍에 비례한 전자 증폭이 발생하게 되며, 이 때 생성된 이온쌍 수를 수집하는 영역
  - 최초 전자사태 발생 (전자증폭도 : $10^5 - 10^6$ 정도)

(3) GM 계수 영역
  - 인가전압이 증가하여 증폭도가 매우 커지면 양극주변의 기체가 모두 전리되어 최초 생성된 이온쌍 수에 무관한 전자증폭이 발생되어 최초 이온쌍수와는 무관한 일정한 출력신호를 발생하는 영역
  - 자외선 등에 의한 2차 전자사태를 인정하는 영역 (전자증폭도 : $10^6 \sim 10^9$)
  - 방사선에 의한 최초 생성 이온 쌍의 수를 반영하지 못하게 되어 방사선의 에너지 및 종류에 따른 차이를 반영하지 못함

검출기 출력신호 예

□ 가정 : 입사되는 방사선은 검출기 내에서 모든 에너지를 잃어버린다.

검출기	전리함		비례계수관		GM	
방사선 에너지	340eV	3400eV	340eV	3400eV	340eV	3400eV
초기에 생성되는 전자수	10	10^2	10	10^2	10	10^2
중배율	1	1	10^5	10^5	10^7	10^7
양극에 포집되는 전자수	10	10^2	10^6	10^7	아주 많음	아주 많음
출력신호의 크기	▲	▲	▲	▲	▲	▲
방사선의 에너지 구분	가 능		가 능		불가능	

2.3 기체충전형 검출기의 종류

1 전리함

    기체 내에서 방사선에 의해 생성된 이온쌍 수를 전량 수집하는 전리함 영역의 특성을 이용한 검출기로 그 구조는 평판형 또는 원통형 구조를 주로 이용하고, 전리체적 내 충전기체는 불활성 기체인 Ar 이나 비활성 기체인 N_2 또는 공기를 주로 사용한다.

    특히 공기를 사용하는 경우에는 조사선량을 직접 측정하는 수단이 되며, 대개의 경우 대기압 상태의 공기를 이용하나, 민감도를 높여 환경감시용으로 사용하기 위해 가압형 전리함을 이용하기도 함

    검출기 조작 모드는 일반적으로 펄스모드(pulse mode), 전류모드(Current mode) 그리고 평방제곱모드(Mean square voltage mode ; MSV, 또는 Campbelling mode)이다. 이 중 가장 일반적으로 쉽게 응용할 수 있는 것이 펄스모드와 전류모드이며, 전리함의 경우는 발생되는 출력신호의 크기가 낮아 잡음과 구분이 쉽지 않으므로 펄스모드로 조작하기는 어려우며 대부분 전류모드를 이용하나, 그리드 부착형 전리함의 경우 펄스모드를 이용하여 알파선의 에너지 측정에 이용되기도 함

검출기 동작 모드

□ 검출기의 동작모드 : 출력신호의 형태에 따라 구분

전류형 검출기

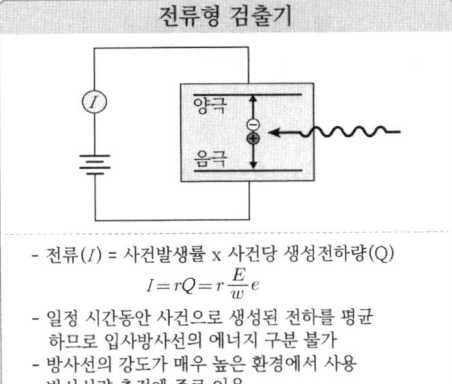

- 전류(I) = 사건발생률 x 사건당 생성전하량(Q)
$$I = rQ = r\frac{E}{w}e$$
- 일정 시간동안 사건으로 생성된 전하를 평균하므로 입사방사선의 에너지 구분 불가
- 방사선의 강도가 매우 높은 환경에서 사용
- 방사선량 측정에 주로 이용

펄스형 검출기

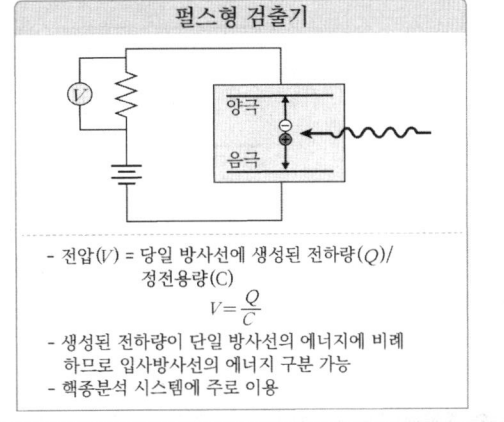

- 전압(V) = 단일 방사선에 생성된 전하량(Q)/정전용량(C)
$$V = \frac{Q}{C}$$
- 생성된 전하량이 단일 방사선의 에너지에 비례하므로 입사방사선의 에너지 구분 가능
- 핵종분석 시스템에 주로 이용

1) 자유공기전리함

조사선량의 절대측정기로 국가의 표준선량계로 사용되는 검출기로, 조사선량의 정의를 기초로 2차전자평형을 이용하여 전리를 일으키는 공기전리체적과 전리체적 내에서 생긴 전리전하를 측정할 수 있도록 고안된 검출기

▶ 평행평판형 구조
- 상부에는 고압전극, 하부에는 집전극(Collector)과 보호전극(Guard ring)을 배치
- X-선 입사창 및 출사창(중금속)을 제외하고는 차폐됨
- 전리함 내의 공기는 외부와 통하고 있기 때문에 자유공기가 됨

▶ 구성
- 고압전극 : 이온쌍 수집을 위해 음(-)의 고전압(50~100V/cm) 인가
- 집전극 : 전리전하측정을 위해 전위계에 접속, 영위법(항상 0전위로 측정)으로 전하량 측정
- 보호전극 : 집전극 주위에 설치하고 접지, 고압전극과 집전극 사이의 전기력선을 수직하게 함과 동시에 2차전자평형 유지, 고압누설전류 감소 등의 작용
- 보호전선 : 고압전극과 보호전극 사이에 같은 간격으로 금속선을 팽팽하게 매어두고 각 전선 사이에 저항을 연결시켜 전계분포를 균등하게 함
- 입사창 : 입사 방사선속을 제한
- 각 전극은 절연체로 외벽과 절연

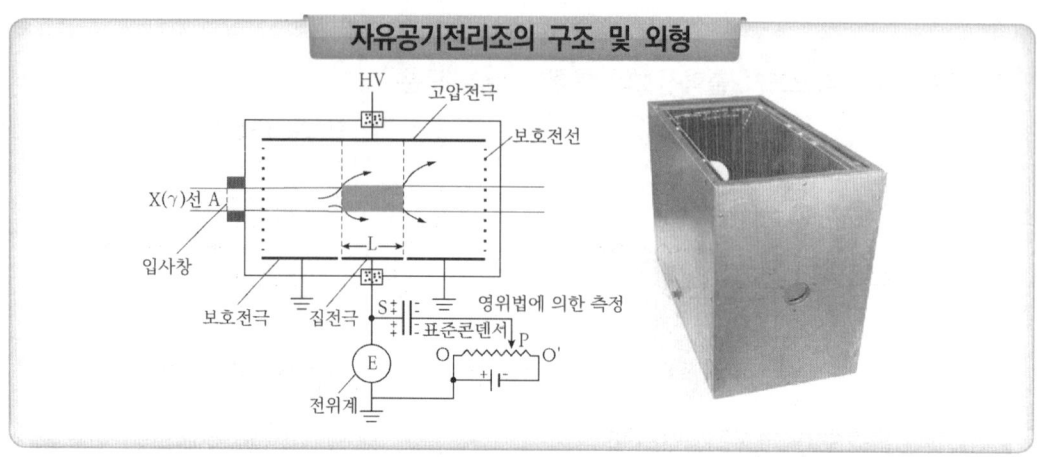

▶ 전리체적

이온쌍을 수집하기 위한 하전입자 평형상태인 공기 체적 영역으로 입사창에서 전리체적까지의 X선 감약을 무시한다면, 전리체적 V에서의 전리량과 입사창의 단면적 A와 집전극 길이 L로부터 구할 수 있으며, 조사선량 산출 시 전리체적에 해당하는 공기질량은 전리체적과 공기밀도로부터 산출가능하다. 공기 질량 산출 시는 반드시 온도와 밀도에 따른 질량 보정을 고려하여야 한다.

$$\text{유효전리체적 } V \text{ [cm}^3\text{]} = \text{입사창 면적 } A \text{ [cm}^2\text{]} \times \text{집전극 길이 } L \text{ [cm]}$$

▶ 이온쌍의 수집

평행평판형 전극구조의 어느 한 지점 P에서 생성된 이온쌍 수집 시 전자와 양이온은 반대전극으로 이동하면서 q_1, q_2의 유도전하를 생성하게 되며, 총 유도전하량은 e(단위전하량)가 됨

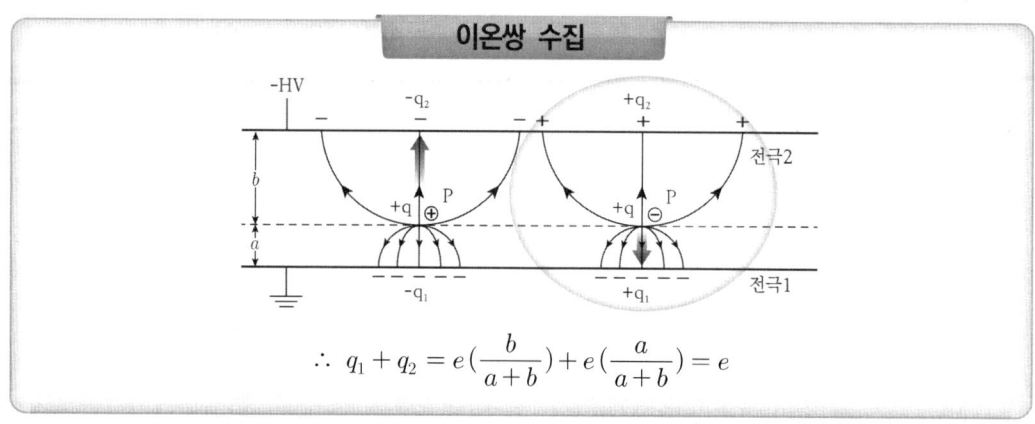

$$\therefore q_1 + q_2 = e\left(\frac{b}{a+b}\right) + e\left(\frac{a}{a+b}\right) = e$$

▶ 조사선량 산출

$$X[C/kg_{air}] = \frac{\Delta Q}{\Delta m} = \frac{Q[C]}{(A \circ L[m^3]) \circ \rho[kg/m^3]} \circ \frac{T[K]}{273} \circ \frac{760[mmHg]}{P[mmHg]}$$

Q : 수집전하량
A : 입사창의 면적
L : 집전극 길이
ρ : STP(273.2K, 760mmHg)의 공기 밀도(=1.293 kg/m³)
T : 전리조내 공기의 절대온도
P : 측정시의 대기압

기온과 기압의 보정

조사선량은 표준상태(0℃, 1기압) 공기 단위 질량당 발생한 총 전하량으로 정의되어, 공기 질량 산출 시에는 반드시 온도와 압력에 대한 밀도 변화를 고려하여야 함

□ 이상 기체의 상태방정식

$PV = nRT = \frac{m}{M}RT$ 에서 질량과 압력, 온도와의 관계를 고려하면

(R: 기체상수, P : 압력, V : 체적, T : 온도, M : 분자량, m : 질량)

$$\therefore m = m_0(\frac{P}{P_0})(\frac{T_0}{T}) \quad (m_0 : 표준상태의 공기질량)$$

예] 200cc 체적의 공기에 대한 온도와 압력의 변화에 다른 질량의 차이

◎ 해설

1. STP (표준상태, 0℃, 1 atm)
   $m_0 = 1.293 \times 10^{-3} g/cm^3 \times 200\, cm^3 = 2.586 \times 10^{-4} kg$

2. 25℃, 750 mmHg 일 때의 질량
   $m = m_0(\frac{P}{P_0})(\frac{T_0}{T}) = 2.586 \times 10^{-4} kg \times (\frac{750}{760})(\frac{273}{298}) = 2.338 \times 10^{-4} kg$

02

기체전리를
이용한 검출기

예] 측정시의 온도와 압력이 25℃, 750 mmHg 일 때, 200 cc 체적의 전리함에서 15 pA의 전류가 측정되었다. 노출된 방사선장의 조사선량률은 얼마인가?

해설

$$m = 1.293 \times 10^{-3} g/cm^3 \times 200\, cm^3 \times (\frac{750}{760}) \times (\frac{273}{298}) = 0.234\, g$$

$$\dot{X} = \frac{\Delta Q/t}{\Delta m} = \frac{15 \times 10^{-12}\, C/s}{0.234\, g} \times \frac{1\, R}{2.58 \times 10^{-4}\, C/kg} \times \frac{3600\, s}{1\, h} \times \frac{10^3\, g}{1\, kg} = 0.896\, R/h$$

2) 공동전리함

자유공기전리함은 1차 표준전리함으로써 조사선량의 절대측정이 가능하나 대형이기 때문에 일정 장소의 거치형으로 사용하므로 실용선량계로는 사용이 불편함

이에 Fano의 원리를 이용하여 전리체적을 그대로 두고 하전입자평형을 유지하기 위해 X선 흡수가 공기와 유사한 밀도가 높은 고체 물질로 대체하여 소형화, 경량화시킨 전리함

Fano 원리

같은 원자로 구성되어 있다면 단위 단면적에서 두께 x_1과 x_2층 속에 함유되어 있는 원자수는 같기 때문에 밀도와는 관계없이 방출전자수는 같게 되므로, 전리체적 V의 공기는 두고 전자평형에 필요한 주위 공기층을 공기와 구성이 같은 밀도 ρ_2의 고체물질로 바꾸게 되면 하전입자평형에 필요한 두께를 줄일 수 있게 됨

$$x_2 = x_1 (\frac{\rho_1}{\rho_2})$$

(a) 자유공기전리함   (b) 공동전리함

자유공기전리함과 공동전리함의 하전입자평형 두께 비교

(공기등가물질의 밀도를 1이라 하면, 벽 두께는 자유공기전리함에 비해 약 1/800 정도)

▶ 공기등가벽 물질
- 공기의 실효원자번호와 유사한 원자번호를 가진 밀도가 높은 고체 재료로 실제 X선 감약이 공기와 등가인 재료로써, 흑연, bakelite, lucite, polystyrene, nylon 등을 이용함
- 공기등가벽 두께 : 하전입자평형(CPE)을 유지하기 위해 필요한 평형두께로 2차전자의 최대비정과 유사하며, 평형두께는 X선 에너지가 증가함에 따라 전자의 비정도 증가하므로 두꺼워 지게 됨. (100keV : 0.14cm, ^{60}Co 감마선 : 4-5mm, 4MeV 감마선 : ~ 1cm 정도의 두께)

3) 콘덴서 전리함

공동전리조의 한 종류로 일정시간 선량계에 조사된 전체 선량인 적산선량 측정이 가능하도록 설계된 라우리센 검진기의 일종으로, 외부에서 전리조의 전하를 충전시킨 후 방사선을 조사하게 되면, 방사선에 의해 전리체적 내에서 생성된 이온쌍에 의해 충전 전하는 감소하게 되고, 손실된 전하량을 측정하여 조사선량의 적산치를 산출할 수 있게 하는 원리임

초기 충전전압을 V_0, 콘덴서 용량을 C, 판독 잔류 전압을 V라 하면 $\Delta V = V_0 - V$가 되고, $\Delta Q = C \cdot \Delta V$가 된다. 전리함의 공기질량을 m(kg)이라할 때, 조사선량 X(R)은

$$X(R) = \frac{\Delta Q/m}{2.58 \times 10^{-4}}[R]$$

▶ 콘덴서 전리조의 감도(S; Sensitivity)
1R X선 조사에 의해 생긴 전압강하로 정의하며, 그 단위는 S [V/R]

$$S[V/R] = \frac{3.33 \times 10^{-10} V[cc]}{C[F]}$$

콘덴서 전리함의 감도를 높이기 위해서는 전리용적을 증가시키고, 낮은 정전용량을 적용함

2 비례계수관 (Proportional Counter)

전리함 영역의 인가전압 이상의 전압을 인가하게 되면 기체 전리체적 내에서 생성된 이온쌍들이 각각 반대 전극으로 이동하면서 큰 운동에너지를 부여받게 되어, 수집되는 이동 과정에서 주변의 기체원자들을 전리시키는 전자증폭사태를 일으키게 된다.

이 때 전리함 영역의 초기 이온쌍의 수에 비례한 증폭된 출력 신호를 얻게 되는데, 이러한 비례계수영역의 동작 특성을 지닌 검출기를 비례계수관이라 함

이렇듯 비례계수관의 출력은 전리체적 내에서 방사선에 의해 생성된 초기 이온쌍 수에 비례하는 출력 특성을 가지게 되므로 방사선의 에너지 정보를 반영하게 된다.

이에 출력신호 크기로부터 입사 방사선의 에너지 정보를 알 수 있게 되며, 간단한 파고분석기를 이용하면 알파선과 베타선을 방출하는 선원에서 알파선과 베타선을 분리하여 측정할 수도 있다.

전자증폭 과정에서 인가전압에 의해 가속된 전자가 주변 기체 원자를 2차 전리 또는 여기 시키는 과정에서 자외선 영역의 전자기파를 방출하게 된다. 이 자외선이 다시 기체 원자와 상호작용하여 전리를 일으키게 되는 경우는 다소 지연된 전자사태가 일어나고 이러한 과정이 반복되면, 전자증폭과정이 초기 이온쌍수의 비례성을 상실하게 되므로 이러한 불필요한 연쇄 반응을 방지하기 위해 CH_4와 같은 다원자 분자 가스를 소량 첨가하는데, 이를 소멸가스(Quenching gas)라 한다.

1) 비례계수관의 구조

최초의 전자증폭현상을 이용하는 기체충전형 검출기로 평행평판형 구조로는 전자증폭 현상이 일어나기 어려우므로, 대부분 원통형 또는 구형의 구조를 가짐
 - 양극 (중심전극) : 보통 직경 0.1mm 정도의 텅스텐을 이용
 - 외통 (Cylinder ; 음극) : 외통자체가 금속인 경우 외통자체가 음극으로 형성하거나 비금속인 경우는 내부에 전도성 물질을 형성하여 음극으로 이용
 - 충전기체 (Filling gas) : 불활성 가스인 He, Ne, Ar 등의 주가스에 CH_4의 소거가스를 소량 함유시켜 사용

2) 비례계수관의 종류

비례계수관의 종류는 충전가스 봉입형태에 따라 밀봉형(sealed type)과 가스유입형(gas flow type)으로 분류하고 있음

비례계수관의 구분

(1) 밀봉형
- 주로 원통형 구조를 이용
- 기체가 봉입된 형태이므로 사용에 따라 충전기체의 성능저하 현상 초래

(2) 가스유입형
- 주로 2π, 4π 형태
- 기체의 연속주입으로 검출기의 성능저하 현상 없음
- 기하학적 검출효율이 우수
- 시료와 검출기의 창이 없어 계수효율을 높일 수 있음

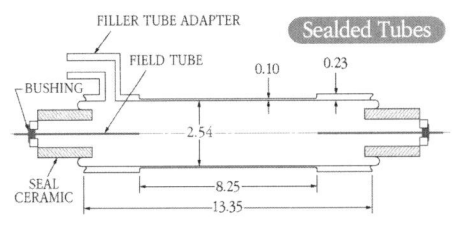
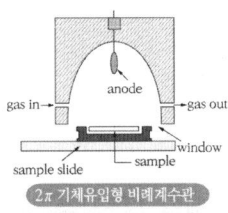
2π 기체유입형 비례계수관
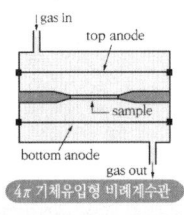
4π 기체유입형 비례계수관

▶ 2π 비례계수관
- 시료에서 방출되는 방사선이 상반구 방향의 입체각 2π 내에서 검출이 가능한 구조로 되어 있는 가스유입형 비례계수관의 일종
- 기하학적 효율 : 0.5
- 베타선 측정 시 선원지지대의 후방산란선 고려 (후방산란계수)
- 알파선 및 베타선 측정 용이

▶ 4π 비례계수관
- 시료에서 방출되는 방사선을 구의 입체각 4π 내에서 검출 가능한 구조
- 기하학적 효율 : 1 (측정 시 기하학적 효율 보정 불필요)
- 베타선 측정 시 후방산란계수 고려할 필요가 없음
- 저에너지 베타선의 절대측정 가능 : ^3H (18 keV), ^{14}C (156 keV)

▶ BF₃ 비례계수관
  - 열중성자 측정용으로 BF₃ 가스를 봉입하거나 외벽에 붕소(Boron)를 도포하여 핵반응을 이용한 비례계수관
  - $^{10}B\,(n,\,\alpha)\,^{7}Li$ 핵반응 이용 → 방출입자인 α선에 의한 계수

▶ ³He 비례계수관
  - 중성자 측정용으로 중성자 에너지 스펙트럼 측정 가능
    $$^{3}He + n \rightarrow\,^{3}H + p + 765\,keV$$
  - $^{3}He\,(n,\,p)\,^{3}H$ 핵반응 이용 → 방출입자인 양성자에 의한 계수

▶ 핵분열 (비례)계수관
  - 비례계수관의 전극벽에 ^{235}U, ^{238}U, ^{232}Th 등의 핵분열 물질을 형성하여 중성자에 의한 핵분열 현상을 이용한 계수관
  - 고속중성자 측정 용이

3) 비례계수관의 전리기체에 따른 용도

가스 조성	충전기체명	특성
Ar (90%) + CH₄ (10%)	P-10 또는 PR 가스	일반목적용
He (99%) + Isobutane (1%)	Q 가스	일반목적용
BF₃		중성자측정용
CH₄ (64.4%) + CO₂ (32.4%) + N (3.2%)	조직등가기체	선량측정용
Xe (90%) + CH₄ (10%)		광자선측정용(고감도)

4) 소거가스(소멸기체 ; Quenching gas)

기체 전리체적 내에서 전자증폭과정에서 방출된 자외선이나 양이온에 의한 2차 전자 사태를 방지시켜 계수관내 기체증폭율을 안정하게 함으로써 비례영역을 유지시키기 위한 목적으로 주가스에 소량 첨가하는 다원자 유기가스로, 주로 CH₄를 이용하며, 소멸가스는 자외선을 잘 흡수하는 반면 전자를 잘 방출하지 않아야 한다.

보편적인 비례계수관의 충전가스의 구성은 Ar(90%)+CH₄(10%) 정도임

5) 기체증폭률

최초 전리에 의해 생성된 1차 이온쌍들이 수집되는 과정에서 인가전압에 의해 큰 에너지를 부여받게 되면, 전극으로 끌려가는 과정에서 주변의 기체원자와 충돌하여 n개의 2차 전자를 생성시키게 되고 1차 전자는 중성의 가스분자와 충돌하여 n개의 2차 전리를 일으키게 되며, 2차 이온쌍 생성 시 기체 원분자 내에서 전자기파(주로 자외선)를 방출시키게 된다.

기체 증폭과정에서 방출된 자외선에 의해 다시 기체 전리체적 내에서 광전자가 방출되고, 각각의 광전자는 n배의 전자사태를 일으키게 되고, 연쇄적인 전자사태과정을 일으키게 된다. 자외선에 의해 광전자가 발생될 확률을 r(r<<1)이라 하면, n개의 전자에 의해 방출되는 광전자의 수는 nr, 이것이 다시 전극에 도달할 때까지 n^2r이 되고, 반복되는 전자사태과정에서 생성된 총 전자의 수 M은

$$M = n + n^2r + n^3r^2 + n^4r^3 + \cdots = \frac{n}{1-nr}$$

비례계수관의 기체증폭률(또는 가스증폭률) M은 $10^5 \sim 10^6$ 정도이며, 계수관의 구조, 봉입가스의 종류, 가스의 압력 및 인가전압에 의존하며, 인가전압의 크기가 증가됨에 따라 급격히 증가되므로 측정 시 안정된 인가전압을 사용하여 기체증폭률의 급격한 변동을 방지하여야 함

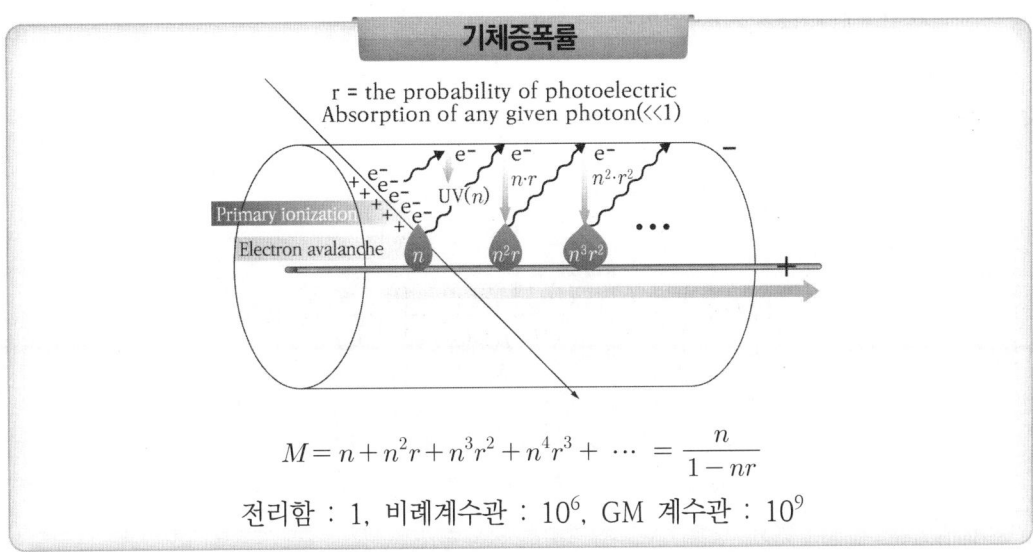

기체증폭률

$$M = n + n^2r + n^3r^2 + n^4r^3 + \cdots = \frac{n}{1-nr}$$

전리함 : 1, 비례계수관 : 10^6, GM 계수관 : 10^9

6) 비례계수관의 펄스파형과 분해시간

비례계수관의 증폭기에 입력되는 펄스의 크기는 입사에너지에 비례하기 때문에 출력 펄스의 파고를 분석함으로써 입사 방사선의 에너지 분석과 방사선의 종류 구별이 가능함

$$\text{출력펄스 크기} \quad V = \frac{M \circ N_p \circ e}{C}$$

M : 가스증폭률
N_p : 1차 이온쌍 수
e : 단위 전하량
C : 계수관 측정회로의 정전용량

비례계수관에서의 전자사태는 1차 전리 발생위치에 국한하기 때문에 양이온 즉, 공간전하가 남는 것은 부분적이므로 공간전하는 무시해도 무방하므로 분해시간이 매우 짧아 0.2~0.5 μs 정도이나 검출회로를 고려할 때 약 1 μs 정도임

예] 비례계수관 내의 기체에서 34 keV 전자가 전 에너지를 잃어 버렸을 경우, 그 전자를 계수하는데 필요한 기체증폭율을 계산하여라. (단, 비례계수관 및 측정회로의 정전용량의 합은 20pF이며, 입력감도는 1mV이고, 기체에서 1개 이온쌍을 생성하는데 필요한 에너지는 34eV이다)

해설

$$V = \frac{M \circ N_p \circ e}{C} \Leftarrow N_p = \frac{34 \times 10^3 \, eV}{34 \, eV} = 10^3$$

$$\therefore M = \frac{V \circ C}{N_p \circ e} = \frac{(10^{-3}V)(20 \times 10^{-12}F)}{(10^3)(1.6 \times 10^{-19}C)} = 125$$

7) 비례계수관의 특징

① 가스증폭작용 이용 : 10^6
  - 양극 가까이에서 증폭이 최대이며, 국소적으로 발생
② 최초 전자증폭(전자사태)이 일어나는 영역을 이용
③ 출력펄스 파고치는 1차 이온쌍의 수에 비례한 2차 전리량에 해당
  - 입사방사선의 에너지에 비례하므로 에너지 측정이 가능(에너지 선별력이 있음)
  - 출력펄스 파고치는 수 mV 정도
④ 불감시간은 약 1 μs 정도
⑤ 방사선의 종류 구분 가능하며, α-β 분리 측정 가능

α-β 분리 측정

□ α-β 공존 시 측정은 알파에 의한 펄스는 커서 낮은 전압에서도 파고선별기 준위를 넘어 계수가 되지만, 베타선에 의한 펄스는 더욱 높은 전압에서 계수되어 α-β 플레투우를 형성
  - α 입자의 계수 : 인가전압을 α 플래토우 영역에 설정하면 β신호는 계수되지 않음
  - β 입자의 계수 : 인가전압을 α-β플래토우 영역에 설정하여 α-β신호를 동시에 계 수한 후 α계수신호를 차감한 값으로 측정 가능

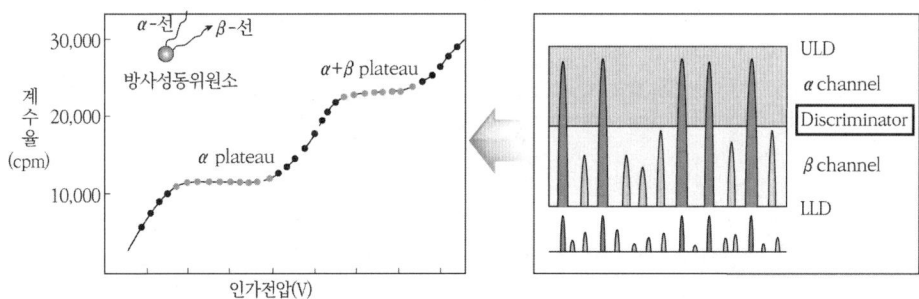

① 알파 플래토우가 먼저 나타나는 이유 : 알파선의 경우는 비전리도가 크고, 에너지가 크기 때문에 낮은 인가전압에서도 검출이 가능
② 알파 플래토우에 비해 알파-베타 플래토우 경사도 차이 이유 : α입자는 단일에너지임에 반해, β선이 연속스펙트럼을 가져서 오차가 발생하기 때문
③ β선의 계수율 = (α-β) 계수율 - α계수율

□ 비례계수관의 최대 장점
베타나 감마 백그라운드가 있는 환경에서 α신호를 분리하여 측정 가능한 것으로 α핵종의 개봉선원 취급하는 핵연료 가공공장 등에서 필요

3 GM 계수관

비례계수관이 최초 이온쌍을 수집하는 과정에서 발생한 자외선에 의한 2차 전자사태를 방지하여 1차 이온쌍에 비례한 출력신호를 측정하는 검출특성을 지닌 반면, GM 계수관은 이러한 자외선에 의한 전자사태의 발생을 허용하여 최대의 기체 증폭이 일어나도록 하는 검출방식이다.

즉 GM 계수관에서는 한번의 전자사태가 일어나면 연속되는 전자사태(자외선에 2차 전리)로 확산되어 결국 기체 증폭이 가능한 영역의 모든 기체가 전리되어 최대의 기체증폭이 이루어지게 되므로 방사선의 종류나 에너지의 크기에 관계없이 거의 동일한 출력 펄스 신호를 나타낸다.

GM 계수관의 출력신호가 입사 방사선의 선질 정보를 반영하지 못하고 단순히 방사선의 수만을 계측하므로 방사선량을 측정할 수 없다.

GM 계수관의 기체증폭률은 약 10^9 배 정도로 출력펄스가 매우 크기 때문에 검출회로에서 별도의 증폭회로가 필요 없고 검출시스템이 단순하여 가격도 저렴하고 휴대형 측정기로 많이 사용되고 있다.

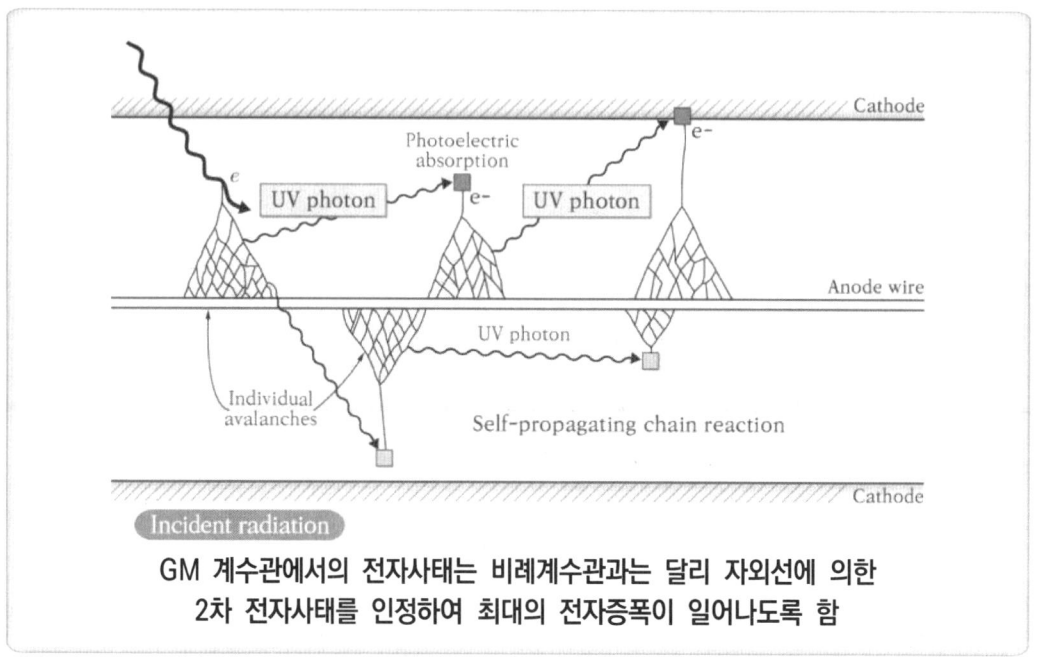

GM 계수관에서의 전자사태는 비례계수관과는 달리 자외선에 의한 2차 전자사태를 인정하여 최대의 전자증폭이 일어나도록 함

1) GM 계수관 구조

GM 계수관의 구조는 비례계수관의 구조와 거의 유사하나 충전가스의 조성이 다름 GM 계수관의 충전가스는 He(99.5%)와 Isobutane (0.5%)로 구성된 Q 가스를 주로 사용하고 있음

2) GM 계수관 종류

GM 계수관의 종류 또한 비례계수관과 유사하게 밀봉형과 가스유입형으로 구분하고 있음

① 단창형 GM 계수관
- 원통형 GM 계수관의 한쪽 면이 알파 또는 베타입자가 투과할 수 있도록 얇은 막으로 제작한 GM 계수관
- 입사창의 재질을 원자번호가 낮은 운모로 하여 1.5~4 mg/cm² 정도의 두께로 형성(일반 원통형 GM 계수관의 입사창은 25~40 mg/cm² 정도임)
- 알파 및 베타 핵종의 방사능 측정 (주로 100 keV 이상의 베타입자 측정 또는 오염감시)
- 광자선에 대한 검출효과는 낮음

② 보상형 GM 계수관
- GM 계수관은 원칙적으로 에너지 종속인 방사선량을 측정할 수 없으나, 검출기의 외벽을 Pb, Sn 등의 높은 원자번호를 가진 물질로 적절히 차폐하여 100 keV ~ 수 MeV 까지의 영역에서 감응도를 거의 일정하게 조정함으로써, 에너지와 선량의 관계를 균일하게 하여 에너지에 관계없이 광자수만 계수하여 근사적으로 선량 또는 선량률을 측정할 수 있도록 한 GM 계수관
- 주로 축장형(Side window) 형태로 두꺼운 벽물질을 필요에 따라 개방할 수 있는 구조로 하여 차폐체를 닫은 상태에서는 엑스선 또는 감마선을 측정하고, 차폐체를 개방한 상태에서는 알파 입자 또는 베타 입자를 측정함

3) 연속 방전의 소거

GM 계수관은 방사선에 의해 기체 전리체적 내에서 생성된 이온쌍의 수집과정에서 자외선에 의한 전자사태를 인정하여 큰 출력신호를 획득할 수 있는 큰 장점이 있으나, 신호 수집과정에서 전자에 의한 신호 검출 이후에도 늦은 이동속도를 가진 양이온들에 의한 공간전하가 형성되고, 느린 속도로 이동하여 음극벽에 충돌하여 전자를 방출하거나 방출된 전자기파에 의해 음극벽에서의 광전자가 방출되기도 하며, 이렇게 방출된 전자들이 다시 양극으로 수집되는 과정에서 연속적인 전자사태를 일으키게 된다. 이렇듯 연속방전이 일어나게 되면 GM 계수관은 방사선을 계수할 수 없게 된다.

양이온의 의한 연속방전을 소거하는 방법으로 외부소거법과 내부소거법이 있다

① 외부소거법

검출기 외부회로에 큰 저항($>10^8 \Omega$)을 사용하여 양이온이 음극에 도달하는 일시적인 시간 동안 인가전압을 낮춤으로써, 양이온이 음극벽에 부딪혀 전자가 방출되어도 계수관내 전장이 약해져 더 이상의 전자사태가 일어나지 않도록 회로적으로 제어하는 방법
- 외부소거법은 분해시간이 긴 단점이 있어, 낮은 계수율 측정에 제한적으로 사용 가능

② 내부소거법

양이온에 의한 연속방전을 방지하기 위해 계수관내의 음극으로 이동하는 양이온과 충돌하여 양이온을 중화시키는 역할을 하는 소량의 가스를 첨가하는 방법으로 자기소거법(Self-quenching) 이라고도 함
- 소거 가스로는 유기다원자가스와 할로겐 가스를 주로 사용
- 유기다원자가스 : 에탄올, ethyl-formate, 개미산, 메틸 등
- 할로겐 가스 ; Br, Cl 등

유기다원자가스	소멸기체	할로겐가스
에탄올, 개미산, 메틸 등	종류	Br, Cl
10^9 counts	수명	수명제한 없음(반영구적)
1000V정도, 높음	사용전압	200~300V, 낮음
2~3% 정도, 낮음	플래토우 경사	5~10% 정도, 높음
플래토우 구간 길다	플래토우 구간	플레토 구간 짧다.

4) GM 계수관의 출력

① 불감시간 (Dead time)
방사선에 의해 최초 펄스가 나타난 후 양의 공간전하로 인해 다음 펄스가 계측되지 않다가, 계수관의 내부 전기장의 회복으로 다시 펄스가 측정될 때 까지의 시간
- 영향 인자 : GM 관내 가스 종류 및 압력, 전기장의 강도, 파고선별기 설정 위치 등

② 분해시간 (Resolving time)
최초 펄스가 계측되고 나서 다시 파고선별 준위 이상의 펄스가 계측될 때까지의 시간
- 이 시간동안에는 방사선이 실제 계수되지 않고 누락됨

③ 회복시간 (Recovery time)
GM 계수관의 내부 전기장이 원래의 상태로 회복되어 최초 펄스 크기의 펄스를 출력시킬 때까지의 시간

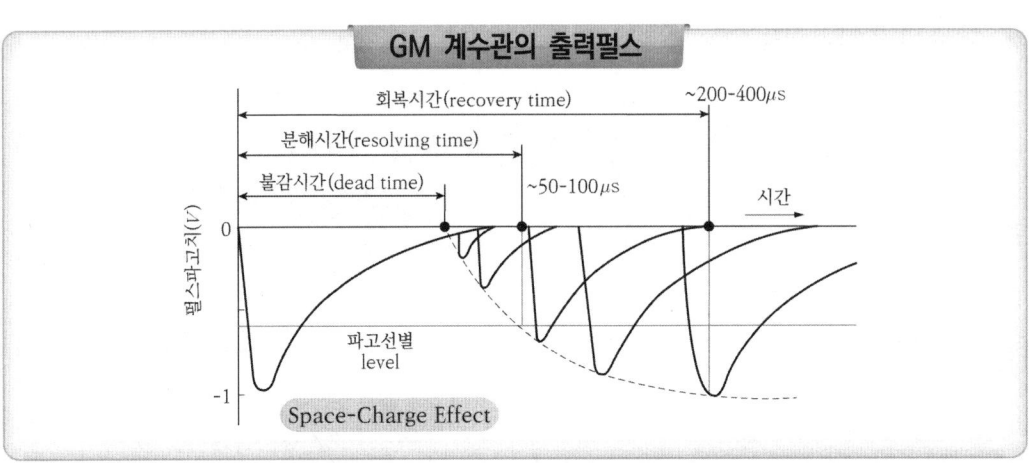
GM 계수관의 출력펄스

5) GM 계수관의 플래토우 특성

① 플래토우(Plateau)
 - 인가전압 증가에도 계수율이 변하지 않는 평탄한 구간으로 GM 계수관의 중요한 특성중의 하나
 - 플래토우는 약간의 경사를 가짐
 - 플래토우 경사는 가능한 완만하고, 그 구역이 길수록 검출기 성능이 우수함
 - 플래토우 경사도 : 인가전압 100V 증가당 계수율의 퍼센테지 증가율로 5%/100V 이하가 바람직하나 10%/100V 까지 사용 가능하며, 플래토우 경사도는 낮을수록 바람직함
 - GM 계수관의 동작전압은 플래토우 구간의 하부 1/3 정도에 사용

② 플래토우 경사도가 생기는 이유
 - 인가전압 증가에 따른 유효전리체적의 실질적인 증가
 - 사용에 따른 계수관 불순물에 의한 전기장의 변화
 - 소멸기체의 성능저하 및 미시적 누설에 의한 영향

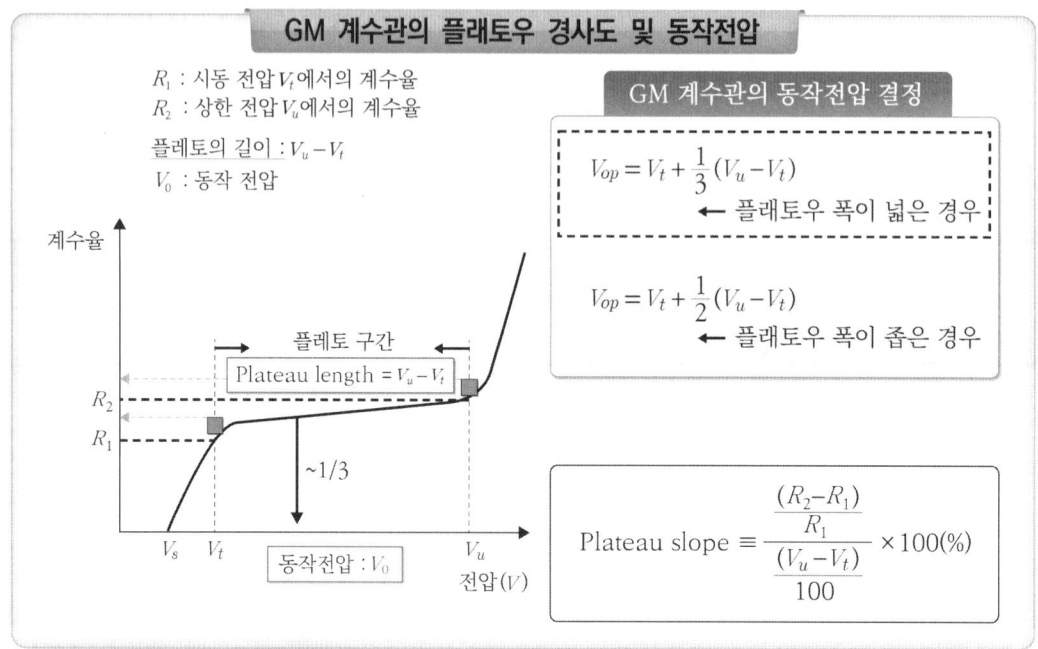

예] GM 계수관의 계수특성을 plateau 길이 1000V에서 1200V에서 측정하였더니 계수치가 각각 2000cpm, 2,200 cpm 이었다. 이 계수관의 plateau 경사를 계산하라.

해설

$$\therefore Plateau\ slope = \frac{\frac{(R_2 - R_1)}{R_1}}{\frac{(V_u - V_t)}{100}} \times 100(\%) = \frac{\frac{(2200-2000)}{2000}}{\frac{(1200-1000)}{100}} \times 100(\%) = 5[\%/100V]$$

6) GM 계수관의 계수손실 및 보정

계수율이 낮은 경우는 입사한 방사선의 대부분이 계수되지만, 고계수율의 계측에서는 분해시간 동안에 계수되지 않는 방사선 입자의 수가 증가하므로 반드시 분해시간에 의한 계수손실을 보정하여야 함

- N을 참계수율, n을 측정계수율, t를 분해시간이라 하면
  GM 계수관이 정상 동작하지 않는 총 시간은 = nt 가 되고
  계측되지 않고 누락된 계수율 N - n = Nnt 가 되어

$$N = \frac{n}{1 - nt}$$

예] 분해시간이 200ms인 GM 계수관을 사용하여 1000cps의 계수율을 얻었다면 이때 참계수율은 몇 cps 인가

해설

$$N = 1 - \frac{n}{1 - n\tau} = \frac{1000}{1 - 1000 \times 200 \times 10^{-6}} = 1250\,[cps]$$

7) 분해시간 측정법

검출기의 분해시간 측정은 2선원법, 붕괴선원법, 오실로스코프 측정을 통해 가능함

- 2선원법

방사능이 유사한 두 개의 S_1, S_2 선원을 이용하여, S_1, S_2 선원을 측정한 계수율을 각각 n_1, n_2라 하고, 선원 S_1과 S_2를 동시에 측정한 계수율을 n_{12}, 선원없이 백그라운드를 측정한 계수율을 n_b라 할 때, 분해시간 τ는

$$\tau = \frac{n_1 + n_2 - n_{12} - n_b}{n_{12}^2 - n_1^2 - n_2^2}$$

예] 불감시간이 100 usec인 계측기로 1분간에 175,000 counts를 얻었다. 참 계수값을 cpm으로 나타내면?

> **해설**

$$n = \frac{m}{1-m\tau} = \frac{175,000}{1-175,000 \times 100 \times 10^{-6}\sec \times 1\min/60\sec} = 247,058 \text{cpm}$$

예] 어떤 GM 계수관의 불감시간이 120 usec이고 효율은 18% 이다. 불감시간으로 인한 계수 손실이 실측 계수율의 5%가 되는 시료의 방사능은 몇 Bq 인가?

> **해설**

$$n - m = 0.05m, \quad m = \frac{n}{1+n\tau}$$

두 식을 연립하여 풀면

$$n = \frac{0.05}{\tau} = \frac{0.05}{120 \times 10^{-6} s} = 417 cps, \quad A = \frac{n}{\varepsilon} = \frac{417 cps}{0.18} = 2,317 Bq$$

예] 2선원법을 이용하여 불감시간을 측정하는 실험을 수행하였다. 실험결과 m_1, m_2, m_{12} 그리고 m_b의 값을 각각 23,126 cpm, 27,016 cpm, 47,688 cpm, 20 cpm 으로 획득하였다. 이 GM관의 불감시간은?

해설

$$\tau = \frac{m_1 + m_2 - m_{12} - m_b}{m_{12}^2 - m_2^2 - m_1^2}$$

$$= \frac{23,216 cpm + 27,016 cpm - 47,688 cpm - 20 cpm}{(47,688 cpm)^2 - (23,216 cpm)^2 - (27,016 cpm)^2}$$

$$= 2.36 \times 10^{-6} \min$$

$$= 2.36 \times 10^{-6} \min \times \frac{60 \sec}{\min}$$

$$= 141.6 \mu \sec$$

8) GM 계수관의 특징

① 기체증폭현상 이용
- 자외선에 의한 전자사태의 발생도 허용하여 10^9 배 정도의 기체 증폭 발생
- 1차 이온쌍 수에 무관한 기체 증폭 발생
- 기체 증폭은 양극주변 모든 영역에서 발생(비례계수관은 양극주변 국소지역)

② 출력펄스
- 방사선의 종류, 에너지에 관계없이 동일한 크기의 출력 Pulse 발생
- 펄스의 파고도 높기 때문에 계측회로를 단순화시킬 수 있다(휴대용이)
- 가격이 저렴하고 안정

③ 계수특성
- GM 계수관은 단순히 입사 방사선 수만 계측할 뿐 방사선 에너지 정보 반영 못함
- 선량 or 선량률 측정은 원칙적 불가능
- 고감도 검출기 (방사선의 유무 파악, 환경 방사능 측정, 선종에 관계없이 계수측정)

④ 충전가스 : Q 가스 이용
  - Q gas : He (99.5%) + isobutane (0.05%)

⑤ 광자선 계수효율은 낮음
  - 광자선은 물질을 직접 전리하지 않고, 계수판의 전극이나 충전기체와 상호작용하여 여기서 생성된 전자에 의한 신호에 응답하기 때문에 수 % 이하

질식현상과 포화현상

□ GM 계수관의 질식현상
GM 계수관에 한 개의 방사선이 입사하여 전자증폭이 일어나 전자에 의한 신호 검출 이후에도 양이온은 이동속도가 늦어 양극주변에 칼집모양의 공간전하를 형성하게 되는데, 이 공간전하에 의해 계수관내 전기장이 일순간 약화되어, 다음 방사선이 입사하여도 충분한 전자사태가 일어나지 않아 출력신호가 검출되지 않는 현상

□ GM 계수관의 포화 현상
"고선량(률)을 측정하면 계수율이 감소하여 극단적으로 0이 되는 경우"로 이러한 현상은 고선량률의 환경에서 전류펄스가 완전히 회복되기 전에 방사선이 연속적으로 입사되어 펄스파고가 너무 작아서 계수회로에서 감지할수 없으므로 발생하는 현상

9) 비례계수관과 GM 계수관의 비교

종류	비례계수관	GM 계수관
충전가스	주로 P10 (Ar 90%) + CH4(10%)	주로 Q 가스 (He(99.5%)+isobutane(0.5%))
소멸가스 역할	자외선에 의한 2차 전자사태 방지하여 기체증폭률 일정 유지	양이온에 의한 연속 방전 방지
기체증폭률	10^6	10^9
출력펄스	수 mV	수 V
분해시간	$1\mu s$	$100-400\mu s$
가스압력	대기압보다 다소 높음	대기압
수명	이론적으로 수명제한 없음	유기다원자 가스 : 10^9 count 정도의 수명 제한 할로겐가스 : 수명제한 없음
방사선 정보	1차 이온쌍 수에 비례한 전자증폭을 이용하므로 방사선의 종류, 에너지 정보를 가짐	1차 이온쌍 수에 비례성 상실하므로 방사선의 종류 및 에너지 정보 없음
유사점	기체전리를 이용한 검출기 전자사태(가스증폭)를 이용 검출기 구조가 유사	

확인문제: 기체전리를 이용한 검출기

01. 조사선량률이 일정할 때 자유공기 전리함의 전리전류에 대하여 <u>틀린</u> 것은 ?

    ① 전리전류는 전리함의 유효체적에 비례한다.
    ② 전리전류는 기압에 비례한다.
    ③ 전리전류는 절대온도에 반비례한다.
    ④ 인가전압이 증가하면 전리전류는 증가한다.

02. 정전용량이 10pF 공기를 내장하고 있는 전리함에 1MeV 하전입자선이 입사 시 전리함에서 흐르는 전류량은? (단, 입자선의 에너지는 전리함 내에서 전부 잃어버렸다고 가정한다)

    ① 2.4×10^{-4} A
    ② 2.4×10^{-5} A
    ③ 4.7×10^{-4} A
    ④ 4.7×10^{-5} A

03. 비례계수관에 대한 설명 중 올바르게 짝지어진 것은 ?

    A. 1개의 입사입자에 의하여 계수관 전체에 걸쳐서 방전이 일어난다.
    B. 1차 이온쌍의 수에 비례한 펄스파고를 얻을 수 있다.
    C. 인가전압에 따라 α선과 β선을 선별하여 측정할 수 있다.
    D. BF_3 계수관은 비례계수관의 일종이 아니다.

    ① A, B
    ② A, C
    ③ B, D
    ④ B, C

04. 기체충전형 검출기의 전자 증폭이 최초로 일어나는 영역은 ?

    ① 재결합 영역
    ② 전리함 영역
    ③ 비례계수 영역
    ④ GM 영역

05. 기체전리 검출기에 사용되는 기체의 설명으로 틀린 것은 ?

① 기체전리 검출기에 사용되는 내부기체는 전자와의 친화성이 높은 가스에 소량의 소멸 가스로 구성된다.
② BF3 가스를 사용한 계수기는 열중성자를 측정 할 수 있다.
③ Q 가스(He 99.5% + Isobutane 0.5%)를 사용한 계수기는 방사선의 종류나 에너지를 알 수 없다.
④ P-10 가스(Ar 90% + CH4 10%)를 사용한 계수기는 α선, β선의 판별이 가능하다.

06. 다음의 비례계수관에 대한 설명 중 틀린 것은 ?

① 가장 일반적인 충전기체는 P-10 가스이다.
② 기체유입형 비례계수관은 저에너지 베타선 및 알파선의 계수에 사용된다.
③ 감마선 검출을 위해서 충전기체에 Xe을 첨가하기도 한다.
④ 음극벽과 충돌에 의한 부가적인 전리가 일어나지 않도록 메탄과 같은 다원자 기체를 첨가한다.

07. 비례계수관을 이용하여 알파입자와 베타입자를 동시에 측정할 경우, 베타입자보다 알파입자에 의한 출력펄스가 크게 측정되는데, 그 이유로 적절하지 않은 것은?

① 알파입자는 선스펙트럼을 지닌 반면 베타입자는 연속스펙트럼을 나타내기 때문이다.
② 베타입자보다 알파입자의 비전리도가 크기 때문이다.
③ 일반적으로 방사성동위원소에서 방출되는 알파입자의 에너지가 베타입자보다 크기 때문이다.
④ 베타입자의 경우 검출기로 입사되더라도 검출기 밖으로 이탈하여 에너지를 잃어버릴 수 있기 때문이다.

08. 기체 충전형 검출기의 GM 영역에서의 펄스 출력으로 적절한 것은 ?

① 펄스 파고는 입사한 방사선의 에너지와 종류에 상관없이 거의 일정하다.
② 검출기 내 기체전리체적의 압력과는 무관하다.
③ 검출기에 입사한 방사선의 에너지에 비례한다.
④ 펄스 파고는 인가 전압의 크기에 크게 좌우된다.

09. GM 계수관에 대한 설명으로 옳지 않은 것은 ?

① 플래토우의 폭은 대략 250V의 범위를 갖는다.
② GM 계수관의 출력전압은 매우 크기 때문에 주증폭기의 증폭과정이 필요없다.
③ 플래토우의 경사율은 장기간 사용함에 따라 소멸가스의 손실, 중심전극의 오염, 가스 압력 변화 등의 여러 원인으로 변한다.
④ 유기다원자 가스를 소멸가스로 사용하는 GM 계수관은 본질적으로 수명은 반영구적이다.

10. 불감시간이 120μs이고 전계수효율이 20%인 검출기로 0.25μCi인 시료를 측정할 때 실측 계수율은 얼마인가 ?

① 1,514 cps ② 1,514 cps ③ 1,514 cps ④ 1,514 cps

11. 비례계수관과 GM 계수관에 관한 설명 중 적절한 것은 ?

A. 비례계수관의 분해시간은 GM 계수관의 분해시간보다 짧다.
B. GM 계수관의 출력펄스 파고는 방사선 에너지의 정보를 가지고 있지 않는다.
C. 비례계수관은 GM 계수관에 비해 높은 가스증폭률을 가진다.
D. 동일한 감응용적을 갖는 경우, γ선에 대한 검출효율은 비례계수관 쪽이 비교적 높다.

① A, B ② A, C ③ A, D ④ B, D

12. 감마선량률이 낮은 작업공간의 감시 목적으로 적절한 계측기는 아래 중 어느 것인가?

① 전리함 ② 비례계수관 ③ GM 계수관 ④ NaI(Tl) 섬광검출기

13. GM 계수관의 특징으로 맞지 않은 것은 ?

① 광자에 대한 계수효율이 낮아 수 % 이하이다.
② 에너지분해능이 없으므로 선량측정이 원칙적으로 불가능하다.
③ 외부 소멸법을 적용하면 방사선의 강도가 낮은 환경에서 사용해야 한다.
④ 자외선에 의한 2차 전자의 생성을 방지하기 위해 소멸기체를 넣는다.

14. GM 계수관의 소멸기체의 역할은 ?

① 자외선에 의한 2차 전자사태 발생을 방지한다.
② 2차 전자사태를 유발하는 자외선을 흡수한다.
③ 전자사태의 크기를 제한한다.
④ 양이온과 충돌하여 중화시켜 음극벽에서 양이온에 의한 2차전자 방출을 방지한다.

15. GM 계수관에 대한 설명으로 옳지 않은 것은 ?

① 플래토우의 경사율과 폭은 사용기간이 경과함에 따라 변화가 발생한다.
② GM 계수관에서 불감시간이 발생하는 이유는 양극에 존재하는 공간전하 때문이다.
③ GM 계수관의 불감시간은 비례계수관에 비해 길다.
④ GM 계수관의 플래토우에서 양의 기울기가 발생하는 이유는 인가전압이 증가함에 따라 관내 전자증배 유효면적이 감소하기 때문이다.

16. GM 계수관에서 불감시간이 생기는 이유와 직접 관계되는 것은 ?

① 입사플루엔스　　　　　　　② 양이온의 늦은 이동속도
③ 방사선의 종류　　　　　　　④ 충전가스의 종류

17. GM 계수관에서 인가전압이 증가할수록 플래토우 구간의 경사도가 발생하는 이유에 대한 설명으로 옳지 않은 것은 ?

① 인가전압이 증가함에 따라 검출기의 유효검출체적의 증가
② 방사선이 입사하지 않더라도 나타나는 유령펄스의 영향
③ 계수의 증가에 따른 소멸가스에 의한 방전소거가 충분히 이루어지지 않기 때문
④ 양극의 공간전하 증가

18. 기체충전형 검출기의 경우, 기체 내에서 하나의 이온쌍을 생성시키는데 필요한 에너지는 얼마인가?

① 1 eV　　　② 3 eV　　　③ 30 eV　　　④ 300 eV

19. 분해시간을 측정하는 방법으로 적절치 않은 것은?

　① 2선원법　　　　　　　　② 붕괴선원법
　③ 오실로스코프 측정법　　　④ 흡수곡선법

20. 조사선량의 절대측정에 사용되는 검출기는 ?

　① 자유공기전리함　　　　　② 공동전리함
　③ 비례계수관　　　　　　　④ GM 계수관

정답 및 해설 — 기체전리를 이용한 검출기

01 ④

전리함 영역의 특성은 재결합 영역의 이상의 전압이 검출기 전리체적에 인가되어, 이온 재결합 영향이 무시될 정도가 되면, 최초 방사선에 의해 기체 전리체적 내에서 생성된 전량의 이온쌍의 수를 수집할 수 있게 되어, 전압을 증가시키더라도 수집전하량은 방사선에 의해 생성된 최초의 이온쌍 수로 유지되는 영역임, 즉 방사선에 의해 최초 생성된 이온쌍 수 모두를 수집하는 영역

전리함 영역에서는 인가전압을 증가시키더라도 수집전하량 또는 수집이온쌍 수는 증가하지 않고 일정하게 유지되며, 이를 포화 전하량 또는 포화전류라 하며, 포화전류의 크기는 방사선 에너지, 선량 등의 정보에 의존하게 됨

포화전류는 전리함의 유효체적, 기압 및 절대온도에 관계하며, 전리함 영역에서는 인가전압의 증가하더라도 전리전류는 포화되는 특성으로 일정하게 유지됨

02 ③

$$N = \frac{E}{W} = \frac{10^6 \, eV}{34 \, eV/ip} = 2.94 \times 10^4 \, ip$$

$$V = \frac{Q}{C} = \frac{(2.94 \times 10^4 \, ip)(1.6 \times 10^{-19} C)}{10^{-11} F} \simeq 4.7 \times 10^{-4} \, V$$

03 ④

비례계수관은 1개의 입사입자에 의해 계수관 전체에서 방전이 일어나는 것이 아니라 양극주변의 국소부위에서만 방전이 발생함

비례계수관의 기체증폭률은 10^{10} 배 정도로 1차 이온쌍 수에 기체증폭률의 곱에 비례한 출력펄스를 획득할 수 있음

비례계수관의 가장 큰 장점중 하나가 알파와 베타선의 혼합 환경에서 알파선 또는 베타선을 분리 측정 가능한 것임

BF^3 계수관은 ^{10}B (n, α) ^{7}Li 핵반응 이용한 열중성자 측정용 계수관으로 BF^3 가스를 봉입하거나 외벽에 붕소(Boron)를 도포하여 핵반응을 이용한 비례계수관의 한 종류임

04 3

기체충전형 검출기로 사용되는 영역 중 전자사태 또는 전자증폭이 일어나는 영역은 비례계수영역으로 이를 이용한 검출기가 비례계수관과 GM 계수관이며, 이 중 최초의 전자사태가 일어나는 영역인 비례계수영역의 특성을 이용한 검출기가 비례계수관임

05 1

전리된 자유전자가 중성의 가스원분자에 부착되어 음이온(negative ion)을 형성할 수 있기 때문에 기체전리 검출기의 경우 비교적 낮은 전자친화(부착)계수를 가진 가스를 이용하여, 생성된 전자가 일반 환경하에서 이 가스 내를 자유전자로써 이동이 원활하도록 한다.

06 4

일반적인 비례계수관의 충전가스는 P-10 가스를 이용하여 주로 알파선 및 베타선 계수에 이용하고, 용도에 따라 충전가스를 다르게 이용하고 있다.
비례계수관의 소거가스의 이용은 전자사태 과정에서 전리체적 내에서 발생한 자외선에 의한 2차 전자사태를 방지시키기 위한 목적으로 다원자 가스인 CH_4를 주로 첨가한다.

가스 조성	충전기체명	특성
Ar (90%) + CH4 (10%)	P-10 또는 PR 가스	일반목적용
He (99%) + Isobutane (1%)	Q 가스	일반목적용
BF$_3$		중성자측정용
CH$_4$ (64.4%) + CO$_2$ (32.4%) + N (3.2%)	조직등가기체	선량측정용
Xe (90%) + CH$_4$ (10%)		광자선측정용(고감도)

07 ①

비례계수관을 이용하여 알파입자와 베타입자를 동시에 측정할 경우, 인가전압이 낮은 영역에서 알파 플래토우가 나타나며, 인가전압을 올리게 되면 알파-베타 플래토우가 나타나게 된다.

인가전압이 낮은 영역에서 알파플래토우가 먼저 나타나는 것은 알파입자가 비전리가 매우 크기 때문이며, 알파플래토우 경사보다 알파-베타 플래토우의 경사도가 높은 이유는 알파입자는 선스펙트럼을 지닌 반면 베타입자는 연속스펙트럼을 나타내기 때문이다.

알파입자에 의한 출력펄스 또는 계수율이 베타입자에 의한 출력펄스보다 큰 이유는 베타입자의 경우 전리체적 내에 입사되더라도 비정이 기체 중에서 ~100cm 정도이므로 전리체적 내에서 전 에너지를 다 잃어버리기 보다는 전리체적 밖으로 이탈하여 에너지를 잃어버릴 확률이 높기 때문이다.

08 ①

GM 계수관은 비례계수관이 최초 이온쌍을 수집하는 과정에서 발생한 자외선에 의한 2차 전자사태를 방지하여 1차 이온쌍에 비례한 출력신호를 측정하는 검출특성을 지닌 반면 GM 계수관은 이러한 자외선에 의한 전자사태의 발생을 허용하여 최대의 기체 증폭이 일어나도록 하는 검출방식이다. 즉 GM 계수관에서는 한번의 전자사태가 일어나면 연속되는 전자사태(자외선에 2차전리)로 확산되어 결국 기체 증폭이 가능한 영역의 모든 기체가 전리하는 최대의 기체증폭이 이루어지게 되므로 방사선의 종류나 에너지의 크기에 관계없이 거의 동일한 출력펄스 신호를 나타낸다.

09 ④

GM 계수관은 늦은 양이온의 이동속도에 의해 신호검출 이후, 양이온이 음극벽과의 충돌 시 방출된 전자에 의한 연속적인 방전사태를 방지하기 위한 목적으로 소량의 유기다원자가스 또는 할로겐가스를 첨가하게 되는데, 이를 소멸가스(또는 소거가스)라고 하며 가스의 종류에 따라 GM 계수관의 특성이 달라지게 됨

유기다원자가스	소멸기체	할로겐가스
에탄올, 개미산, 메틸 등	종류	Br, Cl
10⁹ counts	수명	수명제한 없음(반영구적)
1000V정도, 높음	사용전압	200~300V, 낮음
2~3% 정도, 낮음	플래토우 경사	5~10% 정도, 높음
플래토우 구간 길다	플래토우 구간	플래토우 구간 짧다.

10 ①

$$A = 0.25\mu Ci = 0.25 \times 37{,}000 dps = 9{,}250 dps, \quad n = \varepsilon A = 0.2 \times 9{,}250 dps = 1{,}850 cps$$

$$n = \frac{m}{1-m\tau}, \quad m = \frac{n}{1+n\tau} = \frac{1{,}850 cps}{1+1{,}850 cps \times 120 \times 10^{-6} s} = 1{,}514 cps$$

11 ①

종류	비례계수관	GM 계수관
충전가스	주로 P-10 Ar (90%) + CH_4(10%)	주로 Q 가스 He(99.5%) + isobutane(0.5%)
소멸가스 역할	자외선에 의한 2차 전자사태 방지하여 기체증폭률 일정 유지	양이온에 의한 연속 방전 방지
기체증폭률	10^6	10^9
출력펄스	수 mV	수 V
분해시간	1μs	100-400μs
가스압력	대기압보다 다소 높음	대기압
수명	이론적으로 수명제한 없음	유기다원자 가스 : 10^9 count 정도의 수명 제한 할로겐가스 : 수명제한 없음
방사선 정보	1차 이온쌍 수에 비례한 전자증폭을 이용하므로 방사선의 종류, 에너지 정보를 가짐	1차 이온쌍 수에 비례성 상실하므로 방사선의 종류 및 에너지 정보 없음
유사점	기체전리를 이용한 검출기 전자사태(가스증폭)를 이용 검출기 구조가 유사	

12 ③

13 ④

자외선에 의한 2차전자의 생성을 방지하기 위해 소멸기체를 첨가하는 계수관은 비례계수관이며, GM 계수관은 양이온에 의한 연속적인 방전현상을 방지하기 위해 양이온과 충돌하여 양이온을 중화시키기 위해 소멸기체를 첨가하고 있음

14 4

GM 계수관은 양이온에 의한 연속적인 방전현상을 방지하기 위해 양이온과 충돌하여 양이온을 중화시키기 위해 소멸기체를 첨가하고 있으며, 유기다원자 가스나 할로겐 가스를 이용하고 있음

유기다원자가스	소멸기체	할로겐가스
에탄올, 개미산, 메틸 등	종류	Br, Cl
109 counts	수명	수명제한 없음(반영구적)
1000V정도, 높음	사용전압	200~300V, 낮음
2~3% 정도, 낮음	플래토우 경사	5~10% 정도, 높음
플래토우 구간 길다	플래토우 구간	플래토우 구간 짧다.

15 4

① 플래토우(Plateau)
  - 인가전압 증가에도 계수율이 변하지 않는 평탄한 구간으로 GM 계수관의 중요한 특성중의 하나
  - 플래토우는 약간의 경사를 가짐
  - 플래토우 경사는 가능한 완만하고, 그 구역이 길수록 검출기 성능이 우수함
  - 플래토우 경사도 : 인가전압 100V 증가 당 계수율의 퍼센테지 증가율로 5%/100V 이하가 바람직하나 10%/100V 까지 사용 가능하며, 플로토우 경사도는 낮을수록 바람직함
  - GM 계수관의 동작전압은 플래토우 구간의 하부 1/3 정도에 사용
② 플래토우 경사도가 생기는 이유
  - 인가전압 증가에 따른 유효전리체적의 실질적인 증가
  - 사용에 따른 계수관 불순물에 의한 전기장의 변화
  - 소멸기체의 성능저하 및 미시적 누설에 의한 영향

16 2

불감시간(Dead time)이란 방사선에 의해 최초 펄스가 나타난 후 양이온의 늦은 이동속도로 인한 양이온의 공간전하로 인해 관내 전기장이 약해져 다음 펄스가 계측되지 않다가, 계수관의 내부 전기장의 회복으로 다시 펄스가 측정될 때까지의 시간을 말하며, 그 영향 인자로는 GM 관내 가스 종류 및 압력, 전기장의 강도, 파고선별기 설정 위치 등에 의존

17 4

플래토우 경사도가 생기는 이유
- 인가전압 증가에 따는 유효전리체적의 실질적인 증가
- 사용에 따른 계수관 불순물에 의한 전기장의 변화
- 소멸기체의 성능저하 및 미시적 누설에 의한 영향

18 3

기체 내에서 이온쌍 하나를 발생시키는데 필요한 평균 방사선의 에너지를 일함수로 정의하고 있으며, 일함수는 기체의 종류에 따라 달라진다. 일반적으로 기체의 경우 약 20~30eV 정도의 일함수를 가지고 있음

19 4

분해시간의 측정은 2선원법, 붕괴선원법, 오실로스코프 측정법 등이며 흡수곡선법은 하전입자의 에너지 측정법임

20 1

자유공기전리함은 조사선량의 정의에 기초하여 조사선량을 측정할 수 있는 검출기로 조사선량의 절대측정이 가능함

제3장 고체전리를 이용한 검출기 (Solid State Detector; SSD)

- 3.1 반도체 소자
- 3.2 고체전리검출기의 원리
- 3.3 고체전리검출기의 종류
- 3.4 고체전리검출기의 특징

제3장 고체전리를 이용한 검출기 (Solid State Detector:SSD)

3.1 반도체 소자

전기가 잘 통하는 도체와 통하지 않는 부도체의 중간적인 성질을 가진 물질이며, 물질의 에너지 밴드 구조에서 가전자대와 전도대의 간격이 1eV 정도인 물질로, 가전자대에 있던 전자가 가전자대로부터 전도대로 이동할 수 있는 충분한 에너지(열, 빛 등)를 얻게 되면 전도대로 이동하여 전기전도에 기여할 수 있게 되어 도체의 성질을 띠게 된다.

물질의 종류

① 도체 : 자유전자의 수가 많아 전류가 잘 흐르는 물질
② 부도체 : 자유전자의 수가 적어 전류가 잘 흐르지 않는 물질
③ 반도체 : 도체와 부도체의 중간의 성질을 가지는 물질

물질의 에너지 대역 구조

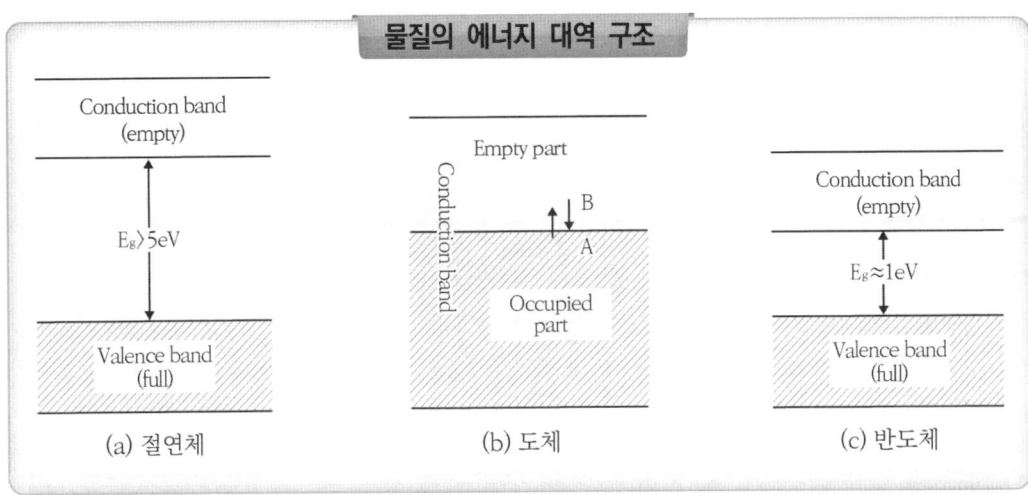

(a) 절연체 (b) 도체 (c) 반도체

Energy Band Theory

1. 가전자대(Valance band ; 충만대)
   - 특정한 격자위치에 전자가 속박되어 있는 상태
2. 금지대(Forbidden gap)
   - 금지대의 폭은 반도체에 따라 결정
   - 금지대 기준 에너지준위 차이를 Energy gap
   - Energy gap에 따라 도체, 반도에, 부도체로 구분

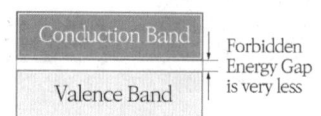

3. 전도대(Conduction band)
   - 최외각 전자가 이탈하여 들어갈 수 있는 밴드
   - 가전자대에 속박되어 있던 전자가 에너지를 받아 금지대역을 뛰어 넘을 수 있는 에너지를 받게 되면 전도대역으로 이동 전도대에서 이동(전기전도성 띠게 됨)
   - 밴드에 들어간 전자 → 자유전자

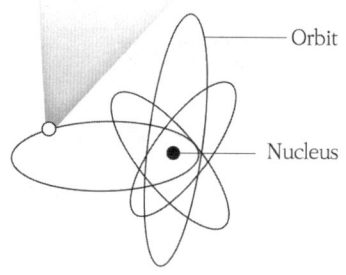

1 반도체 종류

반도체는 진성반도체(Intrinsic Semiconductor)와 불순물 반도체로 분류되며, 불순물 반도체는 그 종류에 따라 p형 반도체와 n형 반도체로 구분됨

1) 진성반도체

진성반도체란 불순물이나 결정 결함이 포함되지 않은 극히 순도가 높은 순수 반도체로, 전도대에 존재하는 전자의 수와 원자 가전자대에 존재하는 정공의 수가 같은 상태인 반도체

2) p형 반도체

순수 반도체 물질인 진성반도체에 불순물을 첨가하여 정공의 수를 증가하게 만든 것으로, 순수 반도체에서 정공수를 증가시키기 위해서는 4가인 Si 또는 Ge 진성반도체에 3가 원소인 B, Ga, In 등의 불순물을 첨가하게 되면, 3개의 가전자는 공유결합을 형성하게 되지만 한 개의 전자가 부족하게 되어 정공 상태로 되어, 전하 운반체는 전자보다는 양의 전기를 갖는 정공의 수가 훨씬 더 많아지게 되어 전기적 특성이 달라지게 되는 것이다. 이렇듯 전자를 받아들일 수 있는 정공을 만들 수 있는 불순물을 억셉터(acceptor)라고 하며, 억셉터에 의한 과잉 정공은 상온에서 쉽게 가전자대로 옮겨진다.

3) n형 반도체

순수 반도체인 4가의 Si 또는 Ge 원소에 5가 원소인 Sb, P, As, Bi 등의 불순물을 첨가하게 되면, 4개의 전자는 공유결합을 형성하게 되지만, 한 개의 전자가 남게 되어 자유롭게 원자사이를 돌아다니게 되어 전기적 성질이 달라지게 되는 것이다. 이렇듯 불순물인 5가 원소는 과잉 전자를 만들므로 도너(donor)라고 한다. 도너에 의한 과잉 전자는 상온에서 쉽게 전도대로 이동하게 된다.

불순물 반도체

[p형 반도체]
- 진성반도체에 원자가(가전자)가 3가 원소 인 억셉터 불순물을 넣은 반도체
- 억셉터(acceptor) : 정공을 만들기 위한 불순물
- 억셉터 불순물 : B, Al, GA, Tl
- 다수 캐리어는 정공 & 소수캐리어는 전자
- 억셉터 준위는 충만대보다 조금 높은 정도에 위치

[n형 반도체]
- 진성 반도체에 원자가(가전자) 5가 원소인 도너 불순물을 넣은 반도체
- 도너(donor) : 과잉전자를 만드는 불순물
- 도너 불순물 : N, P, As, Sb, Bi 등 5가원소
- 다수 캐리어는 전자 & 소수 캐리어는 정공
- 도너 준위는 전도대 보다 조금 낮은 곳에 위치

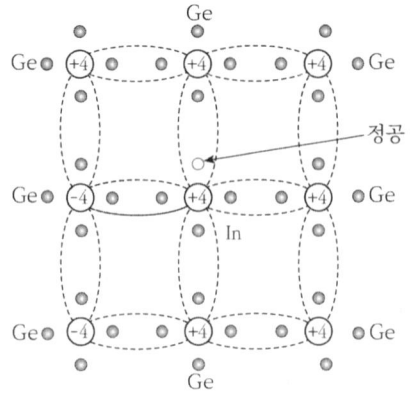
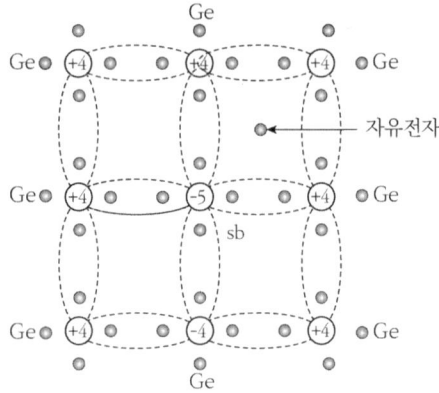

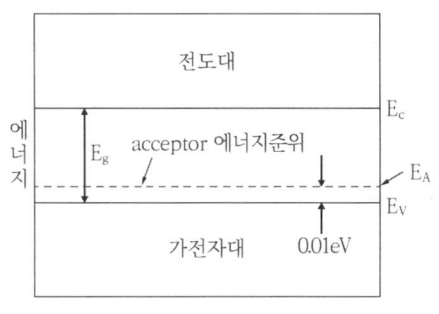

p형 반도체의 에너지 대역   n형 반도체의 에너지 대역

2 반도체 특징

1) 일반적 특징

반도체는 전기저항의 대소보다는 온도의 상승과 더불어 저항률이 증가되는 금속과는 달리, 일정 온도 범위 내에서 오히려 저항률이 감소되는 특징이 있다. 또한 반도체의 저항률은 빛 조사, 전자 주입, 전압 인가, 재료의 순도, 제조 방법 등에 따라 전기적 성질이 달라지며, 일반적인 특징은 아래와 같다.

① 온도가 상승하면 저항이 감소한다.
② 빛을 가하면 저항이 변한다.
③ 전압을 가하면 발광한다.
④ 공유결합형태의 금속결정
⑤ 최외각전자수가 4개인 반도체에 불순물을 가하면 저항이 감소한다.

2) 공핍층의 형성

p형 반도체와 n형 반도체를 접합시키게 되면, 전자와 정공은 재결합하려 할 뿐 아니라 접합부위에서의 전하운반자의 밀도 차에 의한 확산이 일어나게 된다. 접합부위에서의 많은 수의 정공이 n형 반도체 쪽으로 이동하게 되고, 전자는 p형 반도체 쪽으로 이동하여 밀도차가 평형이 될 때까지 확산이 일어나게 되며, 이때 접합부위에서는 전자와 정공이 없는 일정 두께의 공핍층(Depletion region)을 형성하게 된다.

공핍층이 존재하게 되면 전하운반자의 이동이 억제되어 아주 높은 비저항을 갖게 되므로, p-n 접합 반도체에서는 누설전류가 발생하지 않게 된다.

이 때, 역방향 전압(p형 반도체에 (-) 전압, n형 반도체에 (+) 전압)을 인가하게 되면, 전자들은 n형 반도체 쪽으로 정공들은 p형 반도체 쪽으로 이동하게 되어, 접합부위의 공핍층 영역이 보다 크게 형성되는 것이다.

공핍층 영역에 방사선이 입사하게 되면 공핍층 영역에서 이온화 현상에 의해 전자와 정공쌍이 발생하게 되며, 방사선에 의해 발생한 전자-정공쌍을 전기적 신호로 검출함으로써 방사선의 에너지와 양을 검출할 수 있는 것이다.

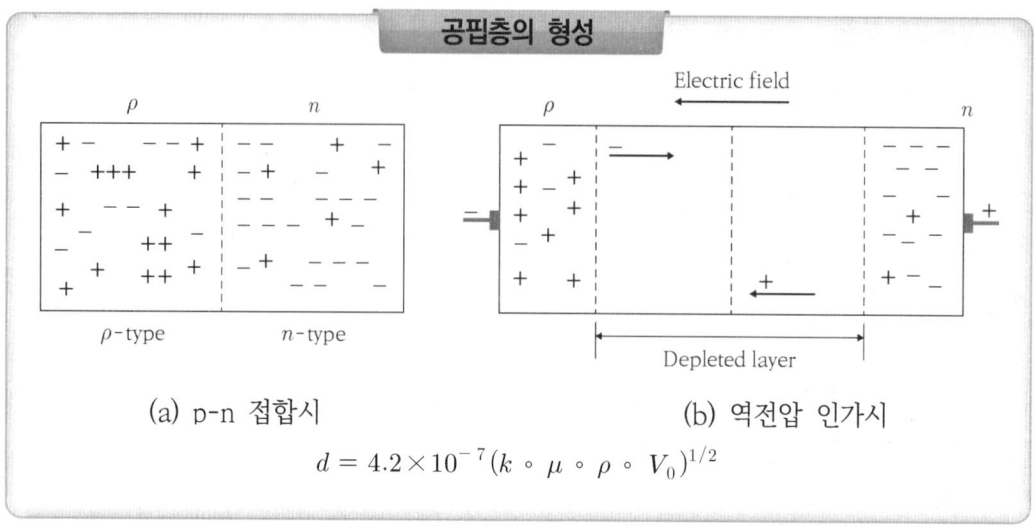

3) 전하운반자의 이동속도와 전도율

반도체 물질에 전기장을 인가하게 되면 공핍층 영역에서 생성된 전자-정공쌍은 모두 각각 반대 전극 방향으로 이동하게 되는데, 이러한 이동에 의해 외부에서 전기적 신호로 검출할 수 있는 것이며, 이러한 이동은 인가전압 또는 전기장에 의한 유동속도(Drift velocity)와 확산에 의한 열속도(Thermal Velocity)에 기인한 것으로 아래와 같다.

$v_{th} = \sqrt{\dfrac{3kT}{m}}$ m : 전자(또는 정공) 유효 질량

$v_d = \dfrac{F\tau}{m}$ F : 전기장에 의한 힘 $(F=qE)$

τ : 평균자유시간(전자가 한번 충돌한 후 다음 충돌시 까지 걸리는 평균 시간)

$v_d = \dfrac{qF\tau}{m} = \mu E$ $(F=qE,\ v_d=\mu E)$ 이므로 $\mu = \dfrac{q\tau}{m}$ 가 된다.

또한 전자 및 정공에 의한 전류밀도 J_n, J_p 는

$J_n = nqE\mu_n$ $J_p = pqE\mu_p$	n : 전자의 수 p : 정공의 수 E : 전기장의 세기 μ_n : 전자의 이동도 μ_p : 정공의 이동도

총 전류밀도 J는

| $J = J_n + J_p = NqE(\mu_n + \mu_p)$ | N : 전자-정공쌍 수 |

전도율 σ는 아래와 같다.

$\sigma = \dfrac{J}{E} = Nq(\mu_n + \mu_p)$

3.2 고체전리검출기의 원리

방사선의 측정에 이용되는 고체전리현상을 이용한 검출기는 주로 Si 또는 Ge 단결정 및 화합물 반도체를 이용하고 있으며, 반도체 검출기(Semiconductor Detector) 라고도 함.

그 기본원리는 반도체 물질에 방사선이 입사하게 되면, 방사선에 의해서 고체 전리체적(공핍층 영역) 내에서 전리현상이 발생하여 전자와 정공쌍이 생성되고, 생성된 전자와 전공쌍을 외부의 음·양 전극에서 전압을 인가하여 전기적 신호를 검출하고, 검출된 전기적 신호가 방사선 에너지 및 양에 비례하는 원리를 이용

근본적으로 전리함과 동작원리가 같다. 다만, 방사선의 검출에 이용되는 물질이 기체가 아니라 고체 물질 즉, 반도체를 이용하며, 전하운반체(또는 정보전달자 ; charge carrier)가 전자와 양이온이 아니라 전자와 정공(hole)인 점이 다르다.

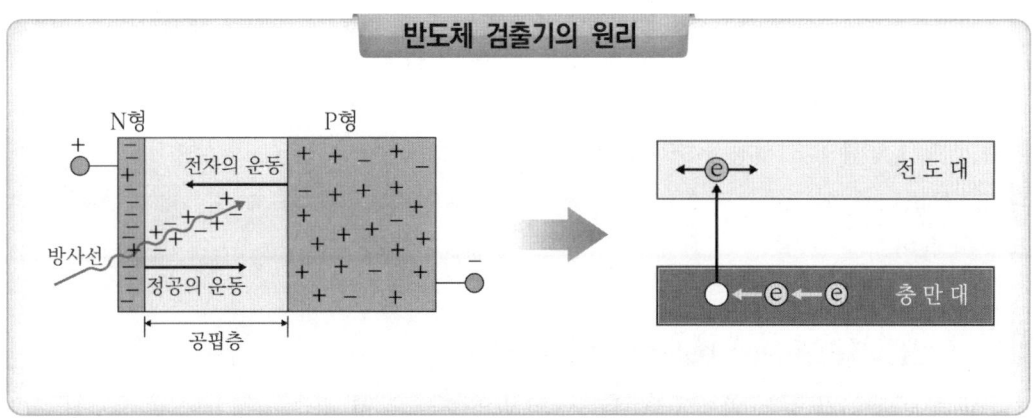

반도체 검출기의 원리

▶ 반도체 검출기로 상용되는 물질의 특성

Material	Atomic Number	Energy gap (eV)	Energy needed to form the pair (eV)
Si	14	1.11 (300K)	3.65 (300K)
Ge	32	0.67 (77K)	2.96 (77K)
CdTe	48, 52	1.47 (300K)	4.43 (300K)
HgI$_2$	80, 53	2.13 (300K)	4.22 (300K)
GaAs	21, 33	1.45 (300K)	4.51 (300K)

3.3 고체전리검출기의 종류

현재 사용되는 반도체 검출기로는 PN 접합형(PN Junction) 반도체 검출기, 표면접합형(Surface barrier) 반도체 검출기, 리튬 유동형(Li Drift) 반도체 검출기, 고순도 게르마늄(High Purity Ge) 반도체 검출기 및 화합물 반도체 검출기 등이 많이 사용되고 있으며, PN 접합형과 표면접합형 반도체 검출기를 확산접합형이라 부르기도 함

1 PN 접합형(PN Junction) 반도체 검출기

p-n 접합부위에는 전하운반자가 없고 저항이 매우 큰 공핍층이 형성되며, 역 전압인가시는 보다 넓은 공핍층이 형성되는데, 이 공핍층 영역에 입사한 방사선에 의해 생성된 전자- 정공쌍을 검출하는 기본 원리를 갖고 있는 검출기임

p형 반도체 한쪽에 n형 불순물인 인(P) 등의 도너를 증기를 쬠으로써 표면 근처의 결정을 n형 물질로 얇게 확산시킨 검출기로 확산된 n형 층의 두께는 0.1 ~ 0.2 ㎛ 정도이며, n형 표면층이 입사방사선이 공핍층에 도달하는 것을 방해하는 불감층으로 작용하게 되어 방사선 측정효율의 감소요인이 되는 문제점이 있으며, 주로 알파선이나 베타선 검출에 용이

2 표면접합형(Surface barrier) 반도체 검출기

p-n 접합형 검출기의 불감층 문제를 해결하기 위해, n형 반도체 표면을 산화시켜 p형 표면층으로 만든 후, 표면에 얇은 금 등의 금속을 증착하여 반도체 접합을 형성한 검출기로, 불감층이 극히 얇은 장점이 있지만, 불감층이 얇아 거의 투명하게 되어 외부 빛에 매우

민감하게 반응하므로 특별 진공용기에 의한 차광을 통하여 빛에 의한 잡음 문제 및 손상이 쉬운 단점을 갖고 있다. 주로 알파선 측정에 사용

3 리튬 유동형(Li Drift) 반도체 검출기

- 투과력이 큰 방사선의 측정에는 넓은 공핍층이 요구되나, 확산접합형 반도체 검출기의 경우 공핍층을 수 mm 이상 크게 제작하는 것이 어려워 투과력이 큰 방사선의 검출에는 적합하지 않은 문제가 있음
- 이에 p층과 n층 사이에 진성반도체 층인 I층을 갖는 PIN 구조를 만들고 역전압을 인가하게 되면 진성반도체 층이 공핍층으로 작용하게 되어 대단히 큰 공핍영역을 만들 수 있음
- 진성반도체 층을 형성하는 방법으로 Li 보상법을 이용하고 있으며, 이는 p형 반도체 표면에 Li 이온을 p형 영역에 열 확산시켜 p형 영역의 억셉터를 보상하고 겉보기상의 I층을 만드는 방법으로 Si과 Ge에 리튬 이온을 주입한 Si(Li) 반도체 검출기와 Ge(Li) 반도체 검출기가 있음
- 상온에서의 Li 이온의 확산으로 인해 검출기의 계측효율이 하락할 수 있으며, 누설전류에 의한 잡음이 증가하고, 에너지 분해능이 떨어지는 문제가 발생할 수 있으므로 Li 유동형 반도체 검출기의 경우, 사용 시 또는 보관 시에 반드시 액체질소(77K)에서 냉각시켜야 함
- Si(Li) 반도체 검출기는 원자번호(Z=14)가 낮고, 흡수단면적이 저 에너지 영역에서 크기 때문에 알파선, 전자선 또는 저에너지(<30keV 정도) 광자선 측정에 적합하며, 고에너지 광자선에 대해서는 원자번호가 낮기 때문에 광전효과 발생확률이 낮아 Ge(Li) 반도체 검출기에 비해 측정효율이 떨어짐

4 고순도 게르마늄(High Purity Ge) 반도체 검출기

- 불순물 농도 및 결함이 극히 적은 고순도의 Ge 단결정을 이용한 검출기로, 저온에서는 전기저항이 극히 커서 높은 bias 전압 인가 가능하며, 시간 응답특성은 빠르고, 에너지 분해능이 우수하나, 검출효율은 섬광검출기에 비해 다소 떨어짐
- 검출효율이나 에너지 분해능 등 중요한 성능 특성은 같은 크기의 Ge(Li)와 HPGe와 유사
- 상온에서 열잡음 발생하기 때문에 사용 시 액체질소로 냉각시켜 사용하여야 함

> **HPGe 검출기**
>
> - HPGe 검출기에서 불감시간이 갑자기 증가할 경우
> ① 측정하고자 하는 시료의 방사능 세기가 상대적으로 매우 큰 경우
> ② 계측기 전원이 불안전한 경우
> ③ 검출기 후단에 연결된 동축케이블에 습기 또는 불순물이 껴서 음극과 양극의 구분이 명확치 않을 경우

5 화합물 반도체 검출기

Si과 Ge은 금지대의 폭이 약 1eV 정도이므로 실온에서 누설전류 크고, 그로 인해 액체 질소 냉각이 필요하며 원자번호가 비교적 낮아 큰 체적을 사용하지 않고서는 감마선과 엑스선의 검출효율이 낮은 단점이 있음

이를 보완한 검출기로, 상온에서 냉각없이 사용이 가능하지만 금지대역 에너지가 Si이나 Ge에 비해 크기 때문에 일함수가 크므로, 검출기의 에너지 분해능이 다소 떨어지는 단점이 있음

반도체 검출기의 종류와 특성 비교

Type	구조	공핍층 두께 (mm)	비고
P-N 접합형	n+ - p p+ - n	<5	• α선, β선 검출에 용이
표면장벽형	p+ - n	<5	• 제조가 용이(n형 실리콘의 표면을 산화) • 고에너지 분해능 • 표면 불감층이 얇음 • α선 측정에 용이 (표면 불감층이 없기 때문)
Li 유동형	n+ -l - p	<15-20	• 구조 : 평면형(X선 또는 고E β) 또는 동축형(γ) • Si(Li) 　: 사용시만 냉각 　: Ge에 비해 에너지 분해능이 높음 　: 30KeV 이하의 X선에 최적 • Ge(Li) 　: 항상 냉각 필요 　: 고에너지 광자선 측정에 적합

Type	구조	공핍층 두께 (mm)	비고
HPGe	p+-p -n+		• HPGe : 사용할때 냉각 : 대체적(~200cm) 가능 : 고에너지 X선, γ선에 최적
CdTe, HgI₂, GaAs, etc			• 상온에서 사용가능 • HPGe 보다 에너지 분해능이 낮음 • 결정 크기 제한(1MeV 이상의 고에너지 방사선 측정 에 다소 부적합)

3.4 고체전리검출기의 특징

장점	단점

1. 고체이므로 밀도가 높고, 검출효율이 높고, 고에너지 측정에 적합
2. 검출부가 소형이고 고감도 검출기
3. 한쌍의 전하운반자를 만드는데 필요한 방사선 에너지가 낮다.(일함수가 낮다, 기체의 약 1/10 정도)
4. 일함수가 낮아 전하운반자 생성수가 크기 때문에 통계적 변동이 낮아 에너지 분해능이 높다
5. 입사방사선의 에너지와 출력 Pulse와의 비례성이 좋다.
6. 전자와 정공의 이동속도가 비슷하며, 응답속도가 빠르다.(전자의 이동속도는 정공의 약 2~3배 정도)
7. 검출기의 증폭에 따라 방사선측정이 가능하다.
8. 분해시간이 짧다.(~ 수십 nsec 정도)
9. 자계의 영향이 없다.
	1. 유효계수면적이 넓은 검출기를 만들기 어렵다.
	   - 환경방사선과 같은 약한 방사선 측정의 어려움
	2. 잡음이 크다.
	   - 상온에서의 누설전류(열잡음) 존재
	3. 누설전류(열잡음) 감소를 위해 액체질소의 냉각을 필요로 한다.
	4. 냉각탱크가 있어 운반이 불편하다.
	5. 신틸레이션 검출기에 비해 검출효율이 다소 떨어짐
	6. 방사선손상 발생

구분	반도체 검출기	전리함
Carrier 형성 부분	고체(공핍층)	기체
Workfunction	~ 3 eV	~ 20~30eV (공기 : 34eV)
Carrier 이동 속도	전자 : 정공 = 2~3 : 1	전자 : 양이온 = 1000 : 1
방향 의존성	작다	크다

검출기 검출효율

1. **절대효율 (전계수효율)**

$$\text{절대효율} = \frac{\text{계수된 펄스의 수}}{\text{선원에서 방출된 방사선의 수}}$$

2. **고유효율 (고유검출효율)**

$$\text{고유효율} = \frac{\text{계수된 펄스의 수}}{\text{검출기에 입사된 방사선의 수}}$$

3. **상대효율**
  : ^{60}Co 선원을 거리 25cm 거리에서 3″×3″NaI(Tl) 섬광검출기를 이용하여 측정하였을 때, 1.33 MeV 감마선에 대한 효율을 100%로 보았을 때, 다른 검출기의 효율

에너지 분해능

□ 에너지 분해능

에너지 분해능$(R) \equiv \dfrac{FWHM}{E_0}$

- 반치폭(FWHM, Full Width at Half Maximum)
  : 피크 최대값의 1/2에서 피크의 폭
- E_0 : 입사방사선의 에너지

$E_0 = KN$

$FWHM = 2.35\sigma$

$\sigma = K\sqrt{N}$

K : 비례상수
N : 생성된 정보전달자의 수

에너지 분해능$(R) \equiv \dfrac{FWHM}{E_0} = \dfrac{2.35K\sqrt{N}}{EN} = \dfrac{2.35}{\sqrt{N}}$

$N = E_0/W$

$R \propto \dfrac{1}{\sqrt{E_0}} = \dfrac{1}{\sqrt{N}}$

➡ R이 작을수록 에너지분해능이 우수함
➡ 에너지분해능 $\propto$ 단위 에너지당 생성되는 정보전달자의 수

예) ^{137}Cs를 Ge(Li) 검출기로 측정한 바, FWHM이 3keV인 경우 % 분해능은? (광전 피크 에너지는(662keV임))

▸ **해설**

해답) $\dfrac{3}{662} \times 100\% = 0.453\%$

확인문제 — 고체전리를 이용한 검출기

01. 반도체 검출기에 관한 설명 중 적절치 않은 것은?
① 반도체 물질의 공핍층 영역에서 방사선에 의해 생성된 전하운반자를 검출하는 고체전리 현상을 이용한다.
② 공핍층은 순방향 전압 인가 시 커지므로, 방사선 측정 시는 순방향 전압을 인가한다.
③ 투과력이 크고 고에너지 방사선의 검출은 넓은 공핍층 두께를 필요로 한다.
④ 밀도가 큰 고체 물질이므로 고에너지 방사선에 대한 검출효율이 높다.

02. 타 검출기에 비해 고체전리현상을 이용한 검출기의 최대 장점은?
① 우수한 에너지 분해능
② 저렴한 비용
③ 휴대 간편성
④ 우수한 검출 효율

03. 다음 중 반도체 검출기의 특성으로 틀린 것은?
① 표면장벽형 검출기는 백그라운드의 영향이 작아 감마선 측정에 유리하다.
② CdTe 검출기는 HPGe 검출기에 비해 에너지 분해능은 나쁘지만 상온에서 사용이 가능한 장점이 있다.
③ 반도체 검출기는 섬광검출기에 비해 에너지 분해능이 우수하다.
④ 반도체 검출기는 방사선에 의한 전리작용을 이용한 것이다.

04. 수 십 keV 이상의 X선 및 γ선의 측정에는 Si 반도체검출기보다 Ge 반도체 검출기가 주로 사용된다. 다음 중 그 이유로 올바른 것은?
① 취급하기 편하기 때문이다.
② 1개의 전자-정공쌍을 만드는데 필요한 평균에너지인 일함수가 Ge이 크다.
③ Ge의 원자번호가 Si보다 크므로 검출효율이 높다.
④ Si의 고순도 결정을 만드는데 어려움이 있다.

05. 상온에서 냉각하지 않고 사용할 수 있는 반도체 검출기는?
    ① HPGe 반도체 검출기
    ② GaAs 반도체 검출기
    ③ Si(Li) 반도체 검출기
    ④ Ge(Li) 반도체 검출기

06. 반도체 검출기에 대한 설명 중 적합하지 않은 것은?
    ① 고순도 Ge 검출기는 측정 시에 액체 질소에서 사용하여야 한다.
    ② 반도체 검출기는 자계의 영향을 받지 않는다.
    ③ 표면장벽형 검출기는 차광하여야 한다.
    ④ 검출부가 소형이라 에너지에 대한 신호비례성이 다소 떨어진다.

07. 반도체 검출기의 검출원리로 적절한 것은?
    ① 여기작용   ② 전리작용   ③ 섬광작용   ④ 화학작용

08. 방사선 검출기로 사용하는 반도체 물질의 조건으로 적절치 않은 것은?
    ① 전자-정공쌍을 발생시키는 데 필요한 에너지가 낮은 것이 좋다.
    ② 공핍층의 두께는 클수록 좋다.
    ③ 실온에서 많은 수의 자유전자를 갖지 않아야 한다.
    ④ 금지대역 에너지가 클수록 좋다.

09. 다음 설명으로 적절치 않은 것은?
    ① CdTe 반도체 검출기는 원자번호가 높기 때문에 수 1 MeV 정도의 고에너지 측정에 적합하다.
    ② HPSi 반도체 검출기는 실리콘의 용융점이 높아 고순도의 단결정 제작이 어렵다.
    ③ Ge의 경우 금지대역 간격이 약 1eV 정도에 불과하여 상온에서 열적 여기에 의한 누설전류를 형성할 수 있기 때문에 액체질소에 냉각하여 사용한다.
    ④ HPGe 반도체 검출기는 고순도 Ge을 이용하므로 동일 크기의 Ge(Li) 반도체 검출기보다 검출효율이나 에너지 분해능이 우수하다.

10. 반도체 검출기의 특성으로 적절치 않은 것은?
　① 낮은 영역의 에너지 분해능을 개선하기 위해서 전치증폭기의 잡음을 줄여야 하며, 이를 위해서는 시정수를 적당히 길게 한다.
　② 고계수율 측정 시 계수누락을 줄이기 위해서는 시정수를 길게 한다.
　③ 시정수를 짧게 하면 전치증폭의 잡음이 많아져 에너지 분해능이 떨어지게 된다.
　④ 시정수를 일정하게 했을 때 고입사율 영역에서 에너지 분해능이 떨어지는 것을 펄스의 중첩(pile-up)이 원인이다.

11. ^{60}Co의 γ선에너지 1330keV에 대한 Ge(Li)검출기의 반치폭은 1.8keV이다. 이 검출기의 분해능은 다음 중 어느 것인가?
　① 0.749　　② 74.9　　③ 0.136　　④ 13.6

12. 저에너지 엑스선 측정에 적절한 검출기는?
　① CdS 선량계　　　　　　　② Ge(Li) 반도체 검출기
　③ Si(Li) 반도체 검출기　　　④ HPGe 반도체 검출기

13. 반도체 검출기의 상대효율의 기준 검출기는?
　① HPGe 반도체 검출기　　　② 자유공기전리함
　③ 3″×3″NaI(Tl) 섬광검출기　④ Ge(Li) 반도체 검출기

14. 반도체 검출기와 측정 방사선의 연결이 적절치 않은 것은?
　① p-n 접합형 - α선, β선 검출
　② 표면장벽형 - α선 검출
　③ Si(Li) 반도체 검출기 - 저에너지 광자선
　④ HPGe 반도체 검출기 - β선 검출

15. 반도체 검출기의 설명 중 적절치 않은 것은?
　① p-n 접합형 반도체 검출기는 불감층으로 인해 방사선 측정효율이 감소된다.
　② 표면장벽형 반도체 검출기는 불감층이 얇아 알파선 측정에 용이하며, 외부 빛에 민감하므로 적절한 차광을 필요로 한다.
　③ 상온에서의 Li 이온의 확산에 의해 누설전류에 의한 잡음이 증가하고 검출기의 검출효율이 떨어지므로 화합물 반도체 사용 시는 반드시 액체질소에 냉각시켜야 한다.
　④ 베타선 측정에는 Si(Li) 반도체 검출기가 Ge(Li) 반도체 검출기보다 유리한 것은 검출기 표면에서의 후방산란을 고려할 때 원자번호가 낮을수록 유리하기 때문이다.

16. 아래의 반도체 검출기로 사용되는 물질 중 에너지 밴드갭이 가장 큰 물질은 어느 것인가?
    ① Si   ② Ge   ③ CdTe   ④ HgI_2

17. ^{137}Cs을 Ge(Li) 검출기로 측정한 바, FWHM이 3000 eV인 경우 검출기의 분해능은 %인가?
    ① 0.453 %   ② 4.53%   ③ 45.3%   ④ 453%

18. ^{60}Co을 NaI(Tl) 섬광검출기를 이용하여 측정할 때, 파고분석기의 채널을 증가시킬 경우 나타나는 현상으로 적절치 않은 것은?
    ① 핵종 분석시 에너지 간격을 좀 더 정확히 분석할 수 있다.
    ② 각 채널당 계수치가 감소하게 된다.
    ③ 통계적 오차가 작아지게 되어 정확한 측정이 가능하다.
    ④ 데이터 처리시간이 길어지게 되어 계측기의 불감시간이 다소 길어진다.

19. 반도체 검출기의 특징 중 적절치 않은 것은?
    ① R 값이 작을수록 에너지 분해능이 우수함을 의미한다.
    ② 입사방사선의 에너지가 클수록 에너지 분해능은 커진다.
    ③ 에너지 분해능은 단위 에너지당 생성되는 정보전달자의 수에 제곱근에 반비례한다.
    ④ 에너지 분해능은 최대 흡수피크에 대한 반치폭으로 정의한다.

20. 반도체 검출기를 이용하여 2 MeV 에너지의 감마선을 측정할 때, FWHM이 2 keV일 때 이상적인 MCA 채널의 수는?
    ① 1000   ② 2000   ③ 4000   ④ 8000

정답 및 해설

고체전리를 이용한 검출기

01 ②

반도체 검출기는 공핍층 영역에서 전리현상에 의해 발생한 전자-정공쌍을 전기적 신호로 검출하는 원리로 공핍층의 두께는 역방향 인가 시 보다 크게 되며, 방사선 측정 시는 역방향 전압을 인가함

02 ①

반도체 검출기의 장점
1. 고체이므로 밀도가 높고, 검출효율이 높고, 고에너지 측정에 적합
2. 검출부가 소형이고 고감도 검출기
3. 한쌍의 전하운반자를 만드는데 필요한 방사선 에너지가 낮다.(일함수가 낮다, 기체의 약 1/10 정도)
4. 일함수가 낮아 전하운반자 생성수가 크기 때문에 통계적 변동이 낮아 에너지 분해능이 높다.
5. 입사방사선의 에너지와 출력 Pulse와의 비례성이 좋다.
6. 전자와 정공의 이동속도가 비슷하며, 응답속도가 빠르다.(전자의 이동속도는 정공의 약 2~3배 정도)
7. 검출기의 증폭에 따라 방사선측정이 가능하다.
8. 분해시간이 짧다.(~ 수십 nsec 정도)
9. 자계의 영향이 없다.

반도체 검출기의 단점
1. 유효계수면적이 넓은 검출기를 만들기 어렵다.
   - 환경방사선과 같은 약한 방사선 측정의 어려움
2. 잡음이 크다.
   - 상온에서의 누설전류(열잡음) 존재
3. 누설전류(열잡음) 감소를 위해 액체질소의 냉각을 필요로 한다.
4. 냉각탱크가 있어 운반이 불편하다.
5. 신틸레이션 검출기에 비해 검출효율이 다소 떨어짐
5. 방사선손상 발생

03 1

표면장벽형 검출기는 p-n 접합형 검출기의 불감층 문제를 해결하기 위해, n형 반도체 표면을 산화시켜 p형 표면층으로 만든 후, 표면에 얇은 금 등의 금속을 증착하여 반도체 접합을 형성한 검출기로 주로 알파선 측정에 사용

04 3

Si(Li) 반도체 검출기는 원자번호(Z=14)가 낮고, 흡수단면적이 저 에너지 영역에서 크기 때문에 알파선, 전자선 또는 저에너지(<30keV 정도) 광자선 측정에 적합하며, 고에너지 광자선에 대해서는 원자번호가 낮기 때문에 광전효과 발생확률이 낮아 Ge(Li) 반도체 검출기에 비해 측정효율이 떨어짐

05 2

Si과 Ge은 금지대의 폭이 약 1ev 정도이므로 실온에서 누설전류 크고 그로 인해 액체 질소 냉각이 필요하며 원자번호가 비교적 낮아 큰 체적을 사용하지 않고서는 감마선과 엑스선의 검출효율 낮기 때문에 이를 보완한 검출기로, 상온에서 냉각없이 사용이 가능하지만 금지대역 에너지가 Si이나 Ge에 비해 크기 때문에 일함수가 크므로, 검출기의 에너지 분해능이 다소 떨어지는 단점이 있음
그 종류로는 GaAs, CdTe, PbS, PbO, InSb, HgI2 등이 있다.

06 4

반도체 소자는 기체에 비해 밀도가 약 1000배 정도 크기 때문에 검출부의 소형 제작이 가능하며, 밀도가 높기 때문에 입사 방사선 흡수효율이 높고, 출력신호의 에너지에 대한 비례성이 우수함

07 2

검출원리	물질특성	검출기 명칭	주 요 용 도	비 고
전리작용	기체전리	전리함	베타/감마 선량(률)측정	
		비례계수관	알파/베타 계수	
		GM관	베타/감마	
	고체전리	HPGe	엑스선, 감마선	에너지 분해능 탁월
		Si(Li)	엑스선, 감마선	저에너지엑스선 측정
		표면장벽형	알파	
		CdTe, HgI_2, GaAs	엑스선, 감마선	상온에서 냉각 필요치 않음
여기작용	고체섬광	NaI(Tl), CsI(Tl)	엑스선, 감마선	
		ZnS(Ag)	알파	
		LiI(Eu)	중성자	
	액체섬광	액체섬광계수관(LSC)	알파, 저에너지 베타	^3H, ^{14}C 측정에 적합
	열형광	TLD	선량측정	
화학작용		프리케선량계 세륨선량계	선량측정	대선량 측정에 적합
감광작용	필름감광	필름뱃지	선량측정	
결함유발	비적생성	고체비적검출기 (CR-39, LR115)	중하전입자/중성자	

08 4

금지대역 에너지가 클수록 전자-정공쌍을 발생시키는 방사선의 평균 에너지는 증가하게 되므로, 에너지 분해능이 떨어지게 됨

일반적인 반도체 소자의 일함수의 실험적 식은 $W = (2.2 ~ 2.8)E_g + 0.5eV(Phonon\ factor)$

09 4

상온에서의 Li 이온의 확산 현상에 의해 누설전류에 의한 잡음이 증가하고 검출기의 측정효율 저감 및 에너지 분해능이 떨어지는 문제가 발생할 수 있으므로 Li 유동형 반도체 검출기는 사용 시 또는 보관 시 냉각시켜야 함

Si 중의 Li 확산계수는 Ge 보다 낮기 때문에 Si(Li) 검출기는 실온으로 보존 가능하나, Ge(Li) 반도체 검출기는 사용하지 않는 동안에도 계속 저온을 유지시켜야 함

HPGe 반도체 검출기는 상온에서 전기적인 잡음이 발생하기 때문에 사용할 때만 액체질소에 냉각시키면 되므로 조작이 다소 편리한 장점이 있으며, HPGe 반도체 검출기는 동일 크기의 Ge(Li) 반도체 검출기와 검출효율이나 에너지 분해능이 유사함

10 2

반도체 검출기의 고에너지 영역의 에너지 분해능은 전하운반자 생성에 의해 좌우되지만 낮은 에너지 영역의 에너지 분해능을 개선시키기 위해서는 전치증폭기의 잡음을 줄이는 것이 절대적으로 필요하다. 시정수를 짧게 하면 전치증폭의 잡음이 증가하기 때문에 에너지 분해능이 떨어지게 되므로 시정수를 적당히 길게 조절하여야 한다.

강한 방사선에 대한 계수 누락을 줄이기 위해서는 파형 정형 회로의 시정수를 짧게 할 필요가 있지만, 시정수를 짧게 하면 전치증폭의 잡음이 많아져 에너지 분해능이 떨어지게 되므로 적정한 시정수는 10~100μs임

11 3

$$(\frac{1.8}{1330}) \times 100\% = 0.136\%$$

12 3

CdS 선량계는 방사선 조사 시 반도체 소자의 저항 변화를 이용한 검출기로 광자선 측정에 주로 이용되며, Ge(Li) 반도체 검출기 및 HPGe 반도체 검출기 또한 주로 고에너지 광자선 측정에 용이함

13 ③

검출기 검출효율

1. 절대효율 (전계수효율)

$$절대효율 = \frac{계수된\ 펄스의\ 수}{선원에서\ 방출된\ 방사선의\ 수}$$

2. 고유효율 (고유검출효율)

$$고유효율 = \frac{계수된\ 펄스의\ 수}{검출기에\ 입사된\ 방사선의\ 수}$$

3. 상대효율
   : 60Co 선원을 거리 25cm 거리에서 3″×3″NaI(Tl) 섬광검출기를 이용하여 측정하였을 때, 1.33 MeV 감마선에 대한 효율을 100%로 보았을 때, 다른 검출기의 효율

14 ④

HPGe 반도체 검출기는 고에너지 광자선 측정에 주로 이용

15 ③

상온에서의 Li 이온의 확산에 인해 누설전류에 의한 잡음이 증가하고 검출기의 검출효율이 떨어지므로 사용 시 반드시 액체질소에 냉각시켜야 하나, 화합물 반도체는 상온에서 측정이 가능한 검출기이므로 액체질소에 냉각시켜 사용할 필요가 없음

16 ④

밴드갭 에너지란 반도체 에너지 분포에서 가전자대의 상단과 전도대 하단 사이의 에너지 범위를 밴드갭 에너지라 하며, 이 사이에서는 전자가 존재할 수 없는 금지대역을 의미하며, 반도체나 절연체의 전기적 성질을 결정하는 중요한 요소로 물질마다 그 값은 다르게 됨

Material	Atomic Number	Energy Gap	Ionization Energy
Si	14	1.1	3.65
Ge	32	0.67	2.96
CdTe	48, 52	1.47	4.43
HgI2	80, 53	2.13	4.22
GaAs	21, 33	1.45	4.51

17 1

$$R = \frac{FWHM}{E_0} = \left(\frac{3}{662}\right) \times 100\% = 0.453\%$$

18 3

파고분석기의 채널을 증가시킬 경우
1. 핵종 분석시 에너지 간격을 좀 더 정확히 분석할 수 있다.
2. 각 채널당 계수치가 감소하게 되어 통계적 오차가 커지게 되며
3. 데이터 처리시간이 길어지게 되어
4. 계측시스템의 불감시간이 다소 길어지는 단점이 초래됨

일반적으로 핵종분석시스템에서의 채널수는 반치폭의 1/4 정도로 설정하여 사용함

$$CH\ No = \frac{측정하고자\ 하는\ 에너지\ 영역}{FWHM/4}$$

19 2

검출기의 에너지 분해능
1. 에너지 분해능(R)은 R 값이 작을수록 우수함
2. $R = \dfrac{FWHM}{E_0}$ (최대 흡수피크 값의 반치폭으로 결정)
3. 에너지 분해능은 단위 에너지당 생성되는 정보전달자의 수의 제곱근에 반비례
4. $R = \dfrac{FWHM}{E_0} = \dfrac{2.35\sigma_E}{WN} = \dfrac{2.35\,W\sqrt{N}}{WN} = \dfrac{2.35}{\sqrt{N}}$

20 1

$$CH\ No = \frac{측정하고자\ 하는\ 에너지\ 영역}{FWHM/4}$$

$$CH\ No = \frac{2000\,keV}{2\,keV/4} = 4{,}000$$

제4장 형광현상을 이용한 검출기

4.1 신틸레이션 검출기 (Scintillation Detector)

4.2 열형광선량계

4.3 형광유리선량계

chapter 제4장 형광현상을 이용한 검출기

4.1 신틸레이션 검출기 (Scintillation Detector)

1 동작원리

방사선이 섬광체(신틸레이터)에 조사되면 섬광체에서 빛을 방출하는 현상을 이용하는 검출기로 섬광체(Scintillator)에서 발생한 미소한 형광(빛)을 광전자 증배관(PMT ; Photo Multiplier Tube)을 이용하여 전기적 신호로 증폭 및 변환하여 조사된 방사선의 수나 에너지를 측정하는 검출기임

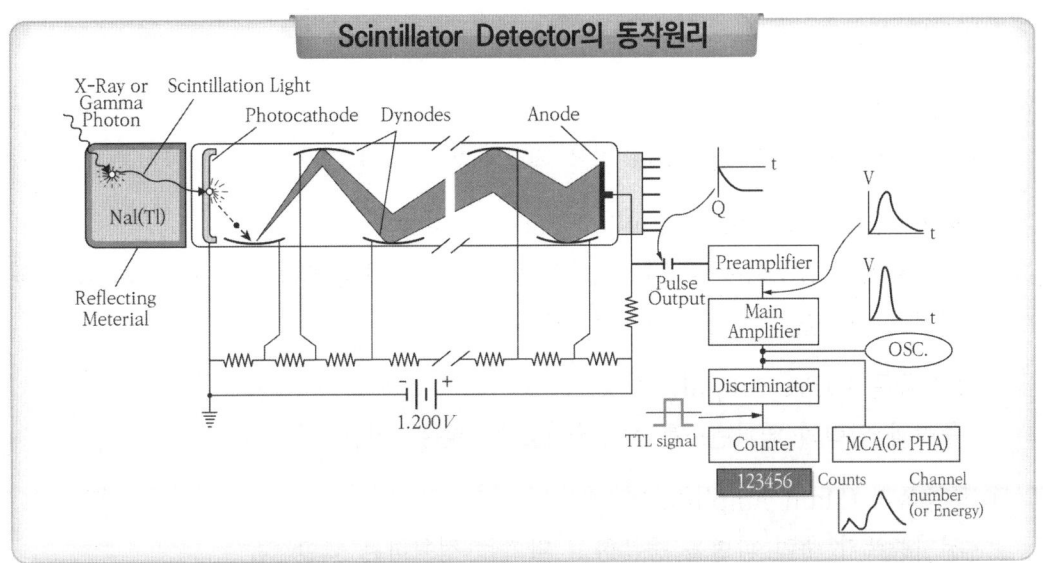

Scintillator Detector의 동작원리

① 방사선이 섬광체에 흡수 → 전리 or 여기 현상 발생
② 흡수된 방사선 에너지가 섬광체 내에서 빛에너지(형광)로 변환
③ 빛에너지가 빛 반사체 및 광도체 (Light Pipe)를 지나 PM tube의 광음극에 도달
④ 광음극에 도달한 빛 에너지에 의해 광음극에서 광전자를 방출하여야 함

⑤ 광음극에서 발생된 광전자는 PM Tube에서 가속 전자 증폭이 발생
⑥ 증폭된 전자를 PM Tube의 양극(수집전극)에서 전기적 신호로 변환
⑦ PMT 수집전극에서 형성된 전기적 신호는 전치증폭기에서 증폭
⑧ 전치증폭기에서 증폭된 출력신호를 다시 증폭하고 파형을 정형한 후
⑨ 파고분석기를 통해 출력신호의 크기를 분석하여 계수기에서 출력신호의 수를 계수

2 섬광검출기의 구성

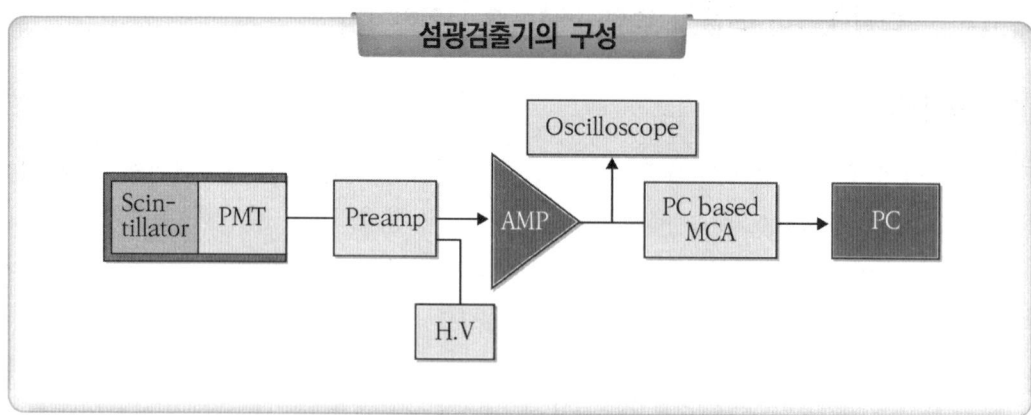

① 섬광체 (Scintillator)
  • 방사선의 에너지를 흡수하여 빛을 방출시켜 주는 물질
② 광전자증배관 (Photo-Multiplier Tube ; PMT)
  • 섬광체에서 발생되는 미소한 형광량을 광전자로 변환시킨 다음 전자증폭을 통해 전기적 신호를 증폭하는 장치(진공관)
③ 전치증폭기 (Pre-Amplifier)
  • 출력과 입력의 임피던스를 Matching 시켜주는 역할
④ 주증폭기 (Main Amplifier)
  • 전치증폭기 출력 파형을 증폭하고 파형을 정형하는 역할
⑤ 파고분석기 (Pulse Height Analyser ; PHA)
  • 주증폭기의 출력 파형의 크기를 분석하여 입사하는 방사선의 에너지와 펄스를 분석하는 장치로 주로 방사선 Energy Spectrum의 측정에 사용 (SCA, MCA)
⑥ 계수장치 (Counter)

> **방사선 측정**
>
> 섬광체에서 발생한 형광이 광전자 증배관의 광음극으로 잘 전달시키기 위한 방안
> ① 섬광체는 기계적 보호와 차광을 위한 목적으로 용기에 넣어 사용하는데, 광전자증배관 방향 이외의 용기의 내벽은 섬광체에서 발생한 빛이 광전자증배관 방향으로 반사될 수 있도록 MgO, Al_2O_3 등으로 도포하여 빛 반사체층을 형성
> ② 섬광체를 직접 광음극에 접착하지 않고 광도체(Light Pipe)를 사이에 삽입
>
> # 광도체(Light Pipe)
> 섬광체와 광전자증배관 사이의 광학적 결합을 양호하게 하여 접합면에서의 난반사를 최소화하기 위한 목적으로 lucite, quartz, plexiglass 등과 같은 투명성 고체나 점도가 높은 silicon oil(용융 silica) 등을 섬광체와 광전자증배관 사이에 삽입하여 섬광체에서 발생한 형광의 광집속성을 개선

3 섬광체의 종류와 특성

1) 섬광체의 구비요건

① 방사선 흡수효율이 높아야 한다.
② 형광으로의 변환효율이 높아야 한다.
③ 빛 방출효율이 우수하여야 한다.
④ 방사선 에너지와 형광량의 선형성이 우수해야 한다.
⑤ 형광의 감쇠시간(붕괴시간)이 짧을수록 좋다.
⑥ 섬광체의 방출 형광 파장과 광전자증배관의 광음극면의 파장 감도 분포가 일치해야 함
⑦ 열, 온도, 습기 등에 영향이 적어야 함
⑧ 대면적 제작이 용이해야 함
⑨ 섬광체를 효율적으로 접속할 수 있도록 섬광체의 굴절률이 유리의 굴절률(1.5)과 유사

2) 섬광체의 종류

특 성	무기섬광물질	유기섬광물질
발광효율	높다	낮다
천이속도	느리다	빠르다
선형성 (방사선 에너지와 발광량)	좋다	좋지 않다
종류	1. 무기결정신틸레이터 NaI(Tl), CsI(Tl), CsI(Na), ZnS(Ag), BGO, LSO, LiI(Eu) 등 2. 가스신틸레이터 Xe, Kr, He 등	1. 유기결정신틸레이터 Anthracene, stillbene 2. 액체신틸레이터 용매 (Xylene, toluene 등) + 용질 (PBO, PPO, POPOP 등) 3. 플라스틱신틸레이터 용매(Polystyrene, polyvinyl toluene 등) + 용질

① 유기결정신틸레이터 (Organic Crystal Scintillator)
- 주로 벤젠핵(C_6H_6)을 갖는 방향성 탄화수소로 구성
- 안트라센 (Anthracene, $C_{14}H_{10}$)과 스틸벤 (Trans-stilbene, $C_{14}H_{12}$)가 가장 많이 사용됨
- 형광 붕괴시간이 수 ns ~ 수십 ns 정도로 매우 짧으므로, 분해시간이 매우 짧음
- 유효원자번호가 5.7 정도로 매우 낮으며, 밀도 또한 안트라센(1.25 g/cm³), 스틸벤 (1.15 g/cm³)으로 매우 낮으므로 감마선 측정에는 부적당하고 주로 베타선 측정에 이용
- 비교적 부서지기 쉽고, 대형 제작이 어려움

섬광체의 형광효율

- 섬광체의 형광효율
섬광체의 형광효율은 전자선에 대한 안트라센의 형광효율을 100%로 하였을 때의 상대적인 효율로 정의

② 액체신틸레이터 (Liguid Scintillator)
- 유기섬광물질을 적당한 용매에 녹여서 제작한 섬광체로, 용매(Solvent)로는 Xylene [$C_6H_4(CH_3)_2$], Toluene[$C_6H_5(CH_3)$], Hexamethylbenzene[$C_6(CH_3)_6$], Trimethylbenzene[$C_6H_3(CH_3)_3$] 등이 주로 사용되며, 용질(Solute)로는 p-terpheny [$C_{18}H_{14}$], PBO, PPO, POPOP 등이 사용됨
- 신틸레이터의 형광효율은 용질의 종류나 농도 등에 의해 변화되며, 특히 파장변환체(Wavelength Shift)를 첨가함으로써 신틸레이터의 효율을 증가시키게 됨
- 액체 섬광체는 측정시료를 용매에 직접 녹여 사용하므로 시료의 자체흡수 및 검출기 창에 의한 감쇠가 없으며, 기하학적 측정효율이 우수함
- ^3H, ^{14}C와 같은 저에너지 베타선 측정에 주로 이용

소광현상 (Quenching)

- 소광
액체 섬광체에서 발생한 형광의 에너지와 세기가 약해져 형광의 손실에 의해 계수효율의 저하를 초래하는 현상

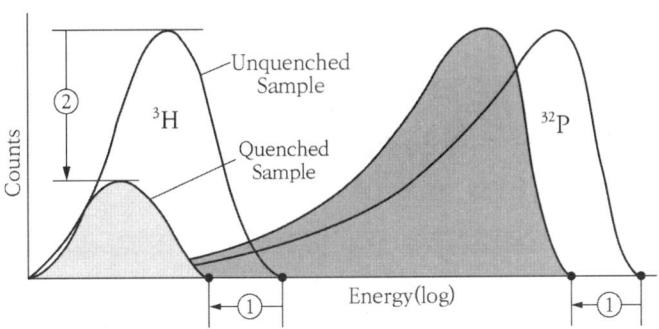

- 소광의 종류
① 광소광 (Photon Quenching)
  방사선 에너지가 용매에 녹지 않는 물질에 의해 감쇠되는 현상
② 화학적 소광 (Chemical Quenching)
  방사선 에너지가 칵테일에 함유된 화학물질에 흡수되어 빛을 방출하는 대신 열(적외선)로 소실되는 현상
③ 색소광 (Color Quenching)
  방사선에 의해 생성된 빛이 칵테일에 함유된 색깔을 띤 물질에 흡수되는 현상

파장변환체

파장변환체 (Wavelength Shift)
- 제 1용질의 발광스펙트럼을 다소 장파장 쪽으로 이동시켜 광전자 증배관의 감도에 잘 매칭되게 하여 효율을 증가시킬 목적으로 첨가하는 물질
- 주로 POPOP 이용
- 파장변환체를 첨가하면 붕괴시간이 길어지는 단점이 초래

③ 플라스틱 신틸레이터 (Plastic Scintillator)
- 유기신틸레이터를 용매로 녹인 후, 이것을 고형화한 섬광체로 용매는 polystrene, polyvinyl toluene 등을 사용하며, 용질로는 p-terphenyle + POPOP 등을 사용
- 다양한 형태의 검출기 제작이 용이
- 대용량의 검출기 제작이 용이하므로 전신방사능계측기(Whole body counter ; WBC)로 이용
- 주로 베타선 측정에 용이하며, 전자선, 중성자선 측정 가능

④ NaI(Tl) 신틸레이터
- Density(3.67g/cm^3), Z_{eff} : 50, Decay time : 230 nsec 정도
- 형광 스펙트럼 : 420 nm 파장대역
- 무기결정신틸레이터 중 형광효율이 가장 우수함 (CsI(Tl) 형광효율의 약 2배 정도)
- 기계적, 열적 충격에 의해 파손되기 쉬움
- 대기중에 방치하면 수분을 흡수하여 효율이 저하되므로 용기에 밀봉하여 사용
- 유효원자번호와 밀도가 크기 때문에 감마선 측정에 용이

NaI(Tl) 검출기를 Al, Be 등으로 밀봉하는 이유

① 조해성
② 기계적, 열적 충격 방지
③ 가시광선 등에 의한 섬광 방지

⑤ CsI(Tl), CsI(Na)
- Z_{eff} : 54, Density : 4.51 g/cm³, Decay time : 1 msec
- 형광 스펙트럼 : 530 nm 파장대역
- NaI(Tl) 보다 원자번호가 높아 감마선 검출효율이 높음
- NaI(Tl) 보다 발광량이 작고(약 45% 정도), 에너지 분해능이 낮다
- 기계적 강도와 내수성이 강하다
- 펄스형성이 느리다 (계수율이 높은 환경에 부적합)
- 유효원자번호와 밀도가 크기 때문에 감마선 측정에 용이

⑥ BGO (Bismuth Germanate, $Bi_4Ge_3O_{12}$)
- Z_{eff} : 83, 밀도 : 7.3 g/cm³, Decay time : 300 nsec
- 형광 스펙트럼 : 480 nm 파장 대역
- 원자번호 및 밀도가 높아 감마선 검출효율이 우수
- 형광량이 작아 에너지 분해능이 NaI(Tl) 보다 떨어짐
- 기계적 강도와 화학적 특성이 우수하다
- 형광 감쇄시간이 매우 짧아 빨리 반응해야 하는 X선 CT, PET 등의 검출기로 주로 사용
- 활성체 사용하지 않음

⑦ LiI(Eu)
- ^{6}Li(n, α)^{3}H 반응 이용
- 열중성자 측정

⑧ ZnS(Ag)
- 큰 결정을 얻을 수 없다 – 분말로 박막하여 사용
- 백그라운드의 영향이 작다
- 투명도 나쁘므로 알파선의 비정과 같은 정도의 얇은 두께를 사용(25 mg/cm² 두께 정도)
- 광전자증배관 유리표면에 직접 도포하기도 하고, Lucite 등의 투명한 물질에 도포하여 광전자증배관에 접착하여 사용하기도 함
- 주로 알파선 측정

⑨ Gas 신틸레이터
- Xe, Kr, He 등의 고순도 가스 이용
- 형광 파장은 주로 자외선 영역
- 붕괴시간이 수 nsec로 매우 짧으나 감마선 검출효율 낮음
- 효율을 높이기 위해 파장 변환체를 검출기 용기벽에 도포하여 사용하기도 함

활성체 (Activator)

일반적으로 물질마다의 방출 파장과 그 물질의 흡수파장은 거의 동일하기 때문에 섬광체에 방사선에 의해 발생한 형광 또한 다시 섬광체내에 흡수되어 섬광체의 형광효율이 떨어지게 되는데, 섬광물질 내 Tl, Eu, Ag 등과 같은 불순물을 첨가하여 금지대역내 불순물 트랩을 형성시킴으로써 보다 큰 파장의 형광을 발생시켜 섬광체의 형광효율을 증가시킬 목적으로 첨가하는 물질

신틸레이터 종류 및 특성

Scintllator	NaI(Tl)	CsI(Tl)	BGO ($Bi_4Ge_3O_{12}$)	$CdWO_4$	BaF_2	GSO (Gd_2SiO_5)
밀도 (g/cm³)	3.67	4.51	7.13	7.90	4.89	6.71
Max. Emission Wave length(nm)	420	530	480	470	310, 220	450
Decay Constant (nsec)	230	1000	300	20000	630, 0.9	60
Melting Point (℃)	651	621	1050	1325	1280	-
Photons / MeV	40000	52000	8500	13000	12000	10000
Radiation Length (cm)	2.59	1.86	1.13	1.00	2.06	1.39
Refractive Index at peak emission	1.80	1.78	2.15	2.25	1.5	1.91
Stability	조해성이 아주 높다	조해성이 약간 있다	안정적	안정적	안정적	안정적

4. 광전자증배관 (Photo-Multiplier Tube ; PMT)

광전자증배관은 섬광체에서 발생되는 미소한 형광량을 광전자로 변환시킨 다음 전자증폭을 통해 전기적 신호를 증폭하는 장치(진공관)로 그 구성은 광전음극(광음극), 다이노드 및 수집극으로 되어 있음

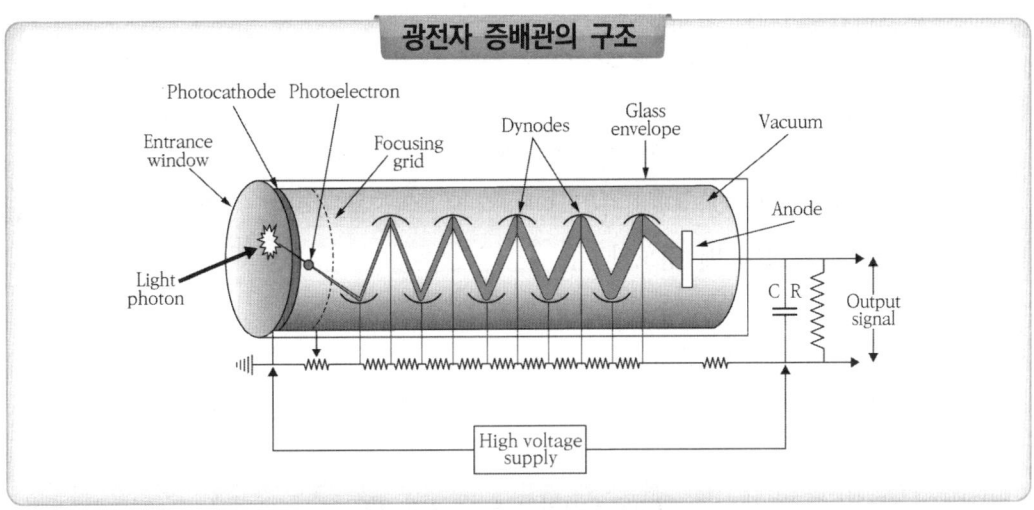

광전자 증배관의 구조

① 광전음극 (Photocathode, 광음극)
- 섬광체에서 발생한 형광에 의해 광전자를 발생시키는 역할
- 광음극의 재료로는 일함수가 낮은 Cs-Sb, Ag-Mn 물질 이용
- 광음극의 감도 유지를 위해 전체면의 두께의 균일성이 중요하며, 광음극의 감도 변화시는 신틸레이션 검출기의 분해능이 저하되는 요인이 됨

광음극의 감도 지표 : 광음극의 양자효율

- 광음극의 양자효율

$$양자효율(\varepsilon) = \frac{발생된\ 광전자의\ 수}{입사한\ 광자의\ 수} \times 100(\%)$$

- 일반적으로 20 ~ 30% 정도

② 다이노드 (Dinode)
- 광음극에서 발생한 광전자를 증폭하는 역할
- 다이노드의 재료는 Cs - Sb, Ag - Mn, Cu - Be 등을 이용하여 높은 온도에서 제작
- 일반적으로 10 ~ 15 단 이용
- 광음극을 이탈한 전자는 제1 다이노드에 끌려서 각 입사 전자마다 여러 개의 전자를 방출하게 되며, 입사된 전자의 수와 그것에 의해 방출되는 2차전자수의 비를 2차 전자증배율이라 하며 M으로 표시하고 M은 다이노드간 인가전압에 의존하나 보통 4~6의 정도가 됨
- 다이노드 수가 n개인 경우, 광전자증배관의 전 이득은 M^n
- 10개의 다이노드를 갖는 광전자증배관의 경우, M=5라고 하면, 증폭되는 총 전자수는 5^{10} 또는 대략 10^7 배 정도가 됨

③ 수집전극 (Collection Anode or collector, 수집극)
- 다이노드에서 증폭된 광전자를 수집하여 전기적 펄스로 형성시키는 역할

광전자증배관 사용시 주의사항
- 측정전 동작이 안정될 때까지 충분한 시간을 가질 것
- 규정 이상의 고전압을 인가하지 않을 것
- 고전압 안정회로의 전원을 사용할 것
  (광전자증배관의 증폭도는 인가전압에 크게 의존하므로 항상 일정한 전압을 인가)
- 자기장의 영향을 받기 쉬우므로 μ metal로 자기 차폐를 실시
- 외부의 미소한 빛에도 영향을 받으므로 직사광선에 노출시키지 않을 것

5 전치증폭기
- 다이노드에서 증폭된 전자의 1차 증폭
- 초기펄스 정형
- 임피던스 정합
- 전류펄스 → 전압펄스

6 주 증폭기

- 전치증폭기 출력 파형 증폭 및 정형

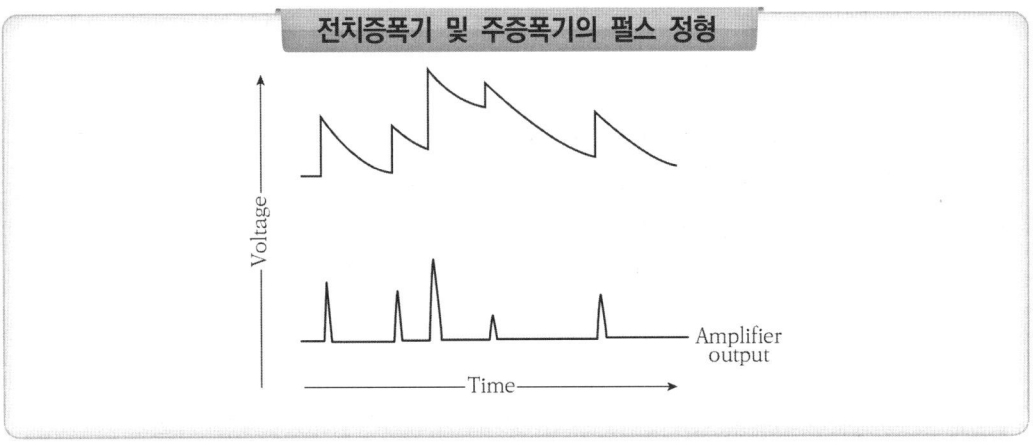

전치증폭기 및 주증폭기의 펄스 정형

7 파고분석기

주 증폭기의 출력 파형의 크기를 분석하여 입사하는 방사선의 에너지와 펄스를 분석하는 장치로 주로 방사선 Energy Spectrum의 측정에 사용 (SCA, MCA)

① SCA (Single channel analyzer, 단일 채널 분석기)
- 반동시계수회로를 이용하여, 1회에 1개의 펄스를 계수

SCA 이용

- 하한선별기와 상한선별기를 반동시계수회로를 이용하여 두 선별기 사이에 출력된 펄스만을 계수하는 방식
- MCA가 개발되기 전에는 SCA를 이용하여 핵종분석 수행
- MCA 보다 불감시간의 영향을 덜 받음
- SCA는 많이 사용되지는 않지만 window를 미세하게 설정할 수 있는 장점으로 인해 여러 에너지를 지닌 방사선장에서 특정 핵종의 감시에 활용
  (예) 원전 등의 경우 다양한 에너지를 갖는 방사성핵종이 방출되는데, 이 경우 특정 핵종(^{137}Cs, ^{131}I 등)의 신속한 감시에 적합

② MCA (Multi-channel analyzer, 다중 채널 분석기)
 - 동시에 서로 이웃하는 다수의 펄스를 계수

$$채널수 = \frac{측정하고자하는 에너지영역}{FWHM/4}$$

MCA에서 Channel의 수를 늘리면?
- 핵종분석 시 피크를 보다 명확하게 구분할 수 있다
- 각 채널당 계수값 감소로 통계적 오차가 커짐
- 데이터 처리시간이 길어지기 때문에 계측시스템의 불감시간이 늘어남

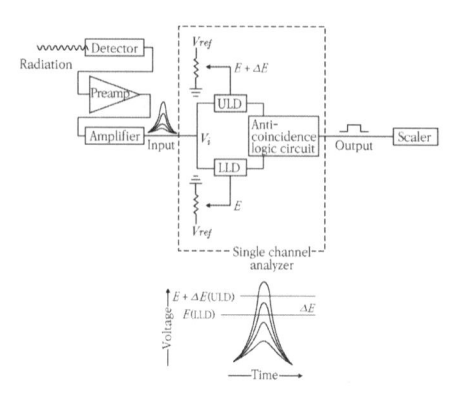

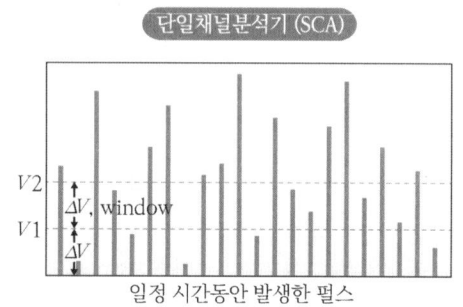

ULD와 LLD 사이(window)에 있는 펄스만 계수
(예) V1과 V2 사이의 펄스의 수 : 5개

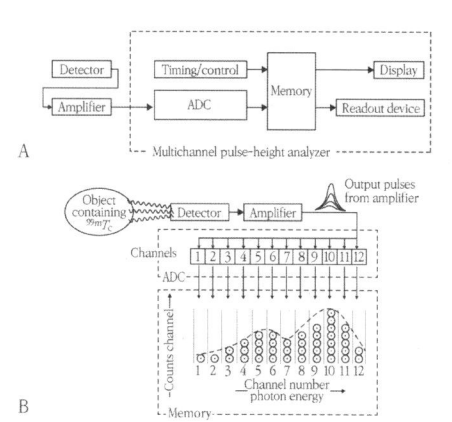

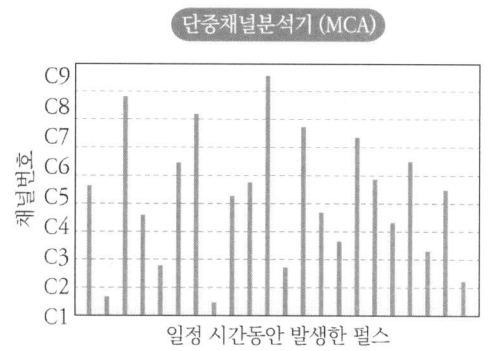

펄스의 높이에 해당하는 채널에서 그 수를 적산
(예) 5번 채널에서 계수된 펄스의 수 : 5개

8. 기타 섬광검출기의 종류

① 장전 유기섬광검출기 (Loaded Scintillator Detector)
- 유기섬광물질은 원자번호가 낮은 C, H, O, N 등으로 구성되어 있으므로 광전효과의 발생확률이 낮아 원천적으로 감마선 핵종분석이 어렵다. 즉, 감마선이 유기섬광물질에 입사하면 주로 콤프턴산란이 일어나므로 콤프턴연속(compton continuum)만이 형성된다.
- 따라서 원자번호가 높은 Pb, Sn 등의 물질을 유기섬광물질에 첨가하여 감마선 핵종분석에 사용할 수 있도록 고안한 검출기

② 우물형 섬광검출기 (Well type Scintillator Detector)
- NaI(Tl) 결정의 중앙 부위에 Vial(시료 시험관)이 위치될 수 있도록 구멍을 뚫어, 그 속에 시료을 넣어 측정할 수 있도록 제작된 검출기
- 시료를 신틸레이터 결정 내부 중앙에 위치시킬 수 있기 때문에 기하학적 효율이 매우 높고, 미량의 감마선 시료라도 효율적으로 측정가능
- 주로 인체의 배설물이나 혈액 등의 시료의 방사능을 계측하기 위한 목적으로 사용 핵의학, 핵화학 분야에서 주로 사용
- 검출효율이 매우 높다 (저에너지 광자의 경우 검출효율이 100%에 이른다)

③ Phoswich Detector 또는 Phosphor Sandwich Detector
- 한개의 PMT에 서로 다른 펄스 붕괴시간을 갖는 두 개의 섬광물질(예 ; NaI(Tl) (0.23 usec) 와 CsI(Tl) (1.0 msec))을 광학적으로 접합한 검출기
- 저에너지 광자는 전방의 얇은 섬광체에서만 반응하는 반면 투과력이 강한 고에너지 감마선은 전방과 후방 섬광체 모두에서 펄스를 생성시키는 원리로 대개 감마선 백그라운드가 존재하는 환경에서 X선과 같은 저에너지 광자를 측정할 목적
- 펄스의 붕괴시간을 이용하여 전방의 얇은 섬광체에서 생성된 저에너지 광자 펄스를 후방의 두꺼운 섬광체에서 생성된 고에너지 감마선 펄스로부터 분리해내는 펄스 파형분석기를 이용

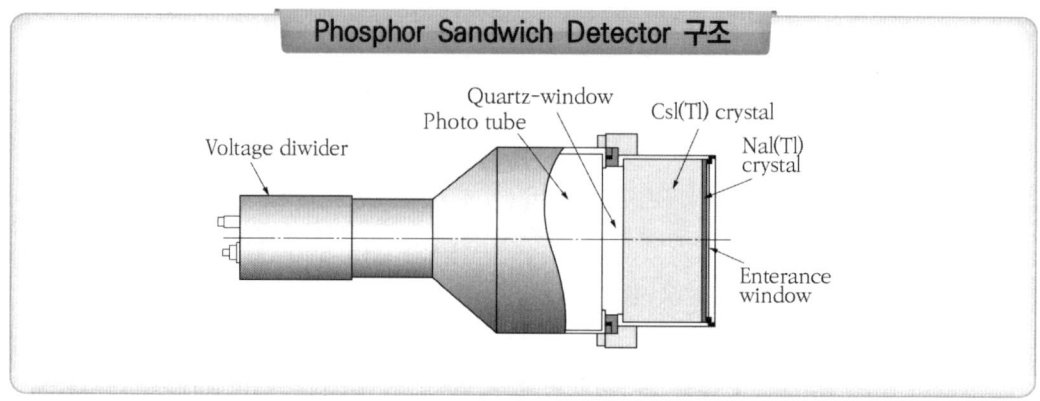

4.2 열형광선량계

1 동작원리

- 열형광소자에 방사선이 조사되면, 가전자대에 있는 전자가 에너지를 얻어 전도대에 올라가고 이 전자는 불순물에 의해 형성된 트랩에 들어가게 되는데, 이 소자를 가열하게 되면 트랩내 포획되어 있던 전자가 가전자대로 떨어지면서 빛을 방출하는 현상을 열형광 현상이라 하며, 이 때 방출된 형광량이 열형광물질에 흡수한 방사선량에 비례하는 특성을 가지므로 방사선량을 평가할 수 있다. 이와 같은 현상을 이용한 선량계를 열형광선량계라고 함

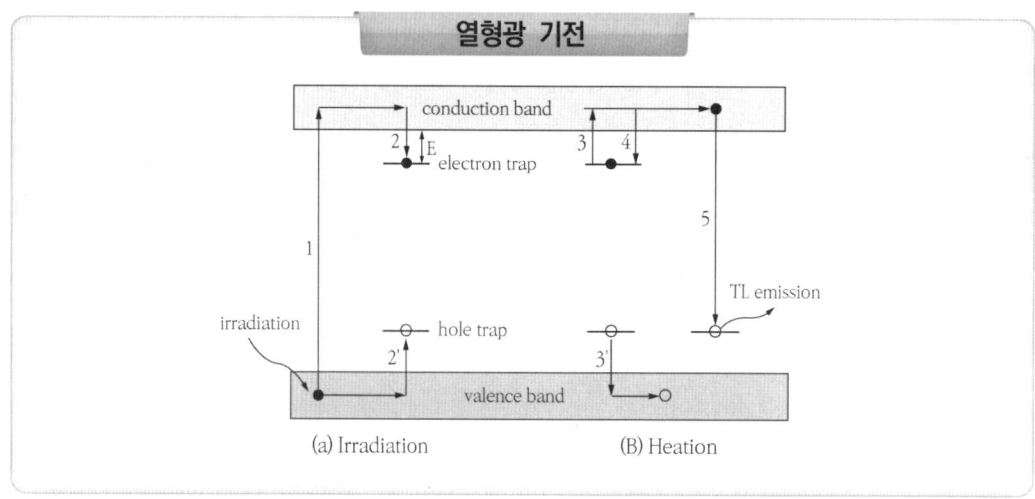

2 열형광소자의 종류와 특성

- 소량의 불순물을 활성체로 첨가한 결정 형태를 주로 이용
- 실효원자번호가 공기나 조직과 등가인 물질인 조직등가물질은 개인피폭선량 측정, 방사선진단 및 치료과정에서의 선량 측정에 주로 이용하고 있으며, 조직비등가물질은 환경감시용으로 주로 이용
- 개인피폭감시용 : Mn이나 Dy로 활성화 시킨 CaF_2, LiF와 $Li_2B_4O_7$ 등이 사용
- 환경감시용 : CaF_2나 $CaSO_4$등이 사용된다. CaF_2나 $CaSO_4$는 LiF에 비하여 상당히 높은 감도를 갖는 이점이 있지만 $CaSO_4$: Mn 및 CaF_2 : Dy는 퇴행현상(fading)이 있어 큰 결점을 갖고 있음
- 중성자검출용 : ^6LiF 주로 이용
  일반적으로 조직비등가물질은 조직등가물질에 비해 열형광감도가 우수하나 에너지 의존성이 크다는 단점이 있음

3 Glow 곡선

- 방사선 조사 후 열형광소자 내의 형광정보를 검출하기 위해 일정한 속도로 가열했을 때, 가열온도나 시간에 따른 방출 열형광량(강도)을 나타낸 곡선으로 열형광 물질에 따라 고유한 곡선을 지님
- glow 곡선이 단일 glow peak로 구성되거나, 또는 두 개 이상의 glow peak는 포획된 전자의 에너지 준위에 해당되며 최대 glow peak에 해당하는 온도를 glow peak 온도라고 하며. 선량을 평가할 때는 주 peak의 높이나 총면적의 평균값으로 평가한다.

4 방사선 측정에 관한 기본 개념

① 열형광선량계의 감도
  - $R = TL/mD$ (TL은 방출되는 광량, m은 TLD 물질의 질량, D는 흡수선량)
  - 방출되는 광량 TL은 Glow 곡선의 면적으로부터 산출가능
  - 열형광선량계의 감도의 선량의존성이 직선적이어야 하며, 직선적인 선량범위가 넓은 것이 바람직함

② 열형광선량계의 에너지 의존성
- TLD 감도의 에너지의존성은 동일한 조사선량으로 조사하였을 때 표준물질에 흡수된 에너지에 대한 TLD 물질에 흡수된 에너지의 비로서 정의
- TLD의 에너지의존성은 공기를 표준물질로 할 때, 공기와 TLD 물질의 질량에너지 흡수계수의 비로서 직접적으로 계산 가능함
  (공기는 조사선량의 정의에 따라 정확한 조사선량 측정이 가능하며, 조사선량과 흡수선량과의 비가 거의 일정하므로 표준물질로 적합함)

$$S(E) = \frac{(\frac{\mu_{en}}{\rho})_{TLD}}{(\frac{\mu_{en}}{\rho})_{air}}$$

5 열형광선량계의 특성

① 감도가 좋다. (최소검출한도 1mR 이하 저선량 측정 용이, up to $10^5 \sim 10^6 R$)
② 열처리(Annealing) 처리를 통해 반복사용이 가능하며 소자가 소형
③ 보건물리적인 측면에서 유용 (LiF, BeO 등 조직등가물질 사용)
④ Fading 현상이 적다.
   (Fading이란 퇴행현상으로 수집된 피폭선량이 시간에 따라 감소되는 현상)
⑤ 판독 종료 시 정보 소멸
   판독 시 Annealing(사전가열)를 하는데 이는 열형광선량계를 적당히 가열함으로써 선량계의 내부 구조 속에 남아있는 피폭량을 형광으로 방출한다.
⑥ 방향의존성이 있으나 에너지의존성은 낮다.
⑦ 온도, 빛, 습도조건에 영향을 받는다.
⑧ 판독시간이 짧다.
⑨ 기록 영구 보존 불가 (열처리후 집적선량이 소거됨)
⑩ 사용 전 반드시 열처리가 필수적임 (Annealing)

열형광선량계와 필름배지의 특성 비교

TLD	Film Badge
에너지 의존성이 적고, 방향의존성 다소	에너지 의존성 및 방향의존성이 크다
선형성이 매우 우수하여 넓은 영역 검출	10mR 이하의 선량 검출 불가
최소검출한도 1mR 이하	필름의 재사용 불가능
재사용 가능	기록보전이 가능
열처리에 의한 기록소실로 기록보존 불가	Fading 현상이 매우 크다
Fading 현상은 있으나 영향이 적음	현상시의 조건에 따라 오차 발생
Reading 장치 고가	개인피폭선량계로 사용
개인피폭선량계로 사용	

4.3 형광유리선량계(Radiophotoluminescent Glass Dosimeter : RPLD or PLD)

방사선에 조사된 유리소자에 자외선을 조사하면 형광을 발한다. 이 형광을 광전자증배관으로 측정하는 측정기를 PLD라고 하며 방사선치료 시 심부선량 측정, 조직내선량 분포 측정, 개인피폭선량(집적선량) 측정에 이용된다.

1 측정원리

- 은이온으로 활성화된 유리에 방사선을 조사하면 흡수된 선량에 비례하여 안정된 형광중심이 형성되고, 이 유리소자에 365nm의 자외선을 쬐면 오렌지색(등색)의 형광(500~700nm)이 방출된다. 이러한 현상을 radiopotoluminescence라고 함
- 형광중심의 생성은 조사선량에 비례하고 또한 형광중심의 수는 발광량에 비례하기 때문에 이 오렌지색의 빛을 필터를 이용하여 선택적으로 수집하여 광전자증배관에서 전기신호로 측정

2 형광유리소자

- 형광유리소자 조성
  : $LiPO_3$ (45%), $Al(PO_3)_3$ (45%), B_2O_3 (2.7%), $AgPO_3$ (7.3%)로 구성
- 개인피폭 선량이나 저선량 측정에는 감도가 높은 판상(disk type, 6×6×3.3mm)이 사용되고, 치료 시 선량분포나 고선량측정에는 간상(rod type, 1ϕ×6mm)이 사용되고 있음

- 유리 속에 Li과 B를 함유하고 있을 때는 중성자 측정도 가능함
- 방사선이 조사되면 비교적 안정된 형광중심을 형성하므로 한번 형성된 형광중심은 소실되지 않고 자외선 조사에 의해 소멸되는 일이 없고, 몇 번이나 반복하여 사용할 수 있으므로 선량이 누적되어 용이하게 선량의 가산이 가능하다는 특징이 있음

3 형광유리선량계의 특징

① 적산선량 가능
② 사전선량 (predose)
 - PLD는 방사선 조사 시 안정된 형광중심을 형성하므로 정보를 판독한 후에도 방사선량 정보가 유지되므로 축적선량의 측정이 가능한 장점이 있으나, 반드시 재사용 전에는 조사전의 선량선량(predose)을 측정하여 교정하여야 함
③ 에너지의존성
 - 형광유리선량계의 측정범위는 10 mR~10^5 R 정도이며, 200 keV 이하의 저에너지에 대해 에너지의존성을 보임
④ 작은 선량율의존성
⑤ Build up 현상
 - 방사선조사가 끝난 후에도 형광유리소자 내에서 형광중심의 생성이 일정동안 지속되는 현상인 Build up 현상이 나타나므로, 측정은 방사선 조사 후 수 시간 또는 1일 지난 후에 형광량을 측정함

형광유리선량계와 열형광선량계의 비교

PLD	TLD
•소자(素子)는 은활성 인산유리 •비교적 안정된 형광중심 생성 •자외선 조사에 의한 발광 •광전자증배관 이용 •약 10 mR~10^5 R •에너지 의존성이 큼 •적산선량 측정 •선량가산성 •수시로 선량치 확인 가능 •퇴행현상은 적다. •선량률 의존성 적다. •사전선량(predose)의 측정 •유리세정이 전처리로서 필요 •Build up 때문에 1일 후에 측정 •심부선량, 선량분포, 개인피폭선량 측정	•소자는 CaF_2, $CaSO_4$, LiF, Mg_2SiO_4 등 •불안정한 형광중심 생성 •가열(자외선)에 의한 발광 •광전자증배관 이용 •약 1 mR~10^6 R •조직등가물질은 작고, 조직비등가물질은 에너지 의존성이 다소 큼 •적산선량 측정 •선량한계성 •한번 읽은 선량치는 소실 •퇴행현상은 적다. •선량률 의존성은 적다. •사전가열(annealing)이 필요 •반복사용 가능 •즉시 측정가능 •심부선량, 선량분포, 개인피폭선량 측정

확인문제 — 형광현상을 이용한 검출기

01. 다음의 방사선 검출기 중에서 발광현상 원리를 이용한 것은 어느 것인가?

① Ge(Li) 검출기   ② CsI(Tl) 검출기   ③ 필름배지   ④ 비례계수관

02. 섬광계수기의 설명으로 틀린 것은?

① γ선의 검출감도는 NaI(Tl) 섬광검출기보다 Ge 반도체 검출기가 우수하다.
② 액체섬광계수기는 저에너지 β선(^{3}H 및 ^{14}C) 측정에 용이하다.
③ ZnS(Ag) 섬광계수기는 α선을 측정한다.
④ 플라스틱 섬광계수기는 주로 β선이 또는 중성자 측정에 이용된다.

03. 방사선과 측정용 섬광체와의 관계를 짝지은 것 중 적절한 것은?

① 중성자 – 액체 섬광체   ② β선 – NaI(Tl)
③ γ선 – LiI(Tl) 섬광체   ④ α선 – ZnS(Ag)

04. 액체섬광계수관에 관한 설명으로 다음 중 옳지 않은 것은?

① 광자에 대한 검출효율이 높으므로 감마선을 방출하는 핵종 측정에 적합하다.
② 에너지 선별력이 우수하므로 ^{3}H, ^{14}C, ^{32}P 와 같은 핵종을 선별하여 측정할 수 있다.
③ 기하학적 효율이 약 1 이며, 자기흡수도 낮아 저에너지 베타선을 절대측정 할 수 있다.
④ 시료조제가 용이하고 낮은 에너지의 베타선을 측정할 수 있다.

05. ^{3}H를 함유한 물의 방사능을 측정하는데, 가장 적절한 계측기는?

① GM 계수관   ② 액체 신틸레이션카운터
③ 입사창이 없는 가스플로계수관   ④ Ge(Li)반도체 검출기

06. 감마선 핵종분석시스템에서 다중채널분석기의 채널수를 증가시킬 때 나타나는 현상으로 옳지 않은 것은?

① 데이터 처리시간이 길어지기 때문에 계측시스템의 불감시간이 늘어난다.
② 각 채널당 기록되는 계수값이 감소함에 따라 통계적 오차가 커진다.
③ 백그라운드 계수가 낮아지므로 최소검출방사능(MDA)을 낮출 수 있다.
④ 핵종분석시 피크를 보다 명확하게 구분할 수 있다.

07. 유기섬광계수기의 특성으로 옳지 않은 것은?

① α선 또는 저에너지 β선(^3H, ^{14}C)의 측정에 매우 효과적이다.
② 액체섬광계수법은 시료와 섬광체를 혼합하여 사용한다.
③ γ선 에너지 스펙트럼 측정에서 전 흡수 피크가 잘 나타난다.
④ 측정하고자 하는 임의의 크기와 형태로 제작이 용이하다.

08. 다음 핵종 중 NaI(Tl) 섬광검출기로 측정이 어려운 핵종은 어느 것인가?

① ^{24}Na ② ^{32}P ③ ^{137}Cs ④ ^{60}Co

09. 유기 섬광물질에 원자번호가 높은 납이나 주석과 같은 물질을 첨가하여 감마선 핵종 분석이 가능하도록 한 검출기는?

① 장전유기섬광검출기   ② 액체섬광검출기
③ 플라스틱섬광검출기   ④ 무기섬광검출기

10. 섬광체의 설명 중 적절한 것은?

① 형광 감쇠시간은 유기섬광체가 무기섬광체보다 긴 장점이 있다.
② 형광효율은 유기섬광체가 무기섬광체의 형광효율보다 일반적으로 높다.
③ 방사선에너지와 형광량의 선형성은 유기섬광체보다 무기섬광체가 우수하다.
④ 섬광체는 섬광에 대해 투명도가 낮을수록 우수하다.

11. 아래 섬광체 중 출력신호의 지연성이 없어 PET 또는 CT에 사용되고 있는 것은?

    ① NaI(Tl)   ② CsI(Na)   ③ ZnS(Ag)   ④ BGO

12. 광전자증배관 사용 시 주의해야 할 사항으로 적절치 않은 것은?

    ① 규정 이상의 DC 고전압을 인가하지 않는다.
    ② 규정상 고전압 인가 범위를 지켜서 사용하므로 고압전원 안전회로는 필요하지 않다.
    ③ 자장의 영향을 방지하기 위해 μ 메탈과 같은 자성재료로써 광전자증배관을 감싼다.
    ④ 측정 전 광전자증배관의 동작이 안정될 때까지 충분한 시간을 갖는다.

13. NaI(Tl) 섬광검출기와 Ge 반도체 검출기의 설명 중 적절한 것은?

    ① γ선에 대한 에너지분해능은 반도체 검출기가 우수하다.
    ② γ선의 검출효율은 반도체 검출기가 NaI(Tl) 섬광검출기 보다 우수하다.
    ③ Ge 반도체 검출기는 검출기 특성상 γ선 에너지 스펙트럼 측정이 불가능하다.
    ④ γ선 에너지에 대한 정보운반자 생성 수는 NaI(Tl) 섬광검출기에서 보다 크다.

14. 열형광선량계에 대한 설명 중 적절하지 않은 것은?

    ① Film badge에 비해 Fading 현상이 적다.
    ② 조직등가물질은 에너지 의존성이 높게 나타난다.
    ③ 사용하기 전에 반드시 Annealing 처리를 하여야 한다.
    ④ 측정 가능한 범위는 0.1 mR ~ 10^5R 정도까지 측정할 수 있다.

15. NaI(Tl) 섬광검출기를 이용하여 교정용 ^{137}Cs (1,000 Bq)선원을 100초 동안 측정하여 4,350 counts를 얻었다. 이 선원을 제거하고 100초 동안 백그라운드를 측정하였더니 100 counts였다. 이에 대한 γ-선의 계수효율을 구하시오. 단, 137Cs 661.7 keV 감마선의 방출비는 85%이다.

    ① 0.5%   ② 1%   ③ 5%   ④ 10%

16. BGO 섬광체의 설명 중 적절치 않은 것은?

　　① 흡습성이 있다.
　　② 밀도가 크다.
　　③ 잔광감쇠시간이 짧다.
　　④ 활성체를 이용하지 않는다.

17. TLD에 의한 방사선의 측정의 원리로 적절한 것은?

　　① 전리현상　　② 화학변화　　③ 결함현상　　④ 형광현상

18. 열형광선량계의 설명중 적절치 않은 것은?

　　① 감도가 매우 높고 광범위한 선량 측정이 가능하다.
　　② 열처리를 통해 반복사용이 가능하다.
　　③ 잠상퇴행 현상이 매우 크다.
　　④ 방향의존성이 비교적 적다.

19 형광유리선량계의 특성으로 적절치 않은 것은?

　　① 안정된 형광중심이 생성되므로, 선량을 읽은 후에도 형광중심이 소실하지 않으므로 수시로 선량치 확인이 가능하다.
　　② 퇴행현상이 적다.
　　③ 사용전 사전선량을 반드시 측정하여야 한다.
　　④ 방사선 조사 후 바로 측정이 가능한 장점이 있다.

20. 아래 검출기중 집적선량 측정이 가능한 검출기가 아닌 것은?

　　① 전리함　　② 열형광선량계　　③ 필름배지　　④ 형광유리선량계

정답 및 해설 — 형광현상을 이용한 검출기

01 ②

① Ge(Li) 검출기 : 반도체 검출기의 종류로 고체 전리현상 이용
② CsI(Tl) 검출기 : 섬광검출기의 종류로 형광 또는 발광현상 이용
③ 필름배지 : 필름에서의 감광작용 이용
④ 비례계수관 : 기체 검출기의 종류로 기체 전리현상 이용

02 ①

γ선의 검출감도는 Ge 반도체 검출기보다 NaI(Tl) 섬광검출기의 감도가 우수하나, 반도체 검출기의 에너지 분해능이 월등히 높기 때문에, 감마선 에너지 스펙트럼 측정에 반도체 검출기를 주로 이용하고 있음

03 ④

액체섬광체 : 저에너지 β선 측정 용이
NaI(Tl) 섬광체 : γ선 측정 용이
LiI(Tl) 섬광체 : 중성자 측정 용이

04 ①

액체섬광검출기는 C, H, O, N과 같은 원자번호가 낮은 물질로 구성물질로 구성되어 감마선 핵종 측정에는 원칙적으로 불가능하며, 주로 ^{3}H, ^{14}C, ^{32}P 와 같은 β선 방출핵종 측정 용이하고, 또한 측정하고자 하는 시료를 액체섬광물질과 혼합하여 사용하므로 기하학적 검출효율이 1에 가까우며, 선원의 자기흡수도 매우 낮으므로 저에너지 베타선의 절대측정이 가능함

05 2

액체섬광검출기와 가스유동형 비례계수관은 둘 다 ^{3}H, ^{14}C와 같은 저에너지 베타선 측정이 가능하나, 시료의 형태에 따라 적절한 검출기를 선정하여 사용할 수 있음.
즉, 측정하고자 하는 시료가 액상으로 섬광체와 혼합하여 사용가능할 경우는 액체섬광검출기가 적당하고, 시료의 형태가 오염된 표면을 문지른 필터 형태인 경우는 가스유동형 비례계수관이 보다 적절함

06 3

핵종 분석 시 다중채널분석기의 채널수를 증가시킬 때 ① 핵종 분석시 피크를 보다 명확하게 구분할 수 있고 ② 각 채널당 계수값 감소로 통계적 오차가 커지며 ③ 데이터 처리시간이 길어지기 때문에 계측 시스템의 불감시간이 늘어나게 됨

07 3

유기섬광검출기는 C, H, O, N과 같은 원자번호가 낮은 물질로 구성물질로 구성되어 있어, 광전효과의 발생확률이 낮고 주로 컴프턴 산란이 주로 발생하게 되어 감마선 핵종 측정이 어려움

08 2

NaI(Tl) 섬광검출기는 X선이나 γ선 측정에 용이하나 ^{32}P는 베타선 방출핵종이므로 측정이 용이하지 않음

핵종	주 방출 방사선	방사선 에너지
^{24}Na	γ선	1.37 MeV, 2.75 MeV
^{32}P	β선	1.71 MeV
^{137}Cs	γ선	0.662 MeV
^{60}Co	γ선	1.17 MeV, 1.33 MeV

09 1

장전 유기섬광검출기 (Loaded Scintillator Detector)
- 유기섬광물질은 원자번호가 낮은 C, H, O 로 구성되어 있으므로 광전효과의 발생확률이 낮아 원천적으로 감마선 핵종분석이 어렵다. 즉, 감마선이 유기섬광물질에 입사하면 주로 콤프턴산란이 일어나므로 콤프턴연속(compton continuum)만이 형성된다.
- 따라서 원자번호가 높은 Pb, Sn 등의 물질을 유기섬광물질에 첨가하여 감마선 핵종분석에 사용할 수 있도록 고안한 검출기

10 3

특 성	무기섬광물질	유기섬광물질
발광효율	높다	낮다
천이속도	느리다	빠르다
선형성 (방사선 에너지와 발광량)	좋다	좋지 않다

1) 섬광체의 구비요건
　① 방사선 흡수효율이 높아야 한다.
　② 형광으로의 변환효율이 높아야 한다.
　③ 빛 방출효율이 우수하여야 한다.
　④ 방사선 에너지와 형광량의 선형성이 우수해야 한다.
　⑤ 형광의 감쇠시간(붕괴시간)이 짧을수록 좋다.
　⑥ 섬광체의 방출 형광 파장과 광전자증배관의 광음극면의 파장 감도 분포가 일치해야 함
　⑦ 열, 온도, 습기 등에 영향이 적어야 하며, 대면적 제작이 용이하여야 함
　⑧ 섬광체를 효율적으로 접속할 수 있도록 섬광체의 굴절률이 유리의 굴절률(1.5)과 유사

11 4

12 ②

광전자증배관 사용 시 주의사항
- 측정 전 동작이 안정될 때까지 충분한 시간을 가질 것
- 규정 이상의 고전압을 인가하지 않을 것
- 고전압 안정회로의 전원을 사용할 것
  (광전자증배관의 증폭도는 인가전압에 크게 의존하므로 항상 일정한 전압을 인가)
- 자기장의 영향을 받기 쉬우므로 μ metal로 자기 차폐를 실시
- 외부의 미소한 빛에도 영향을 받으므로 직사광선에 노출시키지 않을 것

13 ①

감마선 검출효율은 반도체 검출기보다 NaI(Tl) 섬광검출기가 높지만, 에너지 분해능이 반도체 검출기가 우수한 특성을 지니고 있음

14 ②

열형광선량계의 특성
① 감도가 좋다. (최소검출한도 1mR 이하 저선량 측정 용이, up to $10^5 \sim 10^6$R)
② 열처리(Annealing) 처리를 통해 반복사용이 가능하며 소자가 소형
③ 보건물리적인 측면에서 유용 (LiF, BeO 등 조직등가물질 사용)
④ Fading 현상이 적다. (Fading이란 퇴행현상으로 수집된 피폭선량이 시간에 따라 감소되는 현상)
⑤ 판독 종료 시 정보 소멸 판독 시 Annealing(사전가열)를 하는데 이는 열형광선량계를 적당히 가열함으로써 선량계의 내부 구조 속에 남아있는 피폭량을 형광으로 방출한다.
⑥ 방향의존성이 있으나 에너지의존성은 낮다.
⑦ 온도, 빛, 습도조건에 영향을 받는다.
⑧ 판독시간이 짧다.
⑨ 기록 영구 보존 불가 (열처리 후 집적선량이 소거됨)
⑩ 사용 전 반드시 열처리가 필수적임 (Annealing)

15 ③

^{137}Cs 선원의 참계수율 :

$$n_0 = n_s - n_b = \frac{4,350}{100} - \frac{100}{100} = 42.5 cps$$

^{137}Cs 661.7 keV 감마선의 방출 비는 85%이므로, 선원에서 실제 방출된 감마선 :
$$n\gamma = 1000 \times 0.85 = 850 \text{ dps}$$

$$효율(\epsilon) = \frac{검출기로\ 측정된\ 방사선의\ 수}{실제\ 방출된\ 방사선의\ 수} \times 100 = \frac{42.5}{850} \times 100 = 5\%$$

16 ①

BGO 섬광체의 특징
1. Z_{eff} : 83, 밀도 : 7.3 g/cm^3, Decay time : 300 nsec
2. 형광 스펙트럼 : 480 nm 파장 대역
3. 원자번호 및 밀도가 높아 감마선 검출효율이 우수
4. 형광량이 작아 에너지 분해능이 NaI(Tl) 보다 떨어짐
5. 기계적 강도와 화학적 특성이 우수하다
6. 형광 감쇄시간이 매우 짧아 빨리 반응해야 하는 X선 CT, PET 등의 검출기로 주로 사용

17 ④

열형광소자에 방사선이 조사되면, 가전자대에 있는 전자가 에너지를 얻어 전도대에 올라가고 이 전자는 불순물에 의해 형성된 트랩에 들어가게 되는데, 이 소자를 가열하게 되면 트랩내 포획되어 있던 전자가 가전자대로 떨어지면서 빛을 방출하는 현상을 열형광 현상이라 하며, 이 때 방출된 형광량이 열형광물질에 흡수한 방사선량에 비례하는 특성을 가지므로 방사선량을 평가할 수 있다. 이와 같은 현상을 이용한 선량계를 열형광선량계(TLD)라고 함

18 ③

1. 감도가 좋다. (최소검출한도 1mR 이하 저선량 측정 용이, up to $10^5 \sim 10^6$R)
2. 열처리(Annealing) 처리를 통해 반복사용이 가능하며 소자가 소형

3. 보건물리적인 측면에서 유용 (LiF, BeO 등 조직등가물질 사용)
4. Fading 현상이 적다.
    (Fading이란 퇴행현상으로 수집된 피폭선량이 시간에 따라 감소되는 현상)
5. 종료 시 정보 소멸
- 판독 시 Annealing(사전가열)를 하는데 이는 열형광선량계를 적당히 가열함으로써 선량계의 내부 구조 속에 남아있는 피폭량을 형광으로 방출한다.
6. 방향의존성이 있으나 에너지의존성은 낮다.
7. 온도, 빛, 습도조건에 영향을 받는다.
8. 판독시간이 짧다.
9. 기록 영구 보존 불가 (열처리후 집적선량이 소거됨)
10. 사용 전 반드시 열처리가 필수적임 (Annealing)

19 4

1. 비교적 안정된 형광중심 형성
2. 선량을 읽은 후에도 형광중심이 소실되지 않으므로 수시로 선량치 확인이 가능
3. 적산선량 가능
4. 사전선량 (predose)
- PLD는 방사선 조사 시 안정된 형광중심을 형성하므로 정보를 판독한 후에도 방사선량 정보가 유지되므로 축적선량의 측정이 가능한 장점이 있으나, 반드시 재사용 전에는 조사전의 선량선량 (predose)을 측정하여 교정하여야 함
5. 에너지의존성이 있으나 비교적 양호
- 형광유리선량계의 측정범위는 10 mR~10^5 R 정도이며, 200 keV 이하의 저에너지에 대해 에너지의존성을 보임
6. 작은 선량율의존성
7. Build up 현상 때문에 1일 후에 측정
- 방사선조사가 끝난 후에도 형광유리소자 내에서 형광중심의 생성이 일정동안 지속되는 현상인 Build up 현상이 나타나므로, 측정은 방사선 조사 후 수 시간 또는 1일 지난 후에 형광량을 측정함

20 1

필름배지, 열형광선량계, 형광유리선량계 : 적산선량(집적선량) 측정이 가능

제5장 선량 및 방사능 측정

5.1 방사선량 측정

5.2 방사능 측정

chapter 5. 선량 및 방사능 측정

5.1 방사선량 측정

1 조사선량 (X)

1) 조사선량의 정의

- 조사선량은 공기 질량 (dm) 내에서 X선 또는 γ선에 의해서 생성된 음양 이온 전하의 총합 (dQ)으로 정의

$$X = \frac{dQ}{dm_{air}} \quad [C/kg]$$

- 단위 : SI 단위 [C/kg], 특수단위 R [Reontgen]
- 1 R : X선 또는 γ선에 의해 표준상태 (0 ℃, 1 기압)의 공기 1 cc (0.001293 g)에 조사되었을 때 생성되는 양이온 또는 전자의 어느 한쪽 부호의 합이 1 esu (electrostatic unit : 정전단위) 일 때의 방사선량

$$1R = \frac{1\,esu}{0.001293\,g} = \frac{1\,esu \times \frac{1\,C}{3\times 10^9\,esu}}{0.001293\,g \times \frac{1\,kg}{1000\,g}} = 2.58 \times 10^{-4}\,C/kg \quad [1\,esu \cong 3.3 \times 10^{-10}\,C]$$

- 조사선량률 ($\dot{X}$)

$$\dot{X} = \frac{dX}{dt}\,[Rsec^{-1}, mRh^{-1}] \; :$$

전리기체를 공기로 사용하는 이유

공기는 어느 지역에서나 조성이 비슷하고, 쉽게 얻을 수 있을 뿐 아니라 공기의 실효원자번호가 인체조직과 유사한 특성을 가지고 있기 때문

2) 조사선량 측정의 요건

① X선이나 γ선 같은 광자에만 적용

② 조사선량의 매질은 공기로 제한함

③ 하전입자평형 또는 2차전자평형이 성립되어야 함
 - X선이나 γ선은 간접전리방사선으로 공기와의 상호작용 과정에서 발생한 광전자나 컴프턴 전자와 같은 하전입자에 의해 주로 이온쌍이 생성됨
 - 조사선량의 측정은 이렇듯 공기의 일정 질량 중에서 발생된 하전입자에 의해 생성된 이온쌍의 수만을 수집하여야 하나 실제 일정 질량내에서 생성된 하전입자에 의해 생성된 이온쌍수만을 수집하는 것은 불가능하므로 하전입자평형 원리를 이용함

④ 3 MeV 이하의 광자의 에너지로 제한
 - X선이나 γ선의 에너지가 증가하면 공기중에서 생성된 2차전자의 비정도 길어지므로 하전입자평형이 성립되지 않아 측정이 불가능해지므로 3 MeV 미만의 에너지로 제한함

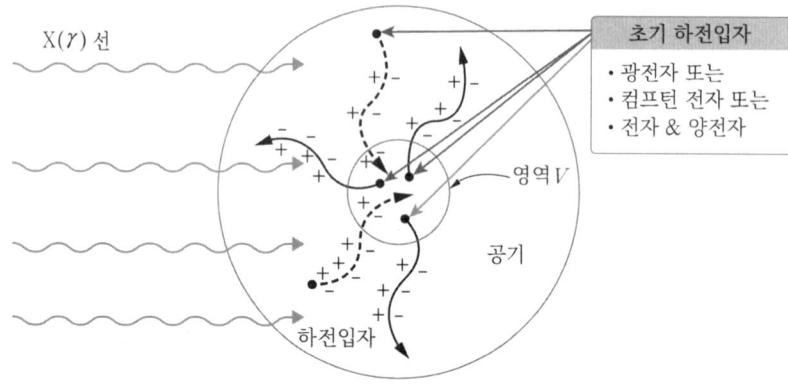

조사선량의 측정과 하전입자평형

1. 조사선량의 측정

 - 조사선량 정의에 따라 공기 일정 질량영역 V에서 발생된 하전입자(실선)의 비적에 따라 생성되는 모든 이온쌍수만을 측정하고, 영역 V 외의 공기로부터 발생된 하전입자 (점선)에 의해 생성된 이온쌍 수는 측정에서 제외시켜야 하나 현실적으로 불가능함

조사선량의 측정과 하전입자평형

2. 하전입자평형 (Charged Particle Equilibrium ; CPE)

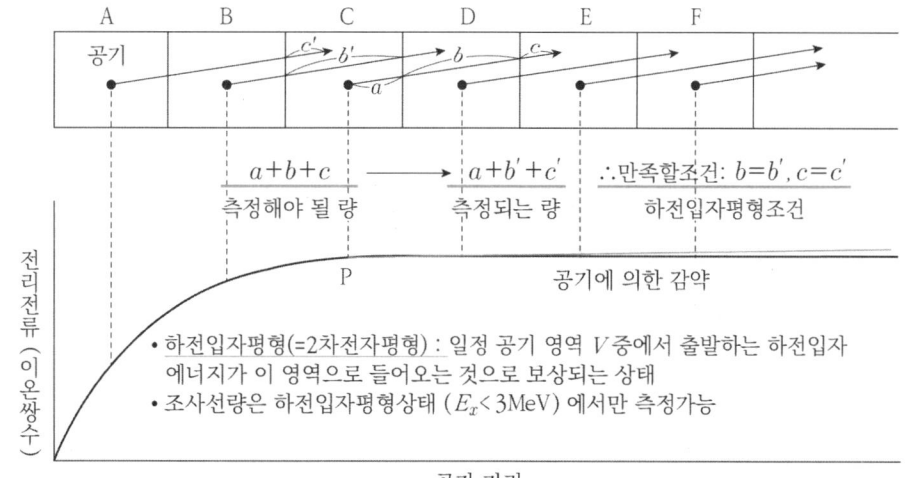

- 공기 전리체적(C 영역) 내에서 생성된 하전입자에 의한 이온쌍 수만을 측정하는 것은 C 영역에서 생성된 하전입자에 의한 이온쌍 생성인 a+b+c를 측정해야 함
- b는 B영역에서 생성된 하전입자가 C 체적내에서 생성한 b'와 같고 c는 A영역에서 생성된 하전입자에 의해 생성된 c'이온쌍수와 같으므로 C 영역에서 생성된 이온쌍 수인 a+b'+c' 전부를 수집하는 것과 같음
- 이렇듯 일정 공기 영역 V 영역내에서 생성한 2차 전자들이 이탈하지만, 다른 영역에서 생성된 2차 전자들이 일정 공기영역 V내로 유입되는 것이 같아지는 것을 하전입자평형이라 하며, 이는 일정 체적 V 영역내로 유입되는 전자수와 유출되는 전자수가 같다는 의미가 아니라 유입과 유출되는 전자의 에너지 총합이 같다는 의미임

3) 조사선량의 측정 및 조사선량 보정계수

- 조사선량의 측정은 주로 전리함을 이용하는데, 전리함의 전리체적 내에서 생성된 전하량 또는 전류를 측정함
- 조사선량은 표준상태의 공기에 대해 정의하고 있지만, 실제 측정시의 환경은 0 ℃, 1 기압의 표준상태와는 다른 압력과 온도를 갖게 되므로, 압력과 온도 변화에 따른 공기 질량을 보정하여야 함

$$X = \frac{Q}{m} = \frac{Q}{\rho \times V} \times \left[\frac{760}{P} \times \frac{273+t}{273}\right]$$

[ ] : 조사선량 보정계수 (K)

Q : 전하량
m : 공기 질량
ρ : 표준상태의 공기 밀도(0.001293 g/cm^3)
V : 공기전리체적 (A(입사면적) × 길이(L)
P : 측정시의 대기압
t : 측정시의 온도

공기 질량 보정

① 온도와 압력에 따른 공기 질량 보정
  이상기체의 상태방정식

$$PV = nRT = \frac{m}{M}RT \quad [R: 기체상수, P: 압력, T: 온도, m: 질량, M: 분자량]$$

- 가스충전형 검출기의 체적이 일정할 때 $\frac{P}{T} = \frac{P'}{T'}$ 이므로

$$\therefore m = m_0 \left(\frac{P}{P_0}\right)\left(\frac{T_0}{T}\right) \quad (0\,°C = 273\,K)$$

② 200 cc 체적의 공기에 대한 온도와 압력의 변화에 따른 질량의 차이
  - STP (표준상태, 0 ℃, 1 기압 상태)

$$m_0 = 1.293 \times 10^{-3} g/cm^3 \times 200\, cm^3 = 2.586 \times 10^{-4}\, kg$$

  - 25 ℃, 750 mmHg 일때 질량?

$$m = m_0 \left(\frac{P}{P_0}\right)\left(\frac{T_0}{T}\right) = (2.586 \times 10^{-4}\, kg) \times \left(\frac{750}{750}\right)\left(\frac{273}{298}\right) = 2.338 \times 10^{-4}\, kg$$

  ∴ 10% 질량 차이 발생

4) 에너지 플루엔스 Ψ와 조사선량 X와의 관계

$$\frac{\Psi}{X} = \frac{87.6}{\left(\frac{\mu_{ab}}{\rho}\right)_{air}} \quad [erg/cm^2 R] \qquad \left(\because D_{air} = \Psi \left(\frac{\mu_{ab}}{\rho}\right)_{air}\right)$$

5) 에너지 플루엔스 Φ와 조사선량 X와의 관계

$$\frac{\Phi}{X} = \frac{87.6}{\left(\frac{\mu_{ab}}{\rho}\right)_{air}} \times \frac{1}{h\nu} = \frac{87.6}{\left(\frac{\mu_{ab}}{\rho}\right)_{air}} \times \frac{1}{1.602 \times 10^{-6} \times h\nu} = \frac{54.68}{\left(\frac{\mu_{ab}}{\rho}\right)_{air} \times h\nu} \quad [photons/cm^2 R]$$

$$(\because \Phi \times h\nu = \Psi)$$

6) 감마상수

- 방사능이 A(Ci)인 점선원으로부터 거리 r(m) 만큼 떨어진 지점에서의 조사선량률은 핵종에서 방출되는 방사능에 비례하고 선원으로부터의 거리의 제곱(r^2)에 반비례 하는 거리 역자승 법칙으로 설명됨

$$\dot{X} = \Gamma \frac{A}{r^2} \; [R\,m^2/Ci\,h]$$

- 이 때 비례상수 Γ를 감마상수라 하며, γ선원에서 어느 거리에 있어서의 조사선량율을 계산하기 위해 이용되는 핵종 고유의 상수로 Rhm이라고도 함

- 단위 [R m^2 h^{-1} Ci^{-1}] : 1 Ci 의 선원에서 1m의 거리의 점에서의 조사선량률을 R/h로 표시하며 또는 1 mCi 선원에서 1 cm 떨어진 지점에서의 조사선량률을 R/h로 표시하기도 하며 그 값을 Γ-factor라 하고, 이것은 Rhm의 10배가 됨

감마상수 산출

1. 붕괴에 대해서 1개의 γ선이 방출되는 것으로 가정하고, 1 Ci의 선원에서 매초 3.7×10^{10}개의 광자가 방출되고, 1m의 거리에서 매 시간 광자 Fluence는

$$3.7 \times 10^{10} \times \frac{1}{4\pi(100)^2} \times 3{,}600 = 1.059 \times 10^9 \, photons/cm^2\,hr\,Ci \text{ 되고}$$

광자 fluence와 조사선량과의 관계식을 이용하여, 1 Ci의 점선원에서 1m의 지점에서 1 시간마다의 조사선량 감마상수 Γ는

$$\Gamma = 1.059 \times 10^9 \times h\nu \times \left(\frac{\mu_{ab}}{\rho}\right)_{air} \times \frac{1}{87.6} \; [R/hr\,Ci]$$

$$= (19.5) \times h\nu \times \left(\frac{\mu_{ab}}{\rho}\right)_{air} \; [R/hr\,Ci]$$

2. 감마상수 (Γ)

   0.2 ~2 MeV γ선 : $\Gamma \fallingdotseq 0.53 \sum f_i E_i$

예) ^{60}Co γ선에 대한 교정상수가 1.2(대기조건 : 기압 760mmHg, 온도 22°C)인 비밀폐형 전리함 조사선량계를 이용하여, ^{60}Co 점선원으로부터 3m 지점의 조사선량률을 측정한 측정값이 29.5 mR/h 이었다. 선원으로부터 1m 지점의 조사선량률과 ^{60}Co 선원의 방사능은 얼마인가? (단, 측정시의 기압은 750mmHg, 온도 27°C 이며, ^{60}Co의 감마상수는 1.30 R· h^{-1}· Ci^{-1}· m^2 이다)

> **해설**

선원으로부터 1m 지점의 조사선량률

$$X_0 = 29.5(mR/h) \times 1.2 \times (\frac{273+27}{273+22}) \times (\frac{760}{750}) \times (\frac{3}{1})^2$$

선원의 방사능 A(Ci)

$$A = \frac{X_0\,(mR/h)}{1.30\,(R/h/Ci)}$$

예) 대기조건 기압 760mmHg, 온도 22°Cdp 교정된 전리함 조사선량계의 교정곡선이 아래와 같다. 에너지 60keV의 γ선에 대해 어떤 장소의 조사선량률을 측정하였더니 그 측정값이 50mR/h 이었다. 이 때의 조사선량률은 얼마인가? (단 측정시의 기압은 750mmHg, 온도 27°C 이다.)

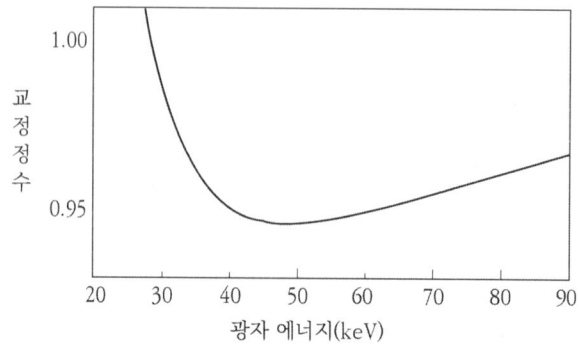

조사선량률 측정치의 압력과 기온에 대한 보정과 60keV 에너지에서의 교정상수를

> **해설**

고려하여 산출하면

$$X_0 = 50\,(mR/h) \times 0.95\,(교정상수) \times (\frac{760}{750}) \times (\frac{273+27}{273+22})$$

2 흡수선량

1) 흡수선량의 정의

- 흡수선량은 물질에 방사선이 조사될 때, 그 물질 단위 질량 (dm) 내에 흡수된 방사선의 에너지 (dE)로 정의

$$D = \frac{dE}{dm} \quad [J/kg]$$

- 단위 : SI 단위 [J/kg], 특수단위 : Gy or rad

- 1 Gy ; 물질 1 kg 당 1 J의 에너지가 흡수되었을 때의 방사선량으로 100 rad에 해당

$$1\ Gy = 100\ rad$$

$$1\ rad = 100\ erg/g$$

- 조사선량은 X선 또는 γ선인 광자가 공기에 입사되는 경우에만 적용되지만, 흡수선량은 모든 종류의 방사선과 모든 물질에 적용됨

$$\text{흡수선량률}\ (\dot{D}) : \dot{D} = \frac{dD}{dt} \quad [Jkg^{-1}s^{-1}]$$

2) Bragg-Gray 공동이론

- 방사선 흡수선량 측정의 기본 원리로 방사선이 조사되는 물질 내에 기체가 채워져 있는 작은 공동내에서 생성된 이온쌍의 수와 물질의 흡수에너지와의 관계를 설명한 이론으로 물질 내의 공동은 물질내 2차전자의 분포상태가 공동이 존재하지 않을 때와 동일한 것으로 가정할 수 있을 정도의 아주 작은 공동이어야 함

- 공동 속의 기체 단위 질량당 생성된 전리량을 J_g [이온쌍/kg], 공동 기체에서 한 쌍의 이온을 생성하는데 필요한 평균 에너지를 W [J/이온쌍]라 할 때, 공동 기체 단위 질량당 흡수에너지 E_g [Jkg^{-1}]는 $E_g = J_g W$

- 공동 기체가 존재할 때와 존재하지 않을 때의 물질의 상태는 같은 2차 전자속이 지나게 되고, 2차 전자에 의한 물질의 흡수에너지량은 저지능에 의존하기 때문에 공동속의 기체와 공동 밖의 물질에 대한 단위 질량당 흡수에너지의 비는 각각의 질량저지능의 비와 같게 됨

$$\frac{E_{matter}}{E_{gas}} = \frac{S_{matter}}{S_{gas}} \ [\frac{S_{matter}}{S_{gas}} = S\frac{m}{g}]$$

$$S_g^m : 상대질량저지능비$$

(기체(gas)의 대한 물질(matter)의 질량 저지능비(Mass stopping power ratio))

- 물질 단위 질량당 흡수에너지 $E_m \, [J\,kg^{-1}]$

$$E_m = J_g \, W \, S_g^m$$

> **Bragg-Gray Cavity Theory**
>
> $$E_m = J_g \, W \, S_g^m$$
>
> 공동 기체내에서의 전리전류 J_g의 측정을 통해 물질 중의 흡수에너지를 측정 가능함
>
> $$\therefore D_m = D_g \times (\frac{S_m}{S_g})$$
>
> ※ 하전입자평형 성립 요건
> - 일차 방사선장이 균질하여야 함
> - 관심체적의 두께가 생성된 하전입자의 최대비정보다 다소 큰 경우에 성립함
> - 3 MeV 이하의 광자에 대해서 성립함

3) 조사선량과 흡수선량

공기에 X(R)이 조사되었을 때 공기의 흡수선량

$$D_{air}[rad] = 0.876 \times X(R)$$

- 1 R의 X선이 공기 1 g 내에 조사했을 때 공기 1g 마다 1.61×10^{12} 이온쌍이 발생
- 1 이온쌍을 만드는데 33.7 eV라 할 때, 1 g의 공기에 흡수되는 에너지는

$$(1.61 \times 10^{12} 이온쌍/1g_{air}) \times (33.97\,eV/이온쌍) = 54.69 \times 10^{12}\,eV/1g_{air} = 87.6\,erg/g_{air}$$

- 공기에 X(R)이 조사되었을 때 공기의 흡수선량 D_{air}은

$$D_{air}[rad] = 0.876 \times X(R)$$

- 공기가 아닌 다른 물질 중의 흡수선량

$$D_{matter} = D_{air} \times \frac{(\frac{\mu_{ab}}{\rho})_{matter}}{(\frac{\mu_{ab}}{\rho})_{air}} = 0.876 \times \frac{(\frac{\mu_{ab}}{\rho})_{matter}}{(\frac{\mu_{ab}}{\rho})_{air}} \times X(R) \; [rad]$$

3 공기커마 (KERMA)

1) 공기커마의 정의
- 공기커마는 공기중에 간접전리방사선이 조사될 때, 그 물질 단위 질량 (dm) 내에서 생성된 하전입자에게 전달한 초기 운동에너지 (dE_{tr})로 정의

$$K_{air} = \frac{dE_{tr}}{dm} \ [J/kg]$$

2) 조사선량과 공기커마
- 공기커마는 대상물질이 공기인 경우, 방사선은 X선과 γ선 등의 간접전리방사선에 제한됨
- 공기커마의 경우, 공기 중에서 간접전리방사선에 의해 생성된 하전입자에 전달한 초기 운동에너지의 총합이므로, 공기 중에서 최초 생성된 하전입자(광전자, 컴프턴 전자 또는 음·양 전자 등)가 공기 중을 진행하면서 방출한 제동 X선의 에너지도 포함하게 되지만, 조사선량의 경우는 제동 X선은 이온쌍 수의 생성에 기여하지 않고 공기 중을 벗어날 확률이 높기 때문에 생성 전하량 Q 속에 포함되지 않게 되므로 공기커마와 조사선량은 다소 차이가 있음
- 실제 제동 X선이 발생할 확률($f = 3.54 \times 10^{-4} E Z$)은 하전입자의 에너지와 물질의 원자번호에 비례하여 증가하기 때문에 조사선량의 정의에 따라 조사물질이 원자번호가 낮은 공기로 한정되고, 3 MeV 이하의 광자선에 의해 제한되므로, 이와 같은 조건하에서 조사선량을 공기커마로 대체할 수 있음

3) 공기커마와 흡수선량
- 간접전리방사선에 의해 물질 단위 질량당 전달된 최초의 하전입자의 운동에너지의 총합을 커마라 하며, 이는 X선이나 γ선과 같은 간접전리방사선에 의해 생성된 초기 하전입자가 물질 내에서 그 에너지를 전부 잃게 되는 것을 의미
- 이에 비해 흡수선량은 초기 생성된 하전입자가 물질 단위 질량내부로부터 제동복사 등의 형태로 이탈하게 되는 에너지를 제외함
- 물질내의 한 지점에서 하전입자의 평형이 성립되고 제동복사가 무시될 수 있을 때에는 공기커마는 그 점에서의 흡수선량과 같음

$$K = \frac{dE_k}{dm} = \Psi(\frac{\mu_{tr}}{\rho}) = \Phi E(\frac{\mu_{tr}}{\rho})$$

$$D = \frac{dE}{dm} = \Psi(\frac{\mu_{en}}{\rho}) = \Phi E(\frac{\mu_{en}}{\rho}) = \Phi E(\frac{\mu_{tr}}{\rho})(1-g) = K(1-g)$$

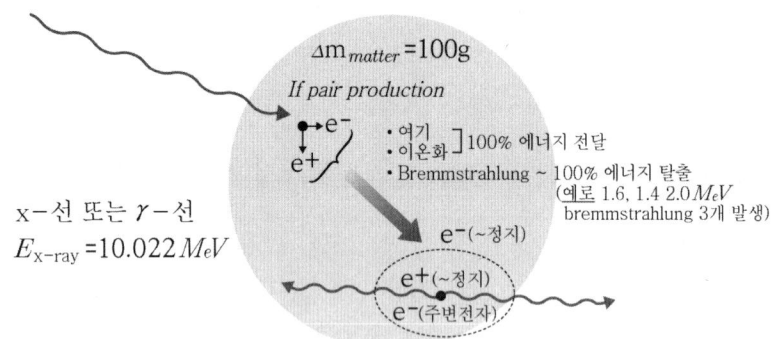

$$\therefore D < K \begin{cases} K = \dfrac{(10.022 - 2\times 0.511)MeV}{100 g_{matter}} = \dfrac{(10.022 - 2\times 0.511)(1.6\times 10^{-13})J}{0.1 kg_{matter}} \\ \qquad = 1.44\times 10^{-11}[J/kg_{matter}] = \underline{1.44\times 10^{-11}[Gy]} \\ D = \dfrac{[(10.022 - 2\times 0.511)MeV - (1.6 + 1.4 + 2.0)MeV]}{100 g_{matter}} \\ \quad = \dfrac{[(10.022 - 2\times 0.511) - (1.6 + 1.4 + 2.0)](1.6\times 10^{-13})J}{0.1 kg_{matter}} = \underline{6.4\times 10^{-12}[Gy]} \end{cases}$$

커마 (K)

$$K = \frac{(10.022 - 2\times 0.511)MeV}{100 g_{matter}} = \frac{(10.022 - 2\times 0.511)(1.602\times 10^{-13})J}{0.1 kg_{matter}}$$

$$= 1.44\times 10^{-11}[J/kg_{matter}] = 1.44\times 10^{-11}[Gy]$$

흡수선량 (D)

$$D = \frac{(10.022 - 2\times 0.511)MeV - (1.4 + 1.6 + 2.0)MeV}{100 g_{matter}} = 6.4\times 10^{-12}[Gy]$$

$\therefore$ D < K

5.2 방사능 측정

1 직접측정법 (절대측정)

방사성물질에서 방출되는 방사선의 수를 다른 비교선원의 도움없이 여러 가지 인자에 대해 직접 보정을 행하여 방사능을 측정하는 방법으로 정입체각법, 동시계수법 및 2π, 4π 계수법이 있음

1) 정입체각법

측정하고자 하는 선원 또는 방사성 핵종의 방사능을 검출기를 이용하고 측정한 후 각각의 인자들을 이용하여 보정하는 방법으로, α 방사시료에 대해서는 Si 표면장벽형 반도체 검출기 또는 ZnS(Ag) 신틸레이션 검출기 등을 이용하고, β 방사시료에 대해서는 단창형 GM 계수관을 주로 이용하여 측정함

측정된 계수율로부터 방사능을 산출하기 위해서 고려해야 할 인자들은 매 붕괴당 방사선 방출률, 고유 검출효율, 기하학적 검출효율, 선원의 자기흡수 보정, 선원의 후방산란 보정, 검출기의 입사창 및 공기층에서의 감약 보정 및 분해시간에 의한 계수손실 보정 등에 대해 보정하여야 함

$A = \dfrac{n}{\eta \, \epsilon \, G f_s f_b f_w f_a f_\tau}$	① 매 붕괴 당 방사선 방출률 (η) ② 고유검출효율 (ϵ) ③ 기하학적효율 (G) ④ 선원의 자기흡수 보정인자 (f_s) ⑤ 선원의 후방산란 보정인자 (f_b) ⑥ 검출기 입사창의 산란 및 흡수 보정인자 (f_w) ⑦ 공기의 흡수 및 산란 보정인자 (f_a) ⑧ 분해시간에 의한 계수손실 보정인자 (f_τ)

① 매 붕괴당 방사선 방출률 (η)
- 방사선원의 붕괴 당 방사선 방출률은 핵종에 따라 다르므로 핵종의 붕괴도에서 확인 가능함

② 고유검출효율 (ϵ)
- 방사선 검출기에 입사된 방사선의 수에 대한 방사선 검출기가 계수한 방사선의 수의 비를 검출기의 고유검출효율이라 하며, 이는 검출기의 재질, 밀도, 크기, 방사선의 종류, 에너지 등에 의존함

$$\epsilon\,(\text{고유검출효율}) = \frac{\text{계수된 펄스의 수}}{\text{검출기에 입사된 방사선 수}}$$

검출효율

- 절대효율(전계수효율)

$$\text{절대효율(전계수효율)} = \frac{\text{계수된 펄스의 수}}{\text{선원에서 방출된 방사선의 수}}$$

- 고유효율(고유검출효율)

$$\text{고유효율(고유검출효율)} = \frac{\text{계수된 펄스의 수}}{\text{검출기에 입사된 방사선 수}}$$

- 상대효율

  $3'' \times 3''$ NaI(Tl) 섬광검출기를 이용하여 ^{60}Co선원으로부터 25cm 거리에서 측정한 1.33 MeV γ선에 대한 효율을 100%로 기준으로 할 때 다른 검출기의 상대적인 효율

③ 기하학적 효율 또는 가하학적 보정인자 (G)
  - 방사선원으로부터 입사창에 대해서 방사되는 입체각과 4π 입체각과의 비를 기하학적 검출효율이라 하며, 이는 측정하고자 하는 방사선원과 검출기의 형상, 크기 및 선원과 검출기의 거리 등에 따라 계수율의 영향을 받게 됨
  - 선원의 형상에 따라 기하학적 인자의 산출은 다르게 나타나지만, 점선원으로 간주하여 기하학적 효율을 산출하는 경우가 일반적임

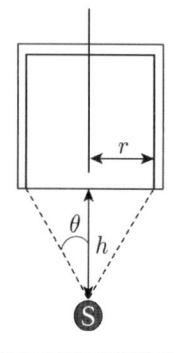

$$G = \frac{1}{2}(1-\cos\theta) = \frac{1}{2}\left(1 - \frac{h}{\sqrt{h^2+r^2}}\right)$$

$$G = \frac{r^2}{4h^2}\,(h \gg r)$$

④ 선원의 자기흡수 보정인자 (f_s)
  - 하전입자의 경우 선원의 두께가 얇은 경우에도 선원자체의 자기흡수가 발생하여 계수율의 감소가 나타나므로 이를 보정하여야 함

$\dfrac{dN}{dx} = \dfrac{N(=N_0 e^{-\mu S})}{S}$ $N = \displaystyle\int_0^s dN = \dfrac{N_0}{\mu S}(1 - e^{-\mu S})$ $\therefore f_s = \dfrac{N}{N_0} = \dfrac{1}{\mu S}(1 - e^{-\mu S})$	N_0 : 단위시간 당 방출되는 베타입자 수 N : 두께 x층으로부터 표면으로 방출되는 입자 수 S : 선원의 두께 μ : 선원물질에 대한 베타입자의 흡수계수(cm^{-1})

⑤ 선원의 후방산란 보정인자 (f_b)

- GM 계수관을 이용하여 방사능을 측정할 때, 측정하고자 하는 선원은 선원 지지대에 거치되는데, 선원 지지대가 아주 얇더라도 선원에서 방출한 입자들이 선원 지지대에서 후방산란되어 검출기에 계수되어 계수율이 증가되는 현상이 발생하므로 이에 대한 보정이 필요함

- 후방산란 보정인자는 선원 지지대의 두께, 지지대 물질의 원자번호 및 방사선의 에너지에 의해 의존하지만 보통 1~2 정도임

- 후방산란 보정인자는 선원 지지지대의 두께가 증가할 때 일정한 두께에서 포화되는 특성을 나타내며, 일반적으로 포화두께는 그 물질 중에서의 β선의 최대비정의 약 1/5 두께임

- α선의 경우는 물질 내에서의 후방산란의 영향이 거의 없으나, β선의 경우는 물질 내에서 후방산란에 의해 계수율이 증가되는 현상이 크게 나타나므로 반드시 후방산란에 의한 계수율 보정이 필요함

$f_b \propto \dfrac{Z^2(1-\beta^2)}{\nu^2} = \dfrac{N}{N_0} > 1$ 선원지지대에 의한 후방산란량에 의해 결정	N_0 : 후방산란이 없는 물질이 있는 경우의 계수율 (지지대가 없는 경우의 계수율) N : 후방산란이 있는 경우의 계수율 (지지대가 있는 경우의 계수율)

⑥ 검출기 입사창의 산란 및 흡수 보정인자 (f_w) 및 공기의 산란 및 흡수 보정인자 (f_a)
- 방사능 측정 시 측정하고자 하는 선원은 검출기 외부에 위치되므로 선원으로부터 방출된 방사선이 검출기의 입사창을 통과할 때 입사창에 의해 흡수되거나 산란되어 검출기 내부에 도달되지 못하게 되어 계수율이 저하되는 현상이 나타나므로 이에 대한 보정이 필요함 (검출기 입사창의 산란 및 흡수 보정인자 (f_w))

- 선원에서 방출된 방사선이 선원과 검출기 입사창 사이의 공기층에 의해 산란 및 흡수가 발생되어 검출기의 계수율이 저하되는 현상이 나타날 수 있으며, 이에 대해 보정이 필요함 (공기의 산란 및 흡수 보정인자 (f_a))
- GM 계수관의 창 전면에 Al 흡수판을 위치시켜, Al 흡수판의 두께를 증가시키면서 Al 흡수곡선을 측정하고, 입사창의 두께 dw와 공기층의 두께 da의 합, 즉 $dt = dw + da$ 만 외삽시킬 때의 계수율 n'와 흡수곡선 '0'인 점인 n을 구하여, 이 결과에 의하여 f_w를 산출함

$f_w = \dfrac{n}{n'} = e^{-\mu_m d_t}$	

⑦ 분해시간에 의한 계수손실 보정인자 (f_τ)
- GM 계수관을 이용하여 방사능 측정 시 GM 계수관의 분해시간에 의해 실제 선원에서 방출되는 방사선의 수와 검출기에서의 측정되는 방사선의 수에는 차이가 발생하게 되는데, 이를 계수손실이라 하며 이에 대한 보정이 필요함

$f_\tau = 1 - n\tau$	n : 계수율 (s-1) τ : 계수관의 분해시간 (s)

2) 동시계수법

- β 입자 방출과 동시에 γ선을 방출하는 경우, β선 검출기와 γ선 검출기를 선원을 중심으로 대향시켜 배치하고, 그 출력을 동시계수회로를 이용하여 β선과 γ선을 동시에 계측함으로서 핵종의 방사능 절대측정이 가능함
- 이때 β선 검출기로는 GM 계수관으로 γ선 검출기로는 NaI(Tl) 신틸레이션 검출기를 주로 이용함

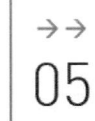

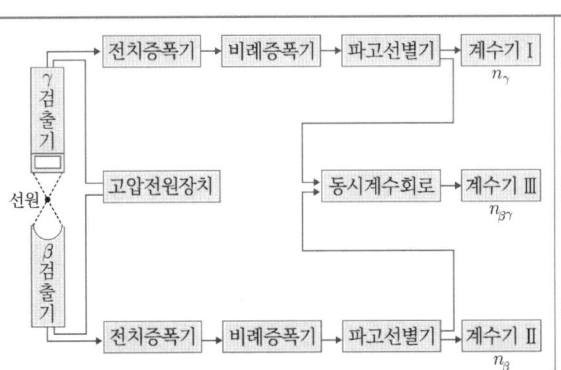

베타선만의 계수율 $n_\beta = A \epsilon_\beta$
감마선만의 계수율 $n_\gamma = A \epsilon_\gamma$
베타/감마선 동시계수율 $n_{\beta\gamma} = A \epsilon_\beta \epsilon_\gamma$
(A : 선원의 방사능)

$$\therefore A = \frac{n_\beta \, n_\gamma}{n_{\beta\gamma}} \quad [s^{-1}]$$

\# 각 검출기의 검출효율에 관계없이 방사능의 절대측정이 가능

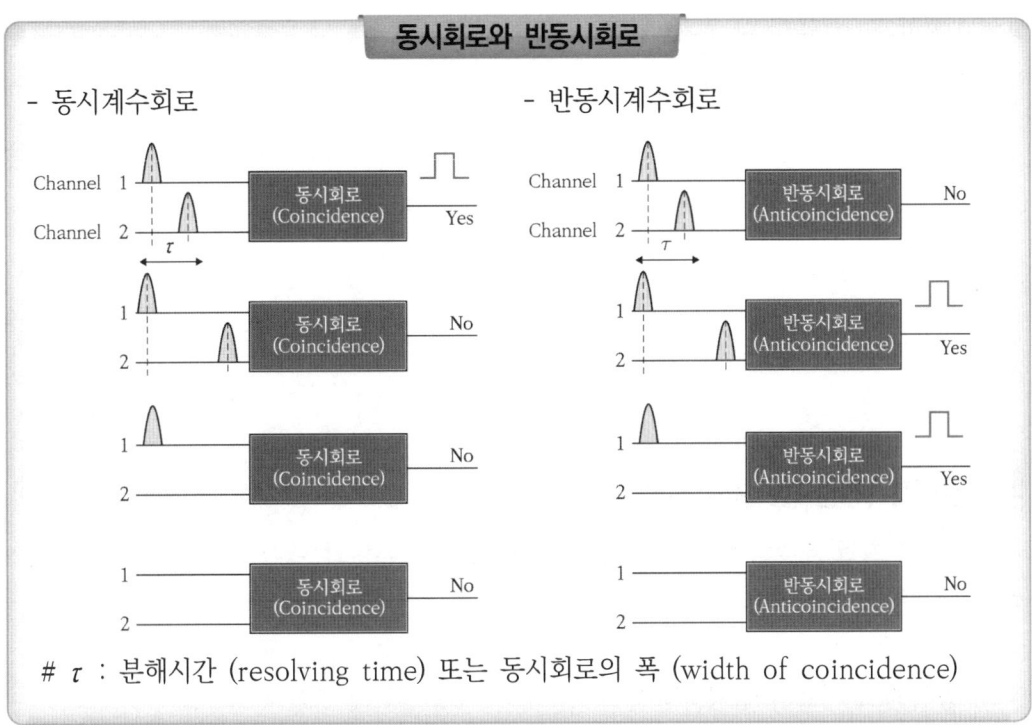

\# τ : 분해시간 (resolving time) 또는 동시회로의 폭 (width of coincidence)

3) 2π, 4π 계수법

- 2π 또는 4π 가스유동형 (Gas flow type) 비례계수관을 이용하여 선원을 계수관 내에 위치시켜 측정함으로써 GM 계수관 측정시의 고려해야할 보정인자들 없이 방사능의 절대측정이 가능함

- 비례계수관의 α선과 β선의 계수효율이 거의 100%에 가깝기 때문에 $\epsilon \approx 1$이 됨

- 기하학적 효율의 경우, 2π 가스유동형 비례계수관은 0.5, 4π 비례계수관은 1로 보정됨
- 검출기의 입사창과 공기층에 의한 보정계수의 경우, 측정하고자 하는 선원을 계수관 내에 위치시키므로 입사창 및 공기층에 의한 계수손실을 무시할 수 있음
- 선원의 자기흡수에 의한 보정과 후방산란에 의한 보정계수만 고려하여 측정이 가능함
- 선원지지대의 후방산란 보정계수의 경우, 4π 비례계수관에서는 측면 거치 또는 보통 $10 \sim 100 \mu g/cm^2$ 정도의 아주 얇은 막으로 되어 있기 때문에 무시할 수 있으나, 2π 비례계수관의 경우 다소 두꺼운 지지대로 구성되어 있어 후방산란 보정계수는 무시할 수 없음
- 비례계수관의 분해시간은 수 μs 정도이고 계수율이 $10^5 cpm$ 이하에서는 $f_\tau \approx 1$ 정도임
- α 선원의 방사능 측정은 선원 지지대의 후방산란의 영향은 무시할 수 있으므로 주로 2π 계수관이 사용되나, β 선원의 측정은 4π 비례계수관을 많이 이용하고 있음

2π 비례계수관	4π 비례계수관
$A_{2\pi} = \dfrac{n}{0.5 \times f_s \times f_b}$	$A_{4\pi} = \dfrac{n}{f_s}$

2 준직접측정법 (준절대측정법)

방사능을 직접 계수하지는 않으나, 방사능으로부터 유도되는 어떤 물리량을 직접 측정하여 방사능을 계산해내는 방법

① 동위원소 시료의 질량측정법
- 측정하고자 하는 핵종의 질량을 측정한 후, 핵종의 존재 비, 붕괴상수 및 반감기 등을 이용하여 방사능을 산출하는 방법

$$A = \frac{\ln 2}{T} \times \frac{\omega \eta}{M} \times N_a \qquad \eta : 핵종의 존재비$$

② 열량 측정법
- 물질에 방사선이 조사되면 방사선의 에너지의 대부분은 열로 변환되므로, 물질 내에서의 발생하는 열량을 측정함으로써 방사능을 산출하는 방법으로 방사선에

의한 물질에서의 온도 변화가 너무 미약하여 열량 변화가 매우 적어 정확한 방사능 측정이 어려운 단점이 있음

$$A = \frac{Q}{E \times t}$$

Q : 열량
E : 매 붕괴당 방출되는 평균 에너지
t : 시간

③ 전리량 측정법
- 물질 내에서 하나의 이온쌍을 생성시키는 데 필요한 방사선의 평균 에너지인 일함수를 알 때, 방사선에 의해 물질 내에서 생성된 전리 전류를 측정함으로써 방사능을 산출하는 방법

④ 손실전하 측정법
- 하전입자일 경우에 하전입자가 가지고 나간 전하의 손실량을 측정함으로써 방사능을 산출하는 방법으로, 방사선원의 자체흡수로 인하여 감도가 떨어지는 단점이 있음

⑤ 생성자료 이용법
- 표적핵에 방사선을 조사하여 생성된 핵이 방사성 핵종 또는 방사성 동위원소인 경우, 방사선의 조사량, 핵반응 단면적 및 생성핵의 붕괴특성 등으로부터 방사능을 산출하는 방법

• 시간 t 동안 중성자 조사 시 생성된 핵종의 방사능

$\begin{aligned} A &= \phi \cdot \sigma \cdot n \cdot (1-e^{-\lambda t}) \\ &= \phi \cdot \sigma \cdot \frac{W}{M} \cdot N_A \cdot a \cdot (1-e^{-\lambda t}) \\ &= \phi \cdot \sigma \cdot \frac{W}{M} \cdot N_A \cdot a \cdot [1-(\frac{1}{2})^{\frac{t}{T}}] \end{aligned}$	M : 표적물질의 원자량 W : 표적물질의 질량 T : 표적물질의 반감기 a : 표적핵의 자연존재비

- 조사가 끝난 후 t_d 시간이 경과한 후의 방사능

$$A = \Phi \sigma N(1 - e^{-\lambda t})e^{-\lambda t_d}$$

t_d : 조사가 끝난 후 경과시간

3 간접측정법 (상대측정법)

방사능을 사전에 알고 있는 표준선원을 사용하여 검출기를 교정한 다음 표준선원과 같은 형상으로 시료를 제작하고 교정 시와 동일한 기하학적 배치 하에서 측정을 수행하는 방법

① 표준선원을 이용하여 검출기의 전계수효율 측정
   - 주어진 측정조건에서 방사능 A_0 (Bq)를 알고 있는 표준선원을 측정하여 r_0 의 순계수율 (cps)을 얻었다면 이 조건에서 검출기의 전계수효율은

$$\epsilon = \frac{r_0}{A_0}$$

② 미지선원의 방사능 측정
   - 동일한 조건에서 미지의 시료를 계측하여 순계수율 r_s (cps)를 얻었다면 시료의 방 A_s

$$A_s = \frac{r_s}{\epsilon}$$

[예제] ^{32}p, 1 MBq의 표준선원을 사용하여 GM 계수관에 의한 미지의 시료를 정량하고자 한다. 표준선원을 계측한 것은 840 cpm이었고, 미지시료를 동일한 기하학적 배치로 하여 계측한 것은 1,160 cpm이었다. 자연계수를 40 cpm으로 하면 미지시료의 방사능은 얼마인가?

◎ 해설

풀이 : $\dfrac{(1{,}160-40)/60}{(840-40)/60} \times 1MBq = 1.4MBq$

③ 액체섬광계수법
- 액체 섬광체에 녹아 있는 시료를 계수하여 표준시료와 비교함으로써 시료의 방사능을 간접적으로 평가하는 방법
- 측정시 표준시료 측정시와 측정시료 측정시 측정 조건은 반드시 동일 또는 유사하게 측정하여야 함
- 액체섬광계수법의 장단점

장점	단점
계수효율이 높다(고효율) - 액체섬광체와 시료를 혼합하므로 2. 가하학적 효율 : 1 3. 선원에 의한 자기흡수가 거의 없음 4. 큰 용적의 섬광체 제작 가능 5. 에너지 분해능이 우수	감마선의 파고분석은 거의 불가능 소광현상 존재 → 보정 필요 전기적 잡음에 의한 영향을 저감시키기 위해 PMT를 냉각시켜 잡음의 발생을 감소시킴

확인문제 — 선량 및 방사능 측정

01. 다음 중에서 방사능의 측정법이 아닌 것은?

① 4π계수법 ② $\beta-\gamma$ 동시계수법
③ 정입체각법 ④ Feather법

02. 다음 중에서 관련이 있는 것끼리 맞게 짝지어진 것은?

① 방사능 - dps ② 4π계수법 - 상대측정법
③ 동시계수법 - 준직접측정법 ④ 준직접측정법 - 2선원법

03. 공기벽전리함의 경우 Bragg-Gray 조건하에서 가스 내에서의 흡수선량 D_g와 벽에서의 흡수선량 D_w 관계는 다음 중 어느 것인가?

① 비례관계 ② 역비례관계 ③ 역자승비례관계 ④ 서로 관계가 없다

04. 다음 설명 중 적절한 것끼리 연결된 것은?

가. 조사선량 측정은 하전입자평형 상태에서 측정하여야 한다.
나. γ선의 흡수선량은 입사한 물질의 표면에서 최대가 된다.
다. 흡수선량은 방사선, 물질의 종류에 무관하게 사용될 수 있다.
라. 커마는 간접전리방사선에만 적용된다.

① 가, 나, 다 ② 가, 다, 라 ③ 나, 다, 라 ④ 가, 나, 라

05. 공기커마와 흡수선량에 관한 설명 중 적절하지 않은 것은?

① 공기커마는 간접전리방사선에 국한되어 사용되나, 흡수선량은 모든 방사선에 적용된다.
② 공기커마의 단위는 C/kg, 흡수선량의 단위는 J/kg를 사용한다.
③ 공기커마는 일반적으로 흡수선량보다는 다소 크다.
④ 물질내의 한 지점에서 하전입자평형이 성립되고 제동복사가 무시될 때, 공기커마와 흡수선량은 같다.

06. 아래 방사선 측정시 후방산란계수에 대한 보정이 반드시 필요한 것은?

① 알파선　　　② 베타선　　　③ 감마선　　　④ 중성자선

07. 아래의 검출기 중 저에너지 β선 방출핵종의 방사능 측정에 주로 사용되는 것은?

① GM계수관　　② 반도체검출기　　③ NaI(Tl)섬광검출기　　④ 액체섬광검출기

08. 아래의 설명 중 적절치 않은 것은?

① 정입체각법은 검출기로 측정한 계수율을 방사능 측정 시 고려되어야 할 모든 보정인자들에 보정을 행하여 방사능을 측정하는 방법이다.
② 동시계수법은 붕괴당 두 종류의 방사선을 동시에 방출하는 핵종을 측정하는데 주로 사용된다.
③ 동시계수법 측정시 사용하는 2개 검출기에 대한 방사선 검출효율을 알지 못하더라도 방사능 측정이 가능하다.
④ 4π 비례계수법으로 베타선 측정시 기하학적 효율이 '1'에 가깝다.

09. 액체섬광계수법의 특징으로 적절치 않은 것은?

① 기하학적 효율이 '1'이다.
② 시료에 따라 섬광정도가 감소하는 소광현상에 대한 보정이 필요하다.
③ 선원에 대한 자기흡수에 의한 영향이 크므로 반드시 보정하여야 한다.
④ 저에너지 β선을 방출하는 ^3H, ^{14}C 등의 방사능 측정에 주로 사용된다.

10. 다음의 방사능 측정법 중 다른 하나는?

① 정입체각　　② 비례계수법　　③ 동시계수법　　④ 액체섬광계수법

11. 화학선량계에 대한 설명 중 적절치 않은 것은?

① G 값이 클수록 감도가 높다.
② 프리케 선량계는 환원반응을 이용한 선량계이다.
③ 대선량의 흡수선량 측정용이다.
④ 2차 표준측정기로 사용된다.

12. 어느 β, γ 방출 시료에 대한 동시계수법으로 100 초간 방사능을 측정할 때, β 측 정치는 500,000 counts, γ 측정치는 50,000 counts, β-γ 동시 측정치가 5,000 counts 이었다. 시료의 방사능은 얼마인가 (dps)

    ① 12,500 dps   ② 25,000 dps   ③ 50,000 dps   ④ 75,000 dps

13. 분해시간 200 μsec인 GM 계수관으로 ^{90}Sr을 측정하였을 때, 그 계수율이 500 cps이었다. 이 때 계수손실률은?

    ① 5 %   ② 10 %   ③ 20 %   ④ 40 %

14. 다음의 방사능 측정법 중 다른 하나는?

    ① 열량측정법   ② 전리량측정법   ③ 생성자료이용법   ④ 정입체각법

15. 조사선량에 대한 설명 중 적절치 않은 것은?

    ① 3 MeV 이하의 광자선   ② 공기
    ③ 하전입자평형   ④ 모든 방사선

정답 및 해설: 선량 및 방사능 측정

01 4

방사능 측정법

절대측정법	정입체각법 $\beta - \gamma$ 동시계수법 2π, 4π계수법
준절대측정법	동위원소 시료 질량 측정법 열량 측정법 전리량 측정법 손실전하 측정법 생성자료 이용법
상대측정법	액체 섬광계수법

02 1

4π계수법 및 동시계수법은 절대측정법이며, 2선원법은 방사능 측정법이 아니라 검출기의 분해시간을 측정하는 방법임

03 1

Bragg-Gray 공동원리는 벽물질과 공동기체의 흡수선량의 비는 질량저지능 비와 같다는 것으로

$$\therefore D_w = D_g \times \left(\frac{S_w}{S_g}\right)$$

04 2

조사선량	광자에 국한하여 사용 매질은 반드시 표준상태의 공기 광자 에너지의 제한 (3MeV 이하) 하전입자평형 성립하에 측정
흡수선량	모든 방사선에 적용 모든 물질에 적용 Bragg-Gray 공동이론 성립조건하에 측정 인체흡수선량 측정시는 벽물질을 조직등가물질로 대체
공기커마	간접전리방사선에 국한하여 사용 매질 대상이 공기로 제한

05 2

간접전리방사선에 의해 물질 단위 질량당 전달된 최초의 하전입자의 운동에너지의 총합을 커마라 하며, 이는 X선이나 γ선과 같은 간접전리방사선에 의해 생성된 초기 하전입자가 물질 내에서 그 에너지를 전부 잃게 되는 것을 의미함

이에 비해 흡수선량은 초기 생성된 하전입자가 물질 단위 질량내부로부터 제동복사 등의 형태로 이탈하게 되는 에너지를 제외함

물질내의 한 지점에서 하전입자의 평형이 성립되고 제동복사가 무시될 수 있을 때에는 공기커마는 그 점에서의 흡수선량과 같음

$$D = \frac{dE}{dm} = \Psi(\frac{\mu_{en}}{\rho}) = \Phi E(\frac{\mu_{en}}{\rho}) = \Phi E(\frac{\mu_{tr}}{\rho})(1-g) = K(1-g)$$

공기 커마 단위 $[J/Kg]$

06 2

- α선의 경우는 물질 내에서의 후방산란의 영향이 거의 없으나, β선의 경우는 물질 내에서 후방산란에 의해 계수율이 증가되는 현상이 크게 나타나므로 반드시 후방산란에 의한 계수율 보정이 필요함

$f_b \propto \dfrac{Z^2(1-\beta^2)}{v^2} = \dfrac{N}{N_0}$	N_0 : 후방산란이 없는 물질이 있는 경우의 계수율 　　　(지지대가 없는 경우의 계수율) N : 후방산란이 있는 경우의 계수율 　　　(지지대가 있는 경우의 계수율)

07 ④

08 ②

동시계수법은 β 입자 방출과 동시에 γ선을 방하는 경우, β선 검출기와 γ선 검출기를 선원을 중심으로 대향시켜 배치하고, 그 출력을 동시계수회로를 이용하여 β선과 γ선을 동시에 계측함으로서 핵종의 방사능 절대측정이 가능한 방법으로 검출기의 검출효율을 알지 못하더라도 방사능의 절대측정이 가능함

베타선만의 계수율 $n_\beta = A\,\epsilon_\beta$, 감마선만의 계수율 $n_\gamma = A\,\epsilon_\gamma$, 베타/감마선 동시계수율 $n_{\beta\gamma} = A\,\epsilon_\beta\,\epsilon_\gamma$, A : 선원의 방사능이라 할 때

$$\therefore A = \frac{n_\beta\;n_\gamma}{n_{\beta\gamma}}\;\;[s^{-1}]$$

각 검출기의 검출효율에 관계없이 방사능의 절대측정이 가능

09 ③

- 액체섬광계수법
  : 액체 섬광체에 녹아있는 시료를 계수하여 표준시료와 비교함으로써 시료의 방사능을 간접적으로 측정하는 방법
- 액체섬광계수법의 특징
  ① 시료와 섬광체를 혼합한 칵테일을 사용하므로 기하학적 효율이 '1'이다.
  ② 높은 계수효율을 가진다.
  ③ 액체섬광체내에서 발생한 형광의 에너지와 세기가 약해져 형광의 손실이 발생하는 소광현상이 나타나며, 이의 보정이 필요하다.
  ④ 선원에 대한 자기흡수가 거의 없다.
  ⑤ 저에너지 β선을 방출하는 ^3H, ^{14}C 등의 방사능 측정에 주로 사용

소광현상 (Quenching)

- 소광
  액체섬광체에서 발생한 형광의 에너지와 세기가 약해져 형광의 손실에 의해 계수효율의 저하를 초래하는 현상

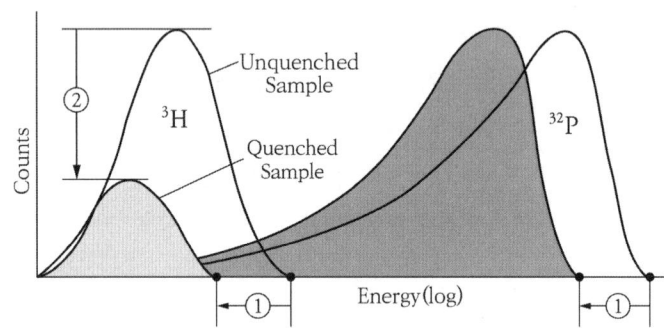

- 소광의 종류
  ① 광소광 (Photon Quenching)
     방사선 에너지가 용매에 녹지 않는 물질에 의해 감쇠되는 현상
  ② 화학적 소광 (Chemical Quenching)
     방사선 에너지가 칵테일에 함유된 화학물질에 흡수되어 빛을 방출하는 대신 열(적외선)로 소실되는 현상
  ③ 색소광 (Color Quenching)
     방사선에 의해 생성된 빛이 칵테일에 함유된 색깔을 띤 물질에 흡수되는 현상

10 ④

정입체각법, 비례계수법 및 동시계수법은 방사능 절대측정법이며, 액체섬광계수법은 방사능 상대측정 방법임

11 ②

화학선량계
- 방사선이 물질을 통과할 때 물질내에서 화학적인 변화를 초래하게 되는데, 이러한 화학변화는 흡수 에너지에 비례하므로, 물질내에서의 화학 변화를 흡광도의 원리를 이용하여 측정하는 선량계로 프리케

선량계와 세륨 선량계가 주로 이용

프리케 선량계		세륨 선량계

· 황산 제1철의 산화반응 이용
  - $Fe^{2+} \rightarrow Fe^{3+}$
	검출원리	· 황산 제2세륨의 환원반응 이용
		  - $Ce^{4+} \rightarrow Ce^{3+}$

· 방사선 조사후의 Fe^{3+} 증가량을
  분광광도계를 사용하여 측정
  (Fe^{3+} 340nm 자외선 흡수 특성이용)
	흡수선량
	산출
		· 방사선 조사후의 Ce^{3+} 증가량을
		  분광광도계를 사용하여 측정

$10^2 \sim 10^4$ Gy	측정범위	$10^2 \sim 10^5$ Gy
15.5	G value	2.34

- 화학선량계의 특징
1. 대선량의 흡수선량 측정에 적합
2. 물의 흡수선량을 정밀도 있게 측정 가능
3. 철선량계의 경우, 선량의존성이 적으며, 안정성과 재현성이 좋다
4. 선량의존성과 온도의존성이 적다
5. G 값이 높은 것일수록 감도는 좋다 (철선량계 〉 세륨선량계)
   - G value : 물질에 방사선이 조사되었을 때 어느 정도의 화학변화가 발생되었는지에 대해 방사선 흡수에너지 100 eV 당 반응 또는 변화되는 원자 또는 분자수로 정의
6. 취급하기가 복잡하므로 일상적인 측정에는 적합지 않음
7. 주로 감마선 또는 전자선 측정시 사용
8. 흡수선량의 2차 표준측정기로 이용 (선량계의 교정목적으로 사용)

12 ③

동시계수법은 베타입자(GM 계수관으로 측정)와 감마입자(NaI(Tl) 섬광검출기 이용)를 동시에 계측하여 검출기의 검출효율에 관계없이 방사능의 절대측정이 가능한 절대측정법의 하나로

$$A = \frac{n_\beta \times n_\gamma}{n_{\beta\gamma}}$$

$$A = \frac{n_\beta \times n_\gamma}{n_{\beta\gamma}} = \frac{(500,000/100 \times 50,000/100)}{(5,000/100)} = 50,000 \, dps$$

13 ②

$$계수손실율 = n \times \tau = 500 \times 200 \times 10^{-6} = 0.1 \times 100\% = 10\%$$

14

직접측정법의 종류
- 정입체각법, 동시계수법, 2π 및 4π 계수법

준직접측정법의 종류
- 동위원소 시료의 질량측정법, 열량측정법, 전리량 측정법, 손실전하 측정법, 생성자료 이용법 등

15

조사선량 측정
- 조사선량은 X선 또는 γ선 같은 광자선에만 적용
- 조사선량의 매질은 표준상태의 공기로 정의
- 하전입자평형상태에서의 공기의 이온화 현상을 이용하여 측정
- 3 MeV 이하의 광자선으로 제한

제6장 에너지 측정

- 6.1 에너지 측정법
- 6.2 α선의 에너지 측정
- 6.3 β선의 에너지 측정
- 6.4 γ선 에너지 측정
- 6.5 에너지 분해능
- 6.6 에너지 교정 및 효율교정

제 6 장 에너지 측정

6.1 에너지 측정법

1. 펄스파고 분석법 : 주로 γ선의 스펙트럼 측정

방사선 검출기로부터 출력 신호의 크기를 분석하여 그 에너지를 결정하는 방법

2. 흡수법 (도달거리 측정법) : β선의 에너지 측정

방사선이 물질을 투과하는 비율로부터 에너지를 측정하는 방법

3. 비행시간법 : 중성자의 에너지 스펙트럼 측정

중성자가 진공 속에서 일정거리를 비행하는 시간을 측정하는 방법

4. 자장법(자기스펙트로메터) : α선 또는 β선의 에너지 측정

자기장의 세기를 일정하게 하면 원동을 하는 하전입자의 반경으로부터 에너지를 산출하는 방법

6.2 α선의 에너지 측정

α선은 저지능이 매우 크고, 물질 내에서 흡수가 쉬우므로 검출기의 입사창, 선원과 검출기와의 공기층 등에 의해 α선 에너지가 흡수되어 α선 에너지 스펙트럼 측정 시 저에너지 쪽으로 이동하는 동시에 peak 모양도 일그러지게 됨

주로 펄스 파고 분석법, 흡수법 및 자기스펙트로미터를 이용하여 측정함

1 α선 에너지 스펙트럼 측정 방법

1) Grid 부착형 전리함
- α선은 저지능이 크기 때문에 전리함 내에서 많은 이온쌍을 형성시켜 큰 신호출력을 나타내지만, 이온쌍의 생성 위치에 따라 측정 신호의 변동이 초래되므로, 전리함 내 Grid 전극을 삽입하여 Grid와 집전극 사이에서 출력을 끌어냄으로써 이온쌍의 생성 위치에 관계없이 일정한 출력 신호를 획득할 수 있도록 한 검출기로, α선 에너지에 비례한 출력 펄스를 계측할 수 있으며, 분해능은 수 % 정도로 비교적 양호함

2) 2π, 4π 비례계수관
- α선은 검출기의 입사창과 선원과 검출기 사이의 공기층에서의 흡수에 의해 정확한 에너지 측정이 어려움
- 가스 유동형 비례계수관의 경우, 측정하고자 하는 선원을 계수관 내에 위치시키기 때문에 검출기 입사창 및 공기층에 의한 흡수 문제를 피할 수 있음

3) 표면장벽형 Si 반도체 검출기
- 반도체 검출기 중 표면장벽형 Si 반도체 검출기는 사층이 매우 얇기 때문에 검출기 입사부에서의 에너지 손실을 저감시킬 수 있으므로 α선 에너지 측정에 적합함
- 에너지 분해능이 수 % 이내로 매우 우수함

4) ZnS(Ag) 신틸레이션 검출기
- ZnS(Ag) 신틸레이터는 흰색 분말로 박막형태로 사용하므로 투명도가 떨어지므로 α선의 선원 자체의 자기흡수에 의한 손실이 발생하므로 25 mg/cm2 이하의 두께를 이용
- 광전자증배관 유리표면에 직접 도포하기도 하고, Lucite 등의 투명한 물질에 도포하여 광전자증배관에 접착하여 사용하기도 함

2 α선의 비정을 구하여 에너지를 산출하는 방법

공기중에서의 α선의 비정을 측정하여 비정과 에너지 관계로부터 산출

$R_{air} = 0.318 E^{3/2} [cm], E[MeV]$

3 자기 스펙트로메터를 이용하는 방법

- α선이 자기장 내에서 수직으로 통과할 때 자기장의 영향을 받아 원운동을 하게 되는데, 자기장의 세기 B를 알 때, 그 반경을 측정하여 α선의 에너지를 측정할 수 있음

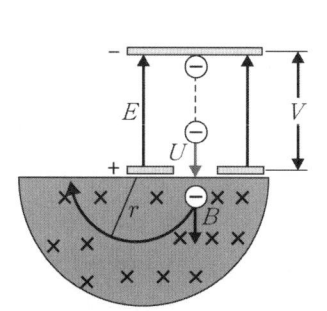

$$qvB = \frac{mv^2}{r}$$

$$E_k = \frac{1}{2}mv^2 = \frac{1}{2}m(\frac{q}{m}Br)^2$$

B : 자기장의 세기
m : α선 질량
q : α선 전하량
v : 속도
r : α선이 만드는 원의 반경

6.3 β선의 에너지 측정

- 베타선은 그 에너지가 수 keV ~ 수 MeV의 범위에 있고 그 에너지는 연속 스펙트럼 분포를 가짐

- 베타선은 물질 내에서 지그재그 형태의 비적을 가지며, 물질 내에서 전리와 여기와 같은 비탄성충돌에 의해 에너지를 주로 잃은 후, 산란에 의해 다시 밖으로 튀어나가는 확률이 크기 때문에 스펙트럼은 저에너지 쪽으로 이동하는 경향이 있음

- 베타선은 물질 내에서 후방산란 현상이 나타나므로 측정 시 선원 지지대에서의 후방산란에 의한 계수율 증가 효과가 나타나므로 반드시 보정해야 함

- 또한 베타선의 산란은 물질의 원자번호에 따라 증가되므로 높은 원자번호를 갖는 검출물질을 이용한 베타선 스펙트럼 측정은 어려움

- 베타선 에너지 측정은 주로 펄스 파고분석을 이용한 스펙트럼 측정이나 흡수법에 의한 베타선의 에너지 측정 및 비정과 에너지의 관계로부터 베타선의 최대에너지를 측정하는 방법을 이용함

1 β선 에너지 스펙트럼 측정

1) 유기결정 신틸레이션 검출기
2) 액체 신틸레이션 검출기
3) 플라스틱 신틸레이션 검출기
4) PN 접합형 Si 반도체 검출기

2 β선의 최대에너지 측정법

1) 흡수법
   - 입사창 두께를 미리 알고 있는 단창형 GM 계수관을 사용
   - 시료와 검출기 사이에 여러 두께를 갖는 Al 판을 삽입하여, 그 때마다 계수율을 측정
   - 이를 반대 수(semi-log) 그래프에 그리면 기울기로부터 질량흡수계수를 구하고

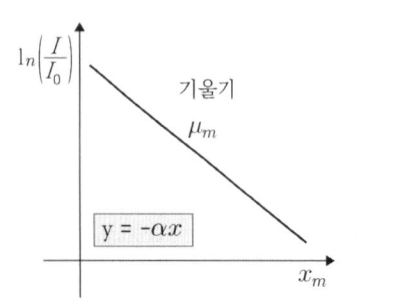

$$I = I_0 e^{-\mu \chi} = I_0 e^{-(\frac{\mu}{\rho}) \cdot \rho \cdot \chi} = I_0 e^{-\mu_m \chi_m}$$

$$\ln\left(\frac{I}{I_0}\right) = -\mu_m \chi_m$$

μ_m : 질량흡수계수, χ_m : 면밀도

- 베타선의 최대에너지와 질량흡수계수의 관계로부터 측정선원의 최대에너지를 산출
  - 공기에 대한 β 흡수계수 : $\mu_{\beta,air} = 16(E_{\max} - 0.036)^{-1.4}$
  - 조직(물)에 대한 β 흡수계수 : $\mu_{\beta,tissue} = 18.6(E_{\max} - 0.036)^{-1.37}$
  - 고체물질에 대한 β 흡수계수 : $\mu_\beta = 1.7 E_{\max}$

2) 간이법
- Al 흡수판을 이용하여 베타선의 흡수곡선을 충분히 두꺼운 부분까지 취하여 최대 비정을 구하고, 베타선의 최대비정과 최대 에너지와의 관계 이용
- 베타선의 최대비정 R과 최대 에너지 E 관계

$$R[\frac{g}{cm^2}] = 0.407E_\beta^{1.38} \quad (0.15 < E_\beta < 0.8 MeV)$$

$$R[\frac{g}{cm^2}] = 0.542E_\beta - 0.133 \quad (0.8 < E_\beta < 3 MeV)$$

3) Feather 법
- 표준시료와 미지시표의 흡수곡선을 작성한 후, 두 곡선을 비교하여 최대에너지 산출

4) Harley 법
- 표준시료와 미지시료의 투과율에서 흡수체 두께의 계수율 비를 구하여 산출

6.4 γ선 에너지 측정

감마선은 물질과의 다양한 상호작용 기전이 나타나지만, 감마선 에너지 스펙트럼 측정에서는 광전효과, 컴프턴 효과 및 전자쌍생성 등 세 종류의 상호작용만 실제 중요한 의미를 갖음

광전효과, 컴프턴 효과 및 전자쌍생성의 상호작용은 그 물질의 원자번호에 강한 의존성을 띠고 있으며, 특히 원자번호에 가장 강한 영향은 광전흡수 단면적으로 원자번호의 5승에 비례하는 특징이 있음

이에 감마선 에너지 스펙트럼 측정시의 검출기 재질로는 원자번호가 큰 물질이 적합하며, 이에 NaI(Tl) 또는 CsI(Tl) 섬광체를 주로 이용하고 있음

1 γ선 에너지 스펙트럼 측정

1) NaI(Tl) 신틸레이션 검출기
2) 반도체 검출기 (HPGe 검출기 또는 Ge(Li) 검출기)

2 상호작용에 따른 스펙트럼 형성

1) 검출기 내에서의 신호 형성

① 광전효과
- 감마선 검출물질 내에서 광전효과 발생시, 감마선은 물질 내에서 소멸하면서 궤도내 전자의 결합에너지를 뺀 값의 운동에너지를 지닌 광전자가 원자 내에서 방출되며, 그 결과로 궤도에는 공위(Vacancy)가 생기며, 전자 천이과정을 통해 공위는 메워지며, 이 과정에서 특성 X선이나 오제전자가 방출됨
- 요오드 중에서는 전체의 약 88% 정도가 특성 X선으로 방출되는데, 보통 1mm 또는 그 이하의 거리를 통과한 후 재흡수되며, 오제전자 또한 그 에너지가 작기 때문에 도달거리가 극히 짧고 흡수체내에서 대부분 흡수됨
- 광전효과가 발생되면 감마선 에너지에 해당하는 신호(전 에너지 피크 또는 광전흡수 피크)를 출력하게 되며, 출력 신호로부터 입사 감마선의 에너지를 분석할 수 있음

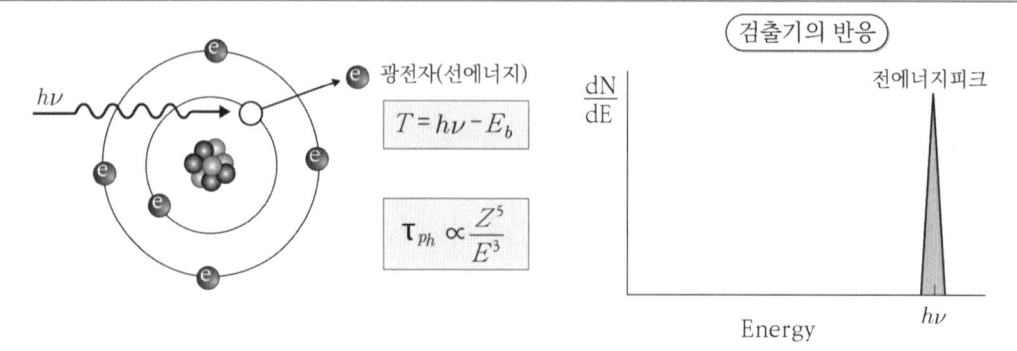

② 컴프턴 효과
- 감마선이 물질과의 상호작용시, 원자 내 궤도전자에게 감마선의 일부를 전달하여 궤도전자를 원자밖으로 이탈시키면서 자신도 산란각을 가지고 산란되는 현상(탄성산란)으로 이때 이탈한 전자를 되튐전자, 컴프턴 전자 또는 반도전자라고 함
- 산란각에 따라 다양한 에너지를 지닌 컴프턴 전자는 검출물질 내에서 흡수되어 신호 형성에 기여하게 되며, 산란광자선 또한 검출물질 내에서 흡수되거나 검출물질 밖으로 이탈하기도 함
- 이에 컴프턴 효과 발생 시는 컴프턴 연속 영역에 해당하는 신호를 출력하게 됨

- 컴프턴 연속영역에서 반도전자의 최대에너지에 해당하는 영역을 컴프턴 에지라고 하며, 이는 산란각 180°일 때임

$$E_{e_{max}} = \frac{h\nu}{1+\frac{m_0c^2}{h\nu(1-\cos\theta)}} \Bigg|_{\theta=\pi} = \frac{h\nu}{1+\frac{m_0c^2}{2h\nu}}$$

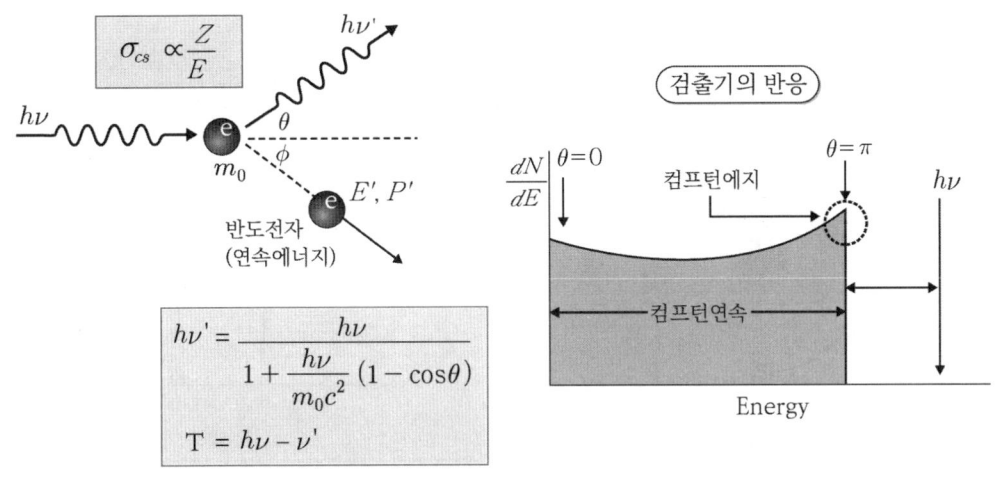

③ 전자쌍생성
- 감마선이 물질내의 원자핵 부근을 지날 때 자신은 소멸하면서 음양 전자쌍을 생성시키는 현상으로, 음 양 전자쌍을 생성시키는 데는 $2m_0c^2$에 해당하는 에너지가 필요하기 때문에, 전자쌍생성이 발생하기 위해서는 감마선의 에너지는 1.02 MeV 이상의 에너지가 필요하게 됨
- 입사 감마선의 에너지가 1.02 MeV 이상이 되면, 초과 에너지는 생성된 음전자와 양전자의 운동에너지 형태로써 할당되고, 이 음양전자는 흡수물질 내를 진행하면서 자신의 에너지를 잃어버리게 되며, 보통 2~3 mm 정도에 해당됨
- 또한 양전자의 경우는 물질 내에서 자신의 에너지를 다 잃어버릴 즈음에 주위의 전자와 결합하여 180° 방향으로 0.511 MeV γ선 2개를 방출하는 소멸복사 현상이 나타나게 됨
- 검출기의 물질 내에서 전자쌍생성 현상이 나타나면, 감마선의 에너지가 전량 흡수

되거나, 2개의 소멸방사선 중 하나 또는 두 개가 검출물질 외부로 이탈하는 현상이 나타날 수 있음

- 감마선 에너지가 전량 흡수될 때는 전 에너지 피크가 형성되고, 소멸방사선 중 하나가 검출물질 외부로 이탈할 경우에는 전 에너지 피크 위치에서 0.511 MeV 만큼 작은 위치에서 단일이탈피크가 형성되고, 2개의 소멸방사선이 검출물질 외부로 이탈할 경우에는 전 에너지 피크 위치에서 1.02 MeV 만큼 낮은 이중이탈피크가 나타날 수 있음

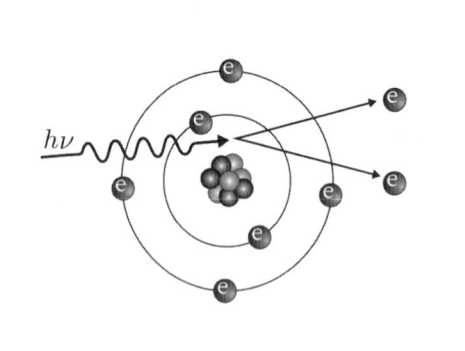
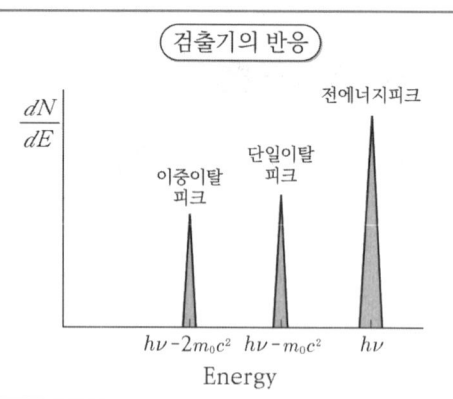
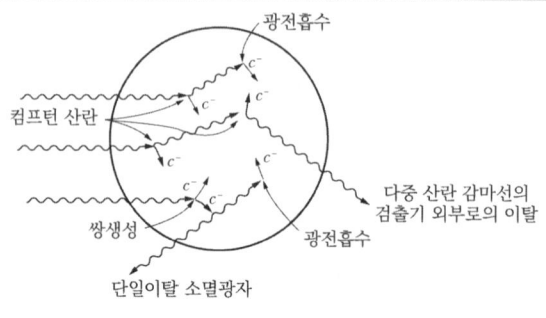
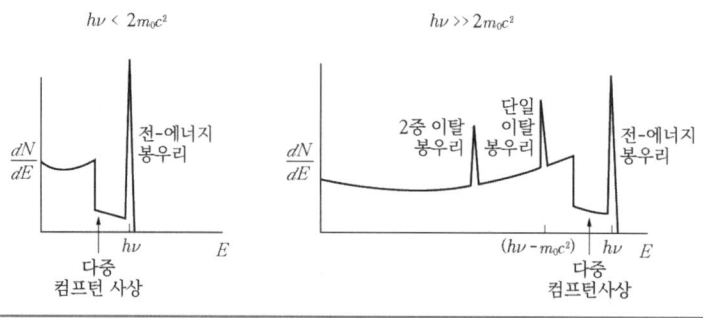

방사선 검출물질과의 상호작용에 의한 에너지 스펙트럼 출력 특성

2) 검출기 외부 차폐체 또는 주변물질에서의 신호 형성

① 특성 X선 봉우리

검출기 외부 또는 주변물질에서 광전효과 발생시, 광전자의 이탈로 인한 공위를 메우는 과정에서 방출된 특성 X선이 주변물질에 재흡수되지 않고 검출기내로 입사되어 신호로 출력될 수 있음

② 후방산란 봉우리

검출기 외부 또는 주변물질(차폐체)에서 컴프턴 효과 발생 시 발생한 후방산란선이 검출기 내부로 입사되어 출력되는 신호로, 산란 감마선의 에너지는 산란각의 함수로 나타나는데 110 ~ 120°보다 큰 산란각에서는 산란광자의 에너지는 후방산란광자의 에너지와 거의 유사

$$hv'_{\theta=\pi} = \frac{hv}{1+\frac{hv(1-\cos\theta)}{m_0c^2}} \cong \frac{m_0c^2}{2} \cong 0.25\,MeV$$

③ 소멸피크

검출기 외부 또는 주변물질에서 전자쌍생성 현상 발생시, 0.511 MeV 에너지의 2개의 소멸방사선 중 하나가 검출기 내부로 입사되어 신호로 출력될 수 있음

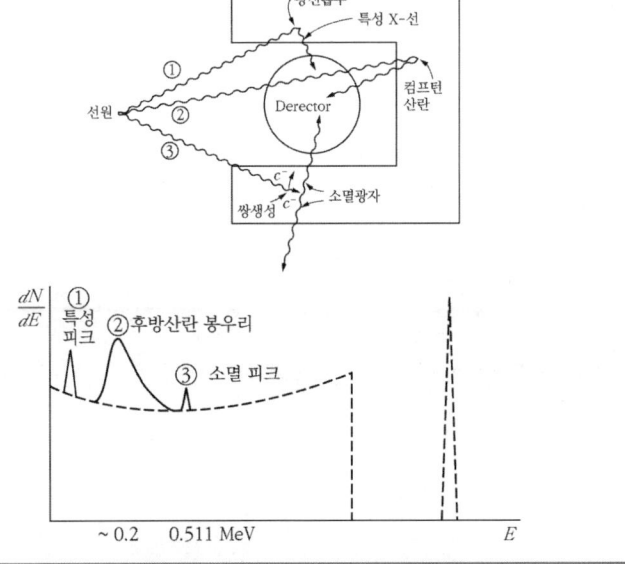

검출기 외부물질에서의 출력 신호 특성

3) 감마선 에너지 스펙트럼의 이해

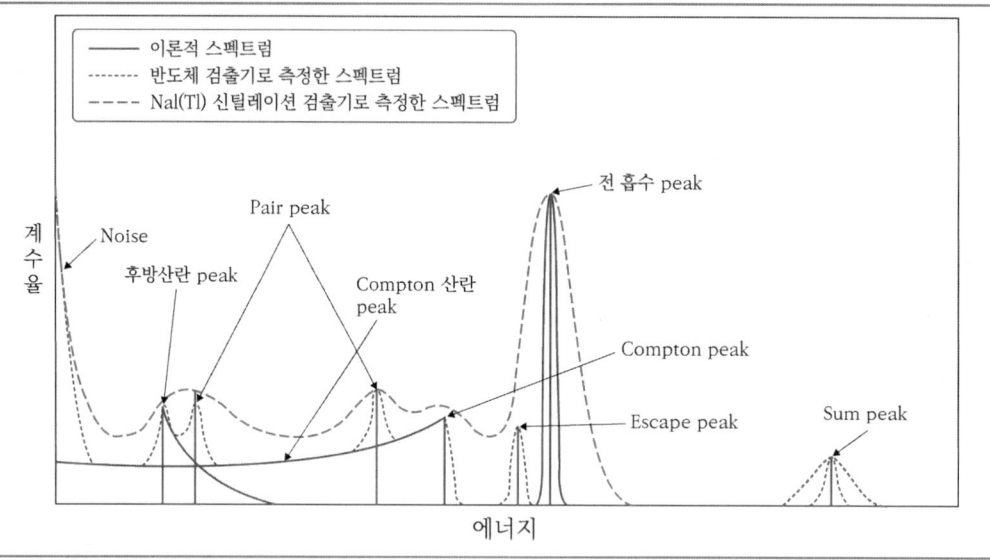

① 전 에너지 피크 (전 흡수피크, 광전피크)
  검출기 내에서 광전효과에 의해 소멸된 감마선의 전 에너지가 흡수되어 나타나는 출력 신호로 광전피크 에너지로써 입사 감마선의 에너지를 분석

② X-ray Escape peak (특성 X선 이탈 피크)
  검출기 내에서 광전효과 발생시, 이탈한 광전자의 공위를 메우는 전자천이 과정에서 발생한 특성 X선은 대부분 검출기의 검출물질 내에서 재흡수되지만, 광전효과가 검출기의 표면 부근에서 발생되면 특성 X선 광자가 검출물질을 이탈할 수 있으며, 이 경우 검출기내 전달된 에너지는 전 에너지 피크에서 특성 X선 에너지 부분만큼 감소된 신호로 나타남

③ 특성 X선 봉우리
  검출기 외부 또는 주변물질에서 광전효과 발생시, 광전자의 이탈로 인한 공위를 메우는 과정에서 방출된 특성 X선이 주변물질에 재흡수되지 않고 이탈하여, 검출기내로 입사될 때 나타나는 출력 신호

④ 컴프턴 연속영역 및 컴프턴 에지

컴프턴 효과에 의해 방출된 반도전자의 에너지가 검출기내 흡수되는 정도에 0 ~ 반도전자의 최대에너지까지 연속적으로 나타나는 영역을 컴프턴 영속영역(Compton Continium)이라 하며, 반도전자의 최대에너지에 해당되는 영역을 컴프턴 에지라고 함.
^{137}Cs의 경우, 반도전자의 최대에너지가 480 keV가 되므로, 컴프턴 연속영역은 0 ~ 480 keV까지 분포하게 되며, 컴프턴 에지는 480 keV 나타남

⑤ 후방산란 봉우리

검출기 외부 또는 주변물질에서 컴프턴 효과가 발생하게 되면, 주변물질에서 발생한 후방산란선이 검출기 내부로 입사되어 신호로 나타나게 되는데, 그 에너지는 약 250 keV 정도임

⑥ 소멸 피크

검출기 외부 또는 주변물질에서 전자쌍생성 현상 발생시, 0.511 MeV 에너지의 2개의 소멸방사선 중 하나가 검출기 내부로 입사되어 신호로 출력되어 나타나는 피크로 그 에너지는 0.511 MeV임

⑦ 단일이탈피크

검출기의 검출물질내에서 감마선과의 상호작용으로 전자쌍생성이 발생되며, 생성된 양전자와 음전자는 그 물질내에서 자신의 에너지를 잃어버리는데, 양전자의 경우는 소멸방사선을 180°방향으로 0.511 MeV의 γ선 2개를 방출하게 되는데, 이 중 소멸방사선 하나가 검출기 외부를 이탈하게 될 경우에 전 에너지 흡수피크보다 0.511 MeV가 낮은 에너지에서 나타나는 피크

⑧ 이중이탈피크

전자쌍생성 이후 생성된 소멸방사선 2개 모두가 검출물질을 이탈할 경우, 전에너지 흡수피크보다 1.02 MeV가 낮은 에너지에서 피크가 발생

⑨ Sum peak

^{24}Na 또는 ^{60}Co 등과 같이 한 붕괴 시 2개 이상의 감마선을 방출하는 핵종에서는 이들 2개의 감마선이 동시에 검출기에 입사하여, 두 에너지의 합에 해당하는 피크를 나

타낼 수 있는데 이를 sum peak라고 함

예를 들면, ^{60}Co 경우, 1.17 MeV와 1.33 MeV의 2개의 감마선을 방출하는데, 이 두 감마선 에너지의 합에 해당하는 2.5 MeV 영역에서 피크가 나타나게 됨

[예제] 입사 감마선의 에너지가 0.511 MeV일 때, compton 산란을 받는 반도전자의 최대에너지를 계산하시오.

해설

θ = 180° 일 때 산란전자의 최대에너지이므로

$$E_{\gamma'} = \frac{E_\gamma}{1 + E_\gamma(1-\cos\theta)\frac{1}{m_e c^2}} = \frac{0.511}{1 + \frac{2 \times 0.511}{0.511}} = 0.170 MeV$$

반도전자의 최대에너지는 $E_{c(\max)} = E_\gamma - E_{\gamma'} = 0.511 - 0.170 = 0.341 MeV$

[예제] 입사 감마선의 에너지가 1,200 keV일 때 스펙트럼에 나타나는 광전피크, 컴프턴 에지, 단일 이탈 피크 및 이중 이탈 피크에 대한 에너지를 계산하시오.

해설

(1) 광전 피크 : E_γ = 1,200 keV = 1.2 MeV

(2) 콤프턴 에지

$$E_{\gamma'} = \frac{E_\gamma}{1 + E_\gamma(1-\cos\theta)\frac{1}{m_e c^2}} = \frac{1.2}{1 + \frac{2 \times 1.2}{0.511}} = 0.211 MeV \quad (\because \theta = 180°)$$

$$\therefore E_{C(MAX)} = E_\gamma - E_{\gamma'} = 1.2 - 0.211 = 0.989 MeV$$

(3) single escape peak : $E_\gamma - m_e c^2 = 1.2 - 0.511 = 0.689 MeV$

(4) double escape peak : $E_\gamma - 2m_e C^2 = 1.2 - 2 \times 0.511 = 0.178 MeV$

4) 검출기 크기에 따른 스펙트럼의 변화

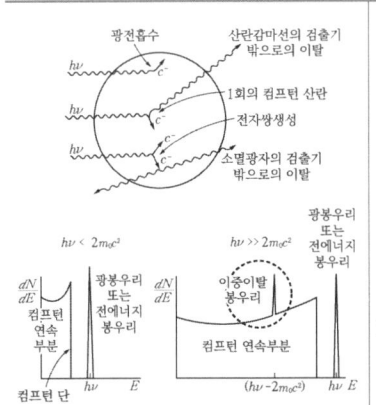	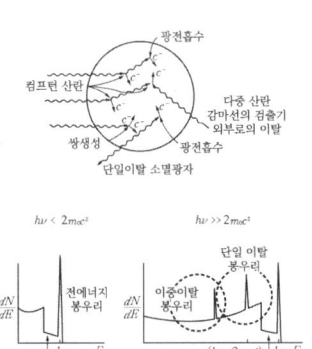	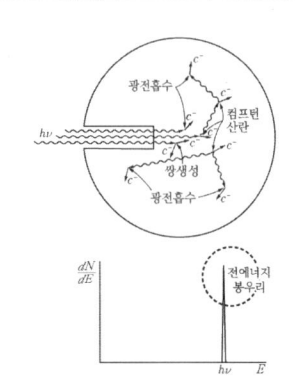
소형검출기의 경우, 전자쌍생성에 의해 생성된 양전자 소멸시 발생한 2개의 소멸방사선은 모두 검출기 외부로 이탈되기 쉬우므로, 이중이탈피크가 나타나게 되고, 다중 컴프턴 사상이 나타나지 않음	중형검출기의 경우, 소멸방사선 중 하나가 검출기 외부로 이탈되기 쉬우므로, 단일이탈피크가 나타나고, 다중 컴프턴 사상이 나타남	대형검출기의 경우, 입사 광자의 전 에너지가 흡수되므로 전에너지 흡수피크만 주로 나타남

5) 이상적인 에너지 스펙트럼 분포

① 전 에너지 흡수피크(광전피크)의 높이가 클수록 좋음
② 전 에너지 흡수피크의 퍼짐이 작을수록 좋음
③ 에너지 분해능이 작을수록 좋음
④ 컴프턴 연속분포영역의 계수율이 낮을수록 좋음

6.5 에너지 분해능

- 에너지 분해능은 방사선의 에너지를 얼마나 정확히 분석할 수 있는가의 능력으로 에너지 스펙트로미터의 성능을 평가하는 주요한 요소임

- 검출기에 일정한 에너지의 방사선이 입사하더라도 검출물질에서 생성되는 초기 정보운반자의 통계적 요동, 전하수집시 전자회로의 잡음, 유효체적 내에서의 검출기의 응답 특성, 측정기간 중의 작동 파라미터의 변동 등에 의해 측정된 에너지 스펙트럼은 어느 정도의 퍼짐을 갖게 되는데, 이러한 퍼짐을 나타내는 자료로 반치폭과 1/10 치폭이 있으며, 반치폭을 기준으로 에너지 분해능의 지표로 활용하고 있음

- 십치폭 (FWTM)

  단일 에너지에 해당하는 전 에너지 흡수 피크 최대치의 1/10이 되는 지점에서의 피크폭을 의미하며, 검출기의 피크 tail의 퍼짐 정도를 나타냄

- 반치폭(FWHM ; Full Width at Half Maximum, ΔE_p)

  단일에너지에 해당하는 전 에너지 흡수피크 최대치의 1/2이 되는 지점에서의 피크의 폭으로 정의되며, 에너지 분해능의 척도로 활용

$$R(\text{에너지 분해능}) = \frac{FWHM}{E_p} \times 100\%$$

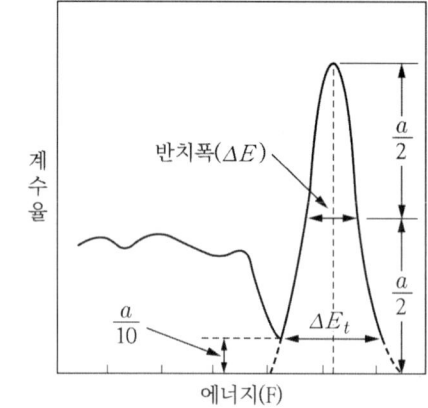

FWHM : 전 에너지 흡수피크의 반치폭
E_p : 입사광자의 에너지

- 가우스 분포를 가정하면 반치폭은 표준편차의 2.35배가 되므로

$$R = \frac{FWHM}{E_p} = \frac{2.35\,\sigma}{E_p} = \frac{2.35\,W\sqrt{N}}{WN} = \frac{2.35}{\sqrt{N}}$$

W : 정보운반자 하나를 생성시키는 데 필요한 에너지
N : 정보운반자의 수

- 파노인자를 적용하면

파노인자(F)
실제로는 통계적으로 예측된 값보다 실제 측정값은 분해능이 떨어지게 되는데 이러한 현상을 보정하기 위한 인자

$$F = \frac{관측된 \ 분산 \ (\sigma'^2)}{이론적 \ 분산 \ (\sigma^2)} \quad \rightarrow \quad \sigma' = \sigma\sqrt{F} = W\sqrt{N}\sqrt{F}$$

$$R = \frac{FWHM}{E_p} = \frac{2.35\,\sigma}{E_p} = \frac{2.35\,W\sqrt{N}\sqrt{F}}{WN} = \frac{2.35\sqrt{F}}{\sqrt{N}}$$

W : 정보운반자 하나를 생성시키는 데 필요한 에너지
N : 정보운반자의 수
F : 파노인자

- 에너지 분해능 (R)은 생성되는 정보운반자 수의 평방근에 반비례하게 되며, 흡수된 에너지가 클수록 생성되는 정보운반자의 수는 증가되므로 에너지 분해능은 작아지게 되고(에너지 분해능이 우수하게 됨), 방사선의 에너지가 클수록 에너지 분해능이 작아지게 됨

- 일반적으로 1 MeV의 감마선에 대하여 Ge(Li) 반도체 검출기는 0.15 %, NaI(Tl) 섬광계수기는 7~8 % 정도임.

- 검출기의 에너지 분해능에 영향을 미치는 요인은 방사선의 에너지, 검출기의 크기, 전하운반자 수의 통계적 변동, 전하수집효율의 변동, 전자회로의 잡음, 검출기의 동작 특성의 변화 등이 있음

[예제] NaI(Tl) 신틸레이션 검출기를 사용하여 ^{137}Cs 감마선의 파고분석을 하였을 때 광전 peak의 1/2인 계수율에서 에너지 폭이 60 keV라 하면 에너지 분해능은 얼마인가?

해설

^{137}Cs 감마선의 에너지는 662 keV이므로

$$R = \frac{60}{662} \times 100 \fallingdotseq 9.0(\%)$$

[예제] HPGe 반도체 검출기의 스펙트로메타의 분해능이 ^{60}Co의 감마선의 에너지가 1.33 MeV에 대하여 0.28 %일 때 다음 물음에 답하시오?
(단 검출기에서 한 개의 이온을 만드는 데 필요한 평균에너지는 2.96eV이다.)

해설

1) 흡수된 감마선 한 개당 생성된 이온의 평균수는 몇 개인가?
$$1.33 \times 10^6 / 2.96 = 4.5 \times 10^5$$

2) 측정된 에너지에서 표준 편차는 얼마인가?
$$\delta = [\%분해능 \times E]/2.35$$
$$= [0.0028 \times 1,330]/2.35 = 1.585\,keV$$

3) ^{28}Al의 1.78MeV 감마선에 대한 이 계측장치의 분해능은?
분해능은 생성된 이온쌍의 수의 평방근의 역에 비례하므로, ^{28}Al의 1.78MeV 감마선에 대한 이 계측장치의 분해능은
$$분해능 = 0.0028 \times [1.33/1.78]^{1/2} = 0.0024 = 0.24\%$$

4) ^{28}Al의 1.78MeV 감마선에 대한 컴프턴 단(Compton edge)의 에너지는?
컴프턴 단 = 1.78[1 - {1/(1 + 2 × (1.78/0.511))}] = 1.56MeV

[예제] 6 MeV 알파입자가 자신의 에너지를 모두 잃고 정지하였다면 반치폭은 얼마인가?
(단, W 값 = 30 eV, 파노인자 = 0.2)

해설

$$FWHM = 2.35\,W\sqrt{N}\sqrt{F} = 2.35 \times 30 \times \sqrt{(6 \times 10^6/30) \times 0.2} = 14.1\,keV$$

6.6 에너지 교정 및 효율교정

1 에너지 교정 (Energy Calibration)

- 채널과 이에 대응하는 감마선의 에너지를 연관짓는 과정
- 핵종분석이 수행되는 전에너지에 걸쳐 에너지를 방출하는 감마선원의 스펙트럼을 측정한 후 피크가 위치하는 채널과 에너지를 비교

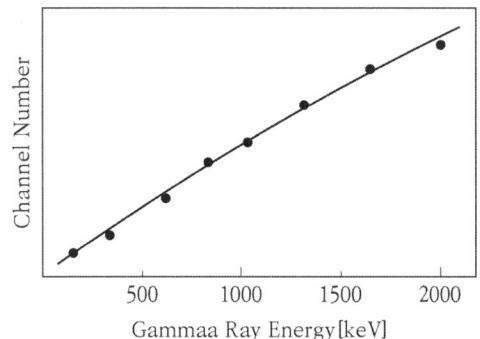
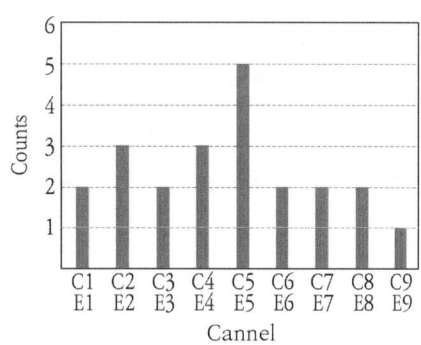

에너지교정식 : $E = a_1 + a_2 C + a_3 C^2 + a_4 C^3 + \cdots$
(C : 채널수, a_1, a_2, a_3, a_4 : 상수)

(예제) γ선 방출체의 핵종을 알기 위하여 MCA에 표준 γ-선을 놓고 측정하였더니, ^{57}Co의 122 keV peak는 41 채널에 나타났고, ^{60}Co의 1173 keV peak는 381 채널에 나타났다. 이 핵종의 peak가 137 채널에 나타났다면 이 핵종은 어떤 것인가? 그 핵종의 에너지와 이름을 쓰시오.

> **해설**

에너지 교정식 : E(에너지) = a × ch(채널) + b
(ch, E) = (41, 122), (381, 1173)
122 = 41 × a + b
1173 = 381 × a + b 의 연립방정식을 풀면
즉, a = 3, b = -1
계수를 대입하여 137 채널에 대하여 풀면
E(keV) = 3 × 137 - 1 = 410 keV

답) 핵종의 에너지는 410 keV
핵종은 198Au (411.8 keV) 또는 55Co (411.5 keV)이다.

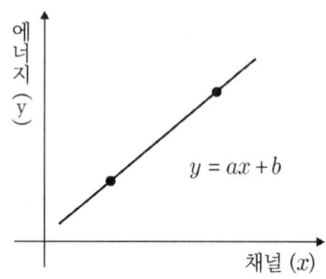

2 효율교정 (Efficiency Calibration)

- 감마선의 에너지와 검출효율을 연관짓는 과정
- 전 에너지 흡수피크 검출효율은 전 에너지 흡수피크에서의 계수율과 선원에서 방출된 감마선의 비

$\epsilon = \dfrac{R}{S \times P_r}$	ϵ : 전에너지 흡수피크 효율 S : 방사능 (Bq) R : 전 에너지 흡수피크 계수율 P_r : 감마선 방출율

- 검출효율 영향 인자는 시료의 기하학적 형태(크기, 밀도, 시료아 검출기간의 거리)에 의존
- 효율교정용 선원은 감마선의 에너지 뿐만 아니라 방출률과 방사능을 미리 알고 있어야 함
- 광전효과, 검출기의 크기 등으로 일정 에너지에서 효율은 최대가 되고, 그 이상의 에너지에서는 광전효과 감소 및 검출기 투과 등으로 효율이 감소되며, 저에너지에서는 dead layer에 의한 에너지 감쇠로 효율이 감소됨

확인문제 에너지 측정

01. 다음의 감마선 에너지 스펙트럼 측정에 관한 설명 중 적절치 않은 것은?

① 광전효과는 감마선이 가지고 있는 전체 에너지를 광전자에 부여하기 때문에 MCA 상에 광전피크를 얻을 수 있고, 이를 이용하여 핵종 분석이 가능하다.
② Compton edge란 감마선의 산란각이 0도일 때를 말한다.
③ 검출기 주변 물질에 입사한 일부 광자의 Compton 후방산란에 의해 200~250 keV 근처에 후방산란 봉우리가 나타나기도 한다.
④ 소멸광자는 전자쌍생성에 의해 생성된 양성자가 검출기 내의 음전자와 상호작용에 의해 생성된 것이다.

02. 방사선 에너지 측정장치의 구성으로 맞게 배열한 것은?

A. 검출기	B. 파고분석기	C. 계수회로	D. 증폭기
① A - B - C - D		② A - C - D - B	
③ A - D - B - C		④ A - C - B - D	

03. 감마선 에너지 측정 시 가장 중요한 피크는?

① 전에너지 흡수피크   ② 컴프턴 에지
③ 소멸 피크   ④ 이탈 피크

04. γ선용의 NaI(Tl) 섬광체 spectrometer에 관한 설명 중에서 잘못된 것은?

① pulse 파고치는 광전자증배관의 인가전압의 증대와 같이 크게 된다.
② 에너지분해능은 γ선의 에너지가 높은 만큼 양호하다.
③ 광전피크 검출효율은 γ선 에너지가 높은 만큼 작다.
④ 광전피크 검출효율은 광전자증배관의 인가전압의 증대와 더불어 크게 된다.

05. 흡수곡선을 이용하여 β선의 최대에너지를 산출하는 방법이 아닌 것은?

① 비례계수법   ② Feather 법   ③ Harley 법   ④ 간이법

06. 다음 측정기 중 α선 에너지 측정에 적합한 검출기는?

① Si 표면장벽형 반도체검출기   ② GM 계수관
③ 열형광선량계   ④ NaI(Tl) 섬광검출기

07. ^{137}Cs 핵종의 스펙트럼 분석에서 나타나지 않는 피크는?

① 광전피크   ② 컴프턴 연속부   ③ X-선 이탈피크   ④ 이중이탈피크

08. 단일파고분석기에 대한 아래의 설명 중 적절치 않은 것은?

① 동시계수회로를 이용한다.
② 하한선별기(LLD)와 상한선별기(ULD) 사이에 존재하는 펄스만 계수한다.
③ 하한선별기와 상한선별기의 구간을 Window라고 한다.
④ 원전시설 등의 환경감시에서 특정핵종의 감시 목적으로 사용 시 다중채널분석기(MCA) 보다 효과적으로 사용될 수 있다.

09. 감마선 스펙트로메트리에서 후방산란 피크가 나타나는 에너지 구간은?

① 200~250 keV   ② 300~350 keV   ③ 400~450 keV   ④ 500~550 keV

10. 다음 감마선 에너지 스펙트럼 상에서 나타나는 피크 중 계측기 주변 차폐체의 영향에 의한 피크가 아닌 것은?

① 특성 X선 피크   ② 후방산란 피크
③ 소멸(annihilation) 피크   ④ 광전피크

11. ^{137}Cs의 γ핵종 분석결과 662 keV 외에 32 keV의 peak가 검출되었다. 32 keV 에너지 피크는 무엇에 의해 기인된 것인가?

① ^{137}Ba K-X선 peak   ② 후방산란 peak
③ Compton peak   ④ 광전 peak

12. ^{60}Co 핵종의 감마선 에너지 스펙트럼을 측정하였을 때, 스펙트럼상에서 나타나지 않는 피크는?

    ① 1.17 MeV   ② 1.25 MeV   ③ 1.33 MeV   ④ 2.5 MeV

13. 차폐체가 없는 매우 작은 크기의 반도체 검출기(HPGe)를 이용하여 1.5 MeV γ선을 측정할 경우에 발생 확률이 작은 피크는?

    ① 컴프턴 단(edge)   ② 단일 이탈 피크
    ③ 이중 이탈 피크   ④ 광전피크

14. 단일에너지의 감마선이 NaI(Tl) 섬광검출기에 흡수되는 경우에도 출력펄스는 동일하지 않다. 그 이유로 가장 적당한 것은?

    ① 측정시스템에 항상 존재하는 잡음(noise) 때문이다.
    ② 생성되는 전자수와 방출하는 빛의 양의 통계적 요동 때문이다.
    ③ NaI(Tl) 검출기의 효율이 에너지에 따라 변하기 때문이다.
    ④ NaI(Tl) 검출기의 불감시간 때문이다.

15. 에너지분해능에 대한 설명 중 적절치 않은 것은?

    ① 에너지분해능은 전 에너지 흡수피크에 대한 그의 반치폭으로 정의한다.
    ② 에너지분해능은 입사 감마선 에너지가 클수록 작아진다.
    ③ 에너지분해능은 생성되는 정보운반자 수의 평방근에 반비례한다.
    ④ 에너지분해능은 클수록 좋다.

16. β선 에너지 스펙트럼 측정에 적절하지 않은 검출기는?

    ① 액체 섬광검출기   ② 유기결정 섬광검출기
    ③ PN접합형 반도체검출기   ④ NaI(Tl) 섬광검출기

17. γ선 에너지 스펙트럼 측정에 적절하지 않은 검출기는?

    ① NaI(Tl) 섬광검출기   ② 장전유기 섬광검출기
    ③ HPGe 반도체검출기   ④ 액체 섬광검출기

18. 신틸레이터와 측정 방사선의 연결이 적절치 않은 것은?

　① NaI(Tl) - γ선　　② ZnS(Ag) - α선

　③ 액체섬광체 - β선　　④ LiI(Eu) - α선

19. 대형 섬광체를 이용하여 ^{60}Co 감마선 측정시, 스펙트럼 상에서 주로 나타나는 피크는?

　① 소멸피크　② 이탈피크　③ 광전피크　④ Sum 피크

20. 다음 중 에너지 분해능을 좌우하는 인자 중 외래 분해능의 인자에 해당하지 않는 것은?

　① 정보전달자 수　　② 전하수집효율의 변동

　③ 검출기의 동작특성의 변화　　④ 전자회로의 잡음

정답 및 해설 — 에너지 측정

01 ②

검출물질에서 감마선과의 컴프턴 효과 발생 시, 산란각에 따라 반도전자에 전달되는 에너지가 0~ 최대 에너지까지 다양하게 나타나므로 감마선 에너지 스펙트럼상에서는 컴프턴 연속영역으로 나타나게 되며, 산란각이 180°일 때 반도전자의 운동에너지가 최대가 되는 지점을 컴프턴 에지라고 함

$$E_{e_{max}} = \frac{hv}{1 + \frac{hv(1-\cos\theta)}{m_0 c^2}} \quad \theta = \pi \quad = \frac{hv}{1 + \frac{2hv}{m_0 c^2}}$$

02 ③

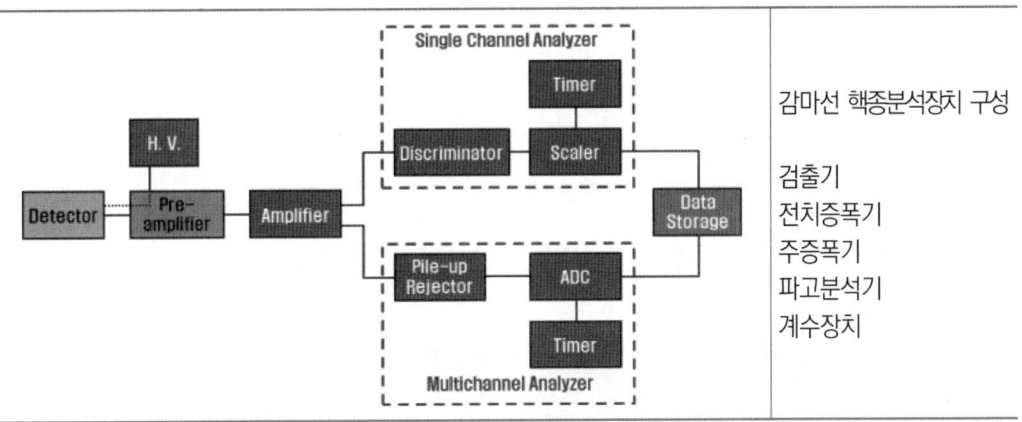

감마선 핵종분석장치 구성

검출기
전치증폭기
주증폭기
파고분석기
계수장치

03 ①

전 에너지 흡수피크 또는 광전흡수 피크는 검출기 내에서 광전효과에 의해 소멸된 감마선의 전 에너지가 흡수되어 나타나는 출력 신호로 광전피크 에너지로써 입사 감마선의 에너지를 분석하는데 가장 중요한 피크임

04 4

감마선 에너지 스펙트럼의 펄스파고는 입사한 방사선의 에너지에 비례하며 또한 광전자증배관의 인가전압이 증가되면 광전자증폭률이 증가되어 신호가 크게 된다.
에너지분해능은 입사 감마선의 에너지가 높을수록 정보운반자 생성수가 증가하게 되므로 입사 감마선 에너지에 비례하는 특성이 있음
광전피크 검출효율은 광전자증배관의 인가전압과는 무관함

05 1

- β선의 최대에너지 측정법
① 흡수법
  베타선의 흡수곡선을 측정하여 최대에너지와 질량흡수계수의 관계로부터 측정선원의 최대에너지를 산출하는 방법

② 간이법
  Al 흡수판을 이용하여 베타선의 흡수곡선을 충분히 두꺼운 부분까지 취하여 최대비정을 구하고, 베타선의 최대비정과 최대 에너지와의 관계 이용

$$R[\frac{g}{cm^2}] = 0.407 E_\beta^{1.38} \quad (0.15 < E_\beta < 0.8 MeV)$$

$$R[\frac{g}{cm^2}] = 0.542 E_\beta - 0.133 \quad (0.8 < E_\beta < 3 MeV)$$

③ Feather 법
  표준시료와 미지시표의 흡수곡선을 작성한 후, 두 곡선을 비교하여 최대에너지 산출

④ Harley 법
  표준시료와 미지시료의 투과율에서 흡수체 두께의 계수율 비를 구하여 산출

06 1

- α선 에너지 측정 검출기
① Grid 부착형 전리함   ② 2π , 4π 비례계수관
③ 표면장벽형 Si 반도체 검출기   ④ ZnS(Ag) 신틸레이션 검출기

07 ④

입사 감마선의 에너지가 1.02 MeV 이상일 때, 감마선의 전에너지가 흡수된 광전피크가 1.02 MeV 위치에서 나타나게 됨 또한 입사 감마선이 검출물질 내에서 전자쌍생성이 발생하면, 이 때 생성된 양전자가 물질 내에서 자신의 에너지를 다 잃어버릴 즈음에 주변의 전자와 결합하여 180°방향으로 2개의 0.511 MeV γ선을(소멸방사선) 방출하게 되는데, 방출된 소멸방사선 중 하나 또는 2개가 검출물질 외부로 이탈하는 현상이 나타날 수 있음

이때 0.511 MeV의 γ선 하나가 이탈할 때 나타나는 피크를 단일이탈피크, 2개의 γ선 모두 검출물질 외부로 이탈할 때 나타나는 피크를 이중이탈피크라고 함

검출기의 크기가 소형일 때는 주로 이중이탈피크가 두드러지게 나타나며, 검출기 크기가 매우 클 때에는 광전피크만 나타남

^{137}Cs 핵종의 경우, 방출 감마선의 에너지가 662 keV로, 검출기 검출물질내에서 전자쌍생성이 발생하지 않으므로, 스펙트럼상에서는 이중이탈피크가 나타나지 않음

08 ①

SCA 이용
- 하한선별기와 상한선별기를 반동시계수회로를 이용하여 두 선별기 사이에 출력된 펄스만을 계수하는 방식
- MCA 보다 불감시간의 영향을 덜 받음
- SCA는 많이 사용되지는 않지만 window를 미세하게 설정할 수 있는 장점으로 인해 여러 에너지를 지닌 방사선장에서 특정 핵종의 감시에 활용
  (예) 원전 등의 경우 다양한 에너지를 갖는 방사성핵종이 방출되는데, 이 경우 특정 핵종(^{137}Cs, ^{131}I 등)의 신속한 감시에 적합

09 ①

감마선 에너지 스펙트럼에서 후방산란봉우리(피크)는 감마선이 검출기 외부 또는 주변물질(차폐체)에서 컴프턴 효과 발생 시 발생한 후방산란선이 검출기 내부로 입사되어 출력되는 신호로, 산란 감마선의 에너지는 산란각의 함수로 나타나는데 110~120°보다 큰 산란각에서는 산란광자의 에너지는 후방산란광자의 에너지와 거의 유사하며, 그 에너지는

$$hv'_{\theta=\pi} = \frac{hv}{1+\frac{hv(1-\cos\theta)}{m_0c^2}} \cong \frac{m_0c^2}{2} \cong 0.25\,MeV \text{ 정도임}$$

10 ④

- 검출기 외부 차폐체 또는 주변물질에서의 신호 형성
① 특성 X선 봉우리
   검출기 외부 또는 주변물질에서 광전효과 발생시, 광전자의 이탈로 인한 공위를 메우는 과정에서 방출된 특성 X선이 주변물질에 재흡수되지 않고 검출기내로 입사되어 신호로 출력될 수 있음

② 후방산란 봉우리
   검출기 외부 또는 주변물질(차폐체)에서 컴프턴 효과 발생 시 발생한 후방산란선이 검출기 내부로 입사되어 출력되는 신호로, 산란 감마선의 에너지는 산란각의 함수로 나타나는데 110~120°보다 큰 산란각에서는 산란광자의 에너지는 후방산란광자의 에너지와 거의 유사하며 그 에너지

$$h v'_{\theta=\pi} = \frac{hv}{1 + \frac{hv(1-\cos\theta)}{m_0 c^2}} \cong \frac{m_0 c^2}{2} \cong 0.25\, MeV \text{ 정도임}$$

③ 소멸피크
   검출기 외부 또는 주변물질에서 전자쌍생성 현상 발생시, 0.511 MeV 에너지의 2개의 소멸방사선 중 하나가 검출기 내부로 입사되어 신호로 출력될 수 있음

11 ①

12 ②

^{60}Co 핵종은 1.17 MeV, 1.33 MeV의 2개 감마선을 동시에 방출하는 핵종으로, 감마선 스펙트럼 측정시는 1.17 MeV, 1.33 MeV에 해당하는 전 에너지 흡수피크 외에 2.5 MeV 에너지에 해당하는 Sum peak가 나타날 수 있음

13 ②

1.02 MeV 이상의 에너지를 가진 감마선이 입사하여 검출물질내에서 전자쌍생성이 발생하면, 이 때 생성된 양전자가 물질 내에서 자신의 에너지를 다 잃어버릴 즈음에 주변의 전자와 결합하여 180°방향으로 2개의 0.511 MeV γ선을(소멸방사선) 방출하게 되는데, 방출된 소멸방사선 중 하나 또는 2개가 검출물질 외부로 이탈하는 현상이 나타날 수 있음
이때 0.511 MeV의 γ선 하나가 이탈할 때 나타나는 피크를 단일이탈피크, 2개의 γ선 모두 검출물질 외부로 이탈할 때 나타나는 피크를 이중이탈피크라고 하는데, 검출기의 크기가 소형일 때는 0.511 MeV의 γ선 두 개가 다 이탈하는 이중이탈피크가 두드러지게 나타나며, 단일이탈피크가 나타날 확률이 매우 낮음

14 2

섬광체내에서의 에너지 소모 기전이 확률적 현상에 의해 나타나므로, 감마선 에너지에 대해 항상 일정한 형광량과 광전자 방출량이 발생되는 것이 아니며 또한 측정시스템에 존재하는 전기적 잡음에 의해서도 출력펄스크기의 요동 현상이 일어날 수 있으며, 이에 의해 에너지 분해능의 변동 요인이 됨

15 4

- 에너지분해능 (R)

$$R = \frac{FWHM}{E_p} = \frac{2.35\,\sigma}{E_p} = \frac{2.35\,W\sqrt{N}\,\sqrt{F}}{WN} = \frac{2.35\,\sqrt{F}}{\sqrt{N}}$$

에너지분해능 (R)은 생성되는 정보운반자 수의 평방근에 반비례하게 되며, 흡수된 에너지가 클수록 생성되는 정보운반자의 수는 증가되므로 에너지 분해능은 작아지게 되고(에너지 분해능이 우수하게 됨), 방사선의 에너지가 클수록 에너지 분해능이 작아지게 됨
에너지분해능 (R)이 작을수록 에너지분해능이 우수한 것임(좋은 것임)
일반적으로 1 MeV의 감마선에 대하여 Ge(Li) 반도체 검출기는 0.15 %, NaI(Tl) 섬광계수기는 7~8 % 정도임.
검출기의 에너지 분해능에 영향을 미치는 요인은 방사선의 에너지, 검출기의 크기, 전하운반자 수의 통계적 변동, 전하수집효율의 변동, 전자회로의 잡음, 검출기의 동작 특성의 변화 등이 이음

16 4

베타선 에너지 스펙터럼 측정
1. 유기결정 섬광검출기
2. 액체 섬광검출기
3. 플라스틱 섬광검출기
4. PN 접합형 반도체 검출기

17 4

감마선 에너지 스펙터럼 측정
1. 섬광검출기 (NaI(Tl) 섬광검출기, CsI(Tl) 섬광검출기, BGO 섬광검출기 등)
2. 반도체 검출기 (HPGe 또는 Ge(Li) 검출기

액체섬광검출기
- 유기섬광물질은 원자번호가 낮은 C, H, O 등으로 구성되어 있으므로, 광전효과의 발생확률이 낮아 원천적으로 감마선 핵종 분석이 어렵다. 즉, 감마선이 유기섬광물질에 입사하면 주로 콤프턴 산란이 일어나므로 콤프턴 연속 영역만이 형성되므로 감마선 핵종 분석이 어렵다.

장전유기섬광검출기
- 원자번호가 높은 Pb, Sn 등의 물질을 유기섬광물질에 첨가하여 감마선 핵종분석에 사용할 수 있도록 고안한 검출기

18 4

NaI(Tl) 섬광검출기, CsI(Tl) 섬광검출기, BGO 섬광검출기 – X선 및 γ선 측정
ZnS(Ag) 섬광검출기 – α선 측정
LiI(Eu) 섬광검출기 – 중성자 측정
액체섬광검출기 – 주로 β선 측정
플라스틱 섬광검출기 – 베타선, 전자선 및 중성자선 측정

19 3

대형 신틸레이터를 이용할 경우, 입사 방사선 에너지의 대부분이 신틸레이터 내에서 에너지를 잃어 버리게 될 확률이 높으므로, 극단적으로 신틸레이터가 큰 경우 스펙트럼 상에서는 입사광자 에너지에 해당하는 광전 피크만 나타날 수 있음

20 1

고유분해능의 좌우 인자 : 전하운반자의 수 (정보전달자의 수)
외래분해능의 좌우 인자 : 전하수집효율의 변동, 검출기의 동작특성 변화, 전자회로의 잡음 등

제7장 방사성 핵종의 취급

7.1 방사성물질의 취급 및 안전조치

7.2 방사성폐기물 관리

chapter 제7장 방사성 핵종의 취급

이 장에서는 방사성 핵종에 대한 취급기술로 밀봉 및 비밀봉 동위원소의 취급과 방사성 물질에 대한 오염제거 원칙과 관련한 방사선 안전 취급기술과 방사성폐기물에 대한 처리 및 관리원칙을 다룬다.

7.1 방사성물질의 취급 및 안전조치

1 밀봉 방사성동위원소(RI)의 취급

1) 밀봉선원의 분류

① 밀봉선원의 정의

밀봉된 방사성동위원소란 방사성핵종을 기계적 강도가 충분하여 파손될 우려가 없고, 부식되기 어려운 재료로 된 캡슐에 넣고 봉입하여 방사선은 캡슐 외부로 방출되지만, 방사성물질은 밖으로 누출하지 못하도록 되어 있는 것

② 밀봉선원의 사용목적에 따른 분류
- 교정용 선원 : 각종 방사선측정기의 검·교정용 선원으로써 주로 100 μCi(3.7 MBq) 이하의 선원이 사용
- 방사선이용 계측기용 선원 : 두께 측정기, 밀도 측정기, 레벨 게이지, 분석기(ECD) 등에 사용되면 주로 수 mCi ~ 수 Ci 선원이 사용
- 비파괴검사용 선원 : 방사선 투과검사용 선원으로써 ^{192}Ir, ^{60}Co 등이 사용되며 수십 mCi ~ 수십 Ci가 사용
- 조사용 대선원 : 방사선 화학공업, 방사선 멸균, 식품보존 및 조사, 의료용 등에 이용되며 ^{60}Co 이 사용

③ 선원 밀봉시의 기술적 요건
  - 사용조건에 대한 내구성
    : 기계적인 힘, 온도, 화학적 현상에 대한 밀봉된 캡슐의 내구성
  - 내용물의 변화에 따른 내구성
    : 캡슐에 봉입된 물질에 의한 화학적 부식, 봉입물질의 방사선에 의한 변화, 방출 가스에 의한 압력증가 등에 대한 캡슐의 내구성

2) 밀봉선원 종류별 구조 및 용도

① α-선원
  - 종 류 : ^{241}Am, ^{226}Ra, ^{210}Pb 등
  - 구 조 : 불용해성이고 불휘발성의 화합물을 소결처리하여 고순도의 Au 또는 Ag에 균일하게 분산시켜 제조하며, 선원자체의 두께는 대략 0.003 mm
  - 용 도 : 연기탐지기(^{241}Am), 진공도측정기(^{226}Ra), 형광 X-선 분석 (^{210}Pb), 정전제거용(^{226}Ra) 등

② 저에너지 β-선원
  - 종 류 : ^{63}Ni, ^{3}H, ^{14}C 등
  - 용 도 : 가스크로마토그래피(gas-chromatograph) 용
  - 구 조 : 금속판(스테인레스, 구리 등)에 흡착

③ β-선원
  - 종 류 : ^{147}Pm, ^{204}Tl, ^{85}Kr, ^{90}Sr/^{90}Y 등
  - 용 도 : 두께 측정기, 비중측정기, 정전제거용
  - 구 조 : 기체 상태는 봉입 후 봉합, 소결처리 후 봉합

④ 저에너지 X(γ)선원
  - 종 류 : ^{55}Fe, ^{109}Cd, ^{126}I, ^{210}Pb, ^{170}Tm, ^{153}Gd, ^{57}Co 등
  - 용 도 : 형광 X-선 분석용(^{55}Fe, ^{109}Cd, ^{57}Co), 비파괴 검사용 (^{170}Tm), 두께 측정기용 (^{241}Am)
  - 구 조 : X-선 발생용은 금속판에 흡착, 소결처리, 전착시켜 금속판에 부착

⑤ γ-선원
- 종　류 : ^{137}Cs, ^{124}Sb, ^{60}Co, ^{226}Ra, ^{228}Th, ^{192}Ir, ^{134}Cs 등
- 용　도 : 밀도 측정기 (^{60}Co, ^{137}Cs), 비파괴 검사용 (^{60}Co, ^{137}Cs, ^{192}Ir), 방사화 분석용 (^{124}Sb) 등
- 구　조 : 선원을 주로 금속제의 캡슐에 넣어 사용

⑥ 중성자 선원
- 종　류
  - (α, n)반응 : ^{227}Ac-B, ^{241}Am-Be, ^{242}Cm-B, ^{210}Po-Be, ^{226}Ra-Be
  - (γ- n)반응 : ^{124}Sb-Be, ^{226}Ra-Be, ^{228}Th-Be
  - 자발핵분열 핵종 : ^{252}Cf
- 용　도 : 원자로의 노심, 습도측정용
- 구　조 : Be 분말과 균일하게 혼합, ^{252}Cf는 소결처리

3) 밀봉선원의 오염 대책

① 핵종의 특성에 따라 세심한 주의 필요
- 방사능의 세기 및 비방사능
- 반감기
- 핵종의 독성

② 주의가 요망되는 선원
- α-선원, 저에너지 β-선원 → 밀봉창면의 두께가 얇아 기계적인 강도 취약
- Ra 선원 : α 붕괴로 인한 헬륨의 생성으로 용기내의 압력 상승, Ra염의 수분이 분해되어 내압상승
- ^{3}H 선원 : ^{3}H 가스 방출 우려, 흡착재인 Ti이 분말형태로 손상
- Cs 선원 : Cs_2SO_4, $CsNO_3$, $CsCl$ 등의 형태로 사용되나, $CsNO_3$는 분해 용이

4) 밀봉선원의 안전성 시험

① 누설시험(Leak test)
- 기포시험(Bubble test)
- 헬륨 누설시험(Helium leak test)
- ^{85}Kr 시험
- Ra 시험
- 침적시험(Immersion test)
- 문지름시험(Wipe test)

② 오염시험
- 침적시험 (Immersion test)
- 문지름시험 (Wipe test)

③ 수송을 위한 시험
- 충격시험(Impact test)
- 타격시험(Percussion test)
- 가열시험(Heating test)
- 침적시험(Immersion test)

5) 밀봉선원의 취급방법 및 주의사항

① 선원의 소재는 항시 파악되어 있어야 하고, 만액 소재가 불분명하게 되었을 경우 안전관리책임자에게 즉시 통보하고 분실 또는 도난 시 규제기관 및 관할 경찰서에 즉시 통보 및 보고

② 선원의 취급시에는 외부피폭 방어를 위하여 거리, 시간, 차폐의 수단을 강구하여 방사선 피폭의 ALARA를 추구

③ 방사선관리구역에는 안전수칙이나 주의사항을 게시하고 울타리 설치 및 방사능표지를 부착. 또한 저장시설에는 시건장치를 하여 불필요한 사람의 접근 및 출입을 제한

④ 밀봉선원을 사용할 때에는 작업장내에 사람의 유무를 확인하고 조사중, 비조사중이라는 표지판을 설치하여야 하며, 3000 Ci 이상의 밀봉선원을 사용할 때에는 자동표시판이나 인터록장치를 설치

⑤ 선원의 취급은 절대 손으로 해서는 안되며 가능한 적절한 도구를 사용. 또한 작업전 계획을 수립하고 필요한 경우에는 모의훈련이나 반복훈련을 실시

⑥ 방사선작업종사자는 개인피폭선량계를 반드시 착용하여야 하며, 한사람의 책임자를 선정하여 모든 작업을 지시, 감독하도록 하고 공간방사선량율 측정기를 이용하여 작업전, 중, 후의 공간방사선량율을 측정하며, 작업자에게 주지

⑦ 방사선원의 사용일지 및 점검일지, 기타 관리기록을 작성

2 비밀봉 방사성동위원소(개봉선원)의 취급

1) 시설 설계상의 일반적인 고려사항

① 부지의 선정
  - 지반이 견고하고 화재 또는 침수의 우려 없는 곳으로 가급적 인구 밀집지역으로부터 멀리 떨어져 있고, 배기 및 배수 시 잘 희석되는 곳

② 중앙 집중화
  - 방사선 관리 및 경제적 측면에서 부지내 시설은 집중 관리가 가능하도록 설계하여야 하고, 가능한 독립적인 구조로 설계하여 사고시 다른시설에 영향이 없도록 할 것

③ 방사성물질의 오염이 적은 구조
  - 시설의 표면은 평활하고 파손이 어렵고, 화학적으로 안정하며 흡수성이 적어야 하기 때문에 방수성의 재질을 사용하고 오염 시 제염이 용이하고 교환하기 쉬운 재질을 선택할 것

④ 상호오염의 방지
  - 독립적 구조 필요 : 저준위 및 고준위 핵종 취급시설의 출입구 분리, 사고 시 등에 다른 시설에서의 영향 고려

⑤ 방사선 차폐
  - 고준위 취급시설은 고정차폐, 저준위는 이동형 차폐(납 및 콘크리트 벽돌)

⑥ 작업실의 배치(방사능준위에 따라)
  - 오염의 확대방지, 출입에 따르는 피폭선량 감소 목적
  - 배열순서 : 입구 → 오염검사실 → 측정실 → 암실 → cold 한 방(직접 방사성 물질을 취급하지 않는 방) → hot 한 방(직접 방사성 물질을 취급하는 방)

⑦ 건물의 구조, 표면이 내오염성 일 것

⑧ 배수 및 배기설비

⑨ 폐기물 처리 : 폐기물 보관시설을 설치

⑩ 방화대책 : 주요구조물은 내화구조 또는 불연재, 방화문 설치

2) 시설의 구성
① 관 리 실
  : 관리 직원이 상주하는 곳, 출입관리, 장비 및 공구 등의 반 출입 관리, 개인 방사선 피폭선량계 관리, 방사선 관리용 감시 기기 관리, 화재 등의 경보기 관리, 일반적으로 비관리 구역

② 휴 식 실
  : 종사자의 휴식, 간단한 비방사선 작업 가능, 일반적으로 비관리 구역

③ 오염 검사실
  - 출입하는 사람 또는 물품의 오염검사를 실시하여 오염관리 및 확대방지

- 화장실 및 갱의 설비 필요
  - 특수 설계된 화장실 설비 필요
  - 작업복, 평상복 등을 위한 구분된 탈의실 필요
  - 세척제, 오염제거용 약품 및 도구, 구급의약품 구비

④ 작업실 및 실험실
- 작업실 및 실험실은 작업 및 실험의 유형에 따라 구분하고, 사용하는 방사선의 종류 및 방사능 준위에 따라 시설 내 배치를 고려(저준위 취급실을 출입구와 가깝게 배치)

⑤ 오염 제거실
- 대량의 RI 사용시설 등에서 필요한 시설로 초음파 세척기, 종사자 오염 세척기 등을 구비

⑥ 약품 및 기구창고
- 비방사성 약품 및 필요한 공구 등 보관, 반감기 짧은 핵종에 오염된 기구 보관

⑦ 저 장 실
- 방사선 차폐와 오염 및 화재 대책, 방사성물질 반·출입 관리

⑧ 보관 폐기실
- 방사성폐기물의 임시 보관, 방사선 차폐와 오염 및 화재 대책 등을 고려

⑨ 기 계 실
- 관련 시설의 기능 유지, 환기장치를 설치, 일반적으로 비관리 구역

⑩ 액체폐기물 관리 시설
- 액체폐기물 저장 수조를 설치하여 폐기물은 어느 시간동안 보관하여 방사능을 감쇠시켜 확인 후 가급적 희석이 많이 될 수 있는 시점에 방류

3) 비밀봉 RI의 취급방법 및 주의사항

비밀봉선원은 밀봉선원에 비해 그 방사능은 작으나 선원이 직접 외부에 누출되어 있으므로 체외피폭 외에 오염의 확산에 의한 환경오염 및 체내오염을 유발할 수 있어 그 취급에 각별한 주의가 요구되기 때문에 비밀봉선원의 오염관리방법은 체내섭취의 방지, 인체표면오염의 방지, 시설오염 방지 수단을 강구한다.

① 체내섭취 방지 : 경로차단(소화기, 호흡기, 피부·상처)
  - 입으로 조작하는 실험 및 작업배제
  - 오염구역에서의 음식물 섭취, 흡연, 화장 등 금지
  - 가스 및 증기흡입 방지
    : 가스 및 증기 발생가능 핵종은 기밀용기에 보관, 용기내의 압력은 부압유지, 파손우려 용기는 후드 등에 보관, 증발 농축작업은 가급적 후드 등에서 실시
  - 먼지의 흡입방지
    : 분말상 핵종 취급 시는 가급적 글로브 박스 내에서 할 것, α핵종 취급 시 특별한 주의 필요, 먼지 방지용 마스크 활용

② 인체 표면오염의 방지
  - 손등 오염 시 제염이 용이하도록 크림(barrier cream) 등 활용
  - 화장실 등에는 양질의 비누 등을 구비하여 손등의 거칠음 방지
  - 손톱을 짧게 깎고, 손등에 외상이 있을시 핵종취급 억제
  - 가급적 고무장갑, 오염방지용 도구 이용하고, 1회용 수건 등 활동
  - 오염된 신체부위로 다른 장치 및 도구 접촉 방지
  - 적절한 방어복 또는 방어안경 착용
  - 관리구역 출타 시 손등세척, 필요시 샤워

③ 시설오염의 방지
  - 가급적 실험대, 바닥, 벽, 후드, 글로브박스 등에 필름 등을 깔거나 오염방지용 접시 등을 활용
  - 작업 시에는 전용의 신발, 작업복 등 비치
  - 작업에 사용된 공구 등은 제염 또는 폐기조치
  - 오염이 흡착되기 전에 제염하고, 오염정도에 따라 색으로 구분

- 오염된 공구 등의 반출입 관리를 철저히 하고, 오염 및 비오염물건은 구분하여 보관
- 작업실 청소 시 건식법 (진공소제기), 습식법 활용하고 오염 확산 방지대책 마련 (가능한 습식법 선택)

3 방사성오염제거의 원칙

비밀봉선원으로 방사선작업이나 실험을 수행하는 경우 벽, 바닥, 실험대(작업대) 및 작업에 이용된 기기나 기구는 항상 방사성오염이 발생하기 때문에 주의를 기울여야 하며 만일 오염이 발생하면 다음에 따라 제염을 실시

(1) 오염지역 측정
- 계측기로 방사성오염을 측정하여 오염의 규모(위치, 오염정도, 범위)를 확인
(2) 조기제염을 실시
- 제염을 빨리 할수록 제염자체가 쉬울 뿐 아니라 오염의 확대도 방지. 따라서 방사성물질에 의한 오염의 여부를 수시로 검사하여 조기에 방사성오염을 발견하도록 하여야 하며 발견시에는 즉시 제염을 실시할 수 있도록 준비
(3) 오염의 확대 방지
- 오염제거에 있어서 오염면적이나 인체오염부위가 확대되지 않도록 할 것
(4) 방사성폐기물의 처리방안을 강구
(5) 가능한 습식법을 선택
- 건식법의 경우 오염의 확산이나 공기오염을 유발하여 내부피폭을 야기시킬 수 있으므로 가급적 습식법으로 제염을 실시
(6) 불의의 사고에 대비하여 평상시 적절한 제염제 및 장비를 구비하여 제염작업에 투입되는 작업종사자의 방사선방어를 위하여 방독면, 방호복, 방호장갑, 방호화를 착용
(7) 경제성 고려
- 제염대상물의 제염비용이나 폐기비용을 고려하여 제염여부를 판단
(8) 제염후 제염이 완전하게 되었는지 확인
(9) 오염발생원인을 파악하고 재발방지 대책을 수립하고, 교육을 실시

7.2 방사성폐기물 관리

1 방사성폐기물 관리의 목적 및 원칙

1) 방사성폐기물의 정의
- 방사성폐기물이란 방사성물질 또는 그에 의하여 오염된 것으로서 폐기의 대상이 되는 물질(사용 후 핵연료 포함)

2) 방사성폐기물의 분류 : 고준위 및 중·저준위방사성폐기물
- 분류기준 : 방사능 농도와 열발생률

방사능농도(비방사능)	열발생률
반감기 20년 이상의 알파선을 방출하는 핵종으로 4,000 Bq/g 이상의 비방사능을 가진 방사능	2 kW/m^3

3) 방사성폐기물의 관리 목적
- 방사성물질의 환경 방출로 인한 환경오염의 방지 및 주변주민의 방사성피폭을 저감시키고 방사성폐기물을 장기간 안전하고 확실하게 인간 환경으로부터 격리, 저장
- 방사성폐기물의 관리 계통 : 취급 → 처리 → 저장 → 운반 → 처분
- 원자력안전위원회가 정하는 방사성폐기물
  : 개인에 대한 연간 선량 : 10 μSv 이상
  : 집단에 대한 총 선량 : 1 man-Sv 이상

4) 방사성폐기물의 처리 원칙
① 붕괴 및 지연 : 단 반감기 핵종을 함유한 폐기물은 일단 저장하여 방사능 및 붕괴열을 감소
② 희석 및 분산 : 액체나 기체폐기물은 요구한 기준치 이하로 처리하여 방출
③ 농축 및 저장 : 장기관리가 필요한 폐기물은 그 부피를 감소(감용)시켜 고화시처리 후 처분시에 관리가 용이한 형태로 전환하여 생태계로부터 격리
④ 감용 : 체적(부피) 최소화

2 방사성폐기물의 처리

1) 기체폐기물 처리

① 방사성 부유입자(먼지) 처리
- 부유입자 형태의 기체 방사성 물질은 고성능 여과지(HEPA filter)를 거쳐 입자성 핵종을 제거한 후 방사선감시기를 거쳐 대기로 확산, 배출
- 고성능 필터(HEPA filter)
  : 0.3μm 크기의 입자에 대해 99.97%의 제거효율을 가지며, 일반적으로 앞단에 1차 필터(pre-filter)를 이용하여 3~30 μm 입자크기의 부유물에 대해 60~80%를 제거하여 필터의 수명을 향상

② 방사성 불활성 가스처리

(1) 감쇠 탱크
: 방사성 기체 폐기물을 감쇠탱크에 압축해 일정기간 보관 후 방사성 농도가 충분히 감쇠되면 밖으로 방출하는 처리

(2) 활성탄 흡착법
: 활성탄(흡착제)으로 가득한 관내 및 층에 Xe, Kr 등의 불활성 가스를 유입시켜 활성탄과의 사이에 흡착, 이탈을 되풀이하면서 일정시간 경과 후 출구로 방출하는 방법으로 ^{85}Kr(반감기 10.7년)을 제외하고는 대부분 반감기가 짧기 때문에 처리 가능

(3) 활성탄 저온 흡착법
: 활성탄층의 온도를 액체질소(-180℃)까지 냉각시켜 활성탄의 흡착효율을 높이는 방법으로 대량에 불활성기체가 발생하는 재처리공정에 주로 이용

(4) 액화 증류법
: 공기의 액화분리 기술을 응용한 것으로 방사성 가스를 액화한 후 응고점 차를 이용하여 원소별 분리하는 방법

(5) 용매 흡수법
: 어떤 종류의 용매에 Xe, Kr 등의 불활성 가스가 선택적으로 용해 흡수되는 것을 이용하는 방법

(6) 격막법

: 방사성 기체의 종류에 따라 선택 투과성을 가지는 격막(실리콘 고무막, 셀루로스막, 테프론 격막 등) 등을 이용하여 처리하는 방법

(7) 열확산법

: 온도차가 있는 용기에 방사성 가스를 통해 가스의 열확산계수의 차를 이용해서 Xe, Kr 등의 가스를 분리하는 방법

③ 방사성 옥소(I-131)의 처리
 - 입자 상태 : 고성능 여과지
 - 가스 상태 : 활성탄 여과지, 질산은 법

방사성 기체폐기물 처리방법

종류	처리방법	내용
부유입자	HEPA 필터법	• 여과제거/제거효율: 99.97%
	DBS 필터법	• 모래층 여과 : 재처리 공정 - 내열, 내화학성 우수
요오드	세정법 (liquid scrubbling)	• 수용액으로 비휘발성 화합물로 전환 - KOH, LiOH, $Na_2S_2O_3$ 수용액 사용
	상온활성탄 흡착법	• 활성탄 흡착 - 화재위험, 탈습기를 사용
	Silver Reactor	• Zeolite에 은도금($AgNO_3$) 함 - 비용 고가, AgI 형태 (불용성) - CH_3I에 효과, 고온에서 사용
트리튬	재결합 공정	• 수소와 산소의 결합 - HT, T_2 → HTO, 응축분리
불활성기체	탱크 감쇠법	•높은 압력(200~300 psi), 45~60일 저장 - 용기부피/부식 문제
	활성탄 감쇠법	•일시적 흡착체류 이용 - 용적율 감소

2) 액체폐기물의 처리 방법

① 자연 감쇠법
 - 폐기물 : 일정 기간 저류조 보관하여 방사능 농도를 감소한 후 밖으로 배출하는 방법으로 짧은 반감기 방사성물질을 취급하는 병원시설 등에 주로 이용

② 희석법
 - 자연감쇠로 방사성물질 농도가 충분히 낮아지지 않을 경우 다량의 물로 희석시키는 방법으로 주로 저 준위 방사성폐액 처리 이용

③ 농축처리법 : 응집침전법, 증발농축법, 이온교환처리법

 (가) 응집침전법(coagulating sedimentation)
  - 원리 : 상수정화장의 물 처리와 같이 폐액 속에 응집침전제를 첨가하여 응결시켜 폐액 내 방사성 물질의 하전을 중화시킴과 동시에 흡착 응결시켜 제거하는 방법으로 제염계수가 낮음(1~30 정도)
  - 장점 : 시설비와 운영비가 저렴, 대량의 저준위폐액처리에 적합
  - 단점 : 슬러지양이 많이 발생, 제염효과가 좋지 않음

 (나) 증발농축법(evaporation)
  - 원리 : 폐액에 함유되어 있는 핵종이 일정하지 않고 비휘발성인 경우 주로 적용되는 방법으로 열을 가해서 폐액 내의 수분을 증발시켜 고농도 농축폐액을 처리하는 방법으로 제염계수가 가장 우수($10^3 \sim 10^6$)
  - 장점 : 제염계수 및 감용 효과가 우수
  - 단점 : 다량의 열원이 필요, 시설비와 운전경비가 고가, ^{131}I와 같은 승화성물질이 함유된 경우 제염효율이 다소 떨어짐

 (다) 이온교환법(ion-exchange)
  - 원리 : 이온교환수지로 폐액속의 방사성 양이온 및 음이온을 포집하여 제거하는 방법으로 제염계수는 양이온 교환수지(50), 음이온 교환수지(10^3)
  - 장점 : 저준위 방사성핵종의 제거가 용이, 이온교환체의 성능이 다 되었을 때 재생사용이 가능

- 단점 : 용존이온 또는 잡물이 많은 폐액처리에는 부적합, 이온교환체의 재생때 발생하는 폐액은 증발법으로 다시 처리

액체폐기물 농축처리법의 장단점

구분	응집침전법	증발법	이온교환법
장점	- 시설비와 운영비가 비쌈 - 대량의 저준위폐액 처리에 적합 - 처리장치가 간단	- 제염계수가 높음 - 감용 효과가 큼	- 저준위 방사성핵종의 제거가 용이 - 수지의 재생사용이 가능 - 운전이 용이
단점	- 제염효과가 좋지 않음 - 슬러지가 많이 발생	- 시설비와 운영비가 비쌈 - I-131과 같은 승화물질이 함유된 경우 제염효율이 다소 떨어짐	- 부유물이 많은 폐액처리에는 부적합 - 수지의 재생폐액이 발생하며 재생폐액의 처리가 필요

3) 고체폐기물의 처리 - 부피감용

① 소각처리 (가연성폐기물에 적용)
  - 방법 : 주로 낮은 준위의 방사능 농도를 가진 가연성 고체폐기물(폐기물의 70% 이상)을 소각하여 처리하는 방법
  - 장점 : 감용비가 우수(40~100), 소각 후 생성되는 재는 화학적으로 안전하여 보관 및 처분에 적합, 다양한 폐기물의 형태 및 처리량에 따른 설계가 가능
  - 단점 : 시설비가 고가, 연소박이 기체 중의 방사성 분진의 제거가 필요, 소각물 중 염화비닐 등으로부터 부식성 기체가 발생, 배기체 처리계통으로부터 세척 폐수 등의 2차 폐기물 발생, 잦은 유지보수 작업 및 운전경비 비용이 높음

② 압축처리
  - 방법 : 방사성 고체폐기물을 프레스로 압축해서 감용하는 방법
  - 장점 : 간단한 설비로 조작이 용이하고 처리비용이 저렴(원자력발전소에서 가장 널리 이용)
  - 단점 : 압축물의 복원으로 인해 감용비가 낮음(3~5), 압축물의 장기간 보관시 부패 등의 화학변화 유발 가능성이 존재

③ 해체처리
- 배출된 기기류를 제염시킨 다음 압축, 소각 등의 처리에 적합하도록 절단, 분해 등의 방법으로 해체하는 방법

4) 방사성폐기물의 고형화 처리
① 고형화처리 : 방사성 기체폐기물과 액체폐기물 및 고체폐기물을 감용 처리하면 증발·농축폐액, 폐이온교환수지, 소각재 또는 침전 슬러지 등이 최종폐기물로 남게 되며, 이러한 대상물에 고형화재료를 혼합하여 고화시키는 것

② 고형화 재료가 갖추어야 할 요건
- 물의 침투성이 낮고, 열전도도가 높을 것
- 화학 및 방사선에 대한 저항력이 있을 것
- 드럼 재질 부식의 원인이 되지 않을 것
- 용기가 적고, 가격이 저렴할 것

고형화 처리 공정의 종류 및 특성

특성	처리공정			
	시멘트고화	아스팔트고화	폴리머고화	유리화
대상 폐기물	농축액, 슬러지	농축액, 폐수지	농축액, 폐수지, 슬러지	사용후 핵연료, 고준위폐액, 폐수지 등
방법	2차 폐기물(농축액, 슬러지)을 시멘트 성분에 분산, 고화시키는 것	증발 농축액과 슬러지를 미세입자로 아스팔트 매질에 균일하게 분산, 고화시키는 방법	여러 가지 고분자 물질에 2차폐기물을 중합시켜 고형화시키는 방법	용융된 유리원료에 폐기물을 투입하여 소각시킨 후 이를 혼합, 배출하여 유리고화체로 생성
장점	- 강도 우수 - 공정이 단순 - 비용이 저렴	- 감용비 우수 - 침출 저항성이 우수	- 강도 우수 - 침출저항성이 우수	- 강도 우수 - 침출 저항성 우수
단점	- 침출 저항성이 낮음 - 감용비가 낮음	- 공정이 복잡 - 강도가 약함	- 다소 고가 - 발열반응 - 건조장치 필요	- 비용 고가 - 공정 복잡 - 건조장치 필요

3 방사성폐기물의 처분

　방사성물질을 지층에 천층처분 또는 심층처분(동굴처분 포함)의 방법으로 인간의 생활권 밖으로 영구히 격리시키는 것을 영구처분이라 한다. 방사성폐기물의 처분방법에는 육지처분과 해양처분으로 나눌 수 있지만 현재로서는 육지처분만 고려되고 있다. 육지처분에는 중·저준위 방사성폐기물의 처분방법인 천층매몰처분, 동굴처분, 공학적 시설내 처분과 고준위 방사성폐기물의 처분방법인 지층처분이 있다.

1) 중·저준위 폐기물 처분

① 천층매몰처분
- 방법 : 지표면에 트렌치를 파고 저준위 폐기물을 넣은 후 그 위를 파낸 흙 또는 흙과 점토를 혼합하여 약 1 m 두께로 덮는 방식
- 장점 : 처분장 건설이 간단하고 폐기물 처분작업이 간편
- 단점 : 지하 및 지표수와 접촉이 용이하여 방사성핵종의 유출 위험 존재, 환경감시 및 인간침입 방지를 위한 제도적 관리가 요구(통제기간 약 300년)

② 공학적 시설내 처분
- 방법 : 기존부지의 자연적 특성에 인공적으로 공학적 시설을 보강하여 방사성 폐기물을 처분하는 방식으로 폐기물을 그 유해기간 중 지상 또는 지하에 설치는 인공구조물(콘크리트 트랜치)내에 넣어 처분
- 장점 : 폐기물을 생태계로부터 격리시키는 능력이 우수 → 우발적 침입에 대한 방벽을 제공하고 폐기물의 포장 손상 시 핵종의 이동을 막아줌
- 종류 : 지상구조물 처분, 지하 구조물 처분

지하구조물 처분과 지상구조물 처분의 비교

구 분	지상구조물 처분	지하구조물 처분
장점	- 처분에 사용되는 장비가 간단 - 대규모 굴착작업이 불필요 - 필요시 방사성폐기물의 수거가 용이	- 방사선 차폐효과가 우수 - 처분작업이 용이 - 구조물의 침식 우려가 없음
단점	- 작업자의 방사선 피폭이 높음 - 구조물의 침식 우려가 있음	- 굴착작업이 필요 - 빗물 등의 침투 우려가 있음

③ 동굴처분
- 방법 : 천연동굴, 광산 또는 방사성폐기물 처분용으로 지하에 위치한 다수의 방 또는 터널 및 이를 연결하는 통로로 구성되고, 건설된 동굴저장소 등에 폐기물을 처분
- 장점 : 자연적 또는 인위적 사고로부터 폐기물의 격리 및 방호효과가 우수, 처분 부지는 운영기간 종료 후 폐기물이 매몰된 깊이까지 천공 및 굴착하지 않은 용도에는 사용 가능
- 단점 : 천층처분에 비해 초기 소요비용이 높음

방사성폐기물의 관리/처분 방식에 따른 분류

구분	분류 기준
면제준위(Exempt waste, EX)	- 규제해제(Clearance), 규제면제(Exemption) 및 규제제외(Exclusion) 등의 요건을 만족하는 폐기물
단수명 극저준위 (Very Short Lived Waste, VSLW)	- 반감기 100일 이하 대상 폐기물로 임시저장 후 자체처분이 가능한 의료 및 연구용 동위원소 폐기물
극저준위 (Very Low Level Waste, VLLW)	- 규제해제(Clearance) 준위의 약 100배 이상으로 일정 수준 이상의 격납/격리가 불필요한 폐기물로 단순매립 대상이 되는 폐기물 - 대표적으로 방사능 함유량이 낮은 토양, 잡석 등이 대상
저준위 (Low Level Waste, LLW)	- 장 반감기 핵종이 포함된 폐기물로 수백년 이상의 안전한 격납/격리가 필요한 폐기물로 방사능은 높고 반감기가 짧은 핵종, 방사능은 낮고 반감기가 긴 핵종 포함 - 30m 이하의 천층처분, 200~300년 동안의 제도적 관리 필요
중준위 (Intermediate Level Waste, ILW)	- 장반감기, 고방사능 핵종이 함유된 폐기물 - LLW 천층처분보다 강화된 30~50m 정도의 지층에 처분 - 취급 / 운반 / 처분시 열발산에 대한 규정은 거의 필요치 않음
고준위 (High Level Waste, HLW)	- 열 발생률이 매우 중요, 방사능이 매우 높은 폐기물 수백 미터 지하의 심지층 처분 필요

2) 고준위폐기물의 처분방법

① 심(지)층 처분 : 지하 500 ~ 1000m에 위치한 모암 내에 방사성폐기물 처분장을 건설하여 폐기물을 처분하는 방식
② 심해저 퇴적층 처분
③ 우주처분
④ 소멸 처리법

방사능 준위별 폐기물 처분방법

(1) 고준위 폐기물 : 반감기 20년 이상의 알파선 방출핵종으로 방사능농도가 4,000 Bq/g 이상 및 열발생률이 2 kW/m³ 이상 → 심층처분

(2) 중준위 폐기물 : 방사능 농도가 핵종별 허용농도 이상 → 심층처분 또는 동굴처분

(3) 저준위 폐기물 : 방사능 농도가 자체처분 허용농도의 100배 이상, 핵종별 허용농도 미만 (표에 규정되지 않은 핵종은 처분시설 인수기준에 따른 처분제한농도 적용) → 매립형 처분 불가

(4) 극저준위 폐기물 : 방사능 농도가 자체처분 허용농도 이상, 자체처분 허용농도의 100배 미만 → 천층처분 또는 심층처분

핵종별 허용농도

핵종	방사능 농도 (Bq/g)	핵종	방사능 농도 (Bq/g)
^3H	1.11E+6	^{90}Sr	7.40E+4
^{14}C	2.22E+5	^{94}Nb	1.11E+2
^{60}Co	3.70E+7	^{99}Tc	1.11E+3
^{59}Ni	7.40E+4	^{129}I	3.70E+1
^{63}Ni	1.11E+7	^{137}Cs	1.11E+6
전알파	3.70E+3		

확인문제 방사성 핵종의 취급

01. 밀봉 RI의 누설 검사로 적합하지 않은 것은?

① 충격시험　　② 문지름시험　　③ 기포시험　　④ 가열침수시험

02. 밀봉선원의 법정 누설 검사(문지름, 건조문지름, 가열·침수시험) 밀봉건전성의 합격기준은 얼마인가?

① 100 Bq　　② 200 Bq　　③ 300 Bq　　④ 각 시험마다 다름

03. 개봉선원 취급시 안전관리 기술로 가장 적합하지 않은 것은?

① 가능한 차폐체의 설치　　② 인체흡수 경로의 차단
③ 시설의 오염방지　　④ 인체표면오염의 방지

04. 방사성물질의 체내 유입을 방지하기 위한 방법이 아닌 것은?

① 피펫 등은 반드시 입으로 조작한다.
② 작업장에서는 금연 및 금식을 한다.
③ 파손의 우려가 있는 용기는 후드 등에 보관한다.
④ 분말상의 핵종은 글로브박스 내에서 작업을 한다.

05. 밀봉선원의 취급방법 중 옳지 않은 것은?

① 선원을 취급할 때는 방사선피폭선량이 최대가 되도록 해야 한다.
② 선원의 소재가 분명해야 한다.
③ 사람이 없는 시설 내에서 사용하여야 한다.
④ 선원을 취급할 때는 손잡이가 달린 적절한 도구를 사용해야 한다.

06. 개봉선원의 취급시설에 대한 설명으로 옳은 것은?

① 시설은 가능한 교통이 편리하고 인구 밀집지역에 설치한다.
② 시설은 부지경계선으로부터 가능한 가까운 위치에 설치한다.
③ 시설은 적절한 폐기물 처분장을 갖고 있어야 한다.
④ 부지 내 시설은 집중 관리할 수 있도록 설계한다.

07. ^3H 취급에 관한 설명 중 옳은 것은?

① 피부에 상처가 없으면 침투할 수 없다.
② 작업 시 산소 호흡기를 사용하고 방호복을 착용한다.
③ 가능한 많은 양을 선택하여 취급한다.
④ 인체 내 섭취 시 폐에 집중적으로 모인다.

08. 방사선 이용시설의 표면 재료 구비조건으로 옳지 않은 것은?

① 표면이 평활할 것
② 기체의 흡수 능력이 클 것
③ 이음매가 없을 것
④ 화학적으로 활성이 없을 것

09. 개봉선원 취급 작업실 및 실험실의 배치순서로 옳은 것은?

① 입구 → 오염검사실 → 관리실 → 분배실 → 보관폐기실
② 입구 → 암실 → 오염검사실 → 저장실 → 오염제거실
③ 입구 → 관리실 → 저장실 → 고준위작업실 → 보관폐기실
④ 입구 → 오염검사실 → 측정실 → 분배실 → 오염제거실

10. 고체 방사성폐기물 처리방법과 직접관계가 없는 것은?

① 압축처리
② 소각처리
③ 응집침전처리
④ 보관폐기

11. 액체 방사성폐기물 처리방법 중 제염계수가 가장 큰 것은?

① 응집침전법
② 이온교환법
③ 증발법
④ 희석방류법

12. 방사성 기체처리에 이용되는 고성능여과지(HEPA filter)에 대한 설명 중 옳지 않은 것은?

    ① 고효율의 입자상태 제거용 필터이다.
    ② pre filter 후단에 설치하는 것이 좋다.
    ③ 제거효율은 약 99.97% 이다.
    ④ 고효율의 방사성 옥소 제거용 필터이다.

13. 방사성폐기물 천층처분 장소의 기술기준으로 옳지 않은 것은?

    ① 빗물에 의한 침식 또는 물이 고이지 않는 장소일 것
    ② 지진 등의 환경여건이 기술기준에 적합한 곳
    ③ 지표면 및 지질학적 상태가 적합한 곳
    ④ 주거지역에 가급적 근접된 장소

14. 중저준위폐기물의 처분방법이 아닌 것은?

    ① 지층처분   ② 천층처분   ③ 공학시설내처분   ④ 동굴처분

15. 액체 방사성폐기물의 처리방법으로 옳은 것은?

    ① 활성탄 흡착법   ② 이온교환법   ③ 고성능 여과지법   ④ 해체 처리법

16. 고체 방사성폐기물의 처리방법으로 옳지 않은 것은?

    ① 압축처리는 조작이 용이하다.
    ② 압축처리는 감용도가 낮고 부패 등의 화학변화 가능성이 있다.
    ③ 소각처리시 생성되는 재는 화학적으로 안전하며 보관, 처분에 적합하다.
    ④ 소각처리는 주요부의 부식성, 2차폐기물의 발생 등이 있으나 운전경비는 적게 든다.

17. 다음 중 아래의 괄호안에 들어갈 내용으로 옳은 것은?

    "방사성폐기물의 처분제한은 개인에 대한 연간 피폭선량이 (   )μSv이거나 집단에 대한 총 피폭선량이 (   )man-Sv 이상이다."

    ① 1, 10   ② 5, 10   ③ 10, 1   ④ 5, 1

18. 다음 중 고준위 폐기물의 처분방법으로 옳은 것은 ?

   ① 천층처분   ② 동굴처분   ③ 심층처분   ④ 매립처분

19. 다음 중 액체폐기물의 농축처리법에 대한 설명으로 틀린 것은 ?

   ① 증발법은 제염계수가 높으나 다량의 열원이 필요하고 처리비가 비싸다.
   ② 증발법은 I-131과 같은 휘발성 폐기물의 처리에 유리하다.
   ③ 이온교환법은 저준위 핵종 처리에 유리하다.
   ④ 응집침전법은 대량의 저준위폐액 처리에 적합하지만, 제염효과가 좋지 않다.

20. 방사성 기체폐기물 처리방법으로 잘못 연결된 것은 ?

   ① 부유입자 - HEPA 필터법
   ② 요오드(I-131) - 활성탄 흡착법
   ③ 수소(H-3) - 세정법(liquid scrubbling)
   ④ 불활성기체 - 활성탄 감쇠법

정답 및 해설 — 방사성 핵종의 취급

01 1

충격시험, 침수시험, 타격시험 등은 RI를 운반하는 운반용기의 사고 시 건전성을 평가하는 시험이다.

※ 밀봉선원의 안전성 시험

누설시험	오염시험	수송을 위한 시험
- 기포시험 - 헬륨 누설시험 - Kr, Ra 시험 - 침적시험 - 문지름 시험	- 침적시험 - 문지름 시험	- 충격시험 - 타격시험 - 가열시험 - 침적시험

02 2

밀봉선원의 누설점검 시험 시 합격기준은 200 Bq 이다.

03 1

※ 비밀봉 RI의 취급방법
① 체내섭취 방지 : 경로차단(소화기, 호흡기, 피부·상처)
  - 입으로 조작하는 실험 및 작업배제
  - 오염구역에서의 음식물 섭취, 흡연, 화장 등 금지
  - 가스 및 증기흡입 방지
  - 먼지의 흡입방지

② 인체 표면오염의 방지
  - 손등 오염 시 제염이 용이하도록 크림 등 활용
  - 화장실 등에는 양질의 비누 등을 구비하여 손등의 거칠음 방지

- 손톱을 짧게 깎을 것
- 손등에 외상이 있을시 핵종취급 억제
- 가급적 고무장갑, 오염방지용 도구 이용
- 1회용 수건 등 활용
- 오염된 신체부위로 다른 장치 및 도구 접촉 방지
- 적절한 방어복 또는 방어안경 착용
- 관리구역 출타 시 손등세척, 필요시 샤워

③ 시설오염 방지
- 가급적 실험대, 바닥, 벽, 후드, glove box 등에 필림 등을 깔거나 오염방지용 접시 등 활용
- 작업 시에는 전용의 신발, 작업복 등 비치
- 작업에 사용된 공구 등은 제염 또는 폐기조치
- 오염이 흡착되기 전에 제염
- 오염정도에 따라 색으로 구분
- 오염된 공구 등의 반출입 관리 철저
- 오염 및 비오염물건은 구분하여 보관 : 가능한 저온에서 증발 농축, 고오염이 우려되는 농축 시는 동결 건조방법 등 활용
- 작업실 청소 시 건식법 (진공소제기), 습식법 활용하고 오염 확산 방지대책 마련(가능한 습식법 선택)

04 1

※ 체내섭취 방지 : 경로차단(소화기, 호흡기, 피부·상처)
- 입으로 조작하는 실험 및 작업 배제
- 오염구역에서의 음식물 섭취, 흡연, 화장 등 금지
- 가스 및 증기흡입 방지
  : 가스 및 증기 발생가능 핵종은 기밀용기에 보관, 용기내의 압력은 부압유지, 파손우려 용기는 후드 등에 보관, 증발 농축작업은 가급적 후드 등에서 실시
- 먼지의 흡입방지
  : 분말상 핵종 취급 시는 가급적 글로브 박스 내에서 할 것, α핵종 취급 시 특별한 주의 필요, 먼지 방지용 마스크 활용

05 1

※ 밀봉선원의 취급
① 선원 소재 파악 → 분실, 도난 시 → 통보, 보고
② 외부피폭 ALARA → 시간, 거리, 차폐
③ 안전수칙, 주의사항 게시, 울타리, 시건장치, 방사능표지
④ 3000Ci 이상의 밀봉선원 : 자동표시판, 인터록장치
⑤ 선원 취급 : 적절한 도구 사용
⑥ 작업 전 계획수립, 모의훈련, 반복훈련
⑦ 개인피폭선량계 착용, 공간방사선량율 측정
⑧ 한 사람의 책임자 선정 : 지시 및 감독
⑨ 사용일지/점검일지 기록

06 4

※ 개봉선원 취급 시설 설계상의 일반적 주의사항
① 부지의 선정
  - 지반이 견고하고 화재 또는 침수의 우려 없는 곳.
  - 배기 및 배수 시 잘 희석되어야 함.
  - 수도, 전기등의 편리.
  - 가급적 인구 밀집지역 탈피
② 중앙 집중화 : 방사선관리 및 경제적 측면에서 관련 시설 집중 관리
③ 부지 내에서의 위치 : 부지경계에서 멀리 떨어진 곳, 사고 및 화재시의 대비
④ 상호오염의 방지
  - 독립적 구조 필요 : 저준위 및 고준위 핵종 취급시설의 출입구 분리, 사고 시 등에 다른 시설에서의 영향 고려
⑤ 방사선 차폐
  - 고준위 취급시설은 고정차폐, 저준위는 이동형 차폐
⑥ 방사능 준위에 따라 작업실의 배치
⑦ 건물의 구조, 표면이 내오염성 일 것
⑧ 배수 및 배기설비
⑨ 폐기물 처리
⑩ 방화대책 : 주요구조물은 내화구조 또는 불연재, 방화문 설치

07 ②

(1) 삼중수소(3H) 취급상 주의
 - 스미어법, 서베이법 등 이용하여 주기적 오염검사
 - 산소 호흡기, 방호복 착용, 피부노출 방지
 - 최소량을 선택하여 실험
(2) 삼중수소(3H)의 특징
 - 저에너지(0.018 MeV) 베타선 방출
 - 인체내 결정장기 : 전신
 - 호흡기 및 피부를 통한 체내흡수가 용이
 - 탐지: 수시, 주기적으로 스미어법 이용, 저에너지 베타선에 민감한 서베이미터 이용

08 ②

※ 시설오염 방지
- 가급적 실험대, 바닥, 벽, 후드, glove box 등에 필림 등을 깔거나 오염방지용 접시 등 활용
- 작업 시에는 전용의 신발, 작업복 등 비치
- 작업에 사용된 공구 등은 제염 또는 폐기조치
- 오염이 흡착되기 전에 제염
- 오염정도에 따라 색으로 구분
- 오염된 공구 등의 반출입 관리 철저
- 오염 및 비오염물건은 구분하여 보관 : 가능한 저온에서 증발 농축, 고오염이 우려되는 농축 시는 동결건조방법 등 활용
- 작업실 청소 시 건식법 (진공소제기), 습식법 활용하고 오염 확산 방지대책 마련(가능한 습식법 선택)

09 ④

작업실 및 실험실 배치
(1) 방사능 준위 순: 저, 중, 고준위 배치
(2) 입구로부터 순서
관리실 → 오염검사실 → 측정실 → 저준위 → 중준위 → 고준위실험실 → 분배실 → 저장실 → 폐기물저장실
(3) 종사자 상시 출입하는 출입구: 1개소
(4) 저준위와 고준위 작업실 출입구: 별도 설치
(5) 방사능 준위순 배치: 작업(실험)실, 오염제거실, 환기설비

10 3

※ 고체폐기물의 처리 - 부피감용
① 소각처리
　- 저 준위 가연성 고체폐기물(폐기물의 70% 이상)을 소각하여 처리
　- 감용비 100 정도, 시설비가 고가
② 압축처리
　- 고체폐기물을 프레스로 압축해서 감용하는 방법
　- 간단하고 조작이 용이하며 처리비용이 저렴
　- 감용비가 낮음(3~5)
③ 해체처리
　- 기기류를 절단, 분해 등에 의하여 해체 처리하는 방법

11 3

※ 액체폐기물의 처리 방법
① 자연 감쇠법
　- 폐기물 : 일정 기간 저류조 보관, 농도감소 → 배출
　- 짧은 반감기 방사성물질을 취급하는 병원시설 유효
② 희석법
　- 자연감쇠로 방사성물질 농도가 충분히 낮아지지 않을 경우 다량의 물로 희석
　- 저 준위 방사성폐액 처리 이용
③ 농축처리법 : 증발법, 이온교환법, 응집침전법

(가) 증발법(evaporation)
　- 불 휘발성 폐액 가열: 수분 증발, 고농도 농축 폐액
　- 제염계수: 103 ~ 106 (가장 크다)
　- 감용 효과 높음
　- 다량 열원 필요
　- 처리비 고가, 설비 비용 큼
(나) 이온교환법(ion-exchange)
　- 원리: 폐액속의 방사성 양이온 및 음이온 제거
　- 이용: 이온 교환수지
　- 제염계수 : 양이온 교환수지(50), 음이온 교환수지(103)

(다) 응집침전법(coagulating sedimentation)
- 원리: 폐액 속에 응집제 첨가하여 방사성물질을 흡착, 공침 침전물 분리
- 제염계수: 10~30 정도
- 다량의 저 준위 폐수처리 이용

12 ④

※ 방사성 먼지의 처리
(1) 일반적으로 필터 사용
(2) 필터의 교환 시기
- 중성능필터 : 연 1회
- 1차 필터 (3~30㎛ 입자 대상) : 3개월에 1회
- 고성능 필터 (0.3㎛ 입자 대상 99.97% 효율)
• 압력손실이 최초 사용 시의 2~3배가 되면 교체

13 ④

※ 천층매몰처분
- 지표면에 트렌치를 파고 저준위 폐기물을 넣은 후 그 위를 파낸 흙 또는 흙과 점토를 혼합하여 약 1 m 두께로 덮는 방식
- 처분장 건설이 간단하고 폐기물 처분작업이 간편
- 지하 및 지표수와 접촉이 용이하여 방사성핵종의 유출 위험 존재, 제도적 관리가 요구
  (통제기간 약 200~300년)

14 ①

※ 중·저준위 폐기물 처분
① 천층매몰처분
- 지표면에 트렌치를 파고 저준위 폐기물을 넣은 후 그 위를 파낸 흙 또는 흙과 점토를 혼합하여 약 1 m 두께로 덮는 방식
- 처분장 건설이 간단하고 폐기물 처분작업이 간편
- 지하 및 지표수와 접촉이 용이하여 방사성핵종의 유출 위험 존재, 제도적 관리가 요구
  (통제기간 약 200~300년)

② 공학적 시설내 처분
- 기존부지의 자연적 특성에 공학적 시설을 보강하여 폐기물을 처분하는 방식
- 폐기물을 생태계로부터 격리시키는 능력이 우수, 우발적 침입에 대한 방벽을 제공, 폐기물의 포장 손상시 핵종의 이동을 막아줌
- 종류 : 지상구조물 처분, 지하 구조물 처분
③ 동굴처분
- 천연동굴, 광산 또는 방사성폐기물 처분용으로 건설된 동굴저장소 등에 처분
- 자연적 또는 인위적 사고로부터 폐기물의 격리 및 방호효과가 큼
- 천층처분에 비해 초기 소요비용이 높음

15 ②

※ 액체폐기물의 처리 방법
① 자연 감쇠법
② 희석법
③ 농축처리법 : 증발법, 이온교환법, 응집침전법

16 ④

※ 고체폐기물의 소각처리는 폐기물의 대량처리에 적합하며 시설경비가 많이 든다.
(1) 장점
- 감용비가 크다(100정도)
- 소각 결과 생성되는 재는 화학적으로 안전하여 보관 또는 처분에 적합

(2) 단점
- 연소 배기체 중에 함유되어 있는 방사성 분지의 제거
- 소각물 중에 혼입되어 있는 염화비닐 등으로부터 발생하는 부식성 기체 때문에 주요부는 내부식성 재료 사용
- 기체 정화계로부터 노재, 기체 세척 폐수 등의 2차 폐기물 발생
- 운전 경비가 많이 소요됨

17 ③

※ 방사성폐기물의 자체처분이라 함은 원자력관계 사업자가 그 사업 활동으로 인하여 발생되는 방사성 폐기물 중 처분 제한치 미만의 방사성폐기물을 법 규정에 의한 절차에 따라 처분하는 것을 의미한다. 자체처분은 원자력안전위원회 고시 제97-19호 "방사성폐기물 자체처분 등에 관한 규정"에 따라 한국 원자력 안전기술원으로부터 방사성 폐기물의 자체처분 승인을 받으면 이를 특정 폐기물로 분류하여 소각, 매립 등의 방법으로 처리한다.

자체처분이 가능한 주요 내용으로는 단 반감기 베타/감마 방사성 핵종으로서 방출농도가 100Bq/g 이하이어야 하며, 연간 개인선량이 10μSv/yr이하이고, 연간 집단 예탁선량이 1man·Sv/yr 이하이어야 합니다.

18 ③

※ 고준위폐기물의 처분방법
① 심(지)층 처분 : 지하 500 ~ 1000m에 위치한 모암 내에 방사성폐기물 처분장을 건설하여 처분
② 심해저 퇴적층 처분
③ 우주처분
④ 소멸 처리법

19 ②

※ 액체폐기물 농축처리법의 장단점

구분	증발법	이온교환법	응집침전법
장점	- 제염계수가 높음 - 감용 효과가 큼	- 저준위 방사성핵종의 제거가 용이 - 수지의 재생사용이 가능 - 운전이 용이	- 시설비와 운영비가 비쌈 - 대량의 저준위폐액 처리에 적합 - 처리장치가 간단
단점	- 시설비와 운영비가 비쌈 - I-131과 같은 승화물질이 함유된 경우 제염효율이 다소 떨어짐	- 부유물이 많은 폐액처리에는 부적합 - 수지의 재생폐액이 발생하며 재생폐액의 처리가 필요	- 제염효과가 좋지 않음 - 슬러지가 많이 발생

20 ③

※ 방사성 기체폐기물 처분방법

종류	처리방법	내용
부유입자	HEPA 필터법	• 여과제거/제거효율: 99.97%
	DBS 필터법	• 모래층 여과 : 재처리 공정
오오드	세정법 (liquid scrubbling)	• 수용액으로 비휘발성 화합물로 전환
	상온활성탄 흡착법	• 활성탄 흡착
	Silver Reactor	• Zeolite에 은도금($AgNO_3$) - 비용 고가, AgI형태 (불용성), - CH_3I에 효과
트리튬	재결합 공정	• 수소와 산소의 결합 - HT, T_2 → HTO, 응축분리
불활성기체	탱크 감쇠법	• 높은 압력(200~300 psi), 45~60일 저장
	활성탄 감쇠법	• 일시적 흡착체류 이용

3 방사선 장해방어

제1장 방사선과 관련된 양과 단위

1.1 방사선과 물질과의 상호작용을 나타내는 단위

1.2 방사선량과 단위

제 1 장 방사선과 관련된 양과 단위

방사선과 관련된 양과 단위에는 방사선과 물질과의 상호작용에 대한 일반적인 물리량과 방사선방호와 관련된 기본 양과 단위로 나눌 수 있다.

1.1 방사선과 물질과의 상호작용을 나타내는 단위

방사선과 물질과의 상호작용을 나타내는 양에는 단면적, 저지능, 선에너지전달, 감쇠계수, 에너지전달계수 및 에너지흡수계수 등이 있으며, 이러한 물리량에 대한 물리적 정의 및 차이를 이해하여야 한다.

1 단면적(Cross section)

- 어느 매질에 입사하는 하전 또는 비하전입자가 그 매질 내 표적핵과 충돌하여 상호작용을 일으킬 수 있는 확률을 나타내는 양
- 입사하는 입자플루언스(Φ)에 대해 한 개의 표적핵자가 상호작용할 수 있는 확률을 P라고 할 때 단면적(σ)는

$$\sigma = \frac{P}{\Phi} \ (\leftarrow P = \sigma\Phi)$$

- 단위 : 바안(barn, b), 1b= 10^{-24} cm^2

단면적과 선형감쇠계수

(1) 미시적 단면적(σ, cm^2)
 - 어떤 입자가 한 개의 원자핵에 입사했을 때 충돌을 일으킬 확률을 나타내는 양
$$\sigma = \sum_i \sigma_i$$

(2) 거시적 단면적(Σ, cm^{-1})
 - 어떤 입자가 단위 체적에 입사했을 때 충돌을 일으킬 확률을 나타내는 양
$$\sum = n\sigma \quad (n : \text{원자밀도})$$

(3) 선형감쇠계수(μ, cm^{-1})
 - 단위거리를 진행하는 동안 빔으로부터 제거되는 입자의 분율. 즉, 단위거리를 진행하는 동안 충돌을 일으킬 확률을 나타내는 양
$$\mu = n\sigma$$

2 질량감쇠계수(Mass attenuation coefficient)

- 어느 물질의 밀도에 대해 입사 입자가 물질 내에서 거리 dx을 이동하는 동안 물질과 충돌하여 입자의 수가 흡수될 확률을 나타내는 물리량으로 선감쇠계수(μ)를 물질의 밀도(ρ)로 나누어 준 양

- 밀도가 ρ인 물질 내 단위 거리를 진행하는 동안 입사되는 입자 빔에 대해 제거되는 입사 입자의 분율을 의미

- N개의 입자가 밀도가 ρ인 물질에서 dx 만큼의 거리를 횡단하면서 상호작용을 한 입자들의 분율을 dN/N 이라 할 때 질량감쇠계수(μ/ρ)는

$$\frac{\mu}{\rho} = \frac{1}{\rho dx} \frac{dN}{N}$$

- 단위 : cm^2/g, $m^2 \cdot kg^{-1}$ 등

3 질량 에너지 전달계수(Mass energy transfer coefficient)

- 어느 물질의 밀도에 대해 입사 입자가 물질 내에서 거리 dx을 이동하는 동안 물질과 충돌하여 그의 에너지를 하전 입자의 운동에너지로 전달한 입사에너지의 분율을 나타내는 양

- 물질 내 입사되는 입자가 단위 거리를 진행하는 동안 물질의 단위 면밀도당 에너지를 전달하는 비율

- 한 개 입자의 운동에너지(E), 입사되는 입자수(N)에 대해 밀도가 ρ인 물질에서 거리 dx 만큼 횡단하면서 상호작용에 의하여 하전입자의 운동에너지로 전달된 입사입자 에너지의 분율을 dE_{tr}/EN 이라 할 때 질량에너지전달계수(μ_{tr}/ρ)는

$$\frac{\mu_{tr}}{\rho} = \frac{1}{\rho dx} \frac{dE_{tr}}{EN}$$

- 단위 : cm^2/g, $m^2 \cdot kg^{-1}$ 등

4 질량 에너지 흡수계수(Mass energy absorption coefficient)

- 입사입자에 의해 물질 내에 전달된 하전입자의 운동에너지가 매질에 흡수되는 현상을 고려하기 위해 도입된 양

- 어느 물질의 밀도에 대해 입사 입자가 물질 내에서 거리 dx을 이동하는 동안 물질과 충돌로 인하여 매질에 흡수되는 입사에너지의 분율을 나타내는 양

- 물질 내 입사되는 입자가 단위 거리를 진행하는 동안 물질의 단위 면밀도당 에너지를 흡수하는 비율

- 한 개 입자의 운동에너지(E), 입사되는 입자수(N)에 대해 밀도가 ρ인 물질에서 거리 dx 만큼 횡단하면서 상호작용에 의하여 물질에 흡수된 입사입자에너지의 분율을 dE_{en}/EN 이라 할 때 질량에너지흡수계수(μ_{en}/ρ)는

$$\frac{\mu_{en}}{\rho} = \frac{1}{\rho dx} \frac{dE_{en}}{EN}$$

- 단위 : cm^2/g, $m^2 \cdot kg^{-1}$ 등

질량에너지전달계수($\frac{\mu_{tr}}{\rho}$)와 질량에너지흡수계수($\frac{\mu_{en}}{\rho}$)와의 관계

1. 질량에너지흡수계수와 질량에너지전달계수의 관계

$$\frac{\mu_{en}}{\rho} = \frac{\mu_{tr}}{\rho}(1-g), \quad g = \frac{제동복사}{여기 + 이온화 + 제동복사}$$

(g: 물질내 전달된 하전입자의 에너지 중 제동복사로 물질을 투과한 에너지의 비율)

2. 매질에 흡수되는 에너지

$$E\left(\frac{\mu_{en}}{\rho}\right) = E\left(\frac{\mu_{tr}}{\rho}\right)(1-g)$$

5 질량 저지능(Mass stopping power, S/ρ)

- 밀도가 ρ인 물질 내에서 거리 dx을 진행하는 동안 하전입자가 잃은 에너지를 나타내기 위한 양
- 하전입자가 물질 내 거리 dx 만큼 횡단하면서 잃은 에너지를 dE라고 할 때 어느 물질의 하전입자에 대한 전 질량 저지능(S/ρ)은

$$\frac{S}{\rho} = \frac{1}{\rho}\frac{dE}{dx} = \frac{1}{\rho}\left[\left(\frac{dE}{dx}\right)_{col} + \left(\frac{dE}{dx}\right)_{rad}\right]$$

$\left(\frac{dE}{dx}\right)_{col}$: 선충돌저지능(이온화 손실), $\left(\frac{dE}{dx}\right)_{rad}$: 제동방사저지능(제동복사 손실)

- 단위 : keV·cm²/g, J·m²·kg⁻¹ 등

선저지능(Linear stopping power, S)

- 하전입자가 물질 속을 통과할 때 단위 길이(dx)당 잃은 에너지(dE)
- 단위 : keV/cm, J· m⁻¹ 등

6 선 에너지 전달(Linear energy transfer, LET)

- 방사선이 거리 dx를 진행하는 동안 매질에 전달되는 에너지를 실제적으로 더 가깝게 근사시키기 위해 도입된 양
- 저지능에 의해 매질에 전달된 에너지 중 2차 방사선의 형태로 관심영역을 빠져나간 에너지를 제외한 양으로 정의
- 하전입자가 거리 dx 만큼 횡단하여 나가면서 전자들과 충돌하여 잃은 에너지를 dE라 할 때 선에너지전달(L_Δ)은

$$L_\Delta = \left(\frac{dE}{dx}\right) - \frac{dE_{ke,\Delta}}{dx}$$

($dE_{ke,\Delta}$: 하전입자에 의해 방출된 모든 전자 중에서 Δ보다 큰 운동에너지를 지닌 모든 전자의 운동에너지의 합)
- 단위 : keV/cm, $J \cdot m^{-1}$ 등

원자밀도(atomic density, n)

- 단위체적당 원자수

$$n = \rho \frac{N_A}{A}$$

n:물질의 원자밀도(#/cm^3), ρ:물질의 밀도(g/cm^3), A:물질의 원소질량(g/mole)

감쇠계수(μ), 에너지 전달(μ_{tr}) 및 에너지 흡수(μ_{en})계수

(1) 감쇠계수(attenuation coefficient)
 - 방사선이 입사하여 단위 길이당 감소되는 비율(단위: cm^{-1})을 나타내는 것으로 광자의 수가 줄어들 총 확률을 나타내는 계수

$$\mu = n\sigma \text{ (n:원자밀도, } \sigma\text{:반응단면적)}$$

 - 감쇠계수는 광전효과, 컴프턴효과, 전자쌍생성의 감쇠계수의 합

$$\mu = \mu_p + \mu_c + \mu_{pp}$$

(μ_p:광전효과에 의한 감쇠계수, μ_c:컴프턴효과에 의한 감쇠계수, μ_{pp}:전자쌍생성에 의한 감쇠계수)

(2) 에너지 전달계수(energy transfer coefficient)
 - 광자가 물질과 상호작용하는 과정에서 광자의 수 변화 대신에 광자가 가지고 있는 에너지를 물질에 전달하는 비율을 나타내는 계수
 - 광자가 물질과 상호작용하여 광자가 가진 에너지를 물질에 전달하는 비율

$$\mu_{tr} = z(1-f) + \sigma_c \frac{E_c}{h\nu} + k(1 - \frac{2m_e c^2}{h\nu})$$

(f : 광전효과에 의해 후속으로 발생되는 특성 X선 에너지 비율, E_c:컴프턴 전자가 가지는 에너지, $2m_e c^2$:전자쌍생성에 소모된 에너지)

(3) 에너지 흡수계수(energy absorption coefficient)
 - 물질이 광자로부터 에너지를 전달받으면 그 중 일부는 물질로부터 다시 방출되고, 그 나머지만 물질에 흡수되기 때문에 방사선 피폭의 관리에서 최종적으로 흡수한 에너지의 비율을 나타내는 계수
 - 에너지 전달계수로부터 물질이 전달받은 에너지 중 흡수되지 않고 방출되는 에너지 (주요 현상은 제동복사와 소멸복사)가 차지하는 분율을 제외한 양

$$\mu_{en} = \mu_{tr}(1-G) \text{ (}G \text{ : 전달받은 에너지 중 다시 방출시키는 분율)}$$

1.2 방사선량과 단위

1. 방사선장의 특성을 나타내는 기본 양

1) 입자 플루언스(Particle fluence, Φ)

- 단위면적당 입사하는 방사선입자의 수를 나타내는 물리량으로 단면적 dA에 입사한 입자의 수를 dN이라 할 때,

$$\Phi = \frac{dN}{dA}$$

- 단위 : #/cm², m⁻² 등

2) 입자 플루언스율(Particle fluence rate, φ)

- 단위면적당, 단위시간당 입사하는 방사선입자의 수를 나타내는 물리량으로 단위시간(dt)에 대한 입자 플루언스의 변화량을 dΦ라고 할 때,

$$\phi = \frac{d\Phi}{dt} = \frac{d^2 N}{dA\,dt}$$

- 단위 : #/cm²-sec, m⁻²·s⁻¹ 등

플루언스(fluence)와 플루언스율(fluence rate)

- 플루언스(fluence) = "단위면적당", 율(rate) = "단위시간당"
- 플루언스율(fluence rate) = (선)속밀도(flux density) = "단위면적당-단위시간당"

---

(3) 에너지 플루언스(Energy fluence, Ψ)

- 단위면적당 입사하는 방사선의 에너지를 나타내는 물리량으로 단면적 dA에 입사한 에너지를 dE 라 할 때,

$$\Psi = \frac{dE}{dA}$$

- 단위 : MeV/cm², J·m⁻² 등

(4) 에너지 플루언스율(Energy fluence rate, ψ)

- 단위면적당, 단위시간당 입사하는 방사선 에너지를 나타내는 물리량으로 시간 dt 동안에 에너지 플루언스의 변화량을 dΨ 라 할 때,

$$\psi = \frac{d\Psi}{dt} = \frac{d^2 E}{dA\,dt}$$

- 단위 : MeV/cm²-sec, J·m⁻²·s⁻¹ 등

점선원에 대한 입자플루언스율(ϕ)과 에너지플루언스율(ψ)의 관계

- 방사능 A이고, 방사선 방출율이 η인 점선원으로부터 매초 방출되는 방사선의 수를 S라고 할 때 이 점선원으로부터 거리 r에서의 입자플루언스율은

$$\phi = \frac{S}{4\pi r^2} = \frac{A\eta}{4\pi r^2} \ (\#/cm^2\text{-sec})$$

- 이 점선원으로부터 거리 r에서의 에너지플루언스율은

$$\psi = \phi E = \frac{SE}{4\pi r^2} \ (MeV/cm^2\text{-sec})$$

2 방사선량과 관련된 기본량

1) 조사선량(Exposure dose, X)

- 표준상태(0℃, 1기압)인 공기의 질량 Δm을 가지는 체적 내에 입사한 방사선의 에너지를 모두 전리하여 생성되는 전자 또는 양이온의 한쪽 전하량(Q)

$$X = \frac{dQ}{dm}$$

- 단위 : C/kg, R (1R=2.58×10^{-4} C/kg)

- 조사선량 적용을 위한 전제 조건
  ① 광자(X선, γ선)에 국한하여 사용
  ② 매질은 반드시 공기에만 적용(∴공간의 방사선장의 세기에 사용)
  ③ 적용하는 광자의 에너지 제한
   ▸ 생성되는 전하량(Q)을 측정하기 위해서는 유효체적이 광자에 의해 생성된 2차 전자들을 모두 수집할 수 있도록 2차 전자의 최대 비정보다 더 큰 직경을 가져야 하나, 현실적으로 매우 큰 크기의 조사선량 측정 장치를 만든다는 것은 어려우므로 광자의 에너지가 3 MeV 이하에서 적용

※ 조사선량률($\dot{X}$) : 단위 시간당 조사선량(R/h, mR/sec)

1R의 정의

- 전자기파 방사선(X선, γ선) 조사로 인하여 표준상태의 공기 $1cm^3$(0.001293g)당 생성되는 전자 또는 양이온의 전하량이 1 esu (=3.3×10^{-10} C)인 방사선의 세기

$$1R = \frac{1 esu}{1 cm^3} = \frac{3.3 \times 10^{-10} C}{0.001293 g} = 2.58 \times 10^{-4} \ (C/kg)$$

(예제) 1R의 γ선 조사시 표준상태 공기 $1cm^3$에 생성되는 이온쌍의 수는?

$$1R = 2.58 \times 10^{-4} C/kg \times \left(\frac{1 ip}{1.6 \times 10^{-19} C}\right) \times \left(\frac{1.293 \times 10^{-6} kg}{1 cm^3}\right) = 2.08 \times 10^9 \ ip/cm^3$$

2) 흡수선량(Radiation absorbed dose, D)

- 방사선이 물질과 상호작용하여 물질의 단위질량당 흡수된 방사선의 평균에너지

$$D = \frac{dE}{dm}$$

- 방사선 에너지를 흡수하는 정도는 물질의 구성 및 분포상태, 방사선의 종류나 에너지 등에 영향
- 단위 : J/kg, erg/g, Gy(rad), ※ 1Gy=100rad, 1rad=100 erg/g
- 흡수선량의 적용
  ① 모든 종류의 방사선에 적용
  ② 공기를 포함한 모든 물질에 사용 가능

---

1 Gy와 1 Rad의 정의

- 1 Gy : 어떤 물질 1kg 당 1J의 에너지가 흡수된 선량
- 1 rad(radiation absorbed dose) : 어떤 물질 1g 당 100erg의 에너지가 흡수된 선량

$$1\,Gy = \frac{1J}{1kg} = \frac{10^7 erg}{10^3 g} = 100\,rad$$

---

3) 커마(Kerma; Kinetic energy released in matter, K)

- 어떤 물질내에 입사한 간접전리방사선과 상호작용으로 방출되는 하전입자의 초기 운동에너지의 총합으로 정의
- 중성자, 광자(X선, γ선)에만 적용되며, 방사선의 에너지가 물질 내 에너지 전달상태를 나타내는 물리량
- 단위: J/kg, Gy (흡수선량과 동일)

조사선량(X)과 흡수선량(D) 및 커마(K)의 관계

(1) 조사선량(X)과 공기커마(K_c) 및 흡수선량(D)의 관계
 ① 조사선량과 공기커마와의 관계식

$$X = (K_c)_{air} \frac{e}{W} = E\Phi \frac{\mu_{en}}{\rho} \frac{e}{W}$$

 ② 공기의 조사선량(X)과 물질의 흡수선량(D)과의 관계식

$$D(rad) = 0.877 \frac{\left(\frac{\mu_{en}}{\rho}\right)_m}{\left(\frac{\mu_{en}}{\rho}\right)_a} X(R)$$

[$1R = 2.58 \times 10^{-4} C/kg \times 34\,eV/C \simeq 0.877\,rad$(공기)]

(2) 커마(K)와 흡수선량(D)의 개념적 차이
 - 커마란 질량이 dm인 어떤 물질의 체적에 입사한 간접전리방사선에 의하여 그 체적소로부터 방출되는 모든 하전입자의 초기 운동에너지의 총합 dE_k를 질량 dm으로 나눈 값

$$K = \frac{dE_k}{dm}$$

 - 흡수선량은 물질의 단위질량당 흡수되는 방사선의 평균에너지로서 직접 및 간접전리 방사선 모두에 의한 에너지의 전달상태를 평가하기 위하여 도입

$$D = \frac{d\overline{E}}{dm}$$

※ 커마와 흡수선량이 같아지는 조건
 : 관심체적 내 하전입자 평형이 성립하고, 제동복사에 의한 하전입자의 에너지 손실 무시

(참고) 제동복사 (발생비율 : $f = 3.5 \times 10^{-4}\,Z \cdot E_{max}$)가 무시되기 위해서는 광자의 에너지가 작거나 매질의 원자번호가 낮아야 함. 즉, 간접전리방사선에 의해 생성된 전자의 초기 운동에너지 합을 커마라 할 수 있으며, 이 생성된 전자가 물질 내에서 에너지를 잃게 되고, 관심체적으로부터 이탈한 에너지를 제외한 것이 흡수선량
(∴ 커마 ≥ 흡수선량)

$$K = \frac{dE_k}{dm} = \Psi\left(\frac{\mu_{tr}}{\rho}\right) = \Phi E\left(\frac{\mu_{tr}}{\rho}\right)$$

$$D = \frac{dE}{dm} = \Psi\left(\frac{\mu_{en}}{\rho}\right) = \Phi E\left(\frac{\mu_{en}}{\rho}\right) = \Phi E\left(\frac{\mu_{tr}}{\rho}\right)(1-g) = K(1-g)$$

01

방사선과 관련된 양과 단위

3 방사선방호와 관련된 기본 양

1) 등가선량(Equivalent dose : H_T)

- 방사선의 종류와 에너지에 따라 다르게 나타나는 생물학적 효과를 반영하여 흡수선량을 보정한 선량

- 1개의 단일한 장기나 조직에 대한 방호량으로 조직이나 장기의 평균흡수선량에 방사선가중치(W_R)를 가중한 합

$$H_T = \sum_R D_{T,R} \times W_R \quad (D_{T,R} : 흡수선량, \ W_R : 방사선가중치)$$

- 단위: Sv(rem), 1 Sv = 100 rem

- 결정적 영향 관리(방지) 목적으로 사용되며, 측정 불가능한 양

방사선가중인자(W_R)

- 방사선의 종류와 에너지에 따른 장해정도(결정적 영향)의 차를 보정하는 계수로서 방사선 생물학적 효과비(RBE)를 고려하여 가중치 부여

※ 방사선 가중치(ICRP 60과 ICRP 103 비교)

	ICRP 60	ICRP 103
광자	1	1
전자 또는 뮤온	1	1
양성자 및 하전 파이온	5	2
알파입자, 핵분열파편, 중이온	20	20
중성자	계단함수	연속함수

ICRP 60 중성자가중치(W_R)

5	< 10 keV
10	10 keV ~ 100 keV
20	100 keV ~ 2 keV
10	2 keV ~ 20 keV
5	> 20 keV

ICRP 103 중성자가중치(W_R)

$W_R = 2.5 + 18.2\exp[-\ln En]^2/6]$ ········ $En < 1$ MeV
$ = 5.0 + 17.0\exp[-\ln 2En]^2/6]$ ······ 1 MeV $< En < 50$ MeV
$ = 2.5 + 3.25\exp[-\ln 0.04En]^2/6]$ ··· $En > 50$ MeV

2) 유효선량(Effective dose : H_E)

- 동일한 등가선량에서도 조직(장기)의 서로 다른 방사선 감수성을 가중하여 전신에 대한 위험을 하나의 양으로 나타낸 방호량
- 실제의 피폭에서는 거의 모든 경우가 복수의 장기나 조직이 피폭받기 때문에 전체적인 위험은 각 장기나 조직의 등가선량에 각 장기나 조직의 보건상 차지하는 비중을 동시에 고려
- 각 장기의 등가선량(H_T)에 해당 장기의 조직가중치(W_T)를 가중한 합

$$H_E = \sum_T H_T W_T \quad (H_T : 등가선량,\ W_T : 조직가중치)$$

- 단위: Sv(rem), 1 Sv=100 rem
- 확률적 영향 관리(감소) 목적으로 사용되며, 측정 불가능한 양

3) 예탁선량(Committed dose : H_{50})

- 방사성 물질의 체내 섭취시 조직이나 장기가 장기간에 걸쳐 피폭 받게 될 총 선량을 평가하기 위해 도입된 양
- 어떤 시간에 섭취된 방사성물질로 인하여 그 후 50년간 어떤 조직이나 장기가 피폭 받게 될 총 선량(어린이가 포함된 일반인에 대해서는 70년을 적용)

$$H_{50} = \int_0^{50} \dot{H}(t)dt$$

($\dot{H}(t) = \dot{H}_0 e^{-\lambda_e t}$ $\dot{H}_0$: 어떤 관심 장기의 초기 피폭선량율)

- 분류
  - 예탁 등가선량 : 결정적 영향 방어 목적, 특정 장기에 대한 선량의 평가
  - 예탁 유효선량 : 확률적 영향 방어 목적, 인체 전체에 대한 선량의 평가
       (예탁등가선량에 조직가중치를 고려한 양)

(참고) "예탁"의 의미

- 체내 피폭과 관련된 용어로 1회 섭취로 인해 앞으로 피폭할 것이 예정되어 있음을 나타내는 것으로서 체내 장기에 방사성 물질이 침착되어 앞으로 있을 피폭을 모두 고려한 개념

- 방사성물질의 흡입/섭취 → 조직/장기 피폭 → 붕괴 및 대사(유효반감기)에 의한 계속적 내부피폭

조직가중인자(W_T)

- 전신 균등 조사 결과로 생기는 조직/장기의 상대적 위험도에 따라 조직의 가중치 부여 (가중치의 총 합은 1이며, 종사자 및 일반인에게 동일 값 적용)

  ▶ 조직가중인자의 특징
   - 확률적 영향의 선량평가에 사용
   - 모든 종류의 방사선, 내부 및 외부피폭에 동일하게 적용

(참고) 조직가중치(ICRP 60과 ICRP 103 비교)

조 직	ICRP 60	ICRP 103
적색골수 Bone marrow	0.12	0.12
결장(대장) Colon	0.12	0.12
폐 Lung	0.12	0.12
위 Stomach	0.12	0.12
유방 Breast	0.05	0.12
잔여조직 Remainder	0.05	0.12
생식선 Gonads	0.20	0.08
방광 Bladder	0.05	0.04
식도 Oesophagus	0.05	0.04
간 Liver	0.05	0.04
갑상선 Thyroid	0.05	0.04
피부 Skin	0.01	0.01
뼈 표면 Bone surface	0.01	0.01
뇌 Brain	-	0.01
침샘 Salivary glands	-	0.01

4) 집단선량(Collected dose : S_c)

- 어떤 소규모 인구집단 전체에서의 피폭을 평가할 때 사용하는 양으로서 각 개인이 받은 피폭 방사선량의 합

    $S_c = \sum H_i P_i$ (H_i: 주민개인당 선량, P_i: 피폭인구 집단 중 특정집단 i의 인구수)

- 단위 : man-Sv, person-Sv

- 어떤 인구집단(예, 원자력발전소 인근 마을)에서 나타날 수 있는 확률적 영향이나 위험을 평가할 때 사용

고유흡수비(SAF)와 비유효에너지(SEE)

(1) 고유흡수비(Specific absorbed fraction : SAF)
  - 선원장기(S)에서 방출된 방사선 에너지가 특정 표적장기(T)에 흡수되는 비율
  - 선원장기와 표적장기의 위치관계, 방출되는 방사선의 종류와 에너지에 의존

(2) 고유흡수비(AF)와 비유효 에너지(Specific effective energy : SEE)
  - 선원장기에 섭취된 방사성물질의 1 붕괴당 표적장기의 단위 질량당 흡수되는 에너지의 양

$$SEE(T \leftarrow S)_R = \frac{AF(T \leftarrow S)_R}{M_T} Y_R E_R W_R \ [MeV/g]$$

[Y_R : 붕괴당 방사선, R : 방출분율, E_R : 방사선 R의 에너지, W_R : 방사선가중치]

확인문제 방사선과 관련된 양과 단위

01. 다음의 물리량과 단위의 연결이 틀린 것은?

① 에너지플루언스율 – J · cm^{-2} · s^{-1}
② 입자플루언스 – cm^{-2}
③ 질량저지능 – J · cm^{-2} · g^{-1}
④ 질량감쇠계수 – cm^{2} · g^{-1}

02. 다음의 조사선량에 관한 설명으로 올바르지 않은 것은?

① X선 및 감마선과 같은 전자기파 방사선에만 정의되는 물리량이다.
② 단위 질량당 발생되는 전하량으로 나타낼 수 있는 물리량이다.
③ 공기에 대해서는 광자의 모든 에너지에 대해서 적용할 수 있다.
④ 작업공간 내 방사선장의 세기에 사용가능한 물리량이다.

03. 다음 중 커마에 대한 설명으로 옳지 않은 것은?

① 간접전리방사선의 에너지플루언스와 질량에너지전달계수의 곱으로 나타낼 수 있다.
② 매질의 단위질량당 간접전리방사선에 의해 발생한 하전입자의 초기 운동에너지의 합으로 나타낼 수 있다.
③ 흡수선량과 단위가 같다.
④ 간접전리방사선에 의해 발생한 하전입자의 전자평형이 성립하면 흡수선량과 같다.

04. 다음 중 단위의 결합이 틀린 것은?

① 1 rad = 1 cGy
② 1 rad = 87.7 erg/g
③ 1 R = 2.58×10^{-4} C/kg
④ 1 Sv = 100 rem

05. 방사선과 물질과의 상호작용과 관련된 설명으로 올바른 것은?

① 질량감쇠계수는 방사선의 에너지에 대한 함수로 나타난다.
② 선감쇠계수는 질량감쇠계수를 밀도로 나눈 값으로 나타난다.
③ 선감쇠계수는 단위길이당 에너지가 물질에 흡수되는 확률을 의미한다.
④ 질량저지능은 단위거리 당 하전입자가 에너지를 물질에 전달한 비율이다.

06. 질량에너지흡수계수의 물리적 의미를 가장 정확하게 설명한 것은?

① 방사선이 입사하여 단위 길이당 감쇠되는 에너지의 분율이다.
② 선형감쇠계수를 밀도로 나눈 양이다.
③ 밀도가 ρ인 물질에 입사한 방사선에너지를 단위 면밀도당 흡수하는 에너지의 비율이다.
④ 밀도가 ρ인 물질 속에 입사하여 단위길이당 잃어버리는 에너지의 비율이다.

07. 단면적(σ)에 대한 설명으로 올바른 것은?

① 한 개의 표적핵에 입사하는 방사선이 상호작용할 확률과 입사하는 입자 플루언스의 곱이다.
② 한 개의 표적핵에 입사하는 방사선이 상호작용할 확률를 입사하는 입자 플루언스로 나눈 값이다.
③ 입사하는 입자 플루언스로 한 개의 표적핵에 입사하는 방사선이 상호작용할 확률로 나눈 값이다.
④ 핵반응과 관계하는 계수로 입사입자 에너지에 관계없이 표적핵의 종류에 따라 일정한 값을 가지는 반응확률을 의미한다.

08. 다음 중 옳지 않은 설명은?

① 등가선량은 1개의 단일한 장기나 조직에 대한 인체의 방호량이다.
② 복합 방사선에 의한 등가선량의 평가는 각각의 방사선에 대한 흡수선량과 그 방사선의 방사선가중치의 곱의 총 합으로 도출할 수 있다.
③ 등가선량은 직접 측정이 가능하나, 유효선량은 직접 측정이 불가능하다.
④ 등가선량은 결정적 영향을 방지하고, 유효선량은 확률적 영향을 감소시키는데 사용된다.

09. 다음은 방사선방호에 사용되는 양과 관련된 설명으로 틀린 것은?

① 중성자는 에너지에 따라 방사선 가중치가 다르다.
② 조직가중치는 확률적 영향을 유발하는 조직 또는 장기의 방사선감수성을 반영한다.
③ ICRP 103 권고에서는 광자와 양성자의 방사선가중치를 동일한 값으로 제시하였다.
④ 연간섭취한도(ALI)와 유도공기중농도(DAC)은 내부피폭에 의한 유효선량을 평가하기 위한 수단으로 사용될 수 있다.

10. 다음의 핵종 중 인체 내 동일한 흡수선량을 받았을 때 등가선량이 가장 큰 것은?

① C-14 ② Cs-137 ③ Rn-222 ④ Tc-99m

11. 방사선 작업종사자가 작업중 방사성핵종을 섭취하였다. 이 섭취로 인하여 한 종사자(A)는 감마선에 의하여 전신에 10mGy가 피폭하였고, 다른 종사자(B)는 알파선에 의하여 폐에 5mGy가 피폭되었다면 객관적인 피폭선량 평가로 올바른 것은? (ICRP 103 권고에 의한 폐의 조직가중치는 0.12 이다.)

① A의 유효선량이 B의 등가선량보다 크다.
② B의 등가선량이 A의 유효선량보다 크다.
③ 알 수 없다.
④ A의 유효선량과 B의 등가선량이 동일하다.

12. 어떤 매질에 입사한 간접전리방사선에 의하여 자유롭게 된 모든 하전입자들의 초기운동 에너지의 총합을 무엇이라고 하는가?

① 커마(kerma) ② 방사능(activity)
③ 흡수선량(absorbed dose) ④ 조사선량(exposure dose)

13. 내부피폭의 경우 장기간 동안의 피폭선량을 평가하는데 사용되는 것은?

① 예탁선량 ② 등가선량
③ 흡수선량 ④ 유효선량

14. 5 Ci 의 ^{192}Ir 점선원으로부터 50 cm의 거리에서 5시간 피폭했을 때, 피폭선량(mSv)은 얼마인가? (단, ^{192}Ir의 감마상수는 $0.48\,R\cdot m^2\cdot Ci^{-1}\cdot h^{-1}$)

① 96 ② 192
③ 480 ④ 960

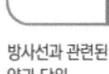
01
방사선과 관련된
양과 단위

15. 다음 중 방사선방어 목적으로만 사용되는 방사선 선질에 따른 생물학적 효과의 크기를 고려한 양은 무엇인가?

① 흡수선량 ② 등가선량
③ 조사선량 ④ 유효선량

16. 확률적 영향의 제한 목적으로 사용되는 것은 어느 것인가?

① 흡수선량 ② 등가선량
③ 유효선량 ④ 조사선량

17. 0.6MeV의 감마선에 대한 공기 및 연조직의 질량에너지 흡수계수는 각각 0.0296 cm^2/g 및 0.0326 cm^2/g 이다. 이 감마선에 대한 방사선의 세기가 10R/h인 장소에서 작업하는 작업종사자가 3시간 동안 받게 되는 흡수선량은 약 몇 rad인가?

18. 인체조직에 대한 질량에너지전달계수가 0.028 cm^2/g 인 1MeV의 감마선을 방출하는 방사선원이 인체 표면에 오염되었다가 1분 후에 제거되었다. 이 선원의 방사능은 1Ci이고, 점선원이라고 가정한다면, 인체조직 표면에서 1 cm 깊이에서의 커마(mGy)는 얼마인가?

19. 5 MBq의 어느 점선원으로부터 30cm 위치에서 방사선량률이 0.05 mSv/h 이라고 할 때, 이 선원의 감마상수(mSv-m^2/GBq-h)는 얼마인가?

20. 감마상수가 0.6 R-m^2/Ci-h인 Ir-192 선원으로부터 2m 거리에서 방사선 투과검사 작업을 하고자 한다. 이 선원의 방사능이 10 Ci 이라고 할 때 작업종사자의 법정 연간 선량한도를 넘지 않도록 하기 위한 최대 작업시간은 몇 시간인가?

정답 및 해설: 방사선과 관련된 양과 단위

01 ③

- 에너지플루언스율은 단위시간당, 단위면적당 지나가는 에너지로 정의되며, 단위는 J/cm²-sec 가 된다.
- 입자플루언스는 단위면적을 통과하는 입자의 수로 정의되며, 단위는 #/cm² 이다.
- 질량저지능은 어느 물질의 단위 밀도(g/cm³) 당 잃은 에너지로, 단위거리당 잃은 에너지인 선저지능 (J/cm)을 밀도로 나눈 값이 되므로 단위는 J-cm²/g 이 된다.
- 질량감쇠계수는 광자가 매질 내 단위거리를 진행하는 동안 충돌에 의해 광자의 수가 줄어드는 확률을 나타내는 계수인 선감쇠계수(#/cm)를 밀도(g/cm³)로 나눈 값이 되므로 cm²/g 이 된다.

02 ③

- 조사선량 : 표준상태(0℃, 1기압)인 공기의 질량이 Δm을 가지는 체적 내에서 방사선이 자신들이 가진 에너지를 모두 전리하여 생성되는 총 전하량(전자 또는 양이온)으로 단위는 C/kg 또는 뢴트겐 (R)이 되며, 조사선량 적용을 위한 전제 조건은 광자(X선, γ선)에 국한하여 사용되며, 광자가 통과하는 물질은 반드시 공기에만 적용, 즉 공간의 방사선장의 세기에 사용되는 물리량이다.
 또한, 생성되는 전하량(Q)을 측정하기 위해서는 유효체적이 광자에 의해 생성된 2차 전자들을 모두 수집할 수 있도록 광자에 의해 생성된 2차 전자의 최대 비정보다 더 큰 직경을 가져야 하나, 현실적으로 매우 큰 크기의 조사선량 측정 장치를 만든다는 것은 어려우므로 광자의 에너지가 3 MeV 이상일 때는 조사선량 측정이 불가능하다.

03 ④

커마는 어떤 물질내에 입사한 간접전리방사선과 상호작용으로 방출되는 하전입자의 초기 운동에너지의 총합으로 정의되며, 단위는 J/kg 또는 Gy (흡수선량과 동일)로 나타낸다. 흡수선량과 달리 커마는 중성자, 광자(X선, γ선)에만 적용되며, 간접전리방사선에 의한 물질 내 에너지 전달상태를 나타내는 물리량으로 흡수선량과 같아지기 위해서는 전자평형이 성립하고, 제동복사에 의한 에너지 손실이 없어야 한다.

04 ②

- 1 Gy의 정의는 물질의 단위질량(kg) 당 흡수된 에너지(J)로 1 Gy=J/kg=100 rad가 된다.
- 시버트(Sv)의 단위는 등가선량, 흡수선량에 사용하는 단위로 1 Sv=100 rem 이다.
- $1R = \dfrac{1esu}{1cm^3} = \dfrac{3.3 \times 10^{-10} C}{0.001293g} = 2.58 \times 10^{-4} \, (C/kg)$ 가 된다.
- 1 rad=0.01Gy = 0.01 J/kg 이고, 1J=10^7 erg 이므로 1rad= 100erg/g 가 된다.

05 ①

- 질량감쇠계수(mass attenuation coefficient)는 어느 물질의 밀도에 대해 입사 입자가 물질 내에서 거리 dx을 이동하는 동안 물질과 충돌하여 입자의 수가 흡수될 확률을 나타내는 물리량으로 선감쇠계수(μ)를 물질의 밀도(ρ)로 나누어 준 양으로 입사되는 방사선의 에너지에 대한 함수로 나타난다. 또한, N개의 입자가 밀도가 ρ인 물질에서 dx 만큼의 거리를 횡단하면서 상호작용을 한 입자들의 분율을 dN/N 이라 할 때 질량감쇠계수(μ/ρ)는

$$\frac{\mu}{\rho} = \frac{1}{\rho dx} \frac{dN}{N}$$

- 선감쇠계수(attenuation coefficient)는 방사선이 입사하여 단위 길이당 감소되는 비율(단위: cm^{-1})을 나타내는 것으로 광자의 수가 줄어들 총 확률을 나타내는 계수로서 질량감쇠계수와 밀도의 곱으로 나타낸다.
- 질량저지능(mass stopping power)는 밀도가 ρ인 물질 내에서 거리 dx을 진행하는 동안 하전입자가 잃은 에너지를 나타내기 위한 양

06 ③

- 질량 에너지 흡수계수(Mass energy absorption coefficient)는 어느 물질의 밀도에 대해 입사 입자가 물질 내에서 거리 dx을 이동하는 동안 물질과 충돌돌로 인하여 매질에 흡수되는 입사에너지의 분율을 나타내는 양으로 입사입자에 의해 물질 내에 전달된 하전입자의 운동에너지가 매질에 흡수되는 현상을 고려하기 위해 도입된 양으로 선흡수계수를 밀도 ρ로 나눈 양이다.
- 한 개 입자의 운동에너지(E), 입사되는 입자수(N)에 대해 밀도가 ρ인 물질에서 거리 dx 만큼 횡단하면서 상호작용에 의하여 물질에 흡수된 입사입자에너지의 분율을 dE$_{en}$/EN 이라 할 때 질량에너지흡수

계수(μ_{en}/ρ)는

$$\frac{\mu_{en}}{\rho} = \frac{1}{\rho dx} \frac{dE_{en}}{EN}$$

로 나타낼 수 있으며, 단위는 cm²/g, m² · kg⁻¹

07 ②

단면적(Cross section)이란 어느 매질에 입사하는 하전 또는 비하전입자가 그 매질 내 표적핵과 충돌하여 상호작용을 일으킬 수 있는 확률을 나타내는 양으로 입사하는 입자 플루언스(Φ)에 대해 한 개의 표적핵자가 상호작용할 수 있는 확률을 P라고 할 때 단면적(σ)는 아래와 같이 나타낼 수 있다.

$$\sigma = \frac{P}{\Phi} \quad (\leftarrow P = \sigma\Phi)$$

- 단면적의 단위는 바안(barn, b)을 사용하고, 1b= 10^{-24} cm² 이다.

08 ③

- 등가선량(Equivalent dose : H_T)은 방사선의 종류와 에너지에 따라 다르게 나타나는 생물학적 효과를 반영하여 흡수선량을 보정한 선량으로 1개의 단일한 장기나 조직에 대한 방호량으로 조직이나 장기 T의 평균흡수선량($D_{T,R}$)에 방사선가중치(W_R)를 가중한 합이며, 아래와 같은 식으로 나타낼 수 있다. 등가선량의 단위는 Sv(rem)를 사용하며, 결정적 영향 관리(방지) 목적으로 사용되지만, 직접 측정이 불가능한 방호량이다.

$$H_T = \sum_R D_{T,R} \times W_R \quad (D_{T,R} : 흡수선량, W_R : 방사선가중치)$$

- 유효선량(Effective dose : H_E)은 동일한 등가선량에서도 조직(장기)의 서로 다른 방사선감수성을 가중하여 전신에 대한 위험을 하나의 양으로 나타낸 값으로 각 장기의 등가선량(H_T)에 해당 장기의 조직가중치(W_T)를 가중한 합으로 아래와 같은 식으로 도출할 수 있다. 유효선량의 단위는 등가선량과 동일하며, 실제의 피폭에서는 거의 모든 경우가 복수의 장기나 조직이 피폭받기 때문에 전체적인 위험은 각 장기나 조직의 등가선량에 각 장기나 조직의 보건상 차지하는 비중을 동시에 고려되는 양이다. 또한, 유효선량은 확률적 영향 관리(감소) 목적으로 사용되며, 등가선량과 마찬가지로 측정 불가능한 양이다.

$$H_E = \sum_T H_T W_T \quad (H_T : 등가선량, W_T : 조직가중치)$$

09 3

- 방사선가중인자(W_R) : 방사선의 종류에 따른 장해정도(확률적 영향)의 차를 보정하는 계수로서 방사선 생물학적 효과비(RBE)를 고려하여 방사선의 종류와 에너지에 따라 가중치를 부여하는 것으로 국제 방사선방호위원회(ICRP)의 103 권고에서 광자 및 전자(뮤온)은 가중치 '1', 양성자 및 하전 파이온은 가중치 '2', 알파(중이온) 및 핵분열파편은 가중치 '20', 중성자는 에너지에 따른 연속함수를 제시하였다.
- 조직가중인자(W_T) : 전신 균등 조사 결과로 생기는 위험의 총합과 조직 장기의 상대적 위험도에 따라 조직의 가중치 부여 (가중치의 총 합은 1이며, 종사자 및 일반인에게 동일 값 적용)하여 개인에 대한 확률적 영향의 선량평가인 유효선량 도출에 사용하고 있으며, 이러한 조직가중치는 모든 종류의 방사선, 내부 및 외부피폭에 동일하게 적용한다.

조직	가중치(ICRP 103)
적색골수, 결장(대장), 폐, 위, 유방, 나머지 조직	0.12
생식선	0.08
방광, 식도, 간, 갑상선	0.04
피부, 뼈 표면, 뇌, 침샘	0.01

10 3

등가선량은 흡수선량과 방사선가중치의 곱이므로 동일한 흡수선량에 대해 등가선량이 가장 높은 것으로 방사선가중치가 가장 높은 알파선 방출 핵종의 등가선량이 가장 높다. Cs-137은 베타 및 감마선, C-14는 순수 저에너지 베타, Tc-99m은 감마선, 그리고 Rn-222는 알파선 방출핵종이다.

11 2

유효선량은 등가선량과 조직가중치의 곱으로 계산할 수 있다.
전신피폭에 의한 유효선량은 10mGy×1(방사선가중치)×1(조직가중치)=10 mSv이고, 폐피폭에 의한 유효선량은 5mGy×20(방사선가중치)×0.12(조직가중치)=12 mSv로 평가할 수 있으므로 B 작업자의 등가선량이 A 작업자의 전신선량(유효선량)보다 크다고 볼 수 있다.

12 1

커마(kerma): 비하전방사선(γ선, 중성자 등)들에 의하여 자유롭게된 모든 하전입자(전자, 양자 등)들의 초기 운동에너지의 합. 단위: J/kg or Gy.

13 1

예탁선량 : 방사성동위원소가 체내에 흡수되었을 경우에는 그것이 물리적 붕괴 또는 신진대사에 의해 배설되며 소멸될 때까지 내부피폭을 받는다. 어떤 시간에 섭취된 방사성동위원소로 인하여 그 후 50년 간 어떤 조직이나 장기가 피폭 받게 될 총 선량을 말한다. 아동에게는 70년을 적용한다.

14 3

$$R/h = \Gamma \frac{S}{r^2} = 0.48\, R.m^2/Ci.h \times \frac{5\, Ci}{(0.5\, m)^2}$$
$$= 9.6\, R/h$$

그러므로, 5시간 피폭되었으므로 조사선량은 9.6 R/h × 5h = 48R = 480 mSv

15 2

① 흡수선량(absorbed dose): 피폭되는 물체에 흡수되는 방사선 에너지의 양(dE/dm), 단위: J/kg or Gy.
② 등가선량(equivalent dose): 방사선의 종류와 에너지에 따라 다르게 나타나는 생물학적 효과를 동일한 선량값으로 보정해주기 위하여 방사선의 종류에 따라 달라지는 무차원의 방사선가중치를 도입하여 보정한 흡수선량을 등가선량이라 한다. 등가선량은 방사선의 방어를 목적으로 사용하는 양으로서, 피폭으로 인한 위험의 결정론적 영향(장기에 대한 등가선량)을 방지하기 위하여 도입된 양이다. 조직(또는 장기)의 흡수선량×방사선가중치, 단위: Sv.
③ 조사선량(exposure dose): 어느 공간에 존재하는 방사능으로부터의 피폭 가능정도를 나타내는 양으로서, 방사선장 내의 공기 체적 내에 생성되는 이온쌍의 전하량 크기로 정의된다(dQ/dm), 단위: R
④ 유효선량(effective dose): 인체 내 조직간 선량분포에 따른 위험 정도를 하나의 양으로 나타내기 위하여 각 조직의 등가선량에 해당조직의 조직가중치를 곱하여 피폭한 모든 조직에 대해 합산한 양이다. 즉, 흡수선량×방사선가중치×조직가중치. 단위: Sv.

16 3

방사선피폭의 영향과 등가선량의 관계는 피폭된 조직에 의존한다. 이 때문에 확률적 영향을 평가할 경우 피폭받은 각 장기의 등가선량에 조직의 상대적인 감수성을 나타내는 조직가중치를 곱하여 사용하며, 이를 유효선량이라 한다. 유효선량은 오직 방사선의 확률적 영향을 평가할 때만 사용한다.

17   28.97 rad

조사선량과 흡수선량과의 관계식에서 흡수선량을 구하면,

$$D(rad) = 0.877 \frac{\left(\frac{\mu_{en}}{\rho}\right)_m}{\left(\frac{\mu_{en}}{\rho}\right)_a} X(R) = 0.877 \times \frac{0.0326}{0.0296} \times 10 \times 3 = 28.97 rad$$

18   792 mGy

$$K = \frac{dE_k}{dm} = \Psi\left(\frac{\mu_{tr}}{\rho}\right) = \Phi E\left(\frac{\mu_{tr}}{\rho}\right)$$

$$K = \frac{3.7 \times 10^{10} s^{-1} \times 60s}{4\pi \times 1cm^2} \times 1MeV \times 0.028cm^2/g \times 1000g/kg \times 1.6 \times 10^{-13} J/MeV$$

따라서 커마 $(K) = 0.7918 J/kg(Gy) \cong 792(mGy)$

19   0.9 mSv-m²/GBq-h

감마상수(r)는 점선원의 단위 방사능에 대한 단위 거리에서의 조사선량율 이므로

$$감마상수(\tau) = \dot{X} \times \frac{r^2}{A} = 0.05 mSv/h \times \frac{0.09 m^2}{5 MBq} = 0.9 \left(\frac{mSv - m^2}{GBq - h}\right)$$

20   1시간 20분

$$조사선량율(\dot{X}) = \tau \frac{A}{r^2} = 0.6 \frac{R - m^2}{Ci - h} \times \frac{10 Ci}{4 m^2} = 1.5 R/h$$

$1.5 \frac{R}{h} \times \frac{10 mSv}{1R} \times x(h) \leq 20 mSv$ 이므로 작업가능시간은 1시간 20분

제2장 방사선 방호체계

- **2.1** 방사선 방호의 개념
- **2.2** 방사선 방호의 체계(ICRP 신권고)
- **2.3** 방사선 방호의 한도 및 준위

제 2 장 방사선 방호체계

방사선에 의한 인체의 장해를 방지하기 위한 방사선 방호의 기본개념과 방호체계를 알아보고, 방사선 방어와 관련된 한도와 참고준위에 대해 알아본다.

2.1 방사선 방호의 개념

1 방사선방어의 배경

1) 방사선방어의 정의

방사선에 의한 방사선 작업종사자 또는 일반인의 장해 발생을 방지할 목적으로 방사선 피폭으로부터 인체를 보호하는 일련의 활동

2) 방사선방어의 목표

① 편익을 가져오는 방사선 피폭을 수반하는 행위를 부당하게 제한하지 않고 사람의 안전을 확보
② 결정적 영향(deterministic effect) 발생을 방지
③ 확률적 영향(stochastic effect) 발생을 가능한 한 낮게 감소

3) 방사선방어의 대상

① 행위(practice) : 방사선 사용에 따른 피폭을 증가시키는 인간 활동
  - 대상 : RI, RG 등을 사용하는 의료기관, 산업체, 연구소, 원자력 발전소 등
  - 성격 : 사전 대응형 방어 가능
      → 신규도입 장비, 사용 중 방사선원에 대해 미리 방사선방어 대책 수립이 가능

예) 의도적으로 방사선원을 사용하는 일, 비행으로 인한 우주선 피폭, 광산활동으로 인한 라돈피폭

- 방사선방어 체계 : 정당화 → 최적화 → 선량한도 적용

② 개입(prevetion) : 방사선 사고에 대한 피폭을 감소시키는 인간 활동
- 대상 : 원전사고, 옥내 라돈 가스 등
- 성격 : 사후 대응형 방어
  → 이미 존재, 피폭원에 대하여 방사선방어 대책 검토

예) 심각하게 높은 실내 라돈 농도 저감대책, 원자력사고 시 주민 대피, 음식물 제한

- 방사선방어 체계 : 정당화 → 최적화 적용

4) 방사선관리의 유형

① 선원관리
- 자연방사선원
  - 우주선, 우주선 생성핵종, 자연계(토양, 공기중, 수중), 인체 및 건축재료 등의 방사선원
    → 세계 연평균 약 2.4 mSv (국내 3.1 mSv) 정도로 방사선 관리 대상에서 제외 (∵본질적으로 피폭 제어가 불가능)
    → 인공방사선원 중 대기권내 핵실험에 의한 방사성 낙진은 자연방사선원에 준하는 것으로 방사선관리 대상에서 제외

TENR(Technically Enhancement Natural Radiation)

- TENR 이란 "인간의 기술 향상으로 인해 증가된 자연방사선"으로 방사선 관리 대상
  → 직업피폭에 포함 → 방사선방어체계 준수

- TMNR 의 예
  ▸ 고공 비행에 의한 우주선 피폭(승무원 포함) : 우주비행사
  ▸ 라돈가스 작업 장소
  ▸ 천연 RI 물질 채광을 위한 광부 피폭
  ▸ 천연 방사성물질 사용 및 저장 등

- 인공방사선원
  - 의료분야(진단, 치료, 핵의학), 산업분야, 방사선폐기물, 핵실험(방사성 낙진) 등의 방사선원
    → 방사선방어 대상 : 방사선관리(제어) 가능
    → 방사선방어체계 필히 준수 : 정당화 - 최적화 - 선량한도

② 환경관리
- 작업 환경관리
  - 목적 : 방사선원 제어(선원관리), 작업자 안전확보
  - 장소 : 방사선 관리구역 내로 한정
  - 피폭경로 : 선원에서 작업자까지 제한
  - 방사선 관리 : 간단하고 용이함

- 일반 환경관리
  - 목적 : 방사선원 제어(선원관리), 일반인 안전확보
  - 장소 : 일반공중 대상
  - 피폭경로 : 대기권, 지각 및 수중 방사성물질 등
  - 방사선 관리가 간단하고 용이하지 않아서 선원관리가 특히 중요함

③ 개인관리
- 직업피폭(종사자) : 방사선을 피폭하는 직무에 종사하는 사람
  ※ 직원이라도 방사선을 피폭하는 일에 종사하지 않으면 일반인으로 간주
  - 개인 : 방사선 피폭에 대해 사전에 정보를 제공 받고, 자의적 동의하에 피폭이 이루어지며 정기적인 방사선 안전관리 교육 이수가 의무화
  - 경영주 : 정보제공 및 적절한 방호수준 유지 책임
  - 선량한도 제한 있음 (20 mSv/년)

- 의료피폭(환자, 보호자) : 진단 및 치료 등의 목적으로 방사선을 피폭하는 사람
  - 환자 간호 과정에서 자신의 방사선피폭을 감수하는 보호자는 환자에 준함 (단, 직업적인 간병인은 종사자로 간주)
  - 선량한도 제한 없음

- 공중피폭(일반인) : 방사선 피폭을 유발하는 행위로부터 얻는 이득과 무관한 제3자
  - 공중의 구성원

- 선량한도 제한 있음 (1 mSv/년)
• 사고시 피폭(개입)
  - 선량한도 제한 없음 (단, 인명구조 목적이 아닌 경우 유효선량 0.5 Sv, 피부등 가선량 5 Sv로 권고)

2 방사선방어의 개념

1) 방사선방호의 원칙(3원칙)

① 행위의 정당화
   - 방사선피폭을 수반하는 행위로부터 얻은 이득이 수반되는 피폭의 손해(detriment)에 비해 순 이득을 가져오지 않으면 그 행위는 정당화 원칙에 의해 인정되지 않는다고 판단
   → 순 이득을 얻을 수 있는 경우에만 방사선의 사용이 가능

② 방어의 최적화
   - 정당화된 행위도 그 설계 계획 및 실행에 있어서 방사선 피폭을 가능한 낮게 하기 위하여 개인의 선량한도가 초과되지 않는 조건 하에서 경제적, 사회적 인자를 고려해서 합리적으로 달성할 수 있는 한 낮게 유지 (ALARA : as low as resonable achievable)
   → 경제적 인자(방어 비용), 사회적 인자(방사선피폭에 수반된 비용)를 고려하여 방어의 최적화를 달성함으로써 ALARA을 유지하는 것이 목표

선량제약치(Dose contraint)

(1) 선량제약(구속)치 : 방사선방어의 최적화를 만족시키기 위하여 도입한 개인선량 상한치
   ▶ 최적화 판단을 행할 경우 개인선량의 상한치
(2) 선량제약치의 특징
   ▶ 선량한도 이내에서 설정
   - 직업적 피폭 : 직종에 대하여 설정
   - 일반인 피폭 : 선원에 대하여 설정
   - 의료피폭 : 전형적인 진단에 대하여 설정
   ▶ ALARA 유지의 수단으로 사용
   ▶ 법적 구속력이 없음

③ 개인의 선량한도(Dose limit)
- 개인에 대한 연간 피폭방사선량의 상한치로 행위가 규제되고 있는 정상적인 상황에서만 적용 (단, 자연방사선 및 의료피폭은 제외)
- 정당화와 최적화 조건이 만족하는 피할 수 없는 피폭으로 개인의 누적선량으로 제한
 → 최적화 실패시 장벽의 역할 → 법적 구속력 기능 수행
- 기준 : 개인(종사자, 일반인)에 대한 ICRP 권고 한도

2) 방사선방어의 유형

① 개인 중심 방사선방어
- 한 개인에 대해 복수의 방사선원으로부터의 피폭에 대한 방사선 방어
- 평가선량 : 개인선량(개인관리)
- 방사선방어체계 : 선량한도
- 방어개념 : 개인 선량한도 적용

② 선원 중심 방사선방어
- 한 선원으로부터 다수의 사람이 받는 피폭에 대한 방사선 방어
- 평가선량 : 집단선량(선원관리)
- 방사선방어체계 : 정당화, 최적화
- 방어개념 : 선원관리가 중요함 (개인관리보다 효율적)

개인 및 선원에 주목한 방사선방호 접근의 비교

접근법	선원중심접근	개인중심접근
방호	개인 종사자은 직무피폭으로 방호하고 일반인피폭은 대표인을 방호함	
개념	모든피폭상황에서 단일선원으로부터 방호	계획피폭상황의 모든 규제선원으로부터 방호
제한	선량제약치	선량한도

2.2 방사선 방호의 체계(ICRP 신권고)

1 ICRP 신권고(103)의 방사선 방호원칙

1) 행위의 정당화(Justification of practice)

- 방사선피폭 상황의 변화를 초래하는(선원의 도입, 기존피폭의 저감 및 잠재 피폭의 저감 등) 모든 결정은 해로움보다 이로움이 클 것
  → 새로운 선원 도입시 충분한 순이익이 있는 경우 계획피폭상황 도입

- 방사선피폭 행위를 정당하게 통제 가능한 방법으로 규제되어야 하지만 통제할 수 없는 경우에는 규제에서 제외

- 선원 중심적이고 모든 피폭상황에 적용

2) 방어의 최적화(Optimization of protection)

- 피폭 발생의 가능성, 피폭자 수 및 개인선량의 크기는 경제적, 사회적 인자를 고려하여 합리적으로 달성할 수 있는 한 낮게 유지(As Low As Reasonably Achievable : ALARA)

- 규제할 필요가 있는 경우 방어의 최적화 개념으로 규제하지만 방어의 최적화 관점에서 규제할 필요가 없는 경우는 일부 또는 전부가 규제에서 면제

- 선원 중심적이고 모든 피폭상황에 적용

계획피폭상황에서 선량한도와 선량제약치 및 최적화의 개념

- "허용불가능(unacceptable)"의 개념은 개인에 대한 피폭행위가 사전에 계획되어 있는 상황(계획피폭상황)에서는 합리적인 근거에 의해서도 선량한도를 초과하여 피폭하는 것이 결코 허용되지 않는다는 것을 의미
- 이러한 선량한도 이내에서의 방사선 방호 최적화 개념은 선량한도를 초과하지 않으면 그것은 "감내가능(tolerable)" 하지만, 불필요한 방사선피폭을 합리적으로 가능한 한 더 낮출 수 있도록 노력을 해야 하는 것을 의미
- 이러한 방호를 최적화 하는데 있어서의 피폭선량 상한값이 선량제약치이고, 방사선피폭이 선량제약치 아래에서 최적화되어 있고 더 이상의 개선을 필요로 하지 않는 피폭 범주를 "허용가능(acceptable)"의 개념으로 접근

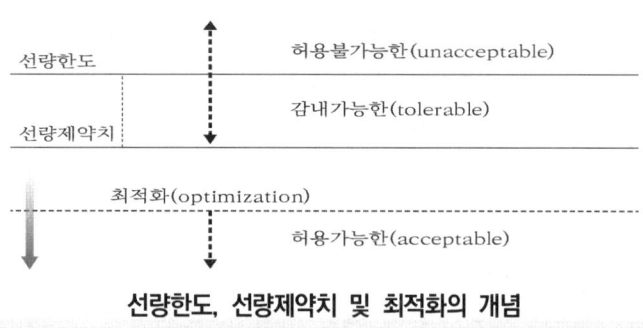

선량한도, 선량제약치 및 최적화의 개념

3) 개인의 선량한도(Dose limit)
- 계획피폭 상황(의료피폭 제외)의 규제된 선원으로부터 개인이 받는 총 피폭선량은 ICRP가 권고하는 선량한도의 값을 초과하지 말 것
- 개인 중심적이며 계획피폭 상황에만 적용

계획피폭 상황에 대한 개인의 선량한도(ICRP 103 권고)

구분	유효선량 한도(확률적 영향 감소)	등가선량 한도(결정적 영향 방지)
직업상 피폭	5년간 100mSv (연간 50mSv 넘지않는 범위내)	수정체 : 연간 150 mSv (ICRP 118권고 : 20 mSv/y로 하향) 피부, 손, 발 : 연간 500 mSv
일반인 피폭	연간 1 mSv	수정체 : 연간 15 mSv 피부, 손, 발 : 연간 50 mSv
특수그룹	- 수시출입자, 운반종사자 : 유효선량-12 mSv, 수정체-15 mSv, 피부-50 mSv - 긴급작업자 : 유효선량-0.5 Sv, 피부 등가선량-5 Sv(단, 인명구조 시 적용안함) - 임신이 확인된 시점부터 출산까지 태아의 유효선량-1 mSv - 임산부(신고) : 복부표면 등가선량-2 mSv/임신기간, 섭취량-ALI의 1/20 - 일시적, 제한적으로 사용하는 일반인-주당 0.1 mSv, 시간당 20 μSv까지 허용	

2 ICRP 신권고(103)의 주요 내용

1) 방사선 방호접근의 변화

과거(ICRP 60 권고)의 과정기반(행위와 개입)에서 상황기반(계획피폭, 비상피폭 및 기존피폭 상황)으로 방호접근이 변화

① 계획피폭(planned) 상황
- 피폭의 규모와 범위를 합리적으로 예측하고 직업상, 일반인, 의료피폭으로 구분하여 선원을 계획적으로 도입해 운영하는 것과 관련된 피폭상황(잠재피폭 포함)
- 피폭대상자의 제한이 가능하고 충분히 예상 가능한 피폭 상황이므로 사전 방호대책 수립 가능하여 제외, 면제 및 해제의 개념이 적용 가능
- 계획된 선원의 도입/운영과 관련된 피폭(정상피폭과 잠재피폭 유발)
- 선량한도와 선량제약치로 방사선방어 최적화 수립
  예) 원전건설, X선 발생장치 설치, 항공기탑승, 광산활동 등

② 비상피폭(emergency) 상황
- 예상치 못한 피폭 상황으로 주로 계획 상황의 운영 중에 발생하며, 악의적 행위나 사전에 예상치 못한 피폭(비상조치 필요)
- 시간적 제약이 있고 높은 선량을 피폭할 수 있는 상황
- 참조준위로 방사선방어 최적화
  예) 방사선원의 이상 및 방사선방호 시스템의 기능상실 등

③ 기존피폭(existing) 상황
- 관리를 결정해야 할 시점에 이미 존재하고 있는 피폭 상황으로 자연적으로 발생하는 피폭과 과거의 사고로부터 발생하는 피폭
- 광범위한 피폭과 큰 방호비용 예상, 높은 수준의 참조준위 허용
- 의사 결정 시점에서 현존하는 피폭(비상상태 후 장기적인 피폭 상황 포함)
- 주택에서 실내 라돈(참조준위 : 10 mSv = 600 Bq/m^3)은 기존피폭 상황
- 참조준위로 방사선방어 최적화
  예) 높은 자연방사선준위에 의한 피폭, 체르노빌 인근지역 거주 주민피폭 등

> **선량제약치와 참조준위**

- 선량제약치(dose constraint)
  - 계획피폭 상황에서만 적용, 주어진 선원에 관련된 사람들 중 최대로 피폭한 사람의 개인선량이 선량제약치를 넘지 않도록 할 것

- 참조준위(reference level)
  - 비상 및 기존피폭 및 환자의 의료피폭에 적용, 개인의 선량 또는 위험을 각각 제약

피폭상황에 따른 피폭관리 제한수단(ICRP 103 권고)

상황 유형	직무피폭	일반인피폭	의료피폭
계획피폭	선량한도 선량제약치	선량한도 선량제약치	진단참조준위 (선량제약치)
비상피폭	참조준위[1]	참조준위	없음
기존피폭	없음[2]	참조준위	없음

1) 장기적인 복구작업에는 계획피폭의 일환으로 취급해야 함
2) 장기적 완화작업 또는 피해지역에서의 장기적 고용에 따른 피폭은 관련된 방사선원이 "기존"이더라도 계획의 직무피폭으로 취급해야 함

2) 방사선 위해계수 및 가중치의 업데이트

① 방사선 위해(리스크) 계수
  - 확률적 영향에 대한 명목 위험도 계수로 과거 DS86(ICRP 60) 평가방식에서 DS02(ICRP 103) 평가방식으로의 선량 재평가한 결과를 반영
  - 유전결함 위험도 현저한 감소
    ▶ 첫2세대만 고려(유전적 위험도는 둘째 세대까지만 발생)
    ▶ 출생아의 경우 돌연변이로부터의 복구성이 높아 배가선량의 증가 등

암 및 유전적 영향에 대한 방사선 위해계수 비교

피폭집단	암		유전적 영향		전체	
	ICRP 103	ICRP 60	ICRP 103	ICRP 60	ICRP 103	ICRP 60
전집단	5.5	6	0.2	1.3	5.7	7.3
성인	4.1	4.8	0.1	0.8	4.2	5.6

② 방사선가중치
- 양성자 : 외부 방사선원만 고려, 저에너지 양성자 비정이 짧아 피부에 흡수
  → 종래 "5"(ICRP 60)에서 "2"(ICRP 103)으로 감소
- 하전파이온 추가 : 일차우주선과의 상호작용으로 고도에서 생성, 하전입자 또는 중성 입자로 항공기에서의 피폭, 고에너지 입자가속기에 의한 피폭 기여
- 중성자 : 1MeV 이하 낮은 에너지 영역에서 인체의 흡수선량에 대한 이차광자의 광범 위한 영향으로 가중치가 감소하며, 100MeV를 초과하는 중성자 가중치 감소, 계단함수(ICRP 60)에서 연속함수로 변경(실용적 이유)

방사선가중치(ICRP 103 권고)

방사선의 종류	방사선가중치(ICRP 103)
광자	1
전자 및 뮤온	1
양성자 및 하전 파이온	2
알파, 핵분열파편, 중이온	20
중성자	연속함수

(참고) 중성자에 대한 방사선 가중치 비교

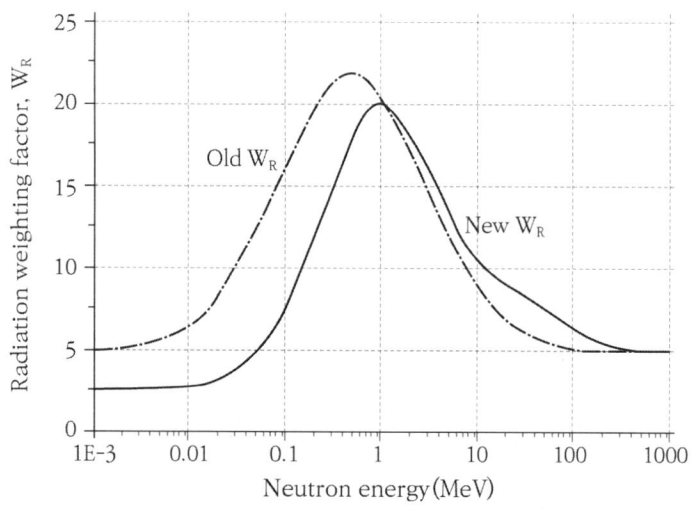

Old W_R: ICRP 60(계단함수), New W_R: ICRP 103(연속함수)

③ 조직가중치
- 생식선의 가중치 대폭감소(0.2→0.08), 유방의 가중치 증가(0.05→0.12), 나머지 조직의 수 증가(13개)
- 가중치의 가중값 변경 및 장기수 증가(22개에서 27개 장기)
- 선량계측 모델변화, 조직가중치 변화 반영으로 새로운 환산계수 산출

조직가중치(ICRP 103 권고)

조직	W_T	$\sum W_T$
적색골수, 결장, 폐, 위, 유방, 나머지조직*	0.12	0.72
생식선	0.08	0.08
방광, 식도, 간, 갑상선	0.04	0.16
골표면, 뇌, 침샘, 피부	0.01	0.04
합계		1

* 나머지 조직(14개): 신장, 흉곽 외 부위, 쓸개, 심장, 신장, 림프 결절, 근육, 구강점막, 이자, 전립샘, 소장, 비장, 흉선, 자궁/자궁경관

3) 피폭상황에 따른 선량제약 및 참조준위 값의 범위 제시(최적화원칙 강조)

선량범위 (mSv)[1]	피폭상황의 특징	방호 요건	예
20~100	- 선원을 통제 불능, 비정상적이고 극단적인 피폭 상황 - 피폭경로에 대한 조치로 피폭관리 가능	- 선량감축 방법 모색 및 강화 (100mSv 근접 할수록 선량 저감화 방법 강구) - 방사선 위험과 선량감축 조치 정보 제공 - 개인선량 평가 수행	- 비상피폭상황에서 가장 높게 계획된 잔여선량의 참조준위 - 급성피폭은 연간피폭에 대한 참조준위 최대값은 100mSv[2,3]
1~20	- 개인은 일반적으로 피폭 상황에서 이득 - 선원 또는 피폭경로에 대한 조치로 관리 가능	- 개인선량을 저감할 수 있는 일반적인 정보 제공 - 계획피폭 상황의 경우 개인 선량 평가와 훈련을 수행	- 계획상황에서 직무피폭에 대한 제약치 - 핵의약품으로 치료받는 환자의 보호자와 간병인에 대한 제약치 - 주택 라돈에 의한 최대잔여선량 참고준위
1 미만	- 개인은 편익이 거의 없고 사회는 편익이 있는 선원에 개인이 피폭 - 피폭은 선원에 직접적인 조치를 취해 관리 가능함	- 피폭준위에 대한 일반적인 정보를 제공 - 피폭준위에 관한 피폭경로를 주기적 점검	- 계획상황에서 일반인 피폭에 대한 제약치

1) 단일 피폭 또는 연간 피폭
2) 예외 인명구조나 사고의 심각한 확대방지와 같은 긴급조치를 위해 본인의 동의 아래 100mSv을 초과하는 피폭을 용인 가능
3) 피폭 조직의 결정적 영향에 대한 문턱선량을 초과하는 경우 반드시 적절한 조치가 있어야 함

4) 방사선방호 관리의 범위 구분

① 제외(exclusion, 규제제외 또는 배제)
- 피폭상황을 규제요건의 범위에서 의도적으로 제외하고 본질적으로 법적 관리를 통해 통제할 수 없는 피폭으로 정당화되지 않는 모든 피폭상황에 적용
- 대부분의 자연방사선의 경우에서처럼 피폭의 통제가 불가능하거나 현실적으로 곤란하고, 피폭저감화의 비효과적
   예) 5 keV 이하의 광자에너지 방사선발생장치, 우주선 및 체내에 존재하는 K-40 등의 자연에 존재하는 형태의 방사성물질 (단, 규제당국이 특별히 지정(라돈, 인산, 우주비행 등)한 핵종 및 양은 규제제외 대상이 아님)

② 면제(exemption, 규제면제)
- 개인이나 집단에 주는 위해가 충분히 낮아 규제관심 밖의 방사능량 또는 농도로 규제 요건을 적용할 때 정당화되지 않는 경우 규제 요건을 보류하고 하위 법령 또는 규제 당국에서 면제 수준을 결정 (개인: 년간 10 μSv, 집단: 1 man-Sv에 해당하는 방사성농도 또는 방사능량)
- 대상 행위의 방사선 영향의 관심에서 정상상태 또는 예상되는 이상 상황에서도 위험 즉, 선량이 지극히 사소한 경우와 규제 합리성의 관점에서 규제행위로 실제의 피폭 저감이 거의 이루어질 수 없는 경우에 적용
   예) 주로 소량단일선원(연구용 추적자, 교정선원 등)이 해당

③ 해제(clearance, 규제해제)
- 원래는 규제 대상이었지만 사용 또는 소지 중에 방사능 및 방사능농도가 감소하여 더 이상 법적 규제를 받을 필요가 없는 경우로 방사선원 또는 행위와 관련된 방사선학적 영향이 미미하여 규제대상에서 제외한다는 점에서 서로 규제면제와 유사한 개념
   예) 주로 대량혼합선원(산업시설에서 발생하는 폐기물 등)이 해당

해제준위와 면제준위

(1) 해제준위(Clearance level)
- 처음에는 법적 규제대상이었지만 방사능 및 방사능농도가 기준레벨 이하인 경우에는 환경에 방출하는 것이 허용되어 그 후에는 법적 규제대상에 제외되는 준위

(2) 면제준위(Exemption level)
- 처음부터 어느 준위 이하의 방사능이나 방사능농도가 법적 규제대상 밖의 것
- 면제의 개념은 일반면제와 특별면제로 구분
① 일반면제 : 규정된 선량 또는 이로부터 도출된 방사능량에 미치지 못하는 선원에 대해 자동적으로 면제되는 것
② 특별면제 : 기준을 만족하지는 않지만 규제시행에 따르는 부담과 면제시 따르는 위험부담을 비교할 때 규제시행이 불합리한 것으로 판단되어 예외적으로 일정한 대상을 정하여 면제하는 것

5) 피폭원의 분류에 따른 방사선 방어체계

① 직업피폭
- 방사선피폭을 수반하는 직무수행이 피폭의 원인이 되는 피폭으로 방사선작업종사자의 피폭이 해당
  → ICRP가 권고하는 선량한도 제한이 있으며, 개인피폭선량의 정기적 측정 필요
- 직업피폭을 별도로 구분하는 이유
  ▶ 피폭이 방사선방어 조직에 의해 관리
  ▶ 피폭집단이 비교적 소규모
  ▶ 피폭을 수반하는 행위나 절차로부터 발생하는 이득의 일부를 돌려받음
- 직업피폭의 범위
  ▶ 인공방사선에 의한 피폭 (제외, 의료피폭, 규제제외 또는 면제된 선원에서 피폭은 제외)
  ▶ 자연방사선원에 의한 피폭 : 우라늄 광산, 우주 비행사 등
  예) 방사선사, 방사선전문 의사, 우주 비행사(항공 승무원), 우라늄 광산(광부), 높은 라돈 농도 하에서 작업하는 작업자, 진단 또는 치료목적 방사선과 근무 간호사, 산업체 근무 방사선작업종사자 등

② 의료피폭
- 방사선에 의한 진단이나 치료 등 의료상의 목적으로 인해 받는 피폭으로 환자, 환자 보호자 등이 받는 피폭
- 선량한도 적용 없음(단, 방사선방호자체는 예외 대상이 아님 → 정당화와 최적화 조건 필요)
- 의료피폭을 별도로 구분하는 이유 : 정당화된 행위, 환자의 이득 초래
    예) 질병과 직결된 진단이나 치료 환자, 정기적인 건강진단 또는 검사 목적의 집단 검진, 법의학 또는 보험 목적 검사, 의생명 연구 지원자 등

③ 공중피폭
- 방사선이용 행위와 무관하게 자신의 의사에 반하여 피폭으로 공중구성원(일반인)이 해당
    → ICRP가 권고하는 선량한도 제한이 있으나, 개인피폭선량의 정기적 측정 불가능
    → 선원관리 중요 (∵소아를 포함한 모든 연령그룹 해당되며, 개인 대상의 방사선 관리가 불가능)
- 방사선방어 : 대표인에 대한 집단선량 평가
    예) 자연방사선 피폭, 방사선 시설에서 환경으로 누설되는 방사능(선), 자연광도료 등의 방사선을 방출하는 일상 생활용품, 기술적으로 증가된 자연방사선(TMNR) 등

대표인과 결정집단

▶ 대표인(Representative person)
 - 일반인의 실제 선량 측정을 대신하여 전체집단 중 모든 피폭경로를 통한 선량이 상위 5 백분위에 해당하는 사람을 대표인으로 선정하여 평가(ICRP 103)

▶ 결정집단(Critical group)
 - 의식주가 비슷한 그룹(20 ~30인 정도)으로서 가장 높은 피폭을 받을 것으로 예상되는 집단을 평가(ICRP 43)

④ 사고시 피폭
- 방사선원 및 방사선방어 시스템의 기능 상실(옥내 라돈 가스, 방사선물질 누출 등의 방사선사고)로 방사선 시설 내 인원이 피폭받는 경우로 사후 대응형 방사선방어에 해당
- 개입시 선량제한 : 유효선량(0.5Sv), 피부 등가선량(5Sv)
  (단, 생명을 구하는 경우 제한없음)

2.3 방사선 방호의 한도 및 준위

1 방사선방어 한도

한도(limit)의 정의는 "넘어서는 안 되는 어떤 양의 값"의 의미하며, 기본(일차)한도, 보조(이차)한도, 유도한도, 인정한도, 운영한도로 나눌 수 있다.

① 기본한도
- 정의 : 가장 기본적인 한도
- 기본한도 = 일차한도 = 선량한도 = 법정한도
- 종류
  유효선량 : 확률적 영향 제한(감소), 등가선량 : 결정적 영향 제한(방지)

② 이차한도
- 정의 : 기본한도를 실무적 측정하기 위하여 사용
- 이차한도 = 보조한도
- 측정 : ICRU 구 이용
- 종류
  체외피폭 관리(선량당량지수 한도) : H_{10mm}, $H_{0.07mm}$
  체내피폭 관리(연간섭취 한도) : ALI
- 기준 : 선량한도

③ 유도한도
- 정의 : 방사선방어 실무상 편리하도록 설정된 한도로 1,2차 한도로부터 유도
- 종류
  유도공기중농도(DAC), 표면오염한도, 선량률한도, 유도방출한도, 환경물질 오염한도 등

④ 인정한도
- 정의 : 규제기관이나 시설 책임자가 재 설정한 한도
- 사용목적 : 개인 및 환경 방사선감시 목적
- 종류 : 인정한도, 선량구속치 등
- 기준 : 선량한도 이내에서 설정

⑤ 운영한도
- 정의 : 허가 또는 신고사용자가 사용시설의 안전관리 규정상의 한도 (방사선안전관리 규정 등)
- 기준 : 선량한도 이내에서 설정

2 참고준위

감독관청이나 시설책임자가 미리 정하는 준위로 한도는 아니나, 어떤 양이 일정 준위 초과시 미리 계획된 절차를 취하기 위해 설정하는 것으로 기록준위, 조사준위, 개입준위로 나눈다.

① 기록준위
- 일정한 값 설정하고, 설정치 초과시만 장부에 기록하기 위하여 설정
- 설정기준 : 한도량의 1/100 정도

② 조사준위
- 기준 값 초과 시 원인을 규명하기 위하여 설정
- 설정기준: 정상준위 2~3배 정도

③ 개입(간섭)준위
- 비교적 높은 준위 설정
- 설정기준 : 기본한도 치에 상응하는 값
- 시설 가동 중지 및 해당 작업자 작업 중지 후 안전한 상태로 회복된 후 운전 개시

3 방사선핵종의 섭취한도

① 연간섭취한도(ALI): 2차(보조)한도
- 방사성물질의 체내 섭취로 인한 피폭선량이 연간 선량한도를 초과를 넘지 않도록 연간 섭취가 허용되는 최대량
- 기준 : 선량한도
- 적용 : 내부피폭관리
- 산출식 : 단위 방사능 당 예탁유효선량(선량환산 계수)이 E_{50}이고 유효선량한도를 E_L이라 하면, ALI = E_L/E_{50}

※ 1 ALI의 방사능을 섭취하면 그로 인한 내부피폭선량(예탁유효선량)이 선량한도에 도달

② 유도공기중농도(DAC) : 유도한도
- 정의 : ALI 넘지 않도록 표준인 호흡량과 작업시간을 연관시켜 유도된 것으로 년간 2000시간 작업이 허용되는 공기중 농도
- 기준 : 연간섭취한도(ALI)
- 이용 : 내부피폭관리
  ▸ ALI → DAC 유도 과정

$$DAC = \frac{ALI}{(주당 작업시간)(연간작업주)(작업시간당 호흡량)}$$

$$= \frac{ALI}{(40시간/주)(50주/년)(1.2m^3/h)}$$

$$= \frac{ALI}{2,400}(Bq/m^3)$$

※ 공기중 방사성농도가 1 DAC인 환경에서 2,000시간 체류하면 연간섭취량이 ALI에 이르며 이때 피폭선량은 20 mSv에 해당

섭취량과 예탁유효선량의 평가

(1) 공기중 방사성 농도와 섭취량과의 관계식

$$\text{섭취량}(I, Bq) = \frac{\text{공기중 방사성농도}(Bq/m^3) \times \text{호흡률}(m^3/hr) \times \text{작업시간}(hr)}{\text{방호마스크 방호계수}}$$

(2) 섭취량과 예탁유효선량과의 관계식

$$\text{예탁유효선량}(Sv) = \text{섭취량}(Bq) \times e_{50}(Sv/Bq)$$

[e_{50} : 선량환산계수(dose conversion factor; DCF)]

4 방사선핵종의 표면 오염한도

- 방사성 핵종의 표면오염에는 제거하기 힘든 체외피폭의 원인이 되는 표면오염(고착성오염)과 제거하기 쉬운 표면오염(유리성오염)으로 구분

- 허용표면오염도(원자력 안전법)
  ▸ α선 방출하는 방사성물질: 4 kBq/m^2
  ▸ α선 방출하지 않는 방사성물질: 40 kBq/m^2

ICRU 구와 실용량

(1) ICRU 구
▸ ICRU 구는 밀도 1 g/cm^3, 직경이 30cm인 구형 팬텀
  → 구성 : 산소(76.2%), 탄소(11.1%), 수소(10.1%), 질소(2.6%)
  → 선량당량, 인체 조직 직접측정이 불가능하여 2차양을 측정

(2) 실용량
▸ H_d(deep dose equivalent) : 조직이 받은 선량을 대표(d=10mm)
  - 표시: H_{10mm}, H_{1cm}
  - 이용: 유효선량, 전신피폭선량, 눈(피부)를 제외한 체간부 조직
  - 측정 깊이 : ICRU 구 표면에서 10mm 깊이
  - 인체내 최대 선량 값으로 가정 (이 값을 체내 모든 조직이 피폭한 선량으로 간주)
▸ H_s(shallow dose equivalent) : 피부가 받은 선량을 대표(d=0.07 mm)
  - 표시 : $H_{0.07mm}$
  - 이용 : 피부
  - 측정 깊이 : ICRU 구 표면에서 0.07 mm 깊이

확인문제 방사선 방호체계

01. 다음 중 선원 중심의 방사선방어 유형에 대한 설명으로 옳은 것은?

① 다수의 선원을 중심으로 한 집단이 받는 피폭에 대한 방사선 방어
② 한 개인에 대해 복수의 방사선원으로부터의 피폭에 대한 방사선 방어
③ 정당화와 최적화 원칙이 적용
④ 한 선원으로부터 한 개인이 받는 피폭에 대한 방사선방어

02. ICRP에서 권고하는 방사선방호 목표와 부합되지 않는 것은?

① 편익을 가져오면 방사선 피폭을 수반하는 행위는 제한하지 않는다.
② 어떠한 행위라도 개인의 결정적 영향의 발생은 방지한다.
③ 확률적 영향의 발생은 최적화를 통해 가능한 한 낮게 유지해야 한다.
④ 방사선 피폭을 수반하는 행위는 최적화 원칙에 의해 정당화될 수 있다.

03. 다음의 방사선방어 대상 중 행위에 의한 피폭으로 가장 적합한 것은?

① 원전 누출사고 진압에 따른 작업자가 받는 피폭
② 지하철 공사에 따른 라돈 가스에 의한 피폭
③ 신규로 도입되는 방사선원에 의한 작업종사자가 받는 피폭
④ 우주선에 의한 비행기 승무원이 받는 피폭

04. 방사선방호 활동에 있어 선량제약치의 설정에 대한 설명으로 옳은 것은?

① 선량한도보다 높게 설정하여 최적화의 수단으로 활용한다.
② 법적 구속력이 없다.
③ 직업적 피폭은 일반적으로 선원에 대하여 설정한다.
④ 의료피폭에는 선량제약치의 설정이 불필요하다.

05. 다음 중 개입에 대한 설명으로 올바르지 않은 것은?

① 방사선 사고에 대한 피폭저감을 위한 인간 활동에 해당한다.
② 사전 대응형 방호계획 수립이 가능하다.
③ 정당화와 최적화 원칙이 적용된다.
④ 이미 존재하는 선원에 대한 방사선방어 활동이다.

06. 다음 ICRP 103 권고에 대한 설명으로 옳은 것은?

① 방사선방호에 관한 정당화, 최적화, 선량한도의 세 가지 기본원칙의 용어를 변경
② 과정기반의 방호접근 방식의 구체화
③ 확률론적 영향에 대한 방사선 위해계수는 그대로 유지
④ 피폭상황에 따른 선량제약 및 참조준위 값의 범위를 구체적으로 제시

07. DAC와 ALI의 관계에 대한 설명 중 틀린 것은?

① DAC는 ALI를 넘지 않도록 표준인에 대한 호흡량과 작업시간을 연관시켜 유도한 양이다.
② DAC와 선량환산계수를 곱하면 ALI 가 된다.
③ DAC 농도의 작업장에서 2000시간 균일하게 호흡하면 ALI에 도달한다.
④ ALI의 방사능을 섭취하면 그로 인한 예탁유효선량은 선량한도와 같다.

08. 비상피폭상황에서 가장 높게 계획된 잔여선량의 참조준위 범위는?

① 1 mSv이하　　　　　　　② 1~20mSv
③ 20~100mSv　　　　　　 ④ 100mSv 초과

09. 방사선에 의한 인체의 영향 중 유발되는 모든 종류의 효과를 말하며, 부정적인 의미뿐만 아니라 긍정적인 의미의 결과를 모두 포함하는 것은?

① 손상(damage)　　　　　② 영향(effect)
③ 위험(risk)　　　　　　　④ 손해(detriment)

10. 다음 중 직업피폭에 해당하지 않는 것은?

① 의생명 생물학 연구 시 지원자가 받는 피폭
② 우주선에 의한 항공 승무원의 피폭
③ 높은 라돈농도 하에서 작업하는 지하철 작업자의 피폭
④ 우라늄 광산의 광부가 받는 피폭

11. 다음 중 DAC를 유도하기 위해 이용되는 인자가 아닌 것은?

① 선량한도 ② 연간섭취한도
③ 호흡률   ④ 연간작업시간

12. 다음 중 유도한도에 속하지 않는 것은?

① 개인감시한도   ② 공기오염의 한도
③ 표면오염의 한도   ④ 환경물질의 오염의 한도

13. 참고준위에 대한 설명 중 올바르지 않은 것은?

① 일정한 준위를 감시하는데 사용된다. ② 참고준위는 한도량이다.
③ 개입준위는 참고준위이다.   ④ 참고준위는 기본한도량보다 낮다.

14. 어떤 실험실에서 취급하는 핵종에 대한 단위방사능당 예탁유효선량이 1.1×10^{-8} Sv/Bq 이고, 작업시간당 평균 호흡량이 1.1 m^3/h이라고 할 때 이 핵종에 대한 유도공기중농도(DAC)는 얼마인가?

15. 기체상의 핵종(반감기 60일)의 농도가 0.2 MBq/m^3의 밀폐된 공간에서 30분동안 작업을 하였다면, 이 작업자에 대한 예탁유효선량은 얼마인가? (단, 이 핵종에 대한 DAC는 0.001 MBq/m^3)

16. ALI가 6×10^5 Bq 인 핵종에 대한 공기 중 농도가 500 Bq/m³인 작업장에서 200시간 작업을 하였다면 이 작업자의 예탁유효선량(mSv)은 얼마인가? (단, 평균호흡률은 1.2 m³/h)

17. 단일핵종에 대해 60 kBq/m³ 로 오염되었고, 이로 인한 평균 외부피폭선량률이 0.5 mSv/h 인 작업장에서 방호마스크를 착용한 작업자가 10시간 동안 작업을 하였다면 이 작업자의 총 피폭선량(mSv)은? (단, 이 핵종의 연간섭취한도는 2.4 MBq, 방호마스크의 방호인자는 12, 작업자의 평균호흡률은 20 L/min)

18. 어떤 핵종(e_{50}=0.5×10^{-6} Sv/Bq)이 체내에 섭취된 후 12일이 경과하여 측정한 결과 체내에 잔류하는 방사능이 2×10^4 Bq 로 평가되었다면, 이 사람의 예탁유효선량은 몇 mSv 인가? (단, 핵종의 물리적 반감기는 20일, 생물학적 반감기는 30일)

19. 한 핵종을 취급하는 실험실의 공기 중 오염농도가 0.8 DAC이고, 평균 공간선량률이 0.04 mSv/h이라고 할때 이 작업장에서 일주일간 작업 가능시간은? (단, 주당 허용선량은 0.4 mSv)

20. 방사선작업종사자가 1.5 DAC 농도의 작업장에서 1000시간 호흡을 하였고, ALI의 20%를 섭취하였다면 이 작업자의 예탁유효선량은 얼마인가? (단, 연간선량한도는 20 mSv)

정답 및 해설 **방사선 방호체계**

01 3

- 방사선방어의 유형에는 다음과 같다.
① 개인 중심 방사선방어: 한 개인에 대해 복수의 방사선원으로부터의 피폭에 대한 방사선 방어로 개인 관리를 위한 개인의 선량한도를 적용하는 방어 유형이다.

② 선원 중심 방사선방어: 한 선원으로부터 다수의 사람이 받는 피폭에 대한 방사선 방어로 평가선량은 한 선원관리를 위한 집단선량을 평가하고 방사선방어체계로 정당화, 최적화가 적용된다.

02 4

- ICRP에서 권고하고 있는 방사선방호의 목표는 다음과 같다.
① 편익을 가져오는 방사선 피폭을 수반하는 행위를 부당하게 제한하는 일이 없이 사람의 안전을 확보
② 결정적 영향(deterministic effect) 발생을 방지
③ 확률적 영향(stochastic effect) 발생을 가능한 한 낮게 감소

03 3

- 방사선방어의 대상 중 행위(practice)는 방사선 사용에 따른 피폭을 증가시키는 모든 인간 활동을 의미하며, 대상은 RI(RG) 등을 사용하는 의료기관, 산업체, 연구소, 원자력 발전소 등으로 신규도입 장비 또는 사용 중 방사선원에 대해 미리 방사선방어 대책 수립이 가능하기 때문에 사전 대응형 방어가 가능하다. 이러한 행위에 대한 방사선방어 체계는 정당화 → 최적화 → 선량한도 적용의 원칙을 적용한다. 반면, 개입(prevetion)의 정의는 방사선 사고에 대한 피폭을 감소시키는 인간 활동을 말하는 것으로 대상은 원전사고, 옥내 라돈 가스 등이며, 이미 존재하고 있는 피폭원에 대하여 방사선 방어 대책을 검토하는 것으로 사후 대응형 방어활동에 속한다. 이러한 개입에 대한 방어체계에는 원칙적으로 선량한도의 적용을 받지 않으나, 정당화와 최적화 적용을 받는다.

04 ②

- 선량제약치(선량구속치)에 대한 개념은 다음과 같다.
(1) 선량구속치 : 방사선방어의 최적화를 만족시키기 위하여 도입한 개인선량 상한치
  ▶ 최적화 판단을 행할 경우 개인선량의 상한치

(2) 선량구속치의 특징
  ▶ 선량한도 이내에서 설정(경험이나 일반적인 최적화로 도출)
    - 직업적 피폭 : 직종에 대하여 설정
    - 일반인 피폭 : 선원에 대하여 설정
    - 의료피폭 : 선량한도 적용 없음, 피부 입사선량의 상한치로 설정
  ▶ ALARA 유지의 수단으로 사용
  ▶ 법적 구속력이 없음

05 ②

- 개입(prevetion) : 방사선 사고에 대한 피폭을 감소시키는 인간 활동
  - 대상 : 원전사고, 옥내 라돈 가스 등
  - 성격 : 사후 대응형 방어
          → 이미 존재, 피폭원에 대하여 방사선방어 대책 검토
  - 방사선방어 체계 : 정당화 → 최적화 적용

06 ④

- ICRP 신권고(103)의 주요 내용
(1) 방사선 방호접근의 변화
   과거(ICRP 60 권고)의 과정기반(행위와 개입)에서 상황기반(계획피폭, 비상피폭 및 기존피폭 상황)으로 방호접근이 변화

(2) 방사선 위해계수 및 가중치의 업데이트
① 방사선 위해(리스크) 계수
   - 확률론적 영향에 대한 위해 조정 명목 위험도 계수로 새로운 평가방식(DS02)의 선량평가 결과 반영
   - 유전결함 위험도 현저한 감소
     ▶ 첫2세대만 고려(유전적 위험도는 둘째 세대까지만 발생)

▸ 출생아의 경우 돌연변이로부터의 복구성이 높아 배가선량의 증가 등

② 방사선가중치
- 양성자 : 외부 방사선원만 고려, 저에너지 양성자 비정이 짧아 피부에 흡수
  → 종래 "5"(ICRP 60)에서 "2"(ICRP 103)으로 감소
- 하전파이온 : 일차우주선과의 상호작용으로 고도에서 생성, 하전입자 또는 중성입자로 항공기에서의 피폭, 고에너지 입자가속기 피폭 기여
- 중성자 : 1MeV 이하 낮은 에너지 영역에서 인체의 흡수선량에 대한 이차광자의 광범위한 영향으로 가중치 감소하며, 100MeV를 초과하는 중성자 가중치 감소, 계단함수(ICRP 60)에서 연속함수로 변경(실용적 이유)

③ 조직가중치
- 생식선의 가중치 대폭감소, 유방의 가중치 증가, 나머지조직의 수 증가(13개)
- 가중치의 가중값 변경 및 가중치 장기수 증가(22개에서 27개 장기)
- 선량계측 모델변화, 조직가중치 변화 반영으로 새로운 환산계수 산출

(3) 피폭상황에 따른 선량제약 및 참조준위 값의 범위 제시(최적화원칙 강조)

(4) 방사선방호 관리의 범위 구분

07 2

- 유도공기중농도(DAC) : 유도한도
  - 정의 : ALI 넘지 않도록 표준인 호흡량과 작업시간을 연관시켜 유도
  - 기준 : ALI
  - 단위 : Bq/m^3
  - 이용 : 체내피폭관리
    ※ 공기중 방사성농도가 1 DAC인 환경에서 2,000시간 체류하면 연간섭취량이 ALI에 이르며 이때 피폭선량은 20 mSv에 해당

08 ③

- 피폭상황에 따른 선량제약 및 참조준위 값의 범위 제시(최적화원칙 강조)

선량범위 (mSv)[1]	피폭상황의 특징	방호 요건	예
20~100	- 선원을 통제 불능, 비정상적이고 극단적인 피폭 상황 - 피폭경로에 대한 조치로 피폭관리 가능	- 선량감축 방법 모색 및 강화(100mSv 근접할수록 선량 저감화 방법 강구) - 방사선 위험과 선량감축 조치 정보 제공 - 개인선량 평가 수행	- 비상피폭상황에서 가장 높게 계획된 잔여선량의 참조준위 - 급성피폭은 연간피폭에 대한 참조준위 최대값은 100mSv[2,3]
1~20	- 개인은 일반적으로 피폭상황에서 이득 - 선원 또는 피폭경로에 대한 조치로 관리 가능	- 개인선량을 저감할 수 있는 일반적인 정보 제공 - 계획피폭 상황의 경우 개인선량 평가와 훈련을 수행	- 계획상황에서 직무피폭에 대한 제약치 - 핵의약품으로 치료받는 환자의 보호자와 간병인에 대한 제약치 - 주택 라돈에 의한 최대잔여선량 참고준위
1 미만	- 개인은 편익이 거의 없고 사회는 편익이 있는 선원에 개인이 피폭 - 피폭은 선원에 직접적인 조치를 취해 관리 가능함	- 피폭준위에 대한 일반적인 정보를 제공 - 피폭준위에 관한 피폭경로를 주기적 점검	- 계획상황에서 일반인 피폭에 대한 제약치

09 ④

- 방사선의 생물학적 영향에 대한 용어 정의
(1) 변화(change) : 세포 DNA 구조 변화, 세포 회복 가능
(2) 손상(damage) : 세포 자체 경미한 변화
(3) 장해(harm) : 세포 심한 손상과 상해, 신체적 장해 또는 유전적 장해
(4) 손해(detriment) : 장해 발생 확률, 심각도 등 복합적 고려, 확률적 영향

10

- 직업피폭은 방사선피폭을 수반하는 직무수행이 피폭의 원인이 되는 피폭으로 방사선작업종사자의 피폭이 해당되며, ICRP가 권고하는 선량한도 제한이 있으며, 개인피폭선량의 정기적 측정 필요하다. 이러한 직업피폭의 예에는 방사선사, 방사선전문 의사, 우주 비행사(항공 승무원), 우라늄 광산(광부), 높은 라돈 농도 하에서 작업하는 작업자, 진단 또는 치료목적 방사선과 근무 간호사, 산업체 근무 방사선작업종사자 등이다.

11

- ALI → DAC 유도 과정

$$DAC = \frac{ALI}{(\text{주당 작업시간})(\text{연간작업주})(\text{작업시간당 호흡량})}$$

$$= \frac{ALI}{(40\text{시간}/\text{주})(50\text{주}/\text{년})(1.2 m^3/h)}$$

$$= \frac{ALI}{2,400}(Bq/m^3)$$

12

- 개인감시한도는 인정한도로 정부, 감독관청 또는 규제기관에 의하여 상위한도량의 범위내에서 자체적으로 재설정하는 한도이다.

13

- 기록준위 : 설정치를 초과하였을 때에만 기록하여 장부를 유지하기 위해 설정한 준위로서, 한도량의 1/100선이 적당하다.
  - 조사준위 : 감시결과가 그 값을 초과하였을 경우에는 그 원인의 규명등 필요한 조사를 할 충분한 이유가 있다고 판단되는 정도의 준위에 설정한다.
  - 간섭준위(개입준위) : 일반적으로 도달하지 않을 것으로 판단되는 비교적 높은 준위에 설정하는 준위로서, 기본한도치에 상응하는 값이다. 이 준위를 초과하면 시설의 가동중지, 작업중지를 명하고 보수를 실시한다.

14 826.45 Bq/m³

$$DAC = \frac{ALI}{2000hr/y \times 1.1 m^3/h} = \frac{(\frac{20mSv/y}{1.1\times 10^{-5} mSv/Bq})}{2200 m^3/y} = 826.45 Bq/m^3$$

15 1mSv

30동안 작업하므로 물리적 반감기(60일)에 의한 감쇠는 무시할 수 있으므로

$$0.2 MBq/m^3 \times 0.5h \times \frac{2000 DAC-h}{2000\times 0.001 MBq/m^3 - h} = 100 DAC-h$$

그러므로, $\frac{100 DAC-h}{2000 DAC-h} \times 20 mSv = 1 mSv$

16 4mSv

먼저 DAC를 구하면, $DAC = \frac{6\times 10^5 Bq}{2400 m^3} = 250 Bq/m^3$

공기 중 농도가 2DAC 이고, 작업시간이 200시간 이므로 400DAC-h

따라서 예탁유효선량 $= \frac{400 DAC-h}{2000 DAC-h} \times 20 mSv = 4 mSv$

17 5.5mSv

(1) 외부피폭선량은 방호마스크에 의한 방호효과를 무시할 수 있으므로,

외부피폭선량 $= 0.5 mSv/hr \times 10 hr = 5 mSv$

(2) 내부피폭선량 산출을 위해 DAC를 구하면, $DAC = \frac{2.4\times 10^6 Bq}{2400 m^3} = 1000 Bq/m^3$

작업장의 공기농도가 60000Bq/m³ 이므로 60DAC이고, 방호인자가 12 이므로

$$내부피폭선량 = \frac{60DAC \times \frac{1}{12} \times 10h}{2000DAC-h} \times 20mSv = 0.5mSv$$

따라서 총 피폭선량 = $5.5mSv$

18 20mSv

먼저, 유효반감기를 구하면
$$T_e = \frac{T_p T_b}{T_p + T_b} = \frac{20d \times 30d}{20d + 30d} = 12d$$

$A = A_0 e^{-\lambda_e t}$ 를 이용하여 $20kBq = A_0 e^{-\frac{0.693}{12d} \times 12d} = 0.5 A_0$ 이므로
최초 인체에 섭취된 방사능량은 40 kBq 임.
따라서, 예탁유효선량 = $4 \times 10^4 Bq \times 0.5 \times 10^{-6} Sv/Bq = 2 \times 10^{-2} Sv = 20mSv$

19 12.5hr

$\frac{0.4mSv}{w} \times \frac{1w}{40hr} = 0.01\, mSv/h$ 이므로 외부피폭의 경우 허용선량률의 3배이며 내부피폭의 경우 0.2배이다.
따라서, 내부피폭과 외부피폭을 합한 총유효선량은 선량한도의 3.2배 이므로 작업시간은 주간 작업가능시간의 1/3.2배로 단축해야 하므로 $40hr/w \times \frac{1}{3.2} = 12.5hr$

20 19mSv

흡입과 섭취에 의한 내부피폭선량을 합해야 하므로

$$예탁유효선량 = \frac{1500DAC-h}{2000DAC-h} \times 20mSv + 20mSv \times 0.2 = 19mSv$$

제3장 방사선 방호의 원칙

- **3.1** 외부피폭의 방어원칙
- **3.2** 내부피폭의 방어원칙
- **3.3** 방사선량의 평가
- **3.4** 방사능방재 체계

제 3 장 방사선 방호의 원칙

3.1 외부피폭의 방어원칙

외부피폭은 사람의 신체 외부에 있는 방사선원으로부터 방출된 방사선에 의한 피폭으로 주로 전자파 방사선(X-선, γ-선)과 중성자에 의한 피폭를 말한다. 이와 같은 외부피폭으로부터 인체를 방어하기 위한 3원칙으로 거리, 시간 및 차폐의 효과가 있다.

1 선원과의 거리

- 점선원의 방사능을 A, 선원의 붕괴당 방출되는 방사선의 방출율을 η라고 할 때, 점선원에서 거리 r(cm)에 있는 구형공간의 단위표면적 dA (cm²)를 통과하는 방사선의 수를 입자플루언스율(입자선속밀도; particle flux density)를 ϕ 라고 하면,

$$\phi = \frac{A\eta}{4\pi r^2} = \frac{S}{4\pi r^2} \text{ (\#/cm}^2\text{-sec)}$$

(S는 점선원에서 매초당 방출되는 방사선 수)

- 거리역자승법칙(inverse square law)이란 방사선원으로부터 방출하는 입자선속은 선원으로부터 거리의 제곱에 반비례하여 감소한다는 법칙으로 인체에 피폭되는 외부피폭선량이 거리의 제곱으로 감소

$$\phi_1 D_1^2 = \phi_2 D_2^2 \Rightarrow \phi_2 = \left(\frac{D_1}{D_2}\right)^2 \phi_1$$

- 방사선 작업 실무에서 선원과의 거리를 유지하기 위해서는 집게, 핀셋, 통(tong), 메니플레이트 등과 같은 원격조작기구를 사용

2 피폭시간의 단축

- 인체의 피폭선량은 공간의 방사선량률과 작업시간의 곱이므로 작업시간(피폭시간)에 반비례하여 피폭선량이 감소
- 피폭시간을 줄이기 위한 방법으로 Mockup 등을 통한 작업의 숙련도 향상, 사전에 면밀한 작업계획을 세워 불필요하게 방사선장내에서 낭비하는 시간을 줄이고, 선량률이 높은 작업장의 경우 여러 명이 작업시간을 분배하여 수행
- 예를 들면 선량율이 50μSv/h인 위치에서 4시간 동안 작업한 자는 50μSv/h×4h=200μSv의 선량을 받게 되고, 동일한 방사선장에서 작업시간을 2시간으로 줄인다면, 100μSv로 피폭선량이 1/2로 줄어들고, 4명이 교대로 작업하면 개인이 피폭받는 선량은 1/4로 감소

3 차폐의 활용

- 방사선 차폐의 효과는 방사선의 세기(intensity)가 어떤 물질을 통과하는 동안 물질과의 상호작용에 의해 물질의 두께에 따라 감쇠(attenuation) 되는 현상
- 이러한, 방사선 세기를 감쇠시키는데 사용되는 물질이나 재료를 방사선 차폐체(radiation shielding material)라 하며, 방사선의 종류에 따른 적절한 차폐체의 활용은 방사선에 의한 외부피폭 방호를 위한 중요한 수단

1) 차폐의 원리

- 공간의 방사선 세기를 I_0라고 하면, 차폐체의 두께 x를 통과한 후의 방사선 세기 I 는

$$I = I_0\,e^{-\mu x} = I_0 e^{-(\mu/\rho)\rho x}$$

(여기서, μ는 차폐체의 선감쇠계수(cm^{-1}), μ/ρ는 차폐체의 질량감쇠계수 (cm^2/g), ρ = 차폐체의 밀도 (g/cm^3))

- 위의 식은 협역빔(narrow beam)에 대해 적용되는 것으로 방사선 방호 실무에서 광역빔(broad beam)를 차폐시 차폐체에 의한 방사선의 산란에 의해 인체로 들어오는 산란 방사선에 대한 기여분을 고려

- 즉, 이러한 기여분에 의한 방사선 축적효과를 반영하기 위하여 사용하는 인자를 축적인자 (build-up factor) B 라고 하며, 이 인자는 차폐체의 두께 및 선감쇠계수에 의해 결정되는 보정인자로 실제 방사선 세기 I 는

$$I = B(\mu x) I_0 \, e^{-\mu x}$$

> **축적(인상)인자(Build-up Factor)**
>
> 축적인자는 차폐체를 투과하는 방사선 강도가 산란선의 기여로 인해 좁은 빔에 적용되는 지수감쇠 계산값보다 증가하는 정도를 나타내는 인자
>
> (1) 좁은빔
>
> $$B(\mu x) = \frac{\text{비충돌 입자플루언스}}{\text{비충돌 입자플루언스}} = 1$$
>
> (2) 넓은빔
>
> $$B(\mu x) = \frac{\text{비충돌 입자플루언스} + \text{산란기여분}}{\text{비충돌 입자플루언스}} = 1 + \frac{\text{산란기여분}}{\text{비충돌 입자플루언스}} \geq 1$$
>
> ⇒ 넓은 빔일 때, 인상인자는 항상 1 이상이며, 이러한 인상인자의 주 원인은 컴프턴 산란이다.

2) 차폐의 응용

- 반가층(half value layer; HVL)은 방사선의 세기를 1/2로 감소시키는데 필요한 차폐체의 두께로 외부방사선의 방호실무에서 편리하게 사용되며, 방사선 세기의 지수 감쇠식인 아래의 식으로부터 유도

$$\frac{1}{2} I_0 = I_0 \, e^{-\mu x_{1/2}} \Rightarrow x_{1/2} = \frac{\ln 2}{\mu} = \frac{0.693}{\mu} (\text{cm})$$

- 위의 식으로부터 매 반가층마다 방사선의 세기는 1/2씩 감소하므로 n개의 반가층을 이용할 경우, 방사선의 세기는

$$\frac{I}{I_0} = e^{-\mu n x_{1/2}} = e^{-\mu n \frac{0.693}{\mu}} = \left(\frac{1}{2}\right)^n$$

- 이와 유사하게 십가층(ten value layer; TVL)은 방사선의 세기를 1/10로 감쇠시키는 필요한 차폐체의 두께를 의미하며,

$$x_{1/10} = \frac{\ln 10}{\mu} = \frac{2.303}{\mu} \text{ (cm)}$$

- 또한, 방사선의 세기를 1/n 배로 감쇠시키기 위한 차폐체의 두께는

$$\frac{I}{I_0} = \frac{1}{n} = e^{-\mu x} \Rightarrow x = \frac{\ln n}{\mu} \text{ (cm)}$$

방사선의 종류에 따른 차폐방법

① 전자기파(γ-선, X-선)
- 투과력이 강하기 때문에 원자번호가 크고, 밀도가 높은 재료를 선택
  → 납, 철, 텅스텐, (감손)우라늄 및 콘크리트 등이 주로 사용

② 베타선의 차폐
- 베타선이 차폐체와 상호작용하여 에너지를 잃을 때 충돌손실 외에 제동손실에 의해 발생되는 제동 X선의 발생을 감소시키기 위해 원자번호가 낮은 재료가 요구
  → 원자번호가 낮은 물질(플라스틱, 알루미늄 등)로 1차 차폐하고, 이후 발생되는 제동방사선을 차폐하기 위하여 납이나 철 등의 원자번호가 높은 물질을 사용

③ 중성자의 차폐
- 중성자를 차폐할 때는 다른 매질을 방사화 시킨다는 점을 고려하여야 하며, 중성자의 감속능력이 큰 물질 즉, 원자번호가 낮은 물질을 배치하고 그 주위에 중성자의 방사화에 의해 생성되는 2차 감마선 차폐재를 설치하는 것이 좋음
- 중성자와 반응 단면적이 큰 물질로서 차폐하는 것이 효과적임
- 중성자 차폐체의 종류별 특징
  (1) 파라핀 : 중성자 단면적은 좋으나 화재(flame)의 위험이 있음
  (2) 물 : 효과적인 중성자 차폐체이나 보수유지, 증발과 수실 문제점이 있음
  (3) 카드뮴: 열중성자 단면적은 좋으나 감마선의 차폐부담(n, γ), 독성, 고가
  (4) 붕소: 열중성자에 대한 단면적이 좋으나 알파선 방출(n, α)
  (5) 리튬: 열중성자에 대한 단면적이 좋으나 알파선 방출(n, α)

3.2 내부피폭의 방어원칙

　내부피폭은 외부로부터 섭취나 호흡 등을 통하여 체내로 들어온 방사성물질이 체내에 존재하여 이러한 방사성핵종이 방출하는 모든 방사선에 의해 사람의 신체가 피폭 받는 것을 말하며, 이러한 내부피폭의 방호 3원칙에는 선원의 격납, 농도의 희석 및 오염경로 차단 등이 있다.

1 선원의 격납 (containment)

- 주로 비밀봉 상태의 방사성물질을 다루기 위해 격납하여 외부의 공기 중으로 누출되거나 확산되는 것을 방지하여 체내피폭을 방호하는 것
- 격납을 위한 도구로는 원자로의 격납용기(reactor vessel), 글러브박스(glove box)나 후드(hood) 등을 사용

2 농도의 희석 (dilution)

- 비밀봉 선원을 취급하는 작업장에서는 선원의 완전한 격납은 현실적으로 불가능
- 방사성물질의 누출과 확산으로 인한 공기 및 물체의 표면오염의 우려가 항상 존재하기 때문에 작업자의 공기 오염의 농도를 최소로 유지하기 위한 2차적인 방호수단으로 공기정화설비나 배기설비를 설치하여 내부피폭을 방호
- 시설 외부로 방출되는 유출물은 공기정화설비 (ventilation system)로 정화시켜 배출

3 섭취경로의 차단 (control)

- 체내 섭취의 경로는 호흡기 계통, 소화기 계통, 피부 및 피부 상처 등이므로 내부피폭을 방지하는 방법으로는 방사성물질이 체내로 섭취되는 경로를 직접 차단
- 섭취경로를 차단하기 위한 실무 예로는 방사선작업장 내에서의 음식물 섭취금지, 금연, 마스크 및 방호복의 착용, 신체외부 오염검사 및 제염 등이 적용

호흡보호구의 종류 및 사용조건

종 류	사용조건	용 도	비 고
반면마스크	1 ~ 10 DAC	입자 제거	활성탄 Cartridge 사용
전면마스크	10 ~ 50 DAC	입자 및 옥소 제거	
연속 공기공급 마스크	50 ~ 2000 DAC	입자, 옥소 및 불활성기체 흡입차단	좁은 지역에서 장시간 작업할 때 사용
휴대용 공기공급 마스크	2000 ~ 10000 DAC	〃	넓은 지역에서 단시간 (30분 이내) 동안 작업할 때 사용

내부피폭 방어를 위한 화학적 처치법

(1) 의약품 (chelating agent; EDTA, DTPA 등)을 인체에 투여
  - 사고 등의 원인에 의해 방사성물질이 체내에 섭취되었을 때 적절한 화학적 처치법을 이용하여 체내의 방사성물질을 신속하게 배설시켜 내부피폭을 저감

(2) 방사성물질이 체내에 흡수되는 것을 방지
  - 원전 사고시 외부로 누출되는 방사성 기체 중에서 가장 중요한 방사성 옥소에 의한 집단피폭이 우려될 때 안정옥소제인 옥화칼륨 (KI)를 사고 직후 투여함으로써 체내 옥소의 양을 포화시켜서 체내로 들어온 방사성 옥소의 흡수 방지 및 차단 (blocking)
  - 삼중수소 (H-3)로 오염된 작업장에서 다량의 물을 섭취함으로써 공기중의 수분에 함유된 삼중수소가 체내로 침투하는 양을 줄이거나 체내의 삼중수소를 신속히 제거

내부피폭(internal exposure)

(1) 내부피폭의 특징
 (가) 비정이 짧은 α 및 β입자가 γ선(X선)보다 유해하다.
 (나) 생물학적 반감기가 고려된 유효반감기를 고려해야 한다.
 (다) 핵종에 따라서는 특정장기에 모이는 경향이 있다.
 (라) 방사성물질의 양, 분포 그리고 선량을 정확히 평가하기 힘들다.

(2) 방사성 핵종 섭취경로
 (가) 코 : 호흡기 계통, (나) 입 : 소화기 계통, (다) 피부 및 피부상처 : 기공 및 혈관

(3) 내부피폭이 외부피폭보다 방호하기 어려운 이유
 (가) 거리 및 시간의 효과가 없고, 차폐의 설정이 불가능하다.
 (나) 방사성 핵종이 특정장기에 모이는 경향이 있다.
 (다) 제염이 거의 불가능하다.

(4) 유효반감기 (effective half-life, T_{eff})
 인체 내에 들어간 방사성 핵종의 방사능은 물리적 붕괴(physical radioactive decay)와 생물학적 제거(biological elimination) 과정이 복합되어 감소하게 된다.

$$T_{eff} = \frac{T_R \times T_B}{T_R + T_B}$$

(5) 결정장기 (critical organ)
 - 주어진 피폭 조건하에서 인체에 가장 큰 해를 주는 장기로 외부피폭으로 전신이 균일하게 조사될 경우, 조혈기관과 생식선이 결정장기가 된다. 또한, 고 LET의 입자 방사선 피폭에서는 눈의 수정체가 결정장기가 된다.
 - 신체가 불균등하게 조사되는 내부피폭의 경우, 피폭을 받는 장기 중에서 다음 사항을 만족하는 장기가 결정장기가 된다.
  (가) 방사성물질을 가장 많이 축적하는 장기
  (나) 전신의 건강에 필수불가결한 장기
  (다) 방사선 감수성이 높은 장기

주요 핵종의 침착장기(조직)

방사성핵종	결정장기	방사성핵종	결정장기
Co - 58	전 신	I - 131	갑 상 선
Co - 60	전신, 소화관	Cs - 137	전 신
Sr - 90	뼈	U - 238	콩 팥
Pu - 239	폐	Ra - 226	뼈

3.3 방사선량의 평가

방사선취급 행위로부터 야기되는 개인의 피폭은 선량한도 이하로 제한해야 하므로, 원자력이용시설에 종사하는 작업자에 대해서는 개인의 선량한도가 준수되는지를 확인하여 방사선피폭을 제한하고, 개인피폭선량을 감시, 관리하여야 한다. 이러한 개인피폭선량의 관리를 위한 개인선량 감시 프로그램은 외부 피폭과 내부피폭 모두를 대상으로 하고 있으며, 피폭선량의 측정 및 평가, 기록 및 관리의 모든 과정을 포함한다.

1 외부 피폭선량의 평가

1) 방사능과 선속밀도의 관계식

- 매초 S개의 방사선을 방출하는 점선원에서 거리 r cm만큼 떨어진 위치에 있는 구형 공간의 단위표면적을 통과하는 방사선의 입자수를 입자선속밀도(particle fluence density)라 정의하는데, 점선원에 대한 선속밀도 ϕ는

$$\phi = \frac{S}{4\pi r^2} = \frac{A\eta}{4\pi r^2} \ (\#/cm^2 \cdot sec)$$

여기서, A는 방사능(dps, Bq), η는 붕괴시 방사선 방출율

2) 공기의 흡수선량률 및 조사선량률의 평가

- 공기 중의 어떤 체적에 입사되는 에너지 E인 방사선의 선속밀도를 ϕ라 하면, 이들 방사선이 공기와 상호작용을 일으켜 에너지의 일부인 ΔE가 체적 내에 흡수되었을 때, 공기의 단위질량당 에너지를 흡수하는 분율을 이 물질의 에너지 흡수계수를 μ_{en} (단위: cm^{-1}) 라고 하고, 이때, 매초당 공기의 단위질량당 흡수되는 에너지인 흡수선량율 $\dot{D}$은

$$\dot{D} = \phi E \left(\frac{\mu_{en}}{\rho}\right)_{air} \ (MeV/g-sec)$$

$$= 1.6 \times 10^{-6} \phi E \left(\frac{\mu_{en}}{\rho}\right)_{air} \ (erg/g-sec)$$

여기서, E는 Mev 단위, $(\mu_{en}/\rho)_{air}$는 공기의 질량에너지 흡수계수

이것을 조사선량의 단위인 R 단위로 환산하면, 공기에 대하여 1 R = 87.7 erg/g이므로, 조사선량율 $\dot{X}$ 는

$$1.6 \times 10^{-6} \phi E (\mu_{en}/\rho)_{air} \times \frac{1R}{87.7\ erg/g}$$
$$= 1.83 \times 10^{-8} \phi E (\mu_{en}/\rho)_{air}\ (R/\sec)$$

- 또한, 임의의 물질에서의 흡수선량 D_m 은,

$$D_m\ (rad) = 0.877 \times \frac{(\mu_{en}/\rho)_m}{(\mu_{en}/\rho)_{air}} \times X\ (R)$$

- 일반적으로 연조직(soft tissue)에 대해서는 광자의 에너지와 무관하게 $(\mu_{en}/\rho)_{tissue}$와 공기의 $(\mu_{en}/\rho)_{air}$의 비가 1.13으로 거의 일정하므로,

$$D\ (rad) = 0.87 \times 1.13 \times X\ (R) \simeq 0.983\ X\ (R)$$

- 즉, 같은 연조직에서는 흡수선량과 조사선량은 거의 같은 값으로 간주되고 있으며, 보수적인 방사선방호의 관점에서 투과성 방사선에 대해서는 1 R ≒ 1 rad(10mGy) 로 평가

2 내부 피폭선량의 산정

- 방사성물질을 섭취하여 체내에 축적되어 있는 방사성 핵종에 의한 내부 피폭선량의 계산은 핵종의 체내 신진대사, 물리화학적 특성 및 붕괴형식과 각 인체장기에서의 피폭을 동시에 고려하여 평가
- 방사성 핵종의 체내 섭취시 주요 침착기관인 선원조직 (source organ) S와 피폭조직 (target organ) T로 구분하는데, 섭취된 방사능에 대한 관련조직의 단위질량당 단위붕괴당 흡수되는 에너지를 비유효에너지 (specific effective energy, SEE)로 정의하며,

$$SEE = \frac{\text{조직내 침착 핵종의 붕괴당 평균 흡수에너지}}{\text{방사성 핵종 침착 조직의 질량}}\ [MeV/t\text{-}kg]$$

- 피폭조직 T가 선원조직 S_i로부터 흡수하는 비유효에너지 (SEE)의 계산식은,

$$SEE\,(T \leftarrow S_i) = \sum_j f_j\, E_j\, \phi_j\,(T \leftarrow S_i)\, W_j\,(\frac{MeV/t}{kg})$$

여기서, f_j = 붕괴당 입자 j의 방출율

E_j = 입자 j의 평균에너지

$\phi_j\,(T \leftarrow S_i)$ = 비흡수율 (specific absorbed fraction, SAF)로 선원조직 S_i에 침착된 핵종에서 방출되는 입자 j의 에너지 중 피폭조직 T의 단위질량당 흡수되는 에너지 비율

W_j = 방사선 입자 j의 방사선가중치

- 따라서, 방사성 핵종의 섭취 후 t 시점에 피폭조직 T가 받은 등가선량 $H_T(t)$은,

$$H_T(t) = \frac{1.6 \times 10^{-13}\,(J/MeV)\,\sum_i U_{si}\,(Bq\ \sec)\,SEE(T \leftarrow S_i)\,(MeV/t \cdot kg)}{1\,(J/kg)/Sv}$$

$$= 1.6 \times 10^{-13} \sum_i U_{si}\,SEE(T \leftarrow S_i)\,(Sv)$$

여기서, U_{si}는 선원조직 S_i의 방사능 적분치 (Bq · sec)

3.4 방사능방재 체계

1. 방사선 사고의 개념
방사선 사고의 포괄적 개념은 방사선이 인위적으로 제어되지 않는 상황을 말한다.

1) 방사선사고의 원인
　① 인적 요인 : 안전규정 위반, 부주의 등
　② 환경 요인 : 사용시설 자체결함, 방어시설의 관리상 문제
　③ 원인 불명 : 복합적인 요인으로 발생

2) 방사선 사고의 분류
　① 방사성물질 등 도난 또는 소재 불명
　② 방사선 작업종사자의 선량한도 이상 피폭
　③ 지진, 화재 등의 사고에 의한 방사선장해 발생
　④ 방사성물질에 의한 인체, 시설 오염
　⑤ 방사성물질의 누출에 의한 공기, 수중, 표면오염
　⑥ 원자력 이용 시설의 화재, 폭발, 원자로 등 제어 불가능 상태 등

3) 방사선사고시 피폭
　① 사고시 피폭 : 사고발생 현장 피폭, 피폭제어 불가능
　② 긴급시 피폭 : 사고 확대방지, 인명구출 등 작업과정에서 받는 피폭

긴급시 작업자에 대한 선량제한

(1) ICRP 권고
　- 인명구조 제외 : 유효선량 (0.5 Sv), 피부 등가선량(5 Sv)
　- 인명구조 목적 : 윤리적 판단 적용

(2) 원자력안전법
　- 인명구조 제외 : 유효선량(0.5 Sv), 피부 등가선량(5 Sv)
　- 인명구조 목적 : 제한없음

2 방사선사고와 대책

1) 방사선사고시 긴급조치 사항
① 인명구조 : 사람의 안전 확보가 최우선
② 관계자에게 통보 : 사고 현장 종사자, 방사선 안전관리자 등
③ 사고의 확대 방지 : 오염 확대 방지

2) 사고의 유형별 대책

(가) 방사성 핵종이 엎질러졌을 경우 조치 사항
① 같은 작업실에 있는 직원에게 즉시 통보
② 오염이 확대되지 않도록 필요한 조치
③ 책임자에게 통보
④ 오염구역 주위에 울타리 및 방사능표지 등을 설치하고 주의사항을 게시하여 제염관계자 외 출입을 금지
⑤ 사고 현장의 방사성 물질의 오염상황을 확인하기 위해 서베이 및 제염을 실시하고, 제염 후 제염여부를 재 확인
⑥ 사고 원인 및 경로를 조사하고 기록하여 추후 재발 방지 및 교육 자료로 활용

(나) 신체의 상처가 있을 경우 조치 사항
① 즉시 다량의 물로 세척
② 위험한 방사성핵종이 상처에 오염되었을 경우 정맥 지혈을 실시하고, 즉시 의사의 처치
③ 피를 짜내는 등의 역류 방지

(다) 화재대비를 위한 조치사항
① 저장시설 등의 주요구조부는 내화구조 및 불연재료로 할 것
② 전기, 가스, 인화성 및 발화성 물질에 대한 관리를 철저히 할 것
③ 주기적으로 소방 훈련을 실시
④ 평상시 방사성물질의 보관장소, 종류, 수량 및 형상 등을 파악
⑤ 화재에 의한 비산의 위험성 여부 파악
⑥ 방사선안전관리자 및 소방서 연락체계를 긴밀히 유지할 것
⑦ 소화기, 구급함, 대피용 장비 등은 적절한 위치에 비치할 것

3 방사성오염 방지와 제거

1) 방사성오염

(가) 방사성오염의 정의는 원하지 않는 곳에 방사성물질이 존재하는 것

(나) 오염의 분류
- 유리성(제거성) 오염 : 체내 섭취가 용이하며, 스미어 여과지를 이용하여 쉽게 제거
- 고착성(비제거성) 오염 : 체외피폭이 문제가 되며, 핵종 자체의 제거가 거의 불가능

(다) 방사성 오염제거의 3원칙
  ① 관계자에게 신속한 통보
  ② 오염의 확대방지
  ③ 오염의 조기제염

2) 제염관리

(가) 제염 작업 시 주의사항
  ① 오염물의 재질 및 표면 상태를 확인하고 제염계획을 사전에 수립할 것. 특히, 표면이 평활하면 제염이 용이
  ② 오염된 핵종의 종류와 형태를 파악하여 적절한 제염제 및 제염방법을 선택
  ③ 가능한 조기제염을 실시할 것
  ④ 불필요한 오염확대를 방지하지 위해 오염구역은 가능한 국소로 한정할 것
  ⑤ 오염확대를 방지하기 위해 가능한 습식법을 선택할 것
  ⑥ 제염의 순서는 저준위에서 고준위 오염구역으로 실시 할 것
  ⑦ 방사성폐기물 처리방안을 사전에 강구할 것
  ⑧ 제염비용, 폐기비용 등의 경제성을 충분히 고려할 것

(나) 제염효과를 나타내는 지표
  ① 제염계수$(DF) = \dfrac{처리전액(기)체방사성핵종농도}{처리후액(기)체방사성핵종농도}(DF치가 클수록 좋음)$

  ② 제염지수$(DI) = \log DF$

  ③ 제거율 $= \dfrac{처리전방사성핵종농도 - 처리후방사성핵종농도}{처리전방사성핵종농도} \times 100(\%)$

  $= (1 - \dfrac{1}{DF}) \times 100(\%)$

확인문제 방사선 방호의 원칙

01. 다음 중 방사성물질에 의한 내부피폭 방어와 거리가 먼 것은?

① 선원 격납　② 오염농도 희석　③ 공간선량 차폐　④ 섭취경로 차단

02. 다음 원소 중 인체에 흡수되었을 때 가장 위험한 핵종은?

① Tc-99m　② Ra-226　③ H-3　④ I-131

03. 다음 중 불필요한 피폭을 방지하기 위한 수단으로 가장 거리가 먼 것은?

① 방사선 관리구역 주변의 방사능 표지판 부착
② 경고등 및 울타리 설치
③ 안전수칙 및 주의사항 숙지
④ 직독시 개인선량계 착용

04. 다음 중 반응성이 낮아 주로 인체의 외부피폭에 기여하는 핵종이 아닌 것은?

① Ne　② Ar　③ I　④ Xe

05. 다음 중 내부피폭의 특징에 대한 설명으로 틀린 것은?

① 핵종이 체내에 분포하기 때문에 각 장기에 대한 선량평가의 정확한 평가가 가능하다.
② 생물학적 반감기를 고려한 유효반감기가 중요한 인자가 된다.
③ 핵종의 종류에 따라 특정 장기에 모이는 경향이 있다.
④ 비정이 짧은 α핵종에 대한 인체의 위험도가 가장 높다.

06. 다음 중 결정장기에 대한 설명으로 틀린 것은?

① 방사성물질을 가장 많이 모이는 장기
② 전신의 건강에 가장 큰 영향을 미치는 장기
③ 특정한 핵종에 대한 친화성이 가장 높은 장기
④ 방사선에 대한 저항성이 가장 높은 장기

07. 방사선의 종류에 따른 차폐방법에 대한 설명으로 옳은 것은?

① 좁은 선속의 감마선을 차폐 시 축적인자를 고려해야 한다.
② 베타선 차폐 시 충돌손실 보다 제동손실 효과를 우선 고려해야 한다.
③ 중성자 차폐는 원자번호가 높은 물질이 일반적으로 차폐 효과가 높다.
④ 고에너지 베타선 차폐는 주로 원자번호와 밀도가 높은 재료로 차폐한다.

08. 감마선의 세기를 1/n로 감쇠시키기 위한 차폐체의 두께(t) 산출 식으로 옳은 것은?

① $t = \dfrac{\ln n}{\mu}$
② $t = \ln n \times \mu$
③ $t = \dfrac{\mu}{\ln n}$
④ $t = \dfrac{\ln \mu}{n}$

09. 다음 중 개인에 대한 외부피폭을 방어하기 위한 방법으로 거리가 먼 것은?

① 원격조작기구 사용
② 모의 훈련 및 반복훈련
③ 방호 마스크 착용
④ 보조 차폐체 활용

10. 다음 중 핵종별 결정장기의 짝이 잘못된 것은?

① ^{60}Co-전신
② ^{90}Sr-뼈
③ ^{238}U-신장
④ ^{137}Cs-간

11. 다음 중 내부피폭 평가에 사용되는 비유효에너지(SEE)의 단위로 옳은 것은?

① $MeV \cdot kg^{-1} \cdot sec^{-1}$
② $J \cdot cm^{-2} \cdot sec^{-1}$
③ $MeV \cdot kg^{-1} \cdot decay^{-1}$
④ $J \cdot cm^{-2} \cdot decay^{-1}$

12. 일반인의 선량한도가 방사선작업종사자의 선량한도보다 낮은 이유가 <u>아닌</u> 것은?

    ① 일반인은 방사선 피폭으로부터 직접적인 이익이 없다.
    ② 일반인에는 방사선 감수성이 높은 어린이가 포함되어 있다.
    ③ 방사선작업종사자와는 달리 일반인의 피폭은 발단선량 이하로 유지하여야 한다.
    ④ 방사선작업종사자는 적극적인 피폭관리가 이루어지지만, 일반인은 그렇지 못하다.

13. ICRP 103의 권고를 기준으로 유효선량을 산출하기 위하여 고려하는 조직가중치가 제일 높은 장기는?

    ① 적색골수   ② 갑상선   ③ 생식선   ④ 간

14. ICRP 60에서의 행위와 개입의 개념을 ICRP 103에서는 피폭상황으로 대체하였다. 다음 중 피폭상황이 아닌 것은?

    ① 계획피폭   ② 비상피폭   ③ 의료피폭   ④ 기존피폭

15. 0.8 DAC ^{137}Cs 로 오염된 작업장에서 주 10시간 년 30주 작업한 경우 연간 피폭한 유효선량은?

    ① 1.2 mSv   ② 2.4 mSv   ③ 3.6 mSv   ④ 4.8 mSv

16. 방사능이 1 μCi인 ^{60}Co 점선원으로부터 1 cm 거리에서 조사선량률이 13.2 mR/h이라고 한다면, 370 μCi ^{60}Co 점선원에서 20cm 되는 곳에서 2시간 머물렀을 때 받을 수 있는 예상피폭선량(mSv)은 얼마인가? (단, 1R은 1cSv라고 가정)

17. 30 TBq의 Cs-137 점선원으로부터 2 m 거리에서의 조사선량율(R/h)은 얼마인가? (단, Cs-137의 감마상수는 0.33 $R \cdot m^2 \cdot Ci^{-1} \cdot h^{-1}$)

18. Cs-137 선원으로부터 방출되는 감마선을 납($T_{1/2}$=0.45cm)을 이용하여 차폐하고자 한다. 납의 십가층(1/10)은 약 몇 cm 인가?

19. 어떤 선원의 감마선에 대해 질량감쇠계수가 0.05 cm^2/g인 차폐체를 이용하여 입사강도의 1/100 로 줄이고자 할 때 요구되는 차폐체 두께는 얼마인가? (단, 차폐체의 밀도는 10 g/cm^3, 축적인자 1.5로 가정)

20. ^{60}Co 치료기로부터 1m 떨어진 지점에서 조사선량율이 1 mR/h 이라고 한다면, 치료기로부터 2m 떨어진 곳에서 2.5 μR/h 이하가 되도록 납으로 차폐하고자 할 때 납의 두께(cm)는? (단, Co-60에 대한 납의 반가층은 1.2cm로 가정)

정답 및 해설   방사선 방호의 원칙

01   3

- 체내피폭의 방어 3원칙
(1) 선원의 격납
  - 방사선물질을 격납하여 외부의 공기중 또는 수중으로 누출되거나 확산되는 것을 방지하기 위하여 밀봉선원, 원자로의 격납용기 (reactor vessel), 글러브박스 (glove box)나 후드 (hood)의 사용 등으로 선원을 집중화

(2) 농도의 희석
  - 비밀봉(개봉) 선원을 취급하는 작업장에서는 선원의 완전한 격납은 사실상 불가능하므로 오염을 방지하거나 오염의 농도를 최소로 유지하기 위한 2차적인 방호수단으로 공기정화설비나 배기설비를 설치하고, 시설 외부로 방출되는 유출물 (effluent)은 공기정화설비 (ventilation system)로 정화

(3) 섭취경로의 차단
  - 체내 섭취의 경로는 호흡기 계통, 소화기 계통, 피부 및 피부 상처 등이므로 내부피폭을 방지하는 방법으로는 방사성물질이 체내로 섭취되는 경로를 직접 차단해야 하며, 이러한 실무 예로는 방사선작업장 내에서의 음식물 섭취금지, 금연, 마스크 및 방호복의 착용, 신체외부 오염검사 및 제염 등이 적용

02   2

α선은 비전리가 높아 인체 내부에 흡수되었을 때 생물학적 효과가 가장 크며, ICRP에서 방사선 가중치를 20을 부여하고 있다. Ra-226은 α선을 방출핵종으로 물리적 반감기가 1620년으로 매우 길며, 대표적인 향골성핵종(bone seeker)으로 뼈에 침착하여 골수조직 파괴, 골육종 등의 장해를 일으킨다.

03   4

필름 뱃지, TLD, 직독식 포켓도시미터 등의 개인선량계는 개인피폭 모니터링을 위한 것으로 불필요한 피폭 방지 수단과는 거리가 멀다.

04 ③

불활성기체인 He, Ne, Ar, Ky, Xe 등은 반응성이 낮아 체내에 잘 흡수되지 않아, 공기중에서 인체의 외부피폭에 기여한다.

05 ①

- 내부피폭의 특징
  - 비정이 짧은 α 및 β입자가 γ선보다 유해하다.
  - 생물학적 반감기가 고려된 유효반감기가 사용된다.
  - 핵종에 따라서는 특정장기에 모이는 경향이 있다.
  - 방사성물질의 양, 분포 그리고 선량을 정확히 평가하기 힘들다.

06 ④

- 결정장기 (critical organ)란 주어진 피폭 조건하에서 인체에 가장 큰 해를 주는 장기로 외부피폭으로 전신이 균일하게 조사될 경우, 인체의 결정적인 장해는 조혈기관 (적색골수)과 생식선의 피폭으로 발생되므로 조혈기관과 생식선은 전신 균등조사시 결정장기가 된다.

신체가 불균등하게 조사되는 내부피폭의 경우, 피폭을 받는 신체 각부의 장기 중에서 다음 사항을 만족하는 장기가 결정장기가 된다.

(가) 방사성물질을 가장 많이 축적하는 장기
(나) 전신의 건강에 필수불가결한 장기
(다) 방사선 감수성이 높은 장기

07 ②

- 방사선의 종류에 따른 차폐방법
① 전자기파(γ-선, X-선)
   - 투과력이 강한 전자기파 방사선의 차폐는 원자번호가 크고, 밀도가 높은 재료를 선택
     → 납, 철, 텅스텐, (감손)우라늄 및 콘크리트 등이 주로 사용
② 베타선의 차폐
   - 베타선 차폐는 베타선이 차폐체와 상호작용하여 에너지를 잃을 때 충돌손실 외에 제동손실에 의해 발생되는 제동 X선의 발생을 감소시키기 위해 원자번호가 낮은 재료가 요구
     → 원자번호가 낮은 물질(플라스틱, 알루미늄 등)로 1차 차폐하고, 이후 발생되는 제동방사선을 차폐하기 위하여 납이나 철 등의 원자번호가 놓은 물질을 사용

③ 중성자의 차폐
- 중성자는 원자번호가 작을수록 에너지 손실효율이 높아 물이나, 파라핀, 폴리에티렌, 탄소, 및 콘크리트로 주로 차폐

08 ①

공간의 방사선 세기를 I_0라고 하면, 차폐체의 두께 x를 통과한 후의 방사선 세기 I 는

$$I = I_0 e^{-\mu x} = I_0 e^{-(\mu/\rho)\rho x}$$

(여기서, μ는 차폐체의 선감쇠계수(cm^{-1}), μ/ρ는 차폐체의 질량감쇠계수 (cm^2/g), ρ = 차폐체의 밀도 (g/cm^3))

위의 식에서 방사선의 세기를 1/n 배로 감쇠시키기 위한 차폐체의 두께는

$$\frac{I}{I_0} = \frac{1}{n} = e^{-\mu x} \Rightarrow x = \frac{\ln n}{\mu} \text{ (cm)}$$

09 ③

외부피폭은 사람의 신체 외부에 있는 방사선원으로부터 방출된 방사선에 의한 피폭으로 주로 전자파 방사선(X-선, γ-선)과 중성자에 의한 피폭을 말한다. 이와 같은 외부피폭으로부터 인체를 방어하기 위한 3원칙으로 거리, 시간 및 차폐의 효과가 있다. 원격조작기구, 집게 사용 등은 거리와 관계되고, 모의훈련(반복훈련) 등을 통해 취급시간을 단축할 수 있다. 방호 마스크 착용은 방사성물질의 인체 내부로 섭취되는 것을 차단하는 방법으로 외부피폭방어와는 거리가 멀다.

10 ④

주요 핵종의 침작장기(조직)

방사성핵종	결정장기	방사성핵종	결정장기
Co - 58	전 신	I - 131	갑 상 선
Co - 60	전신, 소화관	Cs - 137	전 신
Sr - 90	뼈	U - 238	콩 팥
Pu - 239	폐	Ra - 226	뼈

11 ③

방사성 핵종의 체내 섭취시 주요 침착기관인 선원조직 (source organ) S와 피폭조직 (target organ) T로 구분하는데, 섭취된 방사능에 대한 관련조직의 단위질량당 단위붕괴당 흡수되는 에너지를 비유효에너지

(specific effective energy, SEE)로 정의하며,

$$SEE = \frac{조직내\ 침착\ 핵종의\ 붕괴당\ 평균\ 흡수에너지}{방사성\ 핵종\ 침착\ 조직의\ 질량}\ [\text{MeV/t-kg}]$$

- 피폭조직 T가 선원조직 S_i로부터 흡수하는 비유효에너지 (SEE)의 계산식은,

$$SEE\,(T \leftarrow S_i) = \sum_j f_j\,E_j\,\phi_j\,(T \leftarrow S_i)\,W_j\,(\frac{MeV/t}{kg})$$

12 ③

일반인이나 작업종사자나 모두 발단선량보다 훨씬 낮은 기준치인 선량한도를 초과해서는 안된다.

13 ①

조직가중치(ICRP103) : 골수(0.12), 생식선(0.08), 갑상선 및 간(0.04)

14 ③

ICRP 60에서의 행위와 개입의 개념을 ICRP 103에서는 3가지 피폭상황, 1. 계획피폭(planned), 2. 비상피폭(emergency), 3. 기존피폭(existing)으로 분류하였다. 그리고 피폭범주로 직무피폭, 일반인피폭, 환자의료피폭으로 나누었다.

15 ②

$$0.8 \times \frac{10}{40} \times \frac{30}{50} \times 20\ mSv = 2.4\ mSv$$

DAC 계산시 방사선작업자의 연간 작업시간을 2000 h (50 주/년 × 40 h/주), 호흡률은 0.02 m³/min의 공기를 흡입한 것으로 가정하여 계산한다.

16 0.244 mSv

^{60}Co의 감마상수(Γ) : $13.2\ mR \cdot cm^2/\mu Ci \cdot h$

$$\dot{X} = \Gamma\frac{A}{r^2} = 13.2\,mR \cdot cm^2/\mu Ci \cdot h \times \frac{370\mu Ci}{(20cm)^2} = 0.0122 R/h$$

따라서 2시간 머물렀을 때의 예상피폭선량 = 0.0122 R/h × 2 = 0.0244 R = 0.244 mSv

17 66.89 R/h

$$\dot{X} = \Gamma \frac{A}{r^2} = 0.33 R \cdot m^2/Ci \cdot h \times \frac{30 \times 10^{12} Bq \times \frac{1 Ci}{3.7 \times 10^{10} Bq}}{(2m)^2} = 66.89 R/h$$

18 1.5cm

$$t_{1/10} = \frac{\ln 10}{\mu} = \frac{\ln 10 \times t_{1/2}}{\ln 2} = 1.5 cm$$

19 10.02cm

$$I = B I_0 e^{-(\mu/\rho)\rho x} \text{ 에서 } \frac{1}{100} I_o = 1.5 I_0 e^{-(\mu/\rho)\rho \times t_{1/100}}$$

$$t_{1/100} = \frac{\ln 150}{\mu} = \frac{\ln 150}{0.05 cm^2/g \times 10 g/cm^3} = 10.02 cm$$

20 7.97 cm

선원으로부터 거리가 2배 멀어졌으므로
2m 떨어진 곳에서의 조사선량율은 1mR/h×1/4=250 μR/h 임. 즉, 감마선의 강도를 1/100로 줄이기 위한 차폐체(납)의 두께이므로

$$t_{1/100} = \frac{\ln 100}{\mu} = \frac{\ln 100 \times t_{1/2}}{\ln 2} = 7.97 cm$$

제4장 방사선의 인체영향과 장해

- **4.1** 결정적 영향(Deterministic effect)
- **4.2** 확률적 영향((Stochastic effect)
- **4.3** 태아의 방사선 영향
- **4.4** 방사선장해에 영향을 미치는 인자

chapter 4 방사선의 인체영향과 장해

방사선의 인체에 대한 영향은 각 세포에 대한 손상의 결과로 나타나며, 결정적 영향과 확률적 영향으로 나눌 수 있다.

방사선 세포장해의 분류와 회복

1) 치사장해(lethal damage, LD) : 회복불능
   - 불가역성 장해로 회복은 불가능하며 사망에 이름

2) 아치사장해(sublethal damage, SLD) : SLD 회복
   - 추가로 조사하지 않으면 수 시간내에 회복이 가능한 장해
   - 고 LET 방사선(알파, 속중성자 등) 조사에서는 SLD 회복은 작거나 거의 나타나지 않음

3) 잠재적 치사장해(potentially lethal damage, PLD) : PLD 회복
   - 조사 후 세포의 환경을 바꿈으로서 치사할 세포가 회복되는 현상
   - 저산소세포(종양세포) 등에서 현저하게 나타남
   - 고 LET 방사선 조사에서는 PLD 회복이 작거나 거의 나타나지 않음

4.1 결정적 영향 (Deterministic effect)

1. 결정적 영향의 특징

① 주로 단기간 고선량 피폭으로 인한 세포사 또는 급성반응에서 기인하는 영향
② 피폭과 영향 발현의 인과관계가 필연적

③ 증상의 심각도가 선량에 비례
④ 영향의 정도가 임상학적으로 중요하지 않은 문턱선량이 존재
⑤ 증상의 발현은 대체로 급성으로 나타나며, 특이성이 존재
⑥ 인체에 대한 피폭선량을 문턱선량 값 이하로 유지하면 방지 가능
⑦ 사고 피폭이나 치료방사선 분야에서 관심영향
⑧ 영향의 예) 백내장, 피부홍반, 불임, 탈모, 혈구감소 등

2 각종 장기에 대한 결정적 장해

1) 조혈조직

- 방사선 피폭시 가장 민감하게 나타나는 영향이 말초혈액 중 혈구 등의 수의 변동으로 이러한 혈액상의 변화는 조혈조직인 적색골수의 피폭으로 야기

- 인체의 적색골수는 상당한 양이 골반뼈에 존재하며 그 나머지는 두개골, 늑골, 상완골, 대퇴골 등에 분포

- 변화가 일어나는 문턱선량은 임파구와 백혈구는 0.5 Gy, 적혈구와 혈소판은 1 Gy 정도이며, 높은 선량을 받게 되면 대개 피폭 직후부터 30일까지 그 수가 감소한 후 점차 회복

- 특히 임파구는 반응이 빨라 피폭 후 수일 이내에 최저로 내려가고 불안정한 상태를 보이는데 회복 속도도 느린 반면, 백혈구의 일종인 호중구는 피폭 직후 급격히 증가했다가 다시 격감하는 특이성이 존재

- 혈액의 변화는 경미한 경우에는 곧 회복되지만 고선량 피폭에 따른 중증 변화라면 면역기능 장애를 초래
    → 조혈조직에 수 Gy 정도 피폭한 사람 중에는 면역기능 저하로 인한 2차적 영향으로 사망하는 사람도 소수 (5% 정도) 발생할 수 있고 그 비율은 선량에 따라 증가하여 3 ~ 4 Gy 선에서는 50% 정도까지 증가(전신선량 3 ~ 4 Gy를 반치사선량 LD_{50}으로 간주)

조혈조직 피폭에 의한 혈액상의 변화

혈액소	증 상	문턱선량(Gy)	명목 정상치
백혈구	불안정하며 대체로 감소 경향	0.5	$3500 - 10000\ \mu L^{-1}$
적혈구		1.0	$400 - 500 \times 10^4\ \mu L^{-1}$
혈소판		1.0	$2 \times 10^5\ \mu L^{-1}$
혈색소		-	$12 - 17\ g\,dL^{-1}$

2) 피부조직

- 인체의 피부는 직접 외부와 접촉하는 표면은 이미 죽은 세포의 각질층으로 되어 있고 그 아래에는 점차 퇴화되어 가는 세포층으로 덮여 있어서 방사선 저항성

- 표면에서 약 0.07 mm 두께의 표피층 아래에 있는 기저 세포층은 끊임없이 분열하고 있기 때문에 방사선에 대한 감수성이 크고 피폭선량에 따라 모낭 손상에 의한 탈모, 피부 홍반 및 궤양 등의 피부 장해가 발현

선량준위에 따른 피부의 증상

선량 (Gy)	초 기 증 상	만 성 증 상
0.5	염색체 변화	없음
5	일시적 탈모, 홍반	변화 인지되지 않음
10	일시적 피부염, 수종	위축, 혈관확장, 색소침착
25	궤양, 궤사	만성 궤양

- 피부의 방사선 피폭으로 나타나는 최초의 영향은 0.5 Gy 정도에서 발생하는 조직 내 염색체의 변화인데 이것만으로는 증상이 나타나지 않으며, 선량이 증가하여 5 Gy에 이르면 탈모가 발생되고, 단기적으로 피부가 붉게 부어오르는 홍반이 발현

- 10 Gy정도가 되면 수종 (물집), 피부염 증상이 발현하나 쉽게 치료되며, 회복 후에 통상의 상처에서 보는 것과 같이 피부의 위축, 혈관확장, 색소침착 등이 발현

- 선량이 25 Gy 정도가 되면 중증 궤양 또는 궤사로 발전하며 만성 궤양으로 발전할 가능성이 있으며, 이 경우에도 초기 홍반 후에는 회복되는 것 같은 잠복기가 있으나 이후 주증상이 발현하여 점차 장해의 심각도가 증가

3) 생식선

- 생식선을 이루는 세포 역시 상대적으로 방사선에 민감하며, 남성의 경우 정원세포에서 정자까지 성숙하는 데에는 10 주정도 소요되는데, 정원세포 경우에는 반치사선량이 0.015 Gy 정도

- 감수분열하여 정모세포로 된 경우에는 저항성이 다소 증대되며, 이러한 세포들의 사멸은 정자수의 감소를 초래

- 일시적 불임에 이르는 정도의 정자 수 감소는 1회 급성 피폭시 0.15 Gy 정도가 문턱선량이 되며 영구불임은 3.5 ~ 6 Gy 정도에서 발생

생식선 피폭으로 인한 불임의 문턱선량

성별	영향	문턱선량(Gy)	
		1 회의 급성피폭	만성피폭
남성	일시적 불임	0.15	매년 0.4
	영구 불임	3.5 ~ 6	매년 2
여성*	일시적 불임	0.6 ~ 1.5	
	영구 불임	2.5 ~ 6	매년 0.2 이상

* 연령에 따라 상당한 차이 있음.

- 여성의 난원세포는 태내에서 난모세포로 성장하는데 방사선에 민감한 단계는 난모세포 단계이며 성숙한 난자는 치사선량이 높은 편이며, 여성 생식선의 높은 선량 피폭으로 인한 증상은 생리불순 증상으로 발현

- 일시적 불임의 문턱선량은 0.65 ~ 1.5 Gy, 영구적 불임은 2.5 ~ 6 Gy의 문턱선량을 갖는데, 이러한 문턱선량은 연령에 크게 의존

4) 눈의 수정체

- 눈의 수정체 전체는 캡슐로 싸여 있어 방사선 피폭에 의해 손상된 세포가 발생하면 이들이 피질의 이동을 따라 서서히 안쪽 중심부의 후극에 모임으로써 수정체의 혼탁 또는 백내장을 초래

- 특히 방사선 유발 백내장을 정밀 관찰하면 초기에는 수정체 후방 중심부에 작은 반점 형태로 발현하는데 이 정도로는 시력에 큰 장애를 느끼지 못하며, 선량이

더 높은 경우에는 그 반점이 자라듯이 확대되어 결국은 수정체 전체를 불투명하게 만들어 시력상실을 초래

감마선, X선, 베타 등에 의한 수정체의 문턱선량*

증 상	문턱선량(Gy)	
	1회 급성 피폭	여러 번 분할 피폭
수정체의 혼탁	0.5 ~ 2	5 이상
백내장	5	8 이상

* 중성자, 양성자 등의 경우는 위 값의 1/2 내지 1/3로 예상됨.

- 수정체가 X선이나 감마선과 같은 LET가 낮은 방사선을 피폭하는 경우 수정체의 혼탁이 나타나는 선량은 0.5 ~ 2 Gy, 백내장으로까지 발전하는 문턱선량은 5 Gy 정도이지만, 중성자와 같이 LET가 높은 방사선에 노출되는 경우는 문턱선량이 LET가 낮은 방사선의 문턱선량 값의 1/2 내지 1/3 정도로 추정

5) 갑상선

- 인체에 섭취된 옥소는 대부분 갑상선에 축적되기 때문에 방사성 옥소에 의하여 오염된 공기를 호흡하게 되면 갑상선에 많은 피폭을 초래

- 갑상선 기능 저하는 성인의 경우에는 25 ~ 30 Gy 에서 발생하고 아동은 상당히 낮아 1 ~ 10 Gy에서 발생되며, 선량의 범위가 높아져 200 Gy 정도가 되면 급성 갑상선염이 피폭 후 수주일 내에 발생하며, 또한 수년 후까지 발생 가능한 지발성 갑상선염은 비교적 낮은 선량인 10 Gy의 피폭에서도 발현 가능

조직에 대한 방사선 감수성

순위	방사선감수성	순위	방사선감수성
1	림프조직, 골수, 흉선	9	신장
2	난소, 고환	10	부신, 간, 췌장
3	점막	11	갑상선
4	타액선(침샘)	12	근조직
5	모낭	13	결합조직, 혈관
6	피지선, 한선	14	연골
7	피부	15	골
8	장막	16	신경세포, 신경섬유

3 전신피폭에 대한 인체 영향

- 인체 조직 중 가장 낮은 선량 범위에서 급성, 결정적 영향이 발현되는 조직은 조혈조직과 림프계통이므로 용이하게 확인될 수 있는 효과는 혈액상의 변화인데 흡수선량 0.05 ~ 0.25 Gy의 범위에서 말초혈액 중 염색체의 변화가 확인 가능

- 선량이 0.25 ~ 0.5 Gy 범위까지 증가하면 다수인의 혈액을 집단적으로 비교할 때 백혈구나 임파구의 농도의 변화가 인지될 수 있으며, 피폭자 개인별로 이러한 혈구수의 변화가 인지될 수 있는 선량 범위는 대개 0.5 ~ 0.75 Gy

- 선량이 1 ~ 2 Gy 정도가 되면 혈액상의 변화가 분명하고 수 일 동안 지속되면서 피폭자의 20 ~ 70%가 구토 증상을, 30 ~ 60%가 무력증을 보이며 수반되는 면역기능의 저하로 인해 5% 정도 사망자가 발생 가능

LD (Lethal Dose)

LD (Lethal dose)란 치사선량을 뜻하며 첨자 50은 '50%'를, 60은 '60일 이내'를 각기 뜻한다. 즉, $LD_{50/60}$은 60일이내의 반치사선량의 의미

전신 피폭 (체내 중요 장기의 동시 피폭)시 선량에 따른 증상

선 량 (Gy)	증 상
0.05 ~ 0.25	염색체 이상이 발견되는 최소 선량
0.25 ~ 0.5	백혈구, 임파구 변화 (집단 대조로 판별 가능)
0.5 ~ 0.75	혈액 변화를 개별적으로 확인 가능
0.75 ~ 1.25	피폭자 10% 오심, 구토
1 ~ 2	20 ~ 70% 구토; 30 ~ 60% 무력증; 20 ~ 35% 혈구생산 감소, 합병증으로 사망자 발생가능 (~ 5%)
3 ~ 5	조혈 기능 장해로 수 개월내 50% 사망 ($LD_{50/60}$)
6 ~ 8	위장계 증후군으로 수 주~수 개월내 100% 사망 ($LD_{100/60}$)
8 ~ 10	객혈, 폐수종 등 발현 수 주내 사망
15 이상	중추신경계 증후군 장애 (코마 등)로 수 일~수 주에 사망

1) 골수증후군(Hematopoietic syndrome; BM syndrome)

- 전신 피폭선량이 3~5 Gy에 이르면 4~6주간 골수장해에 의하여 사망자가 50% 까지 증가하는데, 직접적인 사인은 혈소판 감소에 의한 출혈이 주가 되지만, 여기에 백혈구 감소에 의한 감염증, 출혈과 조혈장해에 의한 빈혈 등이 원인이 되면, 피폭 후 60일(2개월)이내에 생존여부가 결정

- 여기서 3~5 Gy의 피폭은 60일내에 피폭자의 50%가 사망할 수 있는 선량이라는 뜻으로 흔히 $LD_{50/60}$으로 표현

2) 위장증후군(Gastrointestinal syndrome; GI syndrome)

- 전신 피폭선량이 더욱 높아 6 ~ 8 Gy의 범위가 되면 거의 모든 피폭자가 수 주 내지 수개월 이내에 사망

- 즉, 사람의 $LD_{100/60}$은 6 ~ 8 Gy 정도이며 이 정도의 전선선량을 받게 되면 혈액상의 영향보다 위장계 증후군이 시간적으로 보다 빨리 발현되며, 보다 높은 선량 (8 ~ 10 Gy)에서는 폐의 손상이 급성폐렴, 폐수종과 유사한 증상으로 나타나고 호흡부전으로 사망

3) 중추신경증후군(Central nervous system syndrome; CNS syndrome)

- 선량이 15 Gy 이상에 이르면 중추신경이 손상 받아 마비됨으로써 조기에 사망하는 중추신경계 증후군이 곧 바로 사망원인이 되며 피폭 후 며칠 이후에 사망

- 치사선량을 받은 경우 외형상으로 나타나는 전구증상 (48 시간 이내에 나타남)은 위장계 증후군의 전조로 식욕부진, 현기증, 구토, 설사, 장 경련, 침 흘림, 탈수 등과 신경계 증후군으로 피로, 둔감, 오한, 고열, 두통, 저혈압, 저혈압쇼크 등이 발현

- 분당 수 십 Gy 이상의 극히 높은 선량률에 노출되는 경우에는 곧 바로 신경계 손상이 두통, 안통 등의 통증이 발생

〈예제〉 어떤 사람이 사고로 인해 유효선량 0.6Sv, 피부등가선량 5Sv를 피폭하였다. 이 사람에게 발현될 수 있는 방사선영향에 대하여 대해 논하시오.

> **해설**
>
> 피부선량에서 홍반과 일시적 탈모가 나타나는 발단선량은 약 5Sv 임 유효선량중 피부선량이 차지하는 값은 가중치 0.01을 고려시 50mSv이므로 신체의 주요장기가 받은 선량은 대략 550mSv로 간주되며, 전신선량 0.5Sv에서는 급성으로 가벼운 혈액상의 변화가 예상됨. 즉, 이 사람은 급성 결정론적 영향으로서 경미한 혈액상의 변화와 피부의 홍반 및 일시적 탈모 증상이 발현될 것으로 예상

염색체선량계측(chromosome dosimetry)

염색체내 유전자의 종류에 따라 상이한 색깔로 염색하여 관찰하여 FISH(fluorescence in situ hybridization) 기법을 이용하여 피폭자의 선량을 평가하는 계측기법
- 중심체(dicentric)와 같은 염색체 이상을 갖는 세포는 대체로 생존이 어렵고 시간 경과에 따라 소실하지만, 전좌된 염색체는 유전자의 위치만 다를 뿐 기능이 유지된다면 세포에 치명적 영향을 미치지 않고 계속 생존하고 증식
→ 이러한 이상 염색체의 발견 빈도는 선량에 비례하므로 이를 이용하여 피폭자의 선량을 평가하는 것을 염색체선량계측이라 함
→ 염색체 관찰의 통계적 한계로 최소검출한계가 약 0.1 Gy 정도

4.2 확률적 영향 (Stochastic effect)

1 확률적 영향의 특징

① 세포의 돌연변이와 세포유전의 결과로 발생 가능한 영향
② 인과관계가 명확하지 않는 영향의 발현에 있어 우연성이 지배
③ 영향의 발현은 문턱선량이 없이 발생확률은 선량에 비례하는 위험이 있는 것으로 추정
④ 영향의 발현은 주로 지발성이며 타원인 영향과 구분 불가
⑤ 방호의 측면에서 위험을 합리적 범위에서 최소화하는 노력이 필요(ALARA)
⑥ 일상 저선량 피폭에서 관심 영향
⑦ 영향의 예) 백혈병, 돌연변이, 고형암, 수명단축 등

2. 백혈병과 기타 악성 종양

1) 백혈병
- 백혈병의 평균 잠복기는 4~10년이고, 그 지속시간은 약 25년 정도이며 이후 백혈병 발병율이 감소
- 태아는 감수성이 높은 시기로 태아기 때 피폭에서의 백혈병 발병 위험은 성인의 약 2~10배로 높음

2) 악성종양의 발생
- 일반적인 저선량으로 장기간에 걸쳐 피부, 뼈, 폐, 갑상선, 유선 등의 조직이 방사선에 피폭되면 각종 악성종양이 발생
- 발암은 신체를 구성하고 있는 세포의 핵산구조에 변화를 일으켜 일부가 암세포로 발생
- 잠복기는 대개 10년 이상 소요

피폭부위와 영향의 관계

영 향	피폭 부위
백혈병	적색골수
폐암	기관, 기관지, 폐포
유방암	유선
불임	생식선(난소, 정소)
유전적 영향	생식선(난소, 정소)
태아의 기형	2~8주의 태아

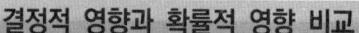

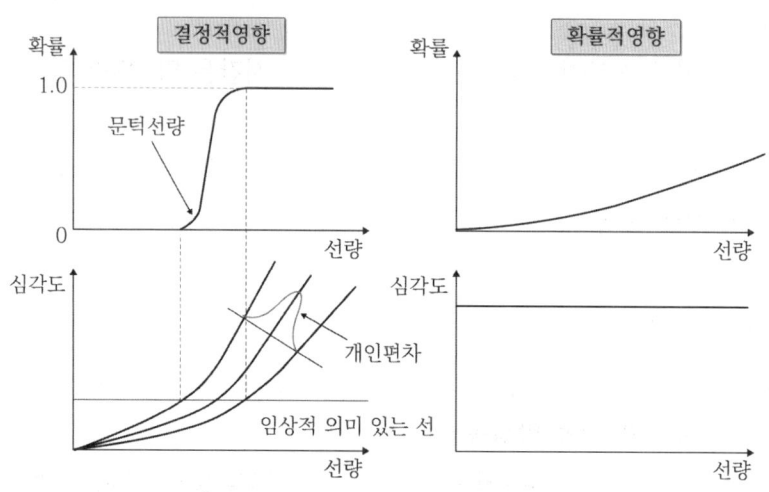

[결정적 영향과 확률적 영향의 개념]

[결정적 영향과 확률적 영향의 특성]

영 향	결정적 영향 (Deterministic effect)	확률적 영향 (Stochastic effect)
발생기전	급성 고선량 피폭으로 인한 세포사 또는 급성반응에서 기인하는 영향	세포의 돌연변이와 세포유전의 결과로 발생가능한 영향
인과관계	피폭과 영향 발현의 인과관계가 필연적임	영향의 발현을 우연성이 지배함
선량효과	증상의 심각도가 선량에 비례	영향의 발생확률이 선량에 비례
문턱선량 존재	영향의 정도가 임상학적으로 중요하지 않은 문턱선량 존재	문턱선량이 없이 선량에 비례하는 위험이 있는 것으로 가정
발현시기	대체로 급성	지발성
임상적 특성	증상의 특이성 있음	타원인 영향과 구분 불가
방호개념	선량을 문턱치 이하로 유지하면 방지 가능	위험을 합리적 범위에서 최소화
관심 영역	사고 피폭이나 치료방사선 분야에서 관심영향	일상 저선량 피폭에서 관심 영향
영향의 예	홍반, 백내장, 혈액상 변화, 치사, 불임	암, 백혈병, 유전결함

4.3 태아의 방사선 영향

1 태아의 방사선 영향의 특징

- 태아는 상대적으로 방사선 감수성이 높은 특수한 집단
- 확률적 영향보다 배의 사망, 기형 또는 발육 이상, 그리고 정신발달 지체 등의 결정적 장해가 발생

2 휴펫의 단계별 결정적 영향

① 착상기(수정 ~ 1주)
  - 수정란이 착상하기 전 또는 그 직후, 즉 휴펫의 세포수가 많지 않은 경우 방사선에 의해 그 일부의 세포가 사멸하게 되면 결과적으로 배가 생존하지 못하고 유산
  - 0.1 Gy 정도의 선량을 조사하면 유산이 일어나는 것으로 평가

② 기관형성기(2 ~ 8주)
  - 기형유발에 매우 민감한 시기로 문턱선량은 약 0.1 Gy 정도로 평가
  - 기형은 특성화시킬 수는 없으며 자연적인 기형의 유형과 마찬가지로 다양

③ 태아기(8주 ~ 25주)
  - 정신발달지체 또는 지능저하라는 특유한 결정적 영향의 관점에서 중요
  - 전반 8주 (수정 후 8 ~ 15주)는 1 Sv 피폭에서 지능저하 발생확률이 40 % 정도로 높은 시기이며 후반 8주에서는 그 위험도가 10% 정도로 낮아진다고 평가
  - 지능저하의 문턱선량은 대개 0.12 ~ 0.2 Gy 정도로 간주

휴펫의 방사선 피폭으로 인한 영향

영향의 구분	발생확률/문턱선량	해당 피폭시기
· 확률론적 영향		
- 아동암 유발	Sv당 ~ 10%	전 임신 기간
- 유전적영향	소아와 같은 정도	전 임신 기간
·결정론적 영향		
- 배 사망	~ 0.1 Gy	착상 전 ~ 착상 직후
- 기형.발육이상	0.1 Gy	기형: 2 ~ 8주 발육이상:전기간
지능저하	문턱선량 : 0.1 ~ 0.2 Gy 발생빈도 : Sv당 0.4 ~ 0.1	수정 후 8 ~ 25주

4.4 방사선장해에 영향을 미치는 인자

1 생물학적 요인

① 연령 : 어린 개체 또는 노화가 심한 개체가 방사선 감수성이 높음

② 생물의 종류 : 종, 품종, 변종에 따라 방사선의 영향이 상이

③ 유전적 인자 : 유전적 소인에 따라 감수성이 상이

④ 성별 : 여성이 남성보다 대략 5~10% 정도 방사선에 저항성

⑤ 회복 : 저선량률, 분할조사 등에 의한 아치사장해(SLD) 회복과 환경에 따라 회복 또는 장해발현이 되는 잠재적치사장해(PLD) 회복으로 구분

⑥ 화학적 수식제 : 방호제, 증감제, 치료제 등의 방사선 수식제 종류에 따라 생물학적 영향 정도가 상이

2 물리적 요인

① 흡수선량 : 방사선 장해의 지배인자로 인체의 흡수선량에 직접적으로 비례(지배인자)

② 흡수선량률 : 세포는 회복 또는 재생능력이 있어서 단시간에 받아서 치명적일 수 있는 선량준위도 장기간 나누어 피폭되면 장해가 경감

③ 선량분포 : 동일선량이 특정장기에 균등하게 피폭되었을 때보다는 그 장기의 일부에 집중하여 피폭되면 방사선 장해의 발생 가능성이 증가

④ 피폭범위 : 피폭되는 부위가 전신인지 또는 일부 장기/조직인지에 따라 장해의 영향이 상이

⑤ 선질 : 방사선의 종류와 에너지에 따라 흡수선량에 따른 등가선량이 달라지므로 장해의 정도가 상이

3 물리적 요인과 반치사선량 ($LD_{50(30)}$)과의 관계

① 선량률이 높아지면 LD_{50}이 감소

② 동일 선량일 경우 국부조사에 비해 전신조사가 LD_{50}이 감소

③ 온도가 높은 조건하에서 조사하면 LD_{50}이 감소

④ 산소효과 : 산소농도 (또는 혈중 산소 분압)가 높은 조건하에서 조사하면 LD_{50} 감소

4 방사선 방호물질

① 방사선 방호물질 (radioprotective agents)
 - 인체에 대한 방사선 영향을 줄일 수 있는 물질 (DRF〉0)
 - DRF (Dose Reduction Factor) : 선량감소계수
  (예) 시스테인, 시스테아민 등과 같이 -SH 기와 $-NH_2$기를 함유하고 있는 화합물로 생체물질 대신 방사선에 피폭되어 생체에의 영향을 감소시킨다.

선량감소계수(DRF)

방사선 방호물질을 투여한 경우와 투여하지 않은 경우에 대한 동일한 생물학적 효과가 나타나는데 필요한 선량의 비

$$DRF = \frac{\text{화합물 투여로 일정효과를 유발하는데 필요한 선량}}{\text{화합물 비투여로 동일효과를 유발하는데 필요한 선량}}$$

---

② 방호물질의 작용기전
 (가) 유리기의 제거
  - 방사선에 의하여 생성된 세포내의 유리기가 시스테아민과 반응하여 시스테아민은 산화되며 유리기는 반응력이 없는 안정된 유리기로 전환되어 간접작용 장해를 감소
 (나) 수소공여에 의한 손상회복 (환원)
  - 단일분자가 방사선에 의하여 (간접 또는 직접작용) 유리기로 전환되면 서로 반응하여 각종 과산화물이 생성되며, 이때 방호물질은 수소를 공여함으로써 다시 원상태로 회복
 (다) 세포성분과의 상호작용
  - 방호물질 세포내에 존재하는 단백질의 -SH기와 결합, 혼합 이황화물 (Mixed disulfide)을 형성하여 유리기의 공격으로부터 특정 단백질을 보호
 (라) 조직 내 저 산소 상태 유발
  - 생체 내에 투여된 thiol기는 조직 내 산소와 결합하여 산화되면서 저 산소 상태를 유발, 방사선으로부터 세포 물질을 보호

방사선의 인체영향에 관한 이론

※ 방사선 호르메시스(Radiation hormesis)
- 소량의 방사선피폭은 몸에 좋은 영향이 있을 수도 있다는 가설
- 1980년 Luckey 교수는 방사선 조사에 의한 식물의 성장, 실험동물의 수명연장 등 호르메시스를 나타내는 과거의 데이터를 체계적으로 수집, 해석하여 저선량의 방사선은 해가 있기보다는 생명의 유지에 필수적이라고 주장
- 호르메시스를 뒷받침하는 이론 : 적응반응(Adaptive response)
  → 방사선피폭이라는 하나의 자극에 의해 세포생물학적 활성화가 유도되고 이에 따라 유해한 작용으로부터 방어 능력이 향상된다는 이론
- ICRP는 아래의 이유로 방사선 방어의 원칙 및 실무에 고려하지 않고 있음
① 실험결과가 연구자마다 다르고, 객관적 입증이 어려움
② 표본의 크기가 작고, 통계적인 검증력에 문제가 있음
③ 적절한 통제방법의 부재와 실험결과가 하등동물 실험에 한정되어 있음
④ 방사선 방어에 문제가 되고 있는 암, 유전적 영향이외의 생물학적 현상에 주목하여 이루어 진 것으로 인체에 대한 입증자료가 거의 없음
⑤ 방사선외의 다른 외부요인이 내재할 가능성을 배제할 수 없음

※ 방사선 인체영향의 파급효과
① 공간적 파급효과 : 구경꾼효과(By-stander effect)
  → 특정 세포가 방사선에 조사될 때 피폭을 받는 세포가 아니라 인근의 다른 세포에서 그 영향이 나타나는 현상

② 시간적 파급효과 : 지놈 불안정성(Genome Instability, GI)
  → 방사선에 피폭한 시포와 그 근거리 후손 모두 건전하나 어느 후손에선가 피해가 나타나는 현상

확인문제 | 방사선의 인체영향과 장해

01. 다음 중 방사선 감수성이 가장 높은 조직은?

① 간   ② 흉선
③ 피부   ④ 신경조직

02. 다음 중 문턱선량이 존재하는 장해로만 짝지어진 것은?

① 피부암-백내장   ② 홍반-백내장
③ 빈혈-피부암   ④ 백내장-백혈병

03. 다음 설명 중 틀린 것은?

① 세포의 특성 중 재생율이 방사선 민감도에 가장 영향을 많이 미친다.
② 성인의 골수 및 피부는 재생계에 속하는 조직 및 기관이다.
③ 방사선에 의한 만발성 효과는 골수에서는 백혈병, 피부에서는 피부암이 나타날 수 있다.
④ 성인의 조직 및 장기 중에서 신경조직 및 근육도 재생계에 속한다.

04. 다음은 방사선의 결정적 영향에 관한 설명이다. 올바른 것은?

① 발단선량 이상에서만 장해가 발생한다.
② 효과의 심각성은 피폭선량과 관계없다.
③ 발생확률은 피폭선량과 직접 관계된다.
④ 발단선량이 존재하지 않는다.

05. 다음 중 가벼운 혈액상의 변화가 일어날 수 있는 선량은?

① 1 Gy   ② 3 Gy
③ 7 Gy   ④ 10 Gy

06. 다음 설명 중 **틀린** 것은?

① 확률적 영향의 발현은 문턱선량이 존재하지 않는다.
② 방사선에 의한 암이나 유전적인 장해는 선량이 증가할수록 증상의 심한 정도가 증가한다.
③ 결정적 영향은 문턱선량이 존재하고, 주로 급성영향으로 나타난다.
④ 연령이나 생물의 종에 따라 방사선의 생물학적 영향이 다르게 나타난다.

07. 태아에 대한 방사선 영향에 관한 아래의 설명 중 옳지 **않은** 것은?

① 방사선 조사로 인한 사망률이 가장 높은 시기는 착상시기이다.
② 기형발생률이 가장 높은 시기는 기관형성기이다.
③ 백혈병 발생률이 가장 높은 시기는 태아기이다.
④ 정신 및 신체발달 지체가 발생되는 시기는 기관형성기이다.

08. 아래의 조직(장기) 중 방사선에 대한 감수성이 높은 순서대로 나열된 것은?

① 뼈 〉 장 〉 피부 〉 조혈조직
② 조혈조직〉 소장 〉 피부 〉 뼈
③ 조혈조직〉 소장 〉 뼈 〉 피부
④ 소장 〉 조혈조직〉 피부 〉 뼈

09. 방사선에 의한 인체 영향 중 발단(문턱)선량이 가장 낮은 것은?

① 피부 홍반   ② 수정체 혼탁   ③ 일시적 불임   ④ 백혈구 감소

10. 다음 중 방사선 호메시스 이론을 반박하는 현상은?

① 적응반응(adaptive response)
② 지놈불안전성(genome instability)
③ DNA 복구 메커니즘
④ 세포자살(apotosis)

11. 다음은 휴펫에 대한 설명이다. 올바른 설명은?

① 휴펫의 방사선영향은 결정적 영향이라기보다는 확률적 영향이다.
② 배아사망률은 기관형성기에 방사선이 조사되었을 때 가장 높다
③ 심각한 정신지체현상은 수정후 8 ~ 25주 사이에 발생하며, 문턱선량은 200 mGy 정도이다.
④ 휴펫에서의 방사선피폭은 아동암이나 유전적 영향은 없다.

12. 방사선의 만성 효과에 속하는 것은?

    ① 방사선 숙취와 위궤양
    ② 습성 피부염과 불임
    ③ 백혈구수 감소와 피부암
    ④ 수명의 단축과 골종양

13. 5 Gy의 선량이 사람의 전신에 1회 피폭하였을 때 발생될 수 있는 급성장해 중 가장 적합한 것은?

    ① 특이한 증상이 나타나지 않는다.
    ② 가벼운 구토, 오심 등의 증상이 나타난다.
    ③ 30일 이내에 50% 정도 사망한다.
    ④ 1주일 이내에 100% 사망한다.

14. 방사성 핵종의 결정장기에 있어서 주된 장해를 설명한 것으로 틀린 것은?

    ① I-131은 주로 갑상선에 침착되어 갑상선의 기능저하 및 종양을 유발한다.
    ② Sr-90은 주로 뼈에 침착하며 골수 장해 및 골종양의 요인이 된다.
    ③ Cs-137은 전신에 침착하지만 근육에 주로 침착되며, 수명단축 및 종양발생의 원인이 된다.
    ④ Th-232는 전신에 침착하고 그 양에 따라서는 급성장해와 유전적 장해를 일으킨다.

15. 다음의 설명으로 틀린 것은?

    ① 피부, 수정체에 등가선량 한도를 두는 이유는 이들 장기의 결정론적 영향을 방지하기 위함이다.
    ② 방사선 호메시스의 가설은 결정적 영향도 발단선량이 없다고 본다.
    ③ 결정적 영향은 선량을 문턱치 이하로 유지하면 방지할 수 있다.
    ④ 예탁선량은 평가 시 성인에 대해서는 50년, 아동에 대해서는 70세를 고려하고 있다.

16. LD₅₀₍₃₀₎의 의미를 가장 바르게 설명한 것은 ?

    ① 방사선피폭을 받은지 30일 이내에 결정적 영향이 일어날 확률이 50% 이상인 선량을 의미한다.
    ② 방사선피폭을 받은지 30일 이내에 사망할 확률이 50% 이상인 선량을 의미한다.
    ③ 30 Gy의 선량은 피폭자의 50% 이상이 즉시 사망하는 치사선량이라는 것을 의미한다.
    ④ 30 Gy의 선량은 잠재적으로 50% 이상의 피폭자를 암으로 사망시킬 수 있는 잠재선량이라는 의미이다.

17. 다음의 방사선 생물학적 영향에 대한 설명으로 틀린 것은 ?

    ① 태내 피폭으로 인한 암 위험은 성인의 피폭에 비해 약 2배 정도로 평가한다.
    ② 작업환경에서 방사성 먼지의 입자 크기를 알지 못하면 $5\mu m$ AMAD로 가정할 수 있다.
    ③ 내부피폭선량 평가에서 섭취된 방사성핵종의 생리학적 거동의 모델에는 남녀 구별이 없다.
    ④ 확률적 영향은 임상 특성이 다른 원인에 의한 증상과 구분이 용이하다.

18. 급성 전신피폭에 따른 반치사선량(LD₅₀₍₃₀₎)은 감마선인 경우 몇 Gy 정도 되는가?

    ① 1   ② 4   ③ 7   ④ 20

19. 눈의 수정체에 대한 방사선 영향에 대한 설명으로 틀린 것은?

    ① 수정체에 방사선 피폭에 의해 손상된 세포가 발생하면 이들이 수정체 후극에 모임으로써 수정체 혼탁을 초래한다.
    ② 감마선인 경우 수정체 혼탁이 발생하는 문턱선량은 약 2 Gy 정도이다.
    ③ 중성자인 경우 일반적으로 감마선보다 수정체 혼탁을 일으키는 문턱선량치가 낮다.
    ④ 저 LET 방사선인 경우 일반적으로 5 Gy 정도에서 백내장이 유발될 수 있다.

20. 다음의 피부의 초기 증상이 발현하는 문턱선량을 연결한 것 중 옳은 것은?

    ① 일시적 탈모 - 2 Gy   ② 궤양 - 7 Gy
    ③ 수종 - 10 Gy   ④ 피부염 - 3 Gy

정답 및 해설 | 방사선의 인체영향과 장해

01 2

조직에 대한 방사선 감수성 순서는 아래와 같다.

순위	방사선감수성	순위	방사선감수성
1	림프조직, 골수, 흉선	9	신장
2	난소, 고환	10	부신, 간, 췌장
3	점막	11	갑상선
4	타액선(침샘)	12	근조직
5	모낭	13	결합조직, 혈관
6	피지선, 한선	14	연골
7	피부	15	골
8	장막	16	신경세포, 신경섬유

02 2

확률적 영향에는 암 또는 유전적 영향에 의한 돌연변이 등이 있다.

[결정적 영향과 확률적 영향의 특성비교]

영 향	결정적 영향	확률적 영향
발생기전	급성 고선량 피폭으로 인한 세포사 또는 급성반응에서 기인하는 영향	세포의 돌연변이와 세포유전의 결과로 발생가능한 영향
영향의 예	홍반, 백내장, 혈액상 변화, 치사, 불임	암, 백혈병, 유전결함

03 4

베르고니-트린본도 법칙에 따르면 세포분열이 활발하고, 미분화 세포일수록 방사선에 의한 감수성이 높다. 특히 골수 또는 피부는 세포분열이 활발하게 일어나는 재생계에 속하기 때문에 방사선에 매우 민감하며,

신경조직 또는 근육과 같은 조직은 재생계에 속하지 않고 대체로 방사선에 저항성이 높은 조직이다.
암/유전적 영향과 같은 확률적 영향은 잠복기가 수년~수십년으로 만발성 효과이다.

04

결정적 영향의 특징은 아래와 같다.
① 주로 급성 고선량 피폭으로 인한 세포사 또는 급성반응에서 기인하는 영향으로 피폭과 영향 발현의 인과관계가 필연적이다.
② 영향의 발현은 문턱선량 존재하며, 증상의 심각도가 선량에 비례한다.
③ 대체로 급성이며, 증상의 특이성이 존재한다.
④ 선량을 문턱치 이하로 유지하면 방지 가능하기 때문에 주로 사고 피폭이나 치료방사선 분야에서 관심을 가지는 영향이다.

05

방사선에 의한 전신 피폭시 선량에 따른 인체의 증상은 아래 표와 같다.

전신 피폭 (체내 중요 장기의 동시 피폭)시 선량에 따른 증상

선 량 (Gy)	증 상
0.05 ~ 0.25	염색체 이상이 발견되는 최소 선량
0.25 ~ 0.5	백혈구, 임파구 변화 (집단 대조로 판별 가능)
0.5 ~ 0.75	혈액 변화를 개별적으로 확인 가능
0.75 ~ 1.25	피폭자 10% 오심, 구토
1 ~ 2	20 ~ 70% 구토 ; 30 ~ 60% 무력증 ; 20 ~ 35% 혈구생산 감소, 합병증으로 사망자 발생가능 (~ 5%)
3 ~ 5	조혈 기능 장해로 수 개월내 50% 사망 ($LD_{50/60}$)
6 ~ 8	위장계 증후군으로 수 주~수 개월내 100% 사망 ($LD_{100/60}$)
8 ~ 10	객혈, 폐수종 등 발현 수 주내 사망
15이상	중추신경계 증후군 장애 (코마 등)로 수 일 ~ 수 주에 사망

06 2

결정적 영향과 확률적 영향의 특징 비교

결정적 영향의 특징	확률적 영향의 특징
- 급성 고선량 피폭으로 인한 세포사 또는 급성 반응에서 기인하는 영향	- 세포의 돌연변이와 세포유전의 결과로 발생 가능한 영향
- 피폭과 영향 발현의 인과관계가 필연적임	- 영향의 발현을 우연성이 지배함
- 증상의 심각도가 선량에 비례	- 영향의 발생확률이 선량에 비례
- 영향의 정도가 임상학적으로 중요하지 않은 문턱선량 존재	- 문턱선량이 없이 선량에 비례하는 위험이 있는 것으로 가정
- 대체로 급성	- 지발성
- 증상의 특이성 있음	- 타원인 영향과 구분 불가
- 선량을 문턱치 이하로 유지하면 방지	- 위험을 합리적 범위에서 최소화
- 사고 피폭 등 대선량 피폭에서 관심 영향	- 일상 저선량 피폭에서 관심 영향

07 4

휴펫의 단계별 결정적 영향

① 착상기(수정 ~ 1주)
 - 수정란이 착상하기 전 또는 그 직후, 즉 휴펫의 세포수가 많지 않은 경우 방사선에 의해 그 일부의 세포가 사멸하게 되면 결과적으로 배가 생존하지 못하고 유산
 - 0.1 Gy 정도의 선량을 조사하면 유산이 일어나는 것으로 평가

② 기관형성기(2 ~ 8주)
 - 기형유발에 매우 민감한 시기로 문턱선량은 약 0.1 Gy 정도로 평가
 - 기형은 특성화시킬 수는 없으며 자연적인 기형의 유형과 마찬가지로 다양

③ 태아기(8주 ~ 25주)
 - 정신발달지체 또는 지능저하라는 특유한 결정적 영향의 관점에서 중요
 - 전반 8주 (수정 후 8 ~ 15주)는 1 Sv 피폭에서 지능저하 발생확률이 40 %정도로 높은 시기이며 후반 8주에서는 그 위험도가 10% 정도로 낮아진다고 평가
 - 지능저하의 문턱선량은 대개 0.12 ~ 0.2 Gy 정도로 간주

08 2

문제1번 해설 참고

09 4

피부홍반-5Gy, 수정체 혼탁-2Gy, 일시적불임-1.5~3Gy, 백혈구 감소-0.5~1Gy

10 2

지놈불안전성이란 방사선 피폭에 의해 다음 세대에 영향이 발현하는 현상은 저선량 방사선에 의한 유익 효과인 방사선호메시스 이론과는 반대되는 이론이다.

11 3

문제7번 해설 참고

12 4

암/유전적 영향, 수명단축, 백내장과 같은 영향은 장기간 저선량 피폭에 의해 발현하는 만성효과로 볼 수 있다.

13 3

문제5번 해설 참고

14 4

Th-232 핵종은 간에 침착하는 알파선 방출 핵종으로 간경화, 간암 등의 원인이 될 수 있다.

15 2

방사선호메시스(radiation hormesis) 이론은 1Gy 이하의 낮은 선량에 의한 피폭은 인체의 면역증강 효과 등으로 인하여 인체에 유익하다는 것으로 이 가설을 받아들일 경우 암, 유전적 영향 등의 확률적 영향의 발생 또한 문턱선량값이 존재한다는 것을 의미하는 것이다.

16 2

반치사선량(LD$_{50(30)}$)의 의미는 방사선피폭을 받은지 30일 이내에 사망할 확률이 50% 이상인 선량을 의미하고, 급성 전신피폭시 대략 3~5Gy 정도에 해당한다. 이와 유사한 치사선량은(LD$_{100(30)}$)은 방사선 피폭을 받은지 30일 이내에 사망할 확률이 100% 이상인 선량을 의미하고, 대략 7~8 Gy 정도이다.

17 4

확률적 영향은 세포의 돌연변이와 세포유전의 결과로 발생 가능한 영향으로 영향의 발현을 우연성이 지배한다. 이러한 영향은 결정적 영향과는 달리 문턱선량이 없이 선량에 비례하는 위험이 있는 것으로 가정하며, 발현이 지발성이고 임상적 특성이 타원인 영향과 구분이 거의 불가능하다.

18 2

5번 문제 해설 참고

19 3

수정체가 X선이나 감마선과 같은 LET가 낮은 방사선을 피폭하는 경우 수정체의 혼탁이 나타나는 선량은 0.5 ~ 2 Gy, 백내장으로까지 발전하는 문턱선량은 5 Gy 정도이지만, 중성자와 같이 LET가 높은 방사선에 노출되는 경우는 문턱선량이 LET가 낮은 방사선의 문턱선량 값의 1/2 내지 1/3 정도로 추정하고 있다.

20 3

선량준위에 따른 피부의 증상

선량 (Gy)	초 기 증 상	만 성 증 상
0.5	염색체 변화	없음
5	일시적 탈모, 홍반	변화 인지되지 않음
10	일시적 피부염, 수종	위축, 혈관확장, 색소침착
25	궤양, 괴사	만성 궤양

제5장 방사선 모니터링

5.1 개인 방사선 모니터링

5.2 작업장 방사선 모니터링

chapter 제5장 방사선 모니터링

방사선 모니터링(radiation monitoring)이란 방사성물질 및 방사선에 대한 정보를 입수하기 위하여 수집된 측정시료의 측정 및 분석과 관련된 모든 작업을 총칭하며, 방사선안전관리의 적합성 확인, 시설 및 작업 방법 등을 개선하여 방사선방어에 활용한다.

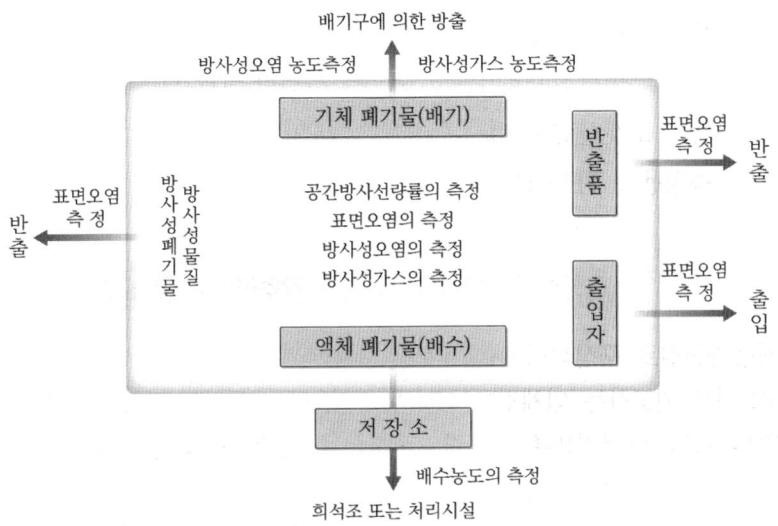

방사선관리구역에서 수행되는 모니터링 개요

방사선 모니터링의 분류

(1) 환경 모니터링 : 작업장소, 시설주변 환경
  - 작업장소(환경) 모니터링 : 공간(작업장 공간) 방사선량률 감시
  - 시설주변 환경 모니터링 : 방사성물질 환경(수중, 토양 등) 방출 감시

(2) 개인 모니터링 : 외부피폭, 내부피폭
  - 외부피폭 모니터링 : 개인피폭 선량계 이용(TLD, F/B, FDG)
  - 내부피폭 모니터링 : 체내피폭 측정법(WBC, Bioassay)

5.1 개인 방사선 모니터링

개인 방사선 모니터링의 목적은 개인 피폭선량 평가와 선량한도를 비교하여 확률적 영향의 발생 확률을 제한하고 과다 피폭시 작업방법, 작업환경 개선, 사고시 정확한 정보 획득, 법적 규제에 의한 기록을 보존하는데 있다.

1 외부피폭 모니터링

1) 개인 외부피폭 모니터링의 개요

- 외부피폭 : 전자기파(X선, γ선) 또는 입자(β선, 중성자선) 방사선에 의한 체외로부터 피폭
- 외부 피폭선량의 측정: 개인피폭선량계 이용
  - 장기적 측정 : 열형광선량계(TLD), 형광유리선량계(FGD), 필름배지 등
  - 단기적 측정 : 포켓선량계 이용
  - 국부피폭 측정용 : TLD ring, wrist badge 등

> **이상적인 개인피폭선량계가 갖추어야야 할 요건**
>
> - 조직등가물질로 구성되어야 함
> - ICRU에서 권고하는 인체깊이(수정체: 0.3cm, 심부: 1cm)를 반영해야 함
> - 방향의존성과 에너지의존성이 적고, 착용 중 충격이나 환경의 영향을 받거나 퇴행현상이 발생하지 않아야 함
> - 방사선량에 대한 재현성이 우수해야 하며 판독오차가 작아야 함
> - 비용이 경제적이어야 함

2) 개인 피폭선량계의 분류

- 주 선량계(법정선량계) : TLD, Film Badge, FGD, OSLD
- 보조 선량계 : 포켓선량계, 유리선량계, 전자선량계
- 사고 선량계 : 경보선량계

보조 선량계

* 보조 선량계의 역할
  - 고선량 피폭을 방지
  - 작업자에 대한 작업 도중 심리적인 안정을 도모
  - 주선량계가 고장시 대체 선량을 평가
  - 사고 등의 감지나 경보 가능

3) 방사선측정기의 착용부위

- 전신 피폭선량 : 흉부(가슴), 복부
- 국부 피폭선량 : 국부적 집중 피폭 우려가 있는 부위 착용(손, 팔 등)
- 납치마, 납가운 등 착용 : 원칙적 안에 착용

개인피폭선량계의 종류와 특징

종류	필름배지	형광유리 선량계	열형광 선량계	직독식 포켓 선량계	포켓 전리조
측정원리	감광	광형광	열형광	전리	전리
측정하한(mR)	≥10	≤10	0.1[a]	1	1
측정상한(R)	600	10^7	10^{4}[a]	0.1 ~ 0.2[c]	0.1 ~ 0.2[c]
에너지 의존성	크다[b]	크다	크다[a]	작다	작다
방향의존성	크다	작다	보통	보통	보통
기록의 보존	유	무	무	무	무
착용중의 감시	불가능	불가능	불가능	가능	불가능
기계적 견고성	크다	보통	보통	작다	보통
습도 영향	보통	작다	보통	크다	크다

(a) 소자에 따라 다르다.
(b) 에너지 의존성이 큰 것을 이용하여 평균에너지를 측정할 수 있다.
(c) 가장 많이 이용되는 개인피폭 선량계의 측정범위는 100~200 mR이다.

열형광선량계(TLD)의 물질의 종류와 특성

TL 물질에는 조직등가물질인 LiF : Mg,Ti, LiF:Mg,Cu,P, $Li_2B_4O_7$: Cu, $Li_2B_4O_7$: Mn, $Li_2B_4O_7$: Dy 등과 비조직등가물질인 CaF_2 : Mn, CaF_2 : Dy, $CaSO_4$:Dy, $CaSO_4$: Tm 등이 있다. 비조직등가물질은 감도가 비교적 높으나, 낮은 에너지대에서 에너지의존성이 매우 높은 단점이 있다.

열형광선량계의 물질과 특성

특성 \ 물질	LiF	$CaSO_4$: Tm	$CaSO_4$: Mn	CaF_2 (천연)	CaF_2 : Mn	BeO	Mg_2SiO_4 : Tb
실효 원자번호	8.2	15	15	16	16	7.5	10
발생스펙트럼(Å)	4,000	4,500	5,000	3,800	5,000	4,100	5,400
주발광온도(℃)	195	220	110	260	260	180	190
선량범위	10 μGy (공기) ~10^3 Gy (공기)	1 μGy (공기) ~10 Gy (공기)	0.5 μGy (공기) ~10 Gy (공기)	100 μGy (공기) ~10 Gy (공기)	10 μGy (공기) ~10^2 Gy (공기)	20 μGy (공기) ~10 Gy (공기)	50 μGy (공기) ~10 Gy (공기)
에너지 의존성	1.25	10	13	13	13	0.9	8
페이딩현상	5%/3개월	5%/년	8%/월	5%/년	8%/월	6%/월	5%/월

필름배지와 열형광선량계의 비교

종류	필름배지	열형광선량계
원리	사진 감광작용	열형광작용
측정범위	10 mR – 1800 R	0.1 mR – 10^5 R
장점	① 가격이 저렴 ② 기록의 영구보존이 가능 ③ 필름배지 케이스에 각종필터를 부착함으로써 방사선의 종류와 에너지의 판별이 가능	① 반복사용이 가능 ② 방향의존성이 일반적으로 양호 ③ 판독이 편리하고 자동화가 가능 ④ 소자가 인체등가물질이므로 판독의 신뢰도가 양호 ⑤ 환경(온도, 습도)의 영향이 낮음
단점	① 높은 방향의존성 ② 암실에서 현상조직이 필요 ③ 측정치의 보정이 복잡(∵인체조직등가물질이 아님) ④ 높은 퇴행현상 ⑤ 환경(온도, 습도)의 영향이 높음	① 필름배지에 비해 비용이 높음 ② 일단 조작하면 측정치가 소멸되어 영구보존이 불가능 ③ 퇴행현상이 다소 있음
공통점	① 기계적으로 견고 ② 장기간 집적선량의 측정이 가능하나 착용중 실시간 감시는 불가능 ③ 법정 선량계 ④ 에너지의존성이 있음(TLD는 소자에 따라 에너지의존성이 작으며 필름배지는 케이스의 두께나 재질에 따라 조절이 가능)	

4) 개인 외부피폭 선량계의 종류 및 특징

(1) 필름배지(Film Badge)

- **원리**
  - AgBr의 이온결정이 방사선에 의해 Ag 원자가 석출되어 잠상 형성 → 필름의 흑화도가 피폭방사선량에 비례하는 것을 이용

- **특징**
  - 에너지의존성과 방향의존성이 큼
  - 잠상퇴행(fading) 현상이 강함
  - 필터두께를 조절하여 전신선량 및 피부선량 구분 측정이 가능
  - 기록의 영구보존 가능
  - 인체등가물질이 아니므로 보정이 필요
  - 중성자 측정이 가능
    → 중성자반응단면적이 큰 Cd을 필터로 사용하여 (n,γ) 반응을 일으켜 Cd와

Sn 아래에 있는 필름의 농도차에서 중성자에 의한 선량 측정

※ 선량계에서 필터의 역할

(1) 조직등가로 보정하기 위함
   → 필터의 밀도 두께를 조정하여 인체조직의 피부($H_{0.07}$), 수정체(H_3) 및 심부선량(H_{10}) 등의 깊이에 해당하는 선량을 얻음
(2) 방사선의 종류를 구별해 내기 위함
   → 필름배지 내에 창을 설정하여 베타와 감마를 구분하고 각 영역별 반응도의 차이를 통해 방사선의 에너지를 추정, 에너지별 선량을 평가
(3) 에너지 의존성을 보정하기 위해(감응함수를 일정하게 유지)
   ※ 필름배지에 흔히 사용되는 필터 : 플라스틱, 알루미늄, 납 등

(2) 열형광선량계(TLD)

- **원리**
  - 열형광소자에 방사선 조사 → 여기전자가 포획중심(trap center)에 포획 → 열에 의해 가시광 방출 → 광전자증배관(PMT)에 의해 전기신호 획득
- **특징**
  - 에너지의존성과 방향의존성이 큼
  - 측정범위가 넓고 퇴행현상이 적음
  - 반복사용이 가능 → 전열처리가 요구됨
  - 기록 보존이 불가능

※ 글로우곡선(Glow curve)

- 방사선에 조사된 열형광(TL)물질을 온도를 상승시키며 가열하였을 때 나타나는 계수값 곡선
- 글로우 곡선의 면적은 피폭방사선량에 비례
- 글로우 곡선은 TL 물질에 따라 고유의 특성이 있음

(3) 형광유리선량계
- **원리**
  - 인산유리에 방사선 조사 → 색 중심(color center) 형성 → 자외선에 의해 오렌지색 형광 방출 → PMT에서 전기신호로 변환
- **특징**
  - 집적선량 측정, 기록보존이 가능

(4) 포켓 선량계
- **원리**
  - 소형 전리함의 중심전극에 미리 전압 충전 → 방사선의 전리작용에 의해 방전하는 정도를 이용 → 전압 강하량이 피폭선량에 비례
- **종류**
  - 포켓전리조(PC형)과 직독식 포켓선량계(PD형)
- **특징**
  - 작업 중 직접 선량의 확인이 가능 → 심리적 불안을 해소하여 능률 향상
  - 진동이나 충격에 약함
  - 환경(온도, 습도)의 영향이 큼

2 내부피폭 모니터링

방사성물질로 오염된 공기, 물, 음식물 등이 몸 안으로 들어와 체내에서 핵종이 방출하는 방사선에 의한 피폭을 내부피폭이라 하며, 내부피폭 모니터링 방법에는 전신계수법, 생체분석법, 공기 중 농도 계산법 등이 있다.

1) 전신계측법(Wolebody counter;WBC, 직접법 또는 체외계측법)
① 체외에서 계측기를 이용하여 직접 체내 방사능을 측정
② 체내 방사성물질의 인체 내 침착 부위를 직접 확인 가능
③ 오차가 적음
④ 차폐실, 계측기 등의 초기 설비 비용이 높음
⑤ 검출기는 주로 NaI(Tl)을 사용
   γ선 계측(α선: 검출 불가능, β선: β선 에너지가 제동방사로 되는 경우 측정 가능)

⑥ 계측 시간이 짧음
⑦ 계측을 위하여 근무지를 이탈

전신계수기의 종류

(1) NaI(Tl) 전신계수기
: NaI(Tl) 검출기로 인체 외부에서 전신을 주사하면서 인체 내 방사성물질의 양 측정

(2) Ge 폐모니터
: Ge 검출기를 인체 폐 외부에 접근하여 폐 내에 집적된 방사성물질의 양 측정

---

2) 생체분석법(Bioassay, 간접법)
① 인체의 배설물(소변, 대변, 타액 등)을 측정하여 측정치로부터 간접적으로 체내 방사성물질 양을 추정(측정순서 : 시료채- - 전처리 - 화학적분리 - 방사능 측정)
② 배설물 등의 시료 채취의 어려움
③ α선, β선, γ선 방사체의 모든 핵종 측정이 가능
④ 체내 양 추정에 오차가 큼
⑤ 설비 비용이 거의 들지 않음
⑥ 분석에 장시간이 소요

3) 비 스미어법(smear method)
① 흡입섭취 유무를 판단하기 위한 간편한 방법으로 여과지가 부착된 면봉으로 비강내를 스미어 해서 시료를 채취한 후 여과지의 방사능을 측정
② 오차가 큼

4) 공기중 방사성물질 농도에 의한 계산법
① 공기중 방사성핵종 농도를 개인 시료채집기, 공기감시기(air monitor, dust monitor 등)로 측정하여 그 값으로 흡입 섭취량 산출
② 오차가 큼

내부피폭 모니터링의 산정방법

비교항목	전신계수법	Bioassay법	농도계산법
측정대상 항목	• γ(X)선 방출핵종 (^{60}Co, ^{137}Cs, ^{131}I, ^{54}Mn 등) • 고에너지 β선 방출핵종	α, β, γ선 방출핵종 (^{238}U, ^{235}U, ^{239}Pu, ^{90}Sr, ^{3}H 등)	방사능측정기가 준비되어 있으면 모든 핵종 가능
측정장치	• 전신계수기 • 폐모니터	• 분석설비 및 기구 • 방사능 측정장치	• 공기시료채집기 • 방사능측정장치 • 먼지감시기
측정, 평가	방사성물질의 체내량을 직접 측정하는 것이 가능	• 화학분석 시간이 필요 • 신진대사 지식이 필요	공기중 방사능농도의 측정은 비교적 용이하나, 섭취량을 평가하는 경우에 오차가 큼
피검사자의 협력	단시간 측정 등으로 피검사자의 협력을 얻기 쉽지만, 피검자는 직장을 이탈해야 함	배설물시료의 채취 시에는 피검자의 협력이 필요	-
설비	설비에 비용이 듦	통상의 실험설비로 가능	
선량평가상의 특성	방사성물질의 체내분포나 시간적인 추적조사도 가능	체내오염이 있다는 확실한 정보를 제공	측정된 공기중 방사능 농도와 섭취량의 관계에 불분명한 것이 많음
측정평가에 요하는사람	중간		적음
평가정도	높음	중간	낮음

5.2 작업장 방사선 모니터링

1 작업장 방사선모니터링의 분류

1) 작업환경 모니터링
① 방사선관리구역 내부 관리
② 방사선량률, 표면오염밀도, 공기중 방사능 농도 측정
③ 작업자 피폭선량 파악, 작업상태 확인
④ 사고시 : 안전관리자 통보, 작업방법, 방어수단 개선
⑤ 구역 출입자 : 휴대품, 선원 등 오염검사

2) 시설주변 환경모니터링
① 방사선관리구역 외부 관리
② 시설외부 환경으로 방출된 방사능 및 방사선 감시
③ 환경방사선 감시 : 환경시료(토양, 물, 공기, 농작물 등)

방사선 관리구역

① 방사선 관리구역 설정기준
- 외부 방사선량률 : 방사선투과검사작업장(400 μSv/w, 10 μSv/h), 기타(400 μSv/w)
- 공기중 방사성물질 농도 : 유도공기중농도 초과
- 표면 방사성물질 농도 : 허용표면오염도 초과

② 관리구역 설정기준 값 초과 우려 있는 곳 조치 사항
- 방사선 관리구역 설정
- 벽, 울타리 등 구획물로 구획, 방사능 표지 부착
- 일반인 해당 구역 출입 : 종사자 지시
- 구역에서 물품 반출 : 물품의 오염도가 허용표면오염도 1/10을 초과하지 말 것

2 작업환경 방사선관리용 측정기

1) 서베이메터 종류

① 전리함식(전리조형) : X선, γ선

② GM관식 : 단창형, 측벽형, 원통형

③ Scintillation 식
  - NaI(Tl) : γ선, ZnS: α선
  - Plastic : β선
  - ZnS + lucite LiF : 열중성자

④ BF_3 계수관식 : 속중성자, 열중성자

⑤ 비례계수관식
  - Gas-flow : α선, β선, γ선
  - Hurst형 : 속중성자, 열중성자

서베이메터의 종류별 검출물질 및 대상 방사선

종류	검출부	대상 방사선	눈금단위
전리함식	전리함	X선, γ선	mR/h, mR μSv/h, μSv
GM관식	단창형 GM관 측벽형 GM관 원통형 GM관	X선, β선, γ선	cpm mR/h, μSv/h
Scintillation 식	NaI(Tl) 섬광체	γ선	cpm, mR/h, μSv/h
	plastic 섬광체	β선	cpm
	plastic, Zns + lucite LiF 섬광체	속중성자, 열중성자	cpm, $cm^{-2}s^{-1}$
	ZnS, CsI 섬광체	α선	cpm
BF_3 계수관식	BF_3 계수관	속중성자, 열중성자	cpm, $cm^{-2}s^{-1}$
비례계수관식	gas-flow 비례계수관	α선, β선, γ선	cpm
	Hurst형 비례계수관	속중성자, 열중성자	μSv/h

2) 지역 감시기(Area monitor)
    ① 특징
        - X선, γ선 및 중성자선에 대한 연속적 감시가 가능
        - 일정한 장소에 고정 설치하여 설정된 선량치 도달하면 경보음 발생하여 방사선 방어대책의 신속한 강구목적으로 사용
    ② 종류
        - X(γ)선용 : 전리함식, GM계수관식, 섬광계수관식, 반도체식
        - 중성자 측정용 : BF_3 계수관

환경관리용 방사선 측정기

- 환경관리용 방사선 측정기가 갖추어야 할 조건
① 소형, 경량화
② 견고하고 취급이 용이
③ 빠른 응답시간
④ 에너지나 방향 특성이 좋아야 함
⑤ 보수 교정이 용이해야 함
⑥ 온도 변화나 습기에 강해야 함
⑦ 기압 변화나 진동 충격에 강해야 함
⑧ 전기 및 자기적 현상에 영향이 적어야 함

3 작업환경 모니터링

1) 공간선량률 모니터링
    ① 공간선량률 측정 및 관리
        - 작업환경 이상 유무 확인을 통한 시설, 작업방법 등의 개선 및 외부 피폭선량 추정의 기초자료로 활용
        - 측정 장소 : 방사선관리구역 내, 방사선관리구역 주변(경계)
        - 측정 방법 : 서베이메터를 이용한 주기적인 측정, 지역감시기를 이용한 연속적 측정
    ② 공간선량률 측정 위치
        - 작업자가 출입하는 구역의 최대 선량률 위치
        - 작업자가 항상 작업하는 장소

- 방사선 관리구역 경계
- 작업장 바닥에서 1m 위치

공간선량률 측정용 서베이미터 종류별 특성

① 감도가 좋은 순서 : 섬광계수기식 > GM 계수관식 > 전리함식
② 에너지의존성이 좋은 순서 : 전리함식 > GM 계수관식 > 섬광계수기식
※ GM 계수관식은 불감시간(~수백 μsec)이 길기 때문에 고선량률 측정시 유의하여야 함.

---

2) 공기오염 모니터링

① 모니터링 필요한 장소
- 기체상, 휘발성 물질 등의 대량 방사성 물질을 취급하는 장소
- 오염 발생 가능한 방사성 물질취급 시설
- 플루토늄 및 기타 우라늄 원소 처리장소
- 우라늄 채광, 분쇄 및 제련 장소 등

② 관리대상 : 공기 중 존재하는 방사성물질, 방사성 먼지(입자, 에어로졸), 방사성 가스, 증기상태 등

③ 관리 방법
   (가) 연속 모니터링법
   - 방사선관리구역 내 가스 모니터(방사성먼지 측정), 가스 모니터(방사성 가스 측정)를 고정 설치하여 실시간 감시에 의해 관리 기준치 이상일 때 경고음 발생
   - 단위 : 체적당 방사능(Bq/m^3)

   (나) 주기적 시료 채취
   - 공기 채집기를 이용하여 공기 시료를 채취하거나 가스 포집기를 이용하여 채취한 후 방사선 검출기로 방사능을 계측
   - 단위 : 체적당 방사능(Bq/m^3)으로 계산하여 공기 중 오염도 산출

공기시료 채취방법 및 정량분석법

시료채취 방법	포집재, 포집기구(예)	대상방사성 물질의 성상	주요핵종	방사성물질 정량방법
여과포집 방법	여과지	입자상	^{50}Co, U, Pu	전α, 전β, 전γ 방사능계측법, α, β, γ선 스펙트럼분석법, 형광광도분석법
고체포집 방법	활성탄함 침여과지	기체상 (휘발성물질)	^{131}I, ^{35}S, ^{203}Hg	전β, 전γ 방사능계측법, γ선 스펙트럼분석법
	활성탄 카트리지	기체상 (휘발성물질)	^{131}I, ^{203}Hg	전γ 방사능계측법, γ선 스펙트럼분석법
	실리카겔	수증기	^3H	LSC
직접포집 방법	가스포집 용전리함	기체상	방사성희가스 ^3H, ^{14}C	전β, 전α 방사능계측법
	포집용 가스용기	기체상	방사성희가스	전β, 전γ 방사능계측법, γ선 스펙트럼분석법
냉각응축 포집방법	콜트트랩	수증기	^3H	LSC
액체포집 방법	버블러	수증기, 안개	^3H, ^{14}C	LSC

3) 표면오염 모니터링

① 스미어법 (smear method; 간접법)
- 제거성(유리성) 표면오염에 대한 간접적 측정
- 측정방법 : 스미어용 여과지(직경: 2.5 cm)로 오염된 지역의 표면을 문질러 시료를 채취한 후 방사능 계측기로 측정
- 장점 : 백그라운드가 높은 지역에서 표면오염 측정
- 단점 : 측정값에 대한 오차가 큼. 오염 전이율(20%로 가정)
- 측정면적 : 시설, 지역의 표면($100cm^2$), 운반물 표면($300cm^2$)

② 서베이미터에 의한 측정법 (probe method; 직접법)
- 비제거성(고착성) 표면오염에 대한 직접적 측정
- 측정방법 : 오염된 표면을 직접 서베이미터로 측정
- 종류 : GM계수관(β), 비례계수관(α), 섬광계수관(γ)

- 장점 : 스미어 용지로 시료채취가 곤란한 곳(갈라진 틈, 타일, 이음매 등)에 적용
가능, 정확도가 비교적 우수
- 단점 : 백그라운드가 높은 지역에는 적용이 불가능

③ 손, 발, 의복 오염 감시기 (HFC monitor) 측정법
- 원리 : 손, 발, 의복을 독립적으로 측정
- 설치 : 오염 검사실 (출입구 부근)
- 설정(기준)치 이상 : 경보음 발생
- 이용 : 방사선관리구역 출입자 표면오염 측정

④ Floor monitor
- 측정 : 마루바닥 표면 오염도 측정
- 원리 : 손으로 미는 차륜에 서베이미터 부착

4) 수중 오염의 모니터링

① 연속 모니터링
- 방사선 관리구역의 수중 오염을 수중 모니터(연속 감시기)를 설치하여 연속해서 감시
- 방법 : 검출부를 직접 수중에 넣어서 연속적 측정
- 설정(기준)치 초과 : 경보음 발생

② 주기적 시료채취
- 주기적으로 물 시료를 채취하여 농축시킨 후 방사능을 계측
- 단위 체적당 방사능(Bq/m^3)으로 계산하여 수중 오염도 산출
- 물 시료의 채취법 : 물시료 증발, 농축 → 우물형 섬광계수기 측정

확인문제 방사선 모니터링

01. 다음의 열형광물질 중 인체조직과 유효원자번호가 유사하여 개인피폭선량계로 넓리 사용되고 있는 것은?

① $CaSO_4 : Tm$ ② $MgB_4O_7 : Dy$
③ $CaF_2 : Mn$ ④ LiF

02. 다음 열형광선량계(TLD)의 특징에 대한 설명 중 잘못된 것은?

① 일정한 기간동안 방사선 조사를 받은 소자에 대해 열자극에 의해 방출되는 형광량을 측정하여 방사선량을 판독하는 원리를 이용한다.
② 판독 후 열처리를 해서 재사용이 가능하다.
③ 개인피폭선량계로 이용되는 TLD는 저에너지대에서 에너지 의존성이 크다.
④ 환경 및 습도에 대한 영향이 필름배지에 비해 낮은 편이다.

03. 다음 중 저에너지(0.01~1 MeV) 대역의 감마선에 비교적 안정된 에너지응답성을 가진 열형광물질은 어느 것인가?

① CaF2:Mn ② MgB4O7:Dy
③ BeO ④ CaSO4:Mn

04. 다음 중 방사선작업장 내에서 종사자의 감마선에 의한 장시간 외부피폭선량을 측정하는데 가장 적합한 것은?

① 펄스비례계수관 ② 형광유리선량계
③ 전신계수기 ④ GM계수관

05. 열형광선량계(TLD)에 대한 설명으로 옳은 것은?

① 글로우 곡선에서 낮은 온도에서 형광피크를 나타내는 물질이 양호하다.
② 고체의 전리작용을 이용한다.
③ 열형광물질의 종류에 따라 에너지 의존성이 다르다.
④ 장기간 누적선량 측정에는 부적합하다.

06. 다음 중 인체에 대한 내부피폭선량 측정이 가능하며, 주로 고에너지 베타선 및 감마선의 직접 측정에 이용되는 방법은 어느 것인가?

① 스미어법
② 공기오염도 측정
③ 바이오어세이법
④ 전신계수법

07. 개인피폭모니터링과 관련이 적은 것은?

① HFC 감시기
② 전신계수기
③ 포켓도시미터
④ 서베이미터

08. 다음 중 내부피폭의 관리를 목적으로 사용되는 것으로 적합하지 않은 것은?

① Alarm meter
② HFC monitor
③ Air sampler
④ WBC

09. 다음 중 내부피폭선량을 평가하기 위한 방법에 대한 설명 중 옳지 않은 것은?

① ^3H 나 ^{14}C 등의 핵종에 의한 내부피폭선량의 평가는 전신계수법이 적합하다.
② 인체의 특정조직에 침착된 방사성핵종을 외부에서 직접 측정하는 방법으로 갑상선계수법, 폐계수법 등이 있다.
③ 바이오어세이법은 인체의 배설물을 채취하여 방사능을 측정하는 방법으로 모든 핵종에 대해 측정이 가능하다.
④ 작업환경 내 공기 중 농도를 측정하여 인체 내 방사성핵종의 섭취량의 추정이 가능하다.

10. 다음 체내오염측정 방법 중 체내의 침적범위를 가장 정확하게 알 수 있는 방법은?

   ① 체외계측법
   ② 생체분석법
   ③ 공기 중 방사능농도측정법
   ④ 코 스메어법

11. 다음 체내 방사성 오염검사를 위한 생체분석법인 바이오어세이법에 대한 설명 중 옳은 것은?

   ① 고에너지 베타 또는 감마선 방출핵종에 대한 정확도가 우수하다.
   ② 전신계측법보다 신속하게 평가가 가능하고, 핵종의 체내분포 확인이 가능하다.
   ③ 배설물 및 기타 생체물질을 측정하여 그 값으로부터 간접적으로 체내 피폭을 추정한다.
   ④ 오염검사에 있어서 방사선의 종류와 핵종에 대한 제약이 있다.

12. 방사성물질에 의한 표면오염도를 측정하는 방법으로 가장 거리가 먼 것은?

   ① 유리성오염의 경우 스미어법으로 검사를 한다.
   ② 탈지면 등으로 오염부위를 문질러 방사능 측정기로 분석한다.
   ③ 백그라운드가 낮은 오염지역의 표면오염도를 단창형 GM 계수관으로 직접 측정한다.
   ④ 공기시료채집기로 공기를 채취한 후 공기오염도를 측정하여 표면오염도를 계산한다.

13. 다음의 포켓선량계에 대한 설명으로 올바르지 않는 것은?

   ① 장기간의 개인피폭선량 측정에 주로 활용되고 있다.
   ② 주로 공기등가물질을 이용한다.
   ③ 직독식 포켓선량계의 경우 충전 및 판독장치가 별도로 필요없다.
   ④ 필름선량계나 열형광선량계와 함께 사용하는 보조선량계이다.

14. 다음의 형광유리선량계에 대한 설명으로 올바르지 않는 것은?

   ① 소자는 주로 은활성유리를 사용한다.
   ② 자외선조사에 의해 발광한다.
   ③ 선량가산성이 없으므로 사전선량(pre-dose) 측정이 불필요하다.
   ④ 빌드업 현상이 있으므로 1일정도 지난 후에 선량을 측정하여야 한다.

15. 포켓선량계에 관한 설명 중 옳지 <u>않은</u> 것은?

① 충격에 약하다.
② 반복 사용이 가능하다.
③ 온도 및 습도의 영향이 적다.
④ 주로 감마선 또는 X선 검출용으로 사용된다.

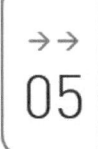

방사선 모니터링

16. 다음 연결 중 방사성물질의 상태에 따른 측정방법으로 올바르지 <u>않은</u> 것은?

① 입자성 - 여과포집법
② 휘발성기체 - 직접포집법
③ 수증기 - 냉각응축포집법
④ 수증기, 안개 - 액체포집법

17. 다음 중 기체상 방사성물질인 I-131을 포집하는 방법과 관계가 있는 것은?

① 전리함
② 여과포집방법
③ 콜드트랩의 냉각응축포집방법
④ 활성탄 카트리지

18. 스메어법에 대한 설명 중 옳은 것은?

① 갈라진 틈의 오염을 측정할 수 있다.
② 서베이법에 비해 간단하고 편리하다.
③ 고착성 표면오염에 적당하다.
④ 백그라운드가 높은 곳의 측정이 가능하다.

19. 전리함식 서베이메터로 표면오염도를 측정하였다. 검출기의 차폐창을 열고 측정한 값이 10800cpm 이었고, 차폐창을 닫고 측정한 결과 7000cpm 이었다. 자연계수율이 50cpm 이라고 하면 베타선 방사능 오염도(cpm)는?

20. 어떤 방사성폐액에서 시료를 1L 채취하여 효율이 10%인 GM 계수관으로 측정하였더니 30cpm 이었다. 이 방사성 폐액중에 함유되어 있는 방사성물질의 농도(uCi/cm³)은 얼마인가?

21. 어떤 구역의 표면 오염도를 측정하기 위하여 간접법인 스미어 용지로 100cm²를 문질러 효율 10%인 베타-감마 방사능 측정기로 계수한 결과 100 cpm이 나왔다. 스미어 용지의 전이율을 20%로 봤을 때 그 구역의 오염도(dpm/100cm²)를 구하라.

22. 표면오염감시용 검출기를 이용하여 P-32의 표면오염도를 측정한 결과 2000 cpm의 계수 값을 얻었다. 자연계수율은 200 cpm, 검출기의 반경은 2cm이며 효율은 20%일 때 표면 오염도(Bq/cm²)는?

정답 및 해설 방사선 모니터링

01 ④

LiF는 유효원자번호가 인체조직과 유사하여 인체에 대한 피폭량을 대신할 수 있지만, 방사선에 대한 감도가 낮다는 단점이 있다. 이와 유사한 조직등가물질로 이용되는 열형광물질에는 LiF:Mg,Ti, LiF:Mg,Cu,P, $Li_2B_4O_7$:Cu, $Li_2B_4O_7$:Mn, $Li_2B_4O_7$:Dy 등이 있다.

반면, 비조직등가물질로는 CaF_2:Mn, CaF_2:Dy, $CaSO_4$:Dy, $CaSO_4$:Tm $CaSO_4$:Mn, MgB_4O_7:Dy 등이 있다. 이러한 물질들은 조직등가물질에 비해 감도가 비교적 매우 높아서 주로 저선량 환경방사선량 측정에 이용되고 있으나, 낮은 에너지대에서 조직등가물질에 비해 에너지의존성이 매우 높은 단점이 있다.

02 ③

열형광선량계(TLD)의 원리는 방사선이 조사된 격자결함을 갖는 결정성물질에 열을 가열하였을 때 방출하는 형광을 측정하는 원리를 이용한 방사선량 계측소자이다. 즉, 방사선조사에 의해 결정 내에서 분리된 전자나 정공이 열자극에 의해 재결합될 때에 발광하는 원리를 이용한 것으로 측정범위는 0.1mR~10^5R 정도로 필름배지에 배해 측정범위가 넓으며, 특징 및 장단점은 아래와 같다.

(1) 특징
① 법정 기본 선량계다.
② 장기간 집적선량의 측정이 가능하지만, 착용 중 판독 및 감시는 불가능하다.
③ 개인선량계로 이용되고 있는 LiF 열형광물질은 에너지 의존성이 낮아 필름배지에 비해 보정이 불필요하다.

(2) 장점
① 반복사용이 가능하다.
② 판독이 편리하고 자동화가 가능하다.
③ 소자가 인체등가물질이므로 판독의 신뢰도가 높다.
④ 환경(온도, 습도)의 영향이 비교적 적다.

(3) 단점
① 필름배지에 비해 가격이 비싸다.
② 일단 조작하면 측정치가 소멸되어 영구 보존 할 수 없다.
③ 퇴행현상이 있다.

03 3

LiF, BeO 와 같은 열형광물질은 유효원자번호가 인체조직과 유사하고 에너지 의존성이 낮아 개인전신 피폭선량계로 적용이 가능하나 감도가 낮은 단점이 있다. 반면, $CaSO_4$, CaF_2, MgB_4O_7 계열은 감도는 좋으나 저에너지 영역에서 에너지 의존성이 높은 단점이 있다.

04 2

개인 피폭선량계의 종류
- 주 선량계(법정선량계) : TLD, Film Badge, 형광유리선량계(FGD), 광자극발광선량계(OSLD)
- 보조 선량계 : 포켓선량계, 유리선량계, 전자선량계
- 사고 선량계 : 경보선량계

05 3

글로우 곡선은 열형광물질에 자극하는 온도에 따른 발광량을 그래프화 한 곡선은 낮은 온도에서 발광하게 되면 잡음과 구별이 어려우므로 높은 온도에서 발광 피크를 내는 물질이 양호하며, 열형광물질의 유효원자번호가 낮은 LiF, BeO 와 같은 인체조직등가물질인 경우 에너지 의존성이 낮지만, 그 이외의 열형광물질에 따라 에너지 의존성이 다르다.

06 4

개인에 대한 내부피폭선량 측정방법에는 크게 전신계수법(whole body counter), 바이오어세이법(bioassay법), 공기농도 측정에 의한 계산법 등이 있다.

비교항목	전신계수법	바이오어세이법	농도계산법
측정대상	γ(X)선 및 고에너지 β선 방출핵종	모든 핵종	모든 핵종 가능
측정장치	• 전신계수기 • 폐모니터	• 분석설비 및 기구 • 방사능 측정장치	• 공기시료채집기 • 방사능측정장치
측정, 평가	체내량의 직접 측정 가능	• 화학분석 시간이 필요 • 신진대사 지식이 필요	공기중 방사능 농도의 측정은 비교적 용이하나, 섭취량을 평가하는 경우에 정확도 낮음
피검사자의 협력	단시간 측정 등으로 피검사자의 협력을 얻기 쉽지만, 피검자는 직장을 이탈해야 함	배설물시료의 채취 시에는 피검자의 협력이 필요	-
설비	설비에 비용이 듬	통상의 실험설비로 가능	
선량평가상의 특성	방사성물질의 체내분포나 시간적인 추적조사도 가능	체내오염이 있다는 확실한 정보를 제공	측정된 공기중 방사능 농도와 섭취량의 관계에 불분명
정확도	높음	중간	낮음

07 4

개인피폭 모니터링 측정기에는 외부피폭 측정기로 열형광선량계(TLD), 형광유리선량계(FGD), 광자극발광선량계(OSLD), 포켓도시미터, 경보선량계 등이 있으며, 내부피폭 측정기로 전신계수기, 손발오염(HFC) 감시기, 폐모니터 등이 있다. 환경(작업, 주변환경) 모니터링을 위한 측정기는 방사선의 종류에 따라 다음과 같은 서베이미터를 이용한다.

종류	검출부	대상 방사선
전리함식	전리함	X선, γ선
GM관식	단창형, 측벽형, 원통형	X선, β선, γ선
Scintillation 식	NaI(Tl)	γ선
	plastic	β선
	plastic, ZnS + lucite LiF	속중성자, 열중성자
	ZnS, CsI	α선
BF_3 계수관식	BF_3	속중성자, 열중성자
비례계수관식	gas-flow 형	α선, β선, γ선
	Hurst 형	속중성자, 열중성자

08 1

개인 모니터링 중 내부피폭선량 측정기에는 손발오염(HFC) 감시기, 공기채집기+방사능측정기, NaI 전신계수기, Ge 폐모니터 등이 있으며, 알람메터는 개인에 대한 외부피폭 모니터링을 위한 선량계로 일정수준의 선량값에 도달하면 경보음을 울리게 하는 선량계이다.

09 1

인체의 내부피폭선량 평가방법에는 직접측정법(전신계수법, 갑상선계수법, 폐계수법), 바이오어세이법, 비스미어법, 공기 중 농도측정법 등이 있다. H-3나 C-14 등의 핵종은 저에너지 순수 베타선을 방출하기 때문에 인체 내부에 존재시 투과력이 약해 전신계수법으로 검출하기 어렵기 때문에 주로 바이오어세이법을 이용하여 평가한다.

10 1

체외계측법은 Ge 반도체 검출기 또는 NaI 섬광검출기를 이용하여 방사성물질의 체내량을 외부에서 직접 측정하는 것이 가능하기 때문에 체내의 침적범위를 정확하게 평가할 수 있다.

11 3

생체분석법(bioassay method)은 인체의 배설물(소변, 대변, 타액 등)을 채취하여 실험실에서 측정하고, 측정치로부터 간접적으로 체내 방사성물질 양을 추정하는 방법이다. 이는 α선, β선, γ선 방사체의 모든 핵종 측정이 가능하고, 설비 비용이 적다는 장점이 있지만, 체내양 추정에 오차가 큰 단점이 있고 분석에 장시간이 소요된다.

12 4

표면오염 측정방법
- 유리성오염 : smear 법으로 검사한다.
- 고착성오염 : 단창형 GM 계수관으로 검사한다.

13 1

직독식 포켓선량계는 작업자가 작업중 수시로 간편하게 선량을 확인할 수 있도록 만년필 정도의 크기에 내부에 부피 약 1ml의 공기등가물질에 가까운 폴리스틸렌 전리조와 검전기 및 눈금 현미경이 삽입되어 있다. 장기간의 피폭선량을 측정에는 부적절하기 때문에 열형광선량계 등과 동시에 착용하여 개인피폭선량 측정에 활용되고 있다.

14 3

형광유리선량계의 빌드업현상은 방사선조사 후에도 형광중심의 생성은 얼마동안 증가하여 일정시간이 지난 후에 자외선을 이용하여 선량을 판독한다. 은활성유리는 선량가산성이 있으므로 사전선량 측정이 반드시 필요하다.

15 3

포켓선량계는 필름배지와 같은 현상 등의 조작을 요하지 않고 작업장에서 작업 중에 직접 선량의 확인이 가능하므로 방사선작업자의 심리적 불안을 해소시켜 작업 능률을 향상시킬 수 있다. 진동이나 충격에 약하며, 환경(온도, 습도 등)의 영향을 많이 받는 단점이 있다. 주로 감마선 또는 X선 검출용으로 사용되고 있다.

16 2

공기 중 방사성물질 포집 및 측정법
- 여과 포집법 : 입자 물질 (Co, U) → 여과지
- 고체 포집법 : 휘발성 기체 (^{131}I, ^{35}S) → 활성탄
- 직접 포집법 : 불활성 기체 (^{3}H, ^{14}C) → 포집 전리함
- 냉각응축 포집법 : 수증기 (^{3}H) → 콜드트랩(Cold trap)
- 액체 포집법 : 수증기, 안개 (^{3}H, ^{14}C) → 버블러(bubbler)

17 ④

고체포집 방법	활성탄함 침여과지	기체상 (휘발성물질)	$^{131}I, ^{35}S,$ ^{203}Hg	전β, 전γ 방사능계측방법, γ선 스펙트럼분석방법
	활성탄카 아트리지	기체상 (휘발성물질)	$^{131}I,$ ^{203}Hg	전γ 방사능계측방법, γ선 스펙트럼 분석방법
	실리카겔	수증기	^3H	액체신틸레이션계측방법

18 ④

스미어법 (smear method) : 간접법
- 표면오염 간접적 측정
- 오염 형태 : 제거성(유리성) 표면오염 측정
- 측정 방사선 : 모든 α선, β선, γ선
- 원리 : 여과지 시료채취, 방사능 계측기로 측정
- 적용(장점) : 백그라운드 높은 지역 측정
- 측정값(단점) : 오차 크다. 오염 전이율(20%로 가정)
- 이용 : 스미어용 여과지(직경 : 2.5 cm, 문지름 면적 : $100cm^2$)
- 측정면적 : 시설, 지역의 표면($100cm^2$), 운반물 표면($300cm^2$)

19 3800 cpm

검출기의 차폐창을 열었을 경우 : β- + γ = 10800 cpm
검출기의 차폐창을 닫았을 경우 : γ = 7000 cpm
자연계수율 : 50 cpm (자연계수율은 양쪽 측정결과에 모두 고려되었음)
10800 −7000 = 3800 cpm

20 1.35×10⁻⁷ μCi/cm³

$$\frac{\frac{30\,cpm \times 1\min/60s}{0.1}}{1000cm^2} \times \frac{1\mu Ci}{3.7 \times 10^4 Bq} = 1.35 \times 10^{-7} \mu Ci/cm^3$$

21 5000 (dpm/100cm²)

검출기로 측정한 계수율(cpm)과 오염도(dpm)의 관계는

$$오염도\,(dpm/100cm^2) = \frac{계수율\,(cpm)}{효율 \times 100cm^2} = \frac{100\,cpm}{0.1 \times 0.2 \times 100cm^2}$$
$$= 5000\,(dpm/100cm^2)$$

22 11.94 Bq/cm²

검출기로 측정한 계수율과 방사능의 관계는

$$방사능\,(dps, Bq) = \frac{계수율\,(cps)}{효율} = \frac{(2000-200)cmp \times 1/60}{0.2}$$
$$= 150\,dps\,(Bq)$$

따라서, $표면오염도\,(Bq/cm^2) = \dfrac{150\,Bq}{\pi \times 2^2\,cm^2} = 11.94\,Bq/cm^2$

방사성동위원소 취급자면허대비
(최신개정 2판)
RI SRI 핵심이론

발　　행	2019년 10월 1일
재판발행	2022년 7월 30일
대표저자	박지군
발 행 인	양봉길
발 행 처	다온출판사
	세종특별자치시 달빛1로 158. 아름동
	TEL. 031-658-6230(대) FAX. 031-658-6231
	www.daonbooks.co.kr
I S B N	979 - 11 - 6256 - 118 - 8
	정가 35,000 원

copyright©2022.Daon publishing company

- 낙장 및 파본된 책은 교환하여 드립니다.
- 이 책의 일부 혹은 전체 내용을 출판사 발행인의 서면 동의없이 무단으로 복사 ,복재 하는 것은 저작권법에 저촉 됩니다.